高等学校教材

GAODENG

SHUXUE

高等数学

（上册）

主　编　王树勋　田　壤

主　审　郭天印

副主编　高　云　苏晓海　刘莉君　程小静

中国教育出版传媒集团

高等教育出版社·北京

内容简介

本书是根据编者多年来从事高等数学课程教学的实践经验,参照最新的"工科类本科数学基础课程教学基本要求"编写的。全书分为上、下两册,共11章。上册内容包括函数、极限与连续,导数与微分,微分中值定理与导数应用,不定积分,定积分及其应用和微分方程。下册内容包括向量代数与空间解析几何,多元函数微分学,重积分,曲线积分与曲面积分,无穷级数等。全书每节都配有适量的习题,书末附有一些常用的数学公式、常用的曲线,以及部分习题参考答案或提示。

本书既可作为高等学校工科类各专业的高等数学课程教材,也可供教师、工程技术人员以及报考工科各专业硕士研究生的考生选用或参考。

图书在版编目(C I P)数据

高等数学.上册/王树勋,田壤主编.--北京:
高等教育出版社,2023.7

ISBN 978-7-04-060765-9

Ⅰ.①高⋯　Ⅱ.①王⋯②田⋯　Ⅲ.①高等数学
Ⅳ.①O13

中国国家版本馆 CIP 数据核字(2023)第 124168 号

策划编辑	高　丛	责任编辑	高　丛	封面设计	姜　磊	版式设计	马　云
责任绘图	马天驰	责任校对	刁丽丽	责任印制	刁　毅		

出版发行	高等教育出版社	网　　址	http://www.hep.edu.cn
社　　址	北京市西城区德外大街4号		http://www.hep.com.cn
邮政编码	100120	网上订购	http://www.hepmall.com.cn
印　　刷	北京玥实印刷有限公司		http://www.hepmall.com
开　　本	787mm×960mm　1/16		http://www.hepmall.cn
印　　张	27.25		
字　　数	400 千字	版　　次	2023 年 7 月第 1 版
购书热线	010-58581118	印　　次	2023 年 7 月第 1 次印刷
咨询电话	400-810-0598	定　　价	57.00 元

物 料 号　60765-00

前　言

　　数学是从量和形两个方面研究客观世界的学科。大体上,从量的方面研究问题的数学学科,属于代数学的范畴;从形的方面研究问题的数学学科,属于几何学的范畴。17 世纪以前的数学,主要研究的是不变的量和比较规则的形,称之为初等数学。1637 年法国数学家笛卡儿引入了坐标系,从而诞生了一个全新的学科——解析几何。解析几何使得数和形有机地联系在一起,也使得数学进入了一个快速发展的阶段。这一阶段,人们开始大量地研究变化的量和不规则的几何图形,而且数和形的联系也越来越紧密。后来,英国科学家牛顿、德国数学家莱布尼茨各自独立创立了微积分。从此,数学飞速发展,形成了高等代数、高等几何、微积分等许多数学学科。相对于 17 世纪以前的初等数学,人们把 1637 年到 19 世纪末的数学称为高等数学。

　　作为工具,数学如此强大,以至于被广泛地应用到了各个领域。但数学绝不单纯是工具,还是科学的语言、思维的体操,是一种文化,是一种素养,能使人逻辑严谨、思维周密。当然,对日常生活而言,数学总是"知趣"地隐藏在幕后,但是对于要掌握现代科学知识的大学生而言,数学会时刻与你相伴,深厚的数学功底能够使你腾飞的翅膀更加强健。

　　编者根据最新的"工科类本科数学基础课程教学基本要求",并结合长期从事高等数学课程教学的实践和体会,在对教学内容和教学体系进行了充分研讨和优化的基础上,编写了本书。本书主要有以下特点:

　　(1) 涵盖了"工科类本科数学基础课程教学基本要求"的基本内容。

　　(2) 定理和概念的叙述力求严谨精练,同时尽可能深入浅出,使读者易于理解和掌握。

（3）突出概念和定理的几何解释，但不完全依赖几何解释。注重概念的实际背景，更强调数学概念与实际问题的结合。

（4）对传统内容作了适当的取舍，淡化运算技巧，突出了基本概念、基本方法的介绍；突出了积分学中元素法的思想；在三重积分的计算中，采用了换元法来推导柱面坐标和球面坐标形式的体积元素；第二类曲面积分的概念和计算法采用了向量形式。

（5）尽量兼顾各专业的特点，部分章节加有"＊"号，教师可根据实际教学时数选讲或供学生自学。

全书由王树勋、田壤拟定编写大纲及编写规划并担任主编，具体编写分工如下：刘莉君编写了第一章和第六章，高云编写了第二章和第七章，王树勋编写了第三章、第十一章、附录并绘制了全书插图，苏晓海编写了第四章和第九章，田壤编写了第五章和第十章，程小静编写了第八章，全书由王树勋、田壤负责统稿。

本书在总结多年教学实践的基础上，参阅了国内外的改革教材及课程团队的改革成果，得到西北工业大学叶正麟教授的帮助和指导，得到陕西理工大学领导和同行的大力支持，得到陕西省线下一流课程《高等数学Ⅰ》项目的资助，在此表示感谢。

由于编者水平有限，书中不足和考虑不周之处在所难免，诚恳地希望专家、同行和读者批评指正。

编者

2023 年 3 月

‖ 目　录

第一章 函数、极限与连续

课程概论

> 客观世界中有许许多多的变量,它们之间不是孤立的,而是相互联系的,函数就是对现实世界中各种变量之间相互关系的一种数学抽象.高等数学的主要研究对象就是函数,极限方法是研究函数的一种基本方法.极限思想中的从常量到变量,从有限到无限,正是从初等数学过渡到高等数学的关键.本章将在中学所学基本知识的基础上更进一步阐述函数的概念,然后介绍其简单性态、反函数、复合函数、初等函数、曲线的极坐标方程与参数方程,最后介绍极限的概念、性质、运算法则及函数的连续性.

第一节 函 数

一、基本概念

1. 常量与变量

在观察自然现象或研究某些实际问题时或从事生产的过程中,总会遇到许多量,如面积、体积、长度、时间、温度、压力等. 这些量一般分为两类,常量与变量. 如果一个量在某变化过程中始终保持不变,总取一个值,则称这种量为**常量**(constant),常量通常用字母 $a,b,c,\cdots$ 表示. 如果一个量在某变化过程中是不断变化的,即在该变化过程中可以取不同的数值,则称这种量为**变量**(variable),变量通常用字母 $x,y,z,t,\cdots$ 表示.

常量与变量是相对而言的,同一个量在不同场合下,可能是常量,也可能是变量,例如,重力加速度是随着纬度和高度的变化而变化的,是一个变量,但在地球近表的局部区域内纬度和高度变化很小,故可看作是常量. 实际上,常量可看作是变量的特殊情形,可看成某一过程中始终取同一值的变量.

2. 区间

区间(interval)是高等数学中常用的实数集. 关于区间有以下几种:

设 a 和 b 都是实数,且 $a<b$,数集 $\{x \mid a<x<b\}$ 称为**开区间**(open interval),记作 (a,b),即

$$(a,b)=\{x \mid a<x<b\}.$$

其中,a 和 b 称为开区间的端点(endpoint),这里 $a \notin (a,b)$,$b \notin (a,b)$.

数集 $\{x \mid a \leqslant x \leqslant b\}$ 称为**闭区间**(closed interval),记作 $[a,b]$,即

$$[a,b]=\{x \mid a \leqslant x \leqslant b\}.$$

类似地,有半开区间

$$(a,b]=\{x \mid a<x \leqslant b\},$$
$$[a,b)=\{x \mid a \leqslant x<b\}.$$

以上这些区间均称为**有限区间**(finite interval),数 $b-a$ 称为这些区间的长度. 另外,还有所谓的**无限区间**(infinite interval). 引入记号 $+\infty$(读作:正无穷大)及 $-\infty$(读作:负无穷大),并定义:

大于 a 的实数的全体,记为

$$(a,+\infty)=\{x \mid a<x<+\infty\};$$

大于或等于 a 的实数的全体,记为

$$[a,+\infty)=\{x \mid a \leqslant x<+\infty\};$$

小于 b 的实数的全体,记为

$$(-\infty,b)=\{x \mid -\infty<x<b\};$$

小于或等于 b 的实数的全体,记为

$$(-\infty,b]=\{x \mid -\infty<x \leqslant b\};$$

全体实数 $\mathbf{R}$,记为

$$(-\infty,+\infty)=\{x \mid -\infty<x<+\infty\}.$$

因为实数和数轴上的点是一一对应的,以后将点"x"和实数"x"作同义

语,所以区间也可以在数轴上表示,而区间长度的几何直观即为两端点间的距离.区间在数轴上可用图 1-1 表示.

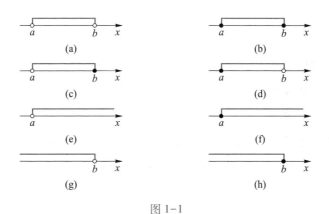

图 1-1

以后在不需要明辨区间是否包含端点,以及是有限区间还是无限区间时,可简称为"区间",常用 I 表示.

现在介绍一个较为特殊且常用的区间——邻域.

3. 邻域

称实数集 $\{x\ |\ |x-a|<\delta\}$ 为点 a 的 δ **邻域**(neighbourhood),记作 $U(a, \delta)$,即

$$U(a,\delta)=\{x\ |\ |x-a|<\delta\}=(a-\delta,a+\delta).$$

点 a 称为**邻域的中心**(centre of a neighborhood),δ 称为**邻域的半径**(radius of a neighborhood)(见图 1-2(a)).

有时用到的邻域要把中心去掉. 在 $U(a,\delta)$ 中去掉中心点 a 后,称为点 a 的**去心邻域**,记作 $\mathring{U}(a,\delta)$,即

$$\mathring{U}(a,\delta)=\{x\ |\ 0<|x-a|<\delta\}.$$

这里 $0<|x-a|$ 表示 $x\neq a$,亦即

$$\mathring{U}(a,\delta)=(a-\delta,a)\cup(a,a+\delta).$$

为了方便,称开区间 $(a-\delta,a)$ 为点 a 的左 δ 邻域,称开区间 $(a,a+\delta)$ 为点 a 的右 δ 邻域. 如图 1-2(b)所示.今后在不关心邻域的半径时,点 a 的邻域可简记作 $U(a)$.

图 1-2

4. 逻辑符号

（1）量词∀. "∀"表示"对于任意的""任取""对任意一个"或"对每一个"，它是英文 Any 的第一个字母的倒写. 例如"∀a>0"表示"对于任意的正数 a"或"任取正数 a".

（2）量词∃. "∃"表示"存在""有一个"或"能够找到". 它是英文 Exist 的第一个字母的反写. 例如"∀M>0,∃x∈[a,+∞)，使得 x>M"的含义是"对于任意的正数 M，在区间[a,+∞)中存在 x，使得 x>M".

二、映射的概念

定义 1　设 X,Y 是两个非空集合，若对集合 X 中的每一个元素 x，按照某种法则，均有集合 Y 中唯一确定的元素 y 与之对应，则称这个对应是集合 X 到集合 Y 的一个**映射**（mapping），记为 f，写为

$$f:X\rightarrow Y$$
$$x\mapsto y=f(x),$$

其中 y 称为在映射 f 下 x 的**像**，x 称为在映射 f 下 y 的一个**原像**（也称为**逆像**）. 集合 X 称为映射 f 的**定义域**（domain），记为 $D(f)=X$. 而在映射 f 下，X 中元素 x 的像 y 的全体称为映射 f 的**值域**（range），记为 $W(f)$，即

$$W(f)=\{y\mid y\in Y \text{且} y=f(x),x\in X\}.$$

这里的映射 f 通常也称为对应法则 f.

例 1　设 X 是平面上所有圆的全体，$Y=[0,+\infty)$，每一个圆都有唯一的面积值与之对应，定义对应法则为

$$f:X\rightarrow Y$$
$$x\mapsto y(y \text{是圆} x \text{的面积值}),$$

则 f 显然是一个映射，其定义域与值域分别为 $D(f)=X$ 和 $W(f)=Y$.

图 1-3 所示的 3 个映射中，f_1 的特点是自变量不同的值对应不同的函

数值,这种映射称为单射;f_2 的特点是值域 $W(f_2) = Y$,称这种映射为满射;而 f_3 的特点是 $D(f_3) = X, W(f_3) = Y$,且自变量不同的值对应不同的函数值,这种映射既满足 f_1 的特点,也满足 f_2 的特点,称这种映射为双射. 在一般情形下,单射、满射及双射的定义如下:

定义 2 设映射 $f: X \rightarrow Y$,

(1) $\forall x_1, x_2 \in D(f)$,若 $x_1 \neq x_2$,则一定有 $f(x_1) \neq f(x_2)$,则称 f 为**单射**;

(2) 若值域 $W(f) = Y$,则称 f 为**满射**;

(3) 若 $D(f) = X$,且 f 既是单射又是满射,则称 f 为**双射**(一一映射).

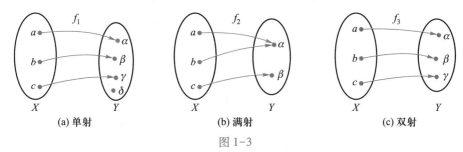

图 1-3

例 2 映射 $y = e^x : \mathbf{R} \rightarrow \mathbf{R}$,是单射但不是满射. 映射 $y = x^3 : \mathbf{R} \rightarrow \mathbf{R}$,既是单射也是满射,所以是双射. 映射 $y = \sin x : \mathbf{R} \rightarrow \mathbf{R}$,既不是单射也不是满射,但是映射 $y = \sin x : \mathbf{R} \rightarrow [-1, 1]$,是满射但不是单射,而映射 $y = \sin x : \left[-\dfrac{\pi}{2}, \dfrac{\pi}{2} \right] \rightarrow [-1, 1]$,是双射.

定义 3 设映射 $f: X \rightarrow Y$ 是单射,则对任一 $y \in W(f) \subset Y$,有唯一确定的 $x \in X$ 与之对应. 此时视 $y \in W(f)$ 为原像,$x \in X$ 为 y 的像,则确定了一个由 $W(f)$ 到 X 的一个映射,称为映射 $f: X \rightarrow Y$ 的**逆映射**(inverse mapping),记为

$$f^{-1} : W(f) \rightarrow X,$$

其定义域为 $D(f^{-1}) = W(f), W(f^{-1}) = X$. 显然,只要逆映射 f^{-1} 存在,它就一定是由 $W(f)$ 到 X 上的双射.

例 3 如图 1-4 所示,映射 f 是 X 到 Y 的一个单射. 根据逆映射定义,有

$$f^{-1}(\text{乙}) = a, \quad f^{-1}(\text{丙}) = b, \quad f^{-1}(\text{丁}) = c$$

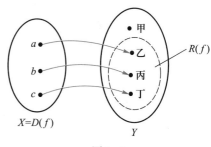

图 1-4

f^{-1} 的定义域为 $D(f^{-1})=W(f)$，f^{-1} 的值域为 $W(f^{-1})=D(f)$.

定义 4   设有两个映射

$$g:X{\rightarrow}U_1$$

$$x{\mapsto}u=g(x)$$

和

$$f:U_2{\rightarrow}Y$$

$$u{\mapsto}y=f(u),$$

如果 $W(g){\subset}U_2=D(f)$，那么就可以构造出一个新的映射：

$$f{\circ}g:X{\rightarrow}Y$$

$$x{\mapsto}f[g(x)],$$

称这种映射为 g 和 f 的**复合映射**（composite mapping）（见图 1-5）.

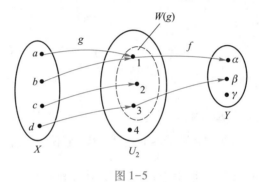

图 1-5

由定义可知，映射 g 和 f 构成复合映射的条件是：g 的值域 $W(g)$ 必须包含在 f 的定义域 $D(f)$ 内，即 $W(g){\subset}D(f)$. 否则，不能构成复合映射.

例 4   设有映射 $g:\mathbf{R}{\rightarrow}[-1,1]$，对于每一个 $x\in\mathbf{R}$，$g(x)=\sin x$，映射 $f:[-1,1]{\rightarrow}[0,1]$，对于每一个 $u\in[-1,1]$，$f(u)=\sqrt{1-u^2}$，则映射 g 和 f 构成的复合映射为

$$f{\circ}g:\mathbf{R}{\rightarrow}[0,1]$$

$$x{\mapsto}f[g(x)]=f(\sin x)=\sqrt{1-\sin^2 x}=|\cos x|.$$

三、函数的概念

在生活中和自然现象里所碰到的各种变量，通常并不都是独立变化的，

它们之间存在着依赖关系,现在来考察两个具体例子.

例 5　在自由落体运动中,不计空气阻力,则有运动规律

$$s = \frac{1}{2}gt^2.$$

这里 s 表示下降距离, t 表示时间, g 是重力加速度,这个公式指出了物体自由降落过程中,距离 s 和时间 t 的依赖关系. 设从 $t = 0$ s 开始,经过 T s 着地,则变量 t 的变化范围为 $0 \leqslant t \leqslant T$,当 t 在这个范围内每取一个值时,都可以从依赖关系确定 s 的一个唯一确定的对应值. 例如:当 $t = 1$ s 时, $s = \frac{1}{2}g \times 1^2 = 4.9$ m(g 取 9.8 m/s^2).

例 6　圆的周长计算公式为

$$l = 2\pi r,$$

其中, r 为圆的半径, l 为圆的周长,这个公式给出了圆的周长 l 与圆的半径 r 的依赖关系. 圆的半径 r 在 $[0, +\infty)$ 内取值,当 r 在这个范围内每取一个值时,都可以从依赖关系确定 l 的一个唯一确定的对应值. 例如:当 $r = 1$ m 时, $l = 2\pi \times 1 \approx 6.28$ m.

由以上各例可以看到,虽然它们所描述的问题中考虑的量实际意义不同,但它们都表达了两个量之间存在着依赖关系. 这种依赖关系给出了一种确定的对应法则,依着这个法则,当一个变量在其变化范围内任取一个值时,另一个变量就按对应法则有一个确定值与之对应. 从映射的定义可以看出,以上两个问题都可以看作是一个实数集到另一个实数集的映射,这种映射就是函数. 下面给出函数的定义.

定义 5　设 X 和 Y 为两个非空实数集, f 为 X 到 Y 的一个映射,则称 $f:X \rightarrow Y$ 为定义在实数集 X 上的**函数**(function),记为

$$f:x \mapsto y, \quad x \in X$$

或

$$y = f(x), \quad x \in X,$$

其中, x 称为**自变量**(argument), y 称为**因变量**(dependent variable), X 称为函数 f 的**定义域**,记为 $D(f)$,当 x 取遍定义域中的每一值时,所对应的 $y = f(x)$

的集合 $W(f) = \{y \mid y = f(x), x \in D(f)\} \subset Y$，称为函数的**值域**.

在函数的定义中需要注意以下几点.

(1) 构成函数需要两个要素，即定义域 $D(f)$ 和对应法则 f，可以看出值域是随着定义域和对应法则的确定而确定. 因此，两个函数只要定义域和对应法则相同就认为是同一函数或称两函数相等.

例如，$f(x) \equiv 1, x \in (-\infty, +\infty)$ 和 $h(x) = \sin^2 x + \cos^2 x, x \in (-\infty, +\infty)$ 表面形式不同，实际上是相等的；而 $f(x) \equiv 1, x \in (-\infty, +\infty)$ 和 $g(x) = \dfrac{x}{x}$，$x \in (-\infty, 0) \cup (0, +\infty)$ 是两个不同的函数，因为两个函数的定义域不同.

(2) 在映射的定义中，任一 $x \in X$，要求有"唯一确定"的 y 与 x 对应，故由此定义的函数称为单值函数；而如果允许有"多个确定"的 y 与 x 对应，就可以称为多值函数. 事实上，多值函数可以分成若干单值分支来研究，在本书范围内，只讨论单值函数.

(3) 为了加深对函数概念的理解，对函数的两个基本要素做一些简要的说明:

1) 定义域 $D(f)$: 函数的定义域就是自变量所能取得的那些数构成的集合. 在实际问题中，可以根据实际问题的具体意义来确定，如例 5 自由落体的运动规律 $s = \dfrac{1}{2} g t^2$ 确定了 s 与 t 的一个函数关系，其中 t 表示的变化范围是从物体开始下落的时刻(设 $t = 0$)到物体到达地面的时刻(设 $t = T$)，故该函数的定义域 $D(f) = [0, T]$；在理论研究中，如果函数是由数学式子给出，又无须考虑它的实际意义，则往往取使得函数的表达式有意义的自变量的一切实数所组成的集合作为该函数的定义域，这种定义域通常称为**自然定义域**(natural domain). 例如，如果不考虑实际意义，那么例 5 中函数的定义域为 $(-\infty, +\infty)$，又如函数 $y = \sqrt{1 - |x|} + \lg(2x - 1)$ 的定义域是由使右端两项都有意义的那些 x 所构成的数集，故 $D(f) = [-1, 1] \cap \left(\dfrac{1}{2}, +\infty\right) = \left(\dfrac{1}{2}, 1\right]$. 若函数的定义域构成区间，则函数的定义域常称为定义区间.

2) 对应法则 f: 对应法则是 y 与 x 之间函数关系的具体表现，它的表示法很多,常用的有三种:列表法、图示法和公式法(也称解析法).

　　所谓列表法就是将自变量与因变量的对应数据列成表格,它们之间的函数关系从表格上一目了然. 例如三角函数表、对数函数表等. 很多生产部门常采用图示法来表示函数关系. 例如,气象站用仪表记录下的气温曲线来表示气温随时间的变化关系,工厂中用温度-压力曲线来表示温度与压力之间的函数关系等.

　　理论研究中常用公式法,即用具体数学表达式表示函数关系的方法. 这种方法读者在中学已接触很多,这里不再赘述.

　　平面点集 $C=\{(x,y)\,|\,y=f(x),x\in D(f)\}$ 称为函数 $y=f(x)$ 的图形(也称为曲线 $y=f(x)$)(见图1-6).

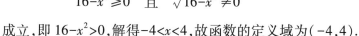

图1-6

　　例7　求函数 $y=\dfrac{1}{\sqrt{16-x^2}}$ 的定义域.

　　解　要使函数 y 有意义,必须使

$$16-x^2\geq 0 \quad 且 \quad \sqrt{16-x^2}\neq 0$$

成立,即 $16-x^2>0$,解得 $-4<x<4$,故函数的定义域为 $(-4,4)$.

　　例8　求函数 $y=\sqrt{1-\dfrac{|x-1|}{2}}+\ln(x-2)$ 的定义域.

　　解　要使函数 y 有意义,必须使

$$\begin{cases}1-\dfrac{|x-1|}{2}\geq 0,\\ x-2>0\end{cases}$$

成立,即

$$\begin{cases}-1\leq x\leq 3,\\ x>2\end{cases}$$

解此不等式组,得 $2<x\leq 3$,故函数的定义域为 $(2,3]$.

　　例9　比较函数 $f(x)=2\lg x,g(x)=\lg x^2$ 是否相同,并说明原因.

　　解　函数 $f(x)=2\lg x$ 的定义域是 $(0,+\infty)$,$g(x)=\lg x^2$ 的定义域是 $(-\infty,0)\cup(0,+\infty)$. 因为定义域不同,所以两个函数是不同的.

例 10　比较函数 $f(x) = x$，$g(x) = \sqrt{x^2}$ 是否相同，并说明原因.

解　函数 $f(x)$，$g(x)$ 的定义域都是 $(-\infty, +\infty)$，但是函数 $g(x) = \sqrt{x^2} = |x|$，当 $x \geq 0$ 时，函数 $f(x) = g(x) = x$，而当 $x < 0$ 时，函数 $f(x) = x$，$g(x) = -x$，故两个函数的对应法则不同，因此这两个函数是不同的函数.

在函数的定义中，并不要求在整个定义域上只能用一个表达式表示对应法则，在很多问题中常常会遇到这种情况，就是在定义域的不同部分上用不同的表达式来表示对应法则，这种函数称为**分段函数**（piecewise function）. 现在举一些分段函数的例子.

例 11　在电子技术中经常遇到三角波，它的波形的表达式为

$$u = u(t) = \begin{cases} t, & 0 \leq t \leq 1, \\ 2-t, & 1 < t \leq 2. \end{cases}$$

它是一个分段函数，不能认为是两个函数（见图 1-7）.

例 12　**符号函数**（sign function）（见图 1-8）：

$$\operatorname{sgn} x = \begin{cases} 1, & x > 0, \\ 0, & x = 0, \\ -1, & x < 0. \end{cases}$$

例 13　**取整函数**（greatest integer function）：$y = [x]$（$x \in \mathbf{R}$），其中 $[x]$ 表示不超过 x 的最大整数（见图 1-9）.

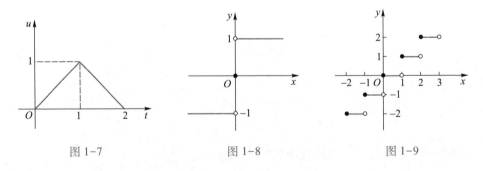

图 1-7　　　　　　　　图 1-8　　　　　　　　图 1-9

例 14　**狄利克雷函数**（Dirichlet function）：

$$y = \begin{cases} 1, & \text{当 } x \text{ 是有理数时}, \\ 0, & \text{当 } x \text{ 是无理数时}. \end{cases}$$

该函数的定义域为 $D=(-\infty,+\infty)$,值域为 $W=\{0,1\}$,但它没有直观的图形表示.

例 15 某快递公司收寄省内快件的收费标准为:快件质量不超过 3 千克时,收费 8 元,超过 3 千克时,每超 1 千克加收 3 元. 试建立快件收寄费 y(元)与快件质量 x(千克)之间的函数关系.

解 按照收费标准,当 $0<x\leqslant 3$ 时,收费 $y=8$;而当 $x>3$ 时,超过部分要加收 $3(x-3)$,所以此时收费为 $8+3(x-3)=3x-1$,故快件收寄费 y 与快件质量 x 之间的函数关系为

$$y=\begin{cases}8, & 0<x\leqslant 3, \\ 3x-1, & x>3.\end{cases}$$

例 16 设

$$f(x)=\begin{cases}0, & -1<x\leqslant 0, \\ x^2, & 0<x\leqslant 1, \\ 3-x, & 1<x\leqslant 2.\end{cases}$$

(1)作出函数的图形;

(2)写出函数的定义域,并求出 $f\left(\dfrac{1}{2}\right)$,$f\left(\dfrac{3}{2}\right)$.

解 (1)该分段函数的图形如图 1-10 所示.

(2)函数 $f(x)$ 的定义域是 $(-1,2]$.

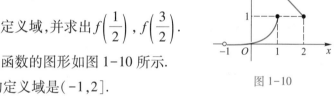

图 1-10

当 $x\in(0,1]$ 时,$f(x)=x^2$;当 $x\in(1,2]$ 时,$f(x)=3-x$. 则

$$f\left(\frac{1}{2}\right)=\left(\frac{1}{2}\right)^2=\frac{1}{4}, \quad f\left(\frac{3}{2}\right)=3-\frac{3}{2}=\frac{3}{2}.$$

习题 1-1

1.求下列函数的定义域.

(1)$y=\sqrt{3-2x-x^2}$;

(2)$y=\dfrac{\lg(2-x)}{\sqrt{|x|-1}}$;

（3）$y=\dfrac{1}{\sqrt{x^2-3}}$；

（4）$y=\dfrac{1}{1-x^2}+\sqrt{x+2}$；

（5）$y=\dfrac{1}{x^2-3x+2}$；

（6）$y=\begin{cases}\sin\dfrac{1}{x}, & x\neq0 \\ 0, & x=0\end{cases}$；

（7）$y=\sqrt{\dfrac{3-x}{x}}$；

（8）$y=\sqrt{\dfrac{1+x}{1-x}}$；

（9）$y=\dfrac{1}{\sqrt{x+2}}+\sqrt{x(x-1)}$；

（10）$y=\dfrac{\sqrt{x}}{\sqrt{1-x^2}}$.

2. 下列各题中，$f(x)$ 与 $g(x)$ 是否为同一函数？为什么？

（1）$f(x)=x\sqrt[5]{x}$，$g(x)=\sqrt[5]{x^6}$；

（2）$f(x)=|\cos x|$，$g(x)=\sqrt{1-\sin^2x}$；

（3）$f(x)=\dfrac{x^2}{x}$，$g(x)=x$；

（4）$f(x)=\ln\dfrac{x+2}{x+1}$，$g(x)=\ln(x+2)-\ln(x+1)$.

3. 设 $f(x)=\begin{cases}x, & -4\leqslant x<0, \\ 2, & 0\leqslant x<2, \\ 4-x, & 2\leqslant x\leqslant4,\end{cases}$ 作出函数的图形，并求 $f(-2)$，$f(0)$，$f(1)$，

$f(3.95)$的值.

4. 一球的半径为 r，作外切于球的圆锥，试将其体积 V 表示为高 h 的函数，并说明其定义域.

5. 一个无盖的长方体木箱，容积为 $4\ \mathrm{m}^3$，底为正方形，试把木箱的表面积 S 表示为底边长 x 的函数.

6. 设函数 $y=f(x)$ 的图形由方程 $x^2+y^2=1$ 及 $x^2-4x+y+3=0$ 在上半平面$(y\geqslant0)$ 的图形所构成，试写出 $f(x)$ 的解析表达式.

7. 根据我国个人所得税法规定（2019 年 1 月）：个人工资、薪金所得应纳个人所得税，应纳税所得额的计算为：以每月收入额（扣除五险一金）减去 5 000 元的余额为应纳税所得额，其部分税率表见表 1-1.

表 1-1

级数	全月应纳税所得额	税率/(%)
1	不超过 3 000 元	3
2	超过 3 000 元至 12 000 元的部分	10
3	超过 12 000 元至 25 000 元的部分	20

若某人的月工资、薪金所得为 x 元,请列出他应纳的税款 y 与 x 之间的关系. 现小王月收入为 8 500 元,他应该纳税多少?

第二节　函数的简单性态

一、有界性

设函数 $f(x)$ 在数集 X 上有定义,若存在正数 M,使得对一切 $x \in X$,恒有

$$|f(x)| \leqslant M,$$

则称函数 $f(x)$ 在 X 上**有界**(bounded). 若对无论多么大的正数 M,在 X 上至少存在一点 x_0,使得

$$|f(x_0)| > M,$$

则称函数 $f(x)$ 在 X 上**无界**(unbounded).

如果函数 $f(x)$ 在其自然定义域内有界,则称函数 $f(x)$ 是**有界函数**(bounded function).

例1　试证:

(1) 函数 $f(x) = \sin x$ 是有界函数.

(2) 函数 $f(x) = \dfrac{1}{x}$ 在 $(0, 1)$ 内无界.

证明　(1) 取 $M = 1$,对一切 $x \in (-\infty, +\infty)$,恒有 $|\sin x| \leqslant M$,即函数 $f(x) = \sin x$ 在 $(-\infty, +\infty)$ 内是有界函数.

（2）对任意 $M>1$，在 $(0,1)$ 内总存在使 $\left|\dfrac{1}{x}\right|>M$ 的 x，事实上，只要取

$x<\dfrac{1}{M}$，就恒有 $\left|\dfrac{1}{x}\right|>M$，故函数 $f(x)=\dfrac{1}{x}$ 在 $(0,1)$ 内无界.

注 （1）讨论函数的有界性必须注意自变量的变化范围.

（2）对于定义在 X 上的函数 $f(x)$，如果存在常数 M，使得对于一切 $x\in X$，恒有 $f(x)\leqslant M$ 成立，则称常数 M 是函数 $f(x)$ 的一个上界；如果存在常数 m，使得对于一切 $x\in X$，恒有 $f(x)\geqslant m$ 成立，则称常数 m 是函数 $f(x)$ 的一个下界. 这样函数在 X 上有界就等价于函数在 X 上既有上界又有下界.

二、单调性

设函数 $f(x)$ 在区间 I 上有定义，如果对于任意的 $x_1,x_2\in I$，当 $x_1<x_2$ 时，恒有

$$f(x_1)<f(x_2)\ (或\ f(x_1)>f(x_2)),$$

则称函数 $f(x)$ 在区间 I 上**单调增加**（monotone increasing）（或**单调减少**（monotone decreasing））.

注 函数在区间 I 上单调增加或单调减少统称函数 $f(x)$ 在区间 I 上单调.

例 2 试证明函数 $y=x^3$ 是单调增加的.

证明 函数的定义域为 $(-\infty,+\infty)$，对于任意的 $x_1,x_2\in(-\infty,+\infty)$ 且 $x_1<x_2$. 由于

$$x_2^3-x_1^3=(x_2-x_1)(x_2^2+x_1x_2+x_1^2)$$

$$=\frac{1}{2}(x_2-x_1)\left[(x_2+x_1)^2+x_1^2+x_2^2\right]>0,$$

故函数 $y=x^3$ 在其定义域上是单调增加的.

例 3 试证函数 $f(x)=3^{x-1}$ 在 $(0,+\infty)$ 内单调增加.

证明 设 x_1,x_2 是 $(0,+\infty)$ 内任意两点，且 $x_1<x_2$，于是有

$$x_1-x_2<0.$$

因为 $\dfrac{f(x_1)}{f(x_2)}=\dfrac{3^{x_1-1}}{3^{x_2-1}}=3^{x_1-x_2}<1$，且 $f(x)>0$，所以

$$f(x_1)<f(x_2),$$

故函数 $f(x)$ 在 $(0,+\infty)$ 内单调增加.

并非所有函数都是单调的，如函数 $y=x^2$ 在 $(-\infty,0)$ 内单调减少，在 $(0,+\infty)$ 内单调增加，而在 $(-\infty,+\infty)$ 内是非单调函数.

三、奇偶性

设函数 $f(x)$ 的定义域 D 关于原点对称，如果对一切 $x\in D$，恒有

$$f(-x)=f(x),$$

则称函数 $f(x)$ 为 D 上的**偶函数**（even function）；若恒有

$$f(-x)=-f(x),$$

则称函数 $f(x)$ 为 D 上的**奇函数**（odd function）. 否则，称函数 $f(x)$ 在 D 上为非奇非偶函数.

设函数 $f(x)$ 是奇函数，(x_1,y_1) 是曲线 $y=f(x)$ 上任一点，则

$$f(-x_1)=-f(x_1)=-y_1,$$

即 $(-x_1,-y_1)$ 也在这条曲线上，又 (x_1,y_1) 和 $(-x_1,-y_1)$ 关于原点对称，故函数的图形关于原点对称. 类似可知，偶函数的图形关于 y 轴对称.

例 4 研究下列函数的奇偶性.

（1）$f(x)=\dfrac{1}{2}(a^x+a^{-x})$（$a>0$ 且 $a\neq 1$）；

（2）$g(x)=\ln(x+\sqrt{x^2+1})$；

（3）$h(x)=\sin x+\cos x$；

（4）$\varphi(x)=\ln x$.

解 （1）函数 $f(x)$ 的定义域是对称区间 $(-\infty,+\infty)$，又

$$f(-x)=\dfrac{1}{2}\left[a^{-x}+a^{-(-x)}\right]=f(x),$$

故函数 $f(x)$ 是偶函数.

（2）函数 $g(x)$ 的定义域是对称区间 $(-\infty,+\infty)$，又

$$g(-x)=\ln(\sqrt{x^2+1}-x)=\ln\frac{1}{x+\sqrt{x^2+1}}$$

$$=-\ln(x+\sqrt{x^2+1})=-g(x),$$

故函数 $g(x)$ 是奇函数.

（3）函数 $h(x)$ 的定义域是对称区间 $(-\infty,+\infty)$，但

$$h\left(-\frac{\pi}{4}\right)=0,\quad h\left(\frac{\pi}{4}\right)=\sqrt{2},$$

故函数 $h(x)$ 是非奇非偶函数.

（4）函数 $\varphi(x)$ 的定义域 $(0,+\infty)$ 不是对称区间，故 $\varphi(x)$ 不具有奇偶性.

四、周期性

设函数 $f(x)$ 的定义域为 D，如果存在非零常数 l，使得对一切 $x\in D$，$x+l\in D$，恒有

$$f(x+l)=f(x),$$

则称函数 $f(x)$ 为**周期函数**（periodic function），其中 l 称为函数 $f(x)$ 的周期（period）.

注　（1）周期函数的周期是不唯一的，若 T 为函数 $f(x)$ 的周期，则 $\pm T$，$\pm 2T$，$\cdots$ 都是它的周期. 习惯上，函数的周期通常指的是最小正周期（如果存在的话）. 如 $\tan x$ 的周期有 $\pm\pi$，$\pm 2\pi$，$\cdots$，习惯上称 π 为它的周期. 但不是所有的周期函数都有最小正周期，如 $y=C$（常数）是以任意非零常数为周期的函数，它却没有最小正周期.

（2）若函数的定义域不是无限域，一般不讨论其周期性.

（3）由周期函数的定义可知，函数 $f(x)$ 是周期函数，当且仅当关于 T 的方程

$$f(x+T)-f(x)=0\quad(x\in D,x+T\in D)$$

有非零常数解，并且这个非零常数解就是函数的一个周期.

例 5 判定函数 $f(x)=\sin^2 x$ 的周期性.

解 由于关于 T 的方程

$$\sin^2(x+T)-\sin^2 x=0$$

存在与 x 无关的非零常数解 $T=\pi$,故 $f(x)=\sin^2 x$ 是周期函数.

例 6 设 $f(x)$ 是周期为 T 的周期函数,试求函数 $f(ax+b)$ 的周期,其中 a,b 为常数,且 $a>0$.

解 因为

$$f(ax+b)=f(ax+b+T)=f\left[a\left(x+\frac{T}{a}\right)+b\right],$$

故按周期函数的定义,函数 $f(ax+b)$ 的周期为 $\dfrac{T}{a}$.

习题 1-2

1. 证明 $f(x)=\dfrac{1}{1+x^2}$ 是有界函数.

2. 试证下列函数在指定区间内的单调性.

(1) $y=\dfrac{x}{1-x}$, $(-\infty,1)$; 　　(2) $y=\cos x$, $(0,\pi)$;

(3) $y=-\sqrt{x}$, $(0,\pi)$; 　　(4) $y=2x+\ln x$, $(0,+\infty)$.

3. 下列函数中哪些是奇函数,哪些是偶函数,哪些既非奇函数又非偶函数?

(1) $y=x\sin x$; 　　(2) $y=x+\sin x$;

(3) $y=\sin x+\cos x$; 　　(4) $y=x(x+1)(x-1)$;

(5) $y=x\cos x$; 　　(6) $y=x^2+\cos x$.

4. 下列函数哪些是周期函数? 对于周期函数请指出其周期.

(1) $y=|\sin x|$; 　　(2) $y=\cos^2 x$;

(3) $y=x\cos x$; 　　(4) $y=1+\tan(x-1)$;

（5） $y = \sin x\cos x + 1$；   （6） $y = \sin x + \dfrac{1}{2}\sin 2x + \dfrac{1}{3}\sin 3x$.

5. 设 $f(x)$ 是定义在 $(-l,l)$ 上的函数，验证：

（1） $\varphi(x) = \dfrac{1}{2}[f(x) + f(-x)]$ 是偶函数；

（2） $\psi(x) = \dfrac{1}{2}[f(x) - f(-x)]$ 是奇函数.

6. 求一个 c 的值，使得 $(b+c)\sin(b+c) - (a+c)\sin(a+c) = 0$（提示：令 $f(x) = x\sin x$）.

7. 证明定义在 $(-l,l)$ 上的任意函数可表示为一个奇函数与一个偶函数之和（提示：利用第 5 题结论）.

8. 设函数 $y = f(x)$ 是奇函数，当 $x>0$ 时，$f(x) = x(1-x)$，求当 $x<0$ 时 $f(x)$ 的表达式.

第三节   初 等 函 数

一、反函数

函数关系的实质就是从定量分析的角度来描述运动过程中变量之间的相互依赖关系. 但在研究过程中，哪个变量作为自变量，哪个变量作为因变量（函数）是由具体问题来决定的.

例如，设某圆的半径为 r，则圆的周长 l 是半径 r 的函数：

$$l = 2\pi r,$$

这里 r 是自变量，l 是因变量（函数）.

若已知圆的周长 l，反过来求圆的半径 r，则有

$$r = \dfrac{l}{2\pi},$$

这里 l 是自变量，r 是因变量（函数）.

上述式子是同一个关系的两种提法,但是从函数的观点来看,由于对应法则不同,它们是两个不同的函数,常称它们互为反函数.

定义 1　如果确定函数 $y=f(x)$ 的映射 $f:X \rightarrow Y$ 是一一映射,那么这个映射的逆映射 $f^{-1}:Y \rightarrow X$ 所确定的函数 $x=f^{-1}(y), y \in Y$ 称为 $y=f(x)$ 的**反函数**(inverse function).

相对于反函数而言,原来的函数 $y=f(x)$ 称为**直接函数**(direct function).例如,函数 $x=\ln y$ 是函数 $y=\mathrm{e}^x$ 的反函数,函数 $y=\mathrm{e}^x$ 称为直接函数.

显然,函数 $y=f(x)$ 的定义域、值域分别为函数 $x=f^{-1}(y)$ 的值域、定义域.习惯上,将自变量写成 x,因变量写成 y,故称函数 $y=f^{-1}(x)$ 是函数 $y=f(x)$ 的反函数.例如,函数 $y=f(x)=\mathrm{e}^x$,其反函数为 $y=f^{-1}(x)=\ln x$.

根据反函数的定义,不难发现函数 $y=f(x)$ 与函数 $x=f^{-1}(y)$ 在 xOy 平面上表示同一条曲线,但由于 x,y 的对调,即用函数 $y=f^{-1}(x)$ 表示函数 $y=f(x)$ 的反函数,这时,若 $P(a,b)$ 是函数 $y=f(x)$ 图形上的点,则 $Q(b,a)$ 就是函数 $y=f^{-1}(x)$ 图形上的点(见图 1-11),而 P,Q 两点关于直线 $y=x$ 对称,因此函数 $y=f(x)$ 与其反函数 $y=f^{-1}(x)$ 的图形关于直线 $y=x$ 对称.

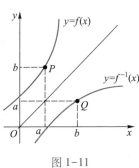

图 1-11

由反函数的定义和函数单调性的性质可知,单调函数的反函数一定存在,且其反函数与直接函数具有相同的单调性(请读者思考这是为什么?).一个函数在其整个定义域内不一定有反函数,但是在单调区间上可求得其反函数.例如 $y=x^2$ 在其定义域上反函数不存在,但是函数 $y=x^2$ 在区间 $(-\infty,0]$ 上是单调减少的,故函数 $y=x^2, x \in (-\infty,0]$ 的反函数为

$$y=-\sqrt{x}, \quad x \in [0,+\infty).$$

函数 $y=x^2$ 在区间 $[0,+\infty)$ 上是单调增加的,故函数 $y=x^2, x \in [0,+\infty)$ 的反函数为

$$y=\sqrt{x}, \quad x \in [0,+\infty).$$

例 1　设函数 $y=3x-2$,求它的反函数并画出图形.

解　从函数 $y=3x-2$ 直接解出 x，得

$$x=\frac{y+2}{3}.$$

交换变量记号，得 $y=3x-2$ 的反函数为

$$y=\frac{x+2}{3}$$

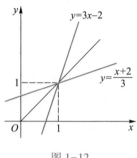

直接函数 $y=3x-2$ 与反函数 $y=\dfrac{x+2}{3}$ 的图形关于直线

$y=x$ 对称，如图 1-12 所示.

图 1-12

二、基本初等函数

以下六类函数称为基本初等函数，即常函数、幂函数、指数函数、对数函数、三角函数及反三角函数. 现在给出这些函数的简单性质和图形.

1. 常函数(constant function) $y=C$(C 为常数)

常函数的定义域是 $(-\infty,+\infty)$，它的图形是一条平行于 x 轴的直线(见图 1-13). 例如，函数 $y=2$ 的定义域是 $(-\infty,+\infty)$，值域 $W=\{2\}$，它的图形是一条平行于 x 轴的直线.

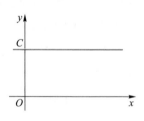

图 1-13

2. 幂函数(power function) $y=x^{\mu}$(μ 是常数)

幂函数的定义域和值域依 μ 的取值不同而不同，但是无论 μ 取何值，幂函数在 $x\in(0,+\infty)$ 内总有定义. 而且图形都经过 $(1,1)$ 点(见图 1-14).

当 μ 为正整数时，函数 $y=x^{\mu}$ 的定义域是 $(-\infty,+\infty)$，且 μ 为偶(奇)数时，函数 $y=x^{\mu}$ 为偶(奇)函数.

当 μ 为负整数时，函数 $y=x^{\mu}$ 的定义域是 $(-\infty,0)\cup(0,+\infty)$.

当 μ 为分数时，情况就较为复杂，如函数 $y=x^{\frac{2}{3}}$，$y=x^{\frac{3}{5}}$ 的定义域为 $(-\infty,+\infty)$，函数 $y=x^{-\frac{2}{3}}$，$y=x^{-\frac{3}{5}}$ 的定义域为 $(-\infty,0)\cup(0,+\infty)$，函数 $y=x^{\frac{1}{2}}$ 的定义域为 $[0,+\infty)$.

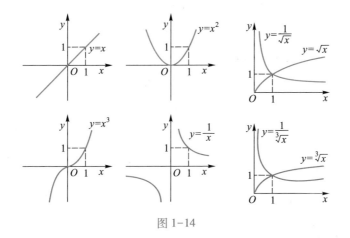

图 1-14

3. 指数函数(exponential function)$y=a^x$($a>0$ 且 $a\neq1$,a 为常数)

指数函数的定义域为$(-\infty,+\infty)$. 当 $a>1$ 时,它单调增加;当 $0<a<1$ 时,它单调减少. 对于任意的 a,a^x 的值域都是$(0,+\infty)$,函数的图形都过$(0,1)$点(见图 1-15). 函数 $y=a^x$ 与 $y=a^{-x}$ 的图形关于 y 轴对称. 最为常见就是以 $e=2.718\,281\,8\cdots$为底数的指数函数,即 $y=e^x$.

4. 对数函数(logarithmic function)$y=\log_a x$($a>0$ 且 $a\neq1$,a 为常数)

对数函数的定义域为$(0,+\infty)$. 当 $a>1$ 时,它单调增加;当 $0<a<1$ 时,它单调减少. 函数的图形都过点$(1,0)$(见图 1-16). 其中以 10 为底的对数函数记为 $y=\lg x$,称为**常用对数函数**;以 e 为底数的对数函数叫做**自然对数函数**,记为 $y=\ln x$. $y=\lg x$ 与 $y=10^x$ 互为反函数,$y=\ln x$ 与 $y=e^x$ 互为反函数.

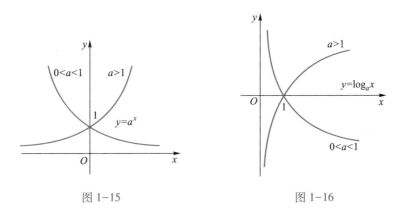

图 1-15　　　　　　　　　　图 1-16

现在给出与对数函数有关的几个重要恒等式:

换底公式
$$\log_a x = \frac{\log_b x}{\log_b a}$$

恒等式
$$a^x = e^{x\ln a}, \quad x = a^{\log_a x}$$

运算性质
$$\log_a (xy) = \log_a x + \log_a y,$$

$$\log_a \frac{x}{y} = \log_a x - \log_a y$$

5. 三角函数(trigonometric function)

通常使用的三角函数有正弦函数、余弦函数、正切函数和余切函数、正割函数和余割函数. 要注意的是,在三角函数中自变量是一个角的度量,通常以弧度为单位. 弧度与度数之间的换算公式为

$$1° = \frac{\pi}{180}弧度 \quad 或 \quad 1 \text{ 弧度} = \frac{180°}{\pi}.$$

正弦函数(sinusoidal function)

正弦函数 $y = \sin x$ 的定义域为 $(-\infty, +\infty)$,值域为 $[-1,1]$. $y = \sin x$ 是奇函数且是以 2π 为周期的周期函数(如图 1-17(a)所示). 在 $\left[2k\pi - \frac{\pi}{2}, 2k\pi + \frac{\pi}{2}\right]$ $(k \in \mathbf{Z})$ 上单调增加;在 $\left[2k\pi + \frac{\pi}{2}, 2k\pi + \frac{3\pi}{2}\right]$ $(k \in \mathbf{Z})$ 上单调减少.

余弦函数(cosine function)

余弦函数 $y = \cos x$ 的定义域为 $(-\infty, +\infty)$,值域为 $[-1,1]$. $y = \cos x$ 是偶函数且是以 2π 为周期的周期函数(如图 1-17(b)所示). 在 $[(2k-1)\pi, 2k\pi]$ $(k \in \mathbf{Z})$ 上单调增加;在 $[2k\pi, (2k+1)\pi]$ $(k \in \mathbf{Z})$ 上单调减少. 因为 $y = \cos x = \sin\left(x + \frac{\pi}{2}\right)$,所以把正弦曲线 $y = \sin x$ 沿 x 轴向左移动 $\frac{\pi}{2}$ 个单位,就得到了余弦曲线 $y = \cos x$.

正切函数(tangent function)

正切函数 $y = \tan x$ 的定义域为 $\left(k\pi - \frac{\pi}{2}, k\pi + \frac{\pi}{2}\right)$ $(k \in \mathbf{Z})$,值域为 $(-\infty, +\infty)$,在定义区间上单调增加,是奇函数,且是以 π 为周期的周期函数(如

图 1-17(c)所示).

余切函数(cotangent function)

余切函数 $y = \cot x$ 的定义域为 $(k\pi, (k+1)\pi)(k \in \mathbf{Z})$，值域为 $(-\infty, +\infty)$，在定义区间上单调减少，是奇函数，且是以 π 为周期的周期函数(如图 1-17(d)所示).

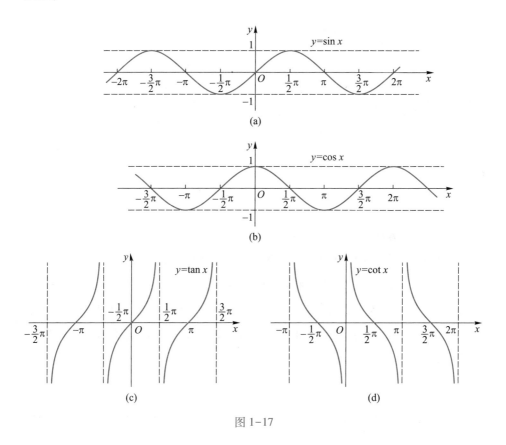

图 1-17

正割函数(secant function)

正割函数 $y = \sec x = \dfrac{1}{\cos x}$ 是以 2π 为周期的周期函数，正割函数 $y = \sec x$ 的定义域为 $\left(k\pi - \dfrac{\pi}{2}, k\pi + \dfrac{\pi}{2}\right)(k \in \mathbf{Z})$，值域为 $(-\infty, -1] \cup [1, +\infty)$ (如图 1-18(a)所示).

余割函数（cosecant function）

余割函数 $y=\csc x=\dfrac{1}{\sin x}$ 是以 2π 为周期的周期函数，余割函数 $y=\csc x$ 的定义域为 $(k\pi,(k+1)\pi)(k\in\mathbf{Z})$，值域为 $(-\infty,-1]\cup[1,+\infty)$（如图 1-18(b) 所示）.

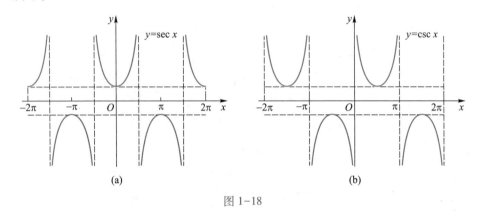

图 1-18

6. 反三角函数

由于三角函数是周期函数，对值域中的任何 y 值，自变量 x 都有无穷多个值与之对应，故在整个定义域上，三角函数不存在反函数. 但是，如果限定 x 的取值区间在某个单调区间上，则可以考虑三角函数的反函数，即把三角函数中的自变量看作因变量，而把因变量看作自变量所得到的函数叫做反三角函数（inverse trigonometric function）.

反正弦函数（inverse sine function）

正弦函数 $y=\sin x$ 在 $\left[-\dfrac{\pi}{2},\dfrac{\pi}{2}\right]$ 上单调增加，值域为 $[-1,1]$，其反函数称为反正弦函数，记为 $y=\arcsin x$，定义域为 $[-1,1]$，值域为 $\left[-\dfrac{\pi}{2},\dfrac{\pi}{2}\right]$（如图 1-19(a) 所示）. 反正弦函数是单调增加的有界奇函数，不是周期函数.

由于正弦函数是以 2π 为周期的周期函数，而且在每一个周期内有单调增加也有单调减少，所以每一个单调区间的反函数都存在. 例如，函数 $y=\sin x$，$x\in\left[\dfrac{\pi}{2},\dfrac{3\pi}{2}\right]$ 的反函数为 $y=\pi-\arcsin x$，其定义域为 $[-1,1]$. 对于其余单调区间的反函数,只需要在正弦函数 $y=\sin x, x\in\left[-\dfrac{\pi}{2},\dfrac{\pi}{2}\right]$ 或者 $x\in\left[\dfrac{\pi}{2},\dfrac{3\pi}{2}\right]$ 的反

函数基础上加、减周期就可以了. 例如函数 $y=\sin x, x\in\left[\dfrac{3\pi}{2},\dfrac{5\pi}{2}\right]$ 可以由函数 $y=$

$\sin x, x\in\left[-\dfrac{\pi}{2},\dfrac{\pi}{2}\right]$ 向右平移 2π 个单位得到,故函数 $y=\sin x, x\in\left[\dfrac{3\pi}{2},\dfrac{5\pi}{2}\right]$ 的

反函数为 $y=2\pi+\arcsin x$,其定义域为 $[-1,1]$;函数 $y=\sin x, x\in\left[-\dfrac{3\pi}{2},-\dfrac{\pi}{2}\right]$

可以由函数 $y=\sin x, x\in\left[\dfrac{\pi}{2},\dfrac{3\pi}{2}\right]$ 向左平移 2π 个单位得到,故函数 $y=\sin x$,

$x\in\left[-\dfrac{3\pi}{2},-\dfrac{\pi}{2}\right]$ 的反函数为 $y=-2\pi+(\pi-\arcsin x)=-\pi-\arcsin x$,其定义域为

$[-1,1]$.

反余弦函数(inverse cosine function)

余弦函数 $y=\cos x$ 在 $[0,\pi]$ 上单调减少,值域为 $[-1,1]$,其反函数称为反余弦函数,记为 $y=\arccos x$,定义域为 $[-1,1]$,值域为 $[0,\pi]$(如图 1-19(b)所示). 反余弦函数是单调减少的有界函数,既不是奇函数也不是偶函数,也不是周期函数.

因为余弦函数是以 2π 为周期的周期函数,而且在每一个周期内有单调增加也有单调减少,所以每一个单调区间的反函数都存在,例如函数 $y=\cos x, x\in[-\pi,0]$ 的反函数为 $y=-\arccos x$,其定义域为 $[-1,1]$. 对于其余单调区间的反函数,与正弦各个区间的反函数类似,只需要在余弦函数 $y=\cos x, x\in[0,\pi]$ 或者 $x\in[-\pi,0]$ 上的反函数基础上加、减周期就可以了,例如函数 $y=\cos x, x\in[\pi,2\pi]$ 的反函数为 $y=2\pi-\arccos x$,其定义域为 $[-1,1]$;函数 $y=\cos x, x\in[2\pi,3\pi]$ 的反函数为 $y=2\pi+\arccos x$,其定义域为 $[-1,1]$.

反正切函数(inverse tangent function)

正切函数 $y=\tan x$ 在 $\left(-\dfrac{\pi}{2},\dfrac{\pi}{2}\right)$ 内单调增加,值域为 $(-\infty,+\infty)$,其反函数

称为反正切函数,记为 $y=\arctan x$,定义域为 $(-\infty,+\infty)$,值域为 $\left(-\dfrac{\pi}{2},\dfrac{\pi}{2}\right)$(如

图 1-19(c)所示). 反正切函数是单调增加的有界奇函数,也不是周期函数.

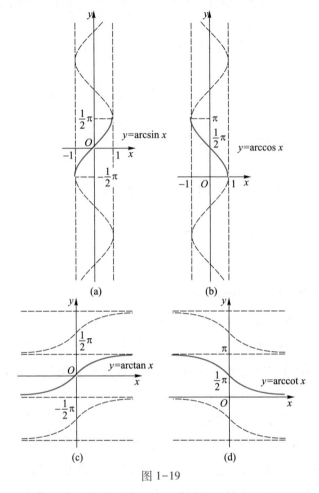

图 1-19

　　因为正切函数是以 π 为周期的周期函数,而且在每一个周期内都是单调增加的,所以在每一个单调区间的反函数都存在,与正弦各个区间的反函数类似,只需要在正切函数 $y=\tan x, x \in \left(-\dfrac{\pi}{2}, \dfrac{\pi}{2}\right)$ 的反函数基础上加、减周期就可以了. 例如函数 $y=\tan x, x \in \left(\dfrac{\pi}{2}, \dfrac{3\pi}{2}\right)$ 的反函数为 $y = \pi + \arctan x$,其定义域为 $(-\infty, +\infty)$.

　　反余切函数(inverse cotangent function)

　　余切函数 $y = \cot x$ 在 $(0, \pi)$ 内单调减少,值域为 $(-\infty, +\infty)$,其反函数称

为反余切函数,记为 $y = \operatorname{arccot} x$,定义域为 $(-\infty, +\infty)$,值域为 $(0, \pi)$(如图 1-19(d)所示). 反余切函数是单调减少的有界函数,既不是奇函数也不是偶函数,也不是周期函数.

与反正切函数类似,余切函数 $y = \cot x$ 在每一个单调区间的反函数都存在,与正弦各个区间的反函数类似,只需要在余切函数 $y = \cot x, x \in (0, \pi)$ 的反函数基础上加、减周期就可以了. 例如函数 $y = \cot x, x \in (-\pi, 0)$ 的反函数为 $y = -\pi + \operatorname{arccot} x$,其定义域为 $(-\infty, +\infty)$.

三、复合函数

基本初等函数都是比较简单的函数,但在实际中遇到的函数一般来说都是比较复杂的,这些复杂函数可视为一些简单函数的复合.

设 $y = 2^u$ 而 $u = \sin x$,用 $\sin x$ 去代替第一个式子中的 u,得

$$y = 2^{\sin x}.$$

可以认为函数 $y = 2^{\sin x}$ 是由 $y = 2^u$ 及 $u = \sin x$ 复合而成的函数,这样的函数称为复合函数.

定义 2 设函数 $y = f(u), u \in D(f)$,函数 $u = \varphi(x), x \in D(\varphi)$,若 $u = \varphi(x)$ 的值域 $W(\varphi)$ 与 $y = f(u)$ 的定义域 $D(f)$ 的交集非空,即 $W(\varphi) \cap D(f) \neq \varnothing$,且当 x 在 $\varphi(x)$ 的定义域或定义域的一部分上取值时,所对应的 $u = \varphi(x)$ 的值在 $y = f(u)$ 的定义域 $D(f)$ 内变化,则称 $y = f[\varphi(x)]$ 是由函数 $y = f(u)$ 和函数 $u = \varphi(x)$ 构成的**复合函数**(composite function). 其中称 y 是因变量,x 是自变量,u 是中间变量.

例如,$y = \sin u, u = e^x$,由于 $y = \sin u$ 的定义域 $(-\infty, +\infty)$ 与 $u = e^x$ 的值域 $(0, +\infty)$ 交集非空,而 $u = e^x$ 的定义域为 $(-\infty, +\infty)$,因此 $y = \sin e^x$ 就是由 $y = \sin u, u = e^x$ 复合而成的复合函数,其定义域为 $(-\infty, +\infty)$.

注 (1) 并非任意两个函数都可以复合,必须满足一定的条件,即后一函数的值域与前一函数的定义域交集非空.

例如,$y = \arcsin u$ 与 $u = x^2 + 2$ 是不能复合的,因为 $u = x^2 + 2$ 的值域为 $[2, +\infty)$,而 $y = \arcsin u$ 的定义域为 $[-1, 1]$,二者交集为空集.

（2）定义 2 可推广到两个以上函数复合的情形.

例如，$y=f(u)$，$u=\varphi(v)$，$v=\psi(x)$ 在可复合的条件下能复合成函数 $y=f(\varphi(\psi(x)))$.

（3）对于复合函数不仅要掌握复合函数的构造，更重要的是要掌握复合函数的分解，即把复合函数分解成一些简单函数.

例 2   设 $f(u)=\sin u$，$\varphi(x)=x^2+1$，求 $f(\varphi(x))$.

解 $f(\varphi(x))=\sin\varphi(x)=\sin(x^2+1)$.

例 3   设函数 $f(x)=\sin x$，$g(x)=\sqrt{x-2}$，求 $f(g(x))$，$g(f(x))$，$f(f(x))$，$g(g(x))$.

解 $f(g(x))=f(\sqrt{x-2})=\sin\sqrt{x-2}$，它的定义域为 $[2,+\infty)$.

$g(f(x))=g(\sin x)=\sqrt{\sin x-2}$，因 $|\sin x|\leqslant 1$，故 $\sin x-2\leqslant-1$，$\sqrt{\sin x-2}$ 没有意义，所以虽然复合函数形式上有一个表达式，但是因其定义域是一个空集，故这个函数实际上不存在.

$f(f(x))=f(\sin x)=\sin\sin x$，它的定义域为 $(-\infty,+\infty)$.

$g(g(x))=g(\sqrt{x-2})=\sqrt{\sqrt{x-2}-2}$，它的定义域为 $[6,+\infty)$.

例 4   设 $f(x)=\dfrac{1}{1+x}$，求 $f(f(x))$.

解 $f(f(x))=\dfrac{1}{1+f(x)}=\dfrac{1}{1+\dfrac{1}{1+x}}=\dfrac{1+x}{2+x}$，

其定义域为 $(-\infty,-2)\cup(-2,-1)\cup(-1,+\infty)$.

例 5   设 $f\left(x+\dfrac{1}{x}\right)=x^2+\dfrac{1}{x^2}$，求 $f(x)$.

解法一   令 $x+\dfrac{1}{x}=t$，即 $x^2-tx+1=0$，可得 $x=\dfrac{t\pm\sqrt{t^2-4}}{2}$，代入原式有

$$f(t)=\left(\frac{t\pm\sqrt{t^2-4}}{2}\right)^2+\frac{1}{\left(\dfrac{t\pm\sqrt{t^2-4}}{2}\right)^2}=t^2-2,$$

故

$$f(x) = x^2 - 2.$$

解法二　设法将 $x^2 + \dfrac{1}{x^2}$ 化为 $x + \dfrac{1}{x}$ 的整体表达式，因为

$$x^2 + \frac{1}{x^2} = \left(x + \frac{1}{x}\right)^2 - 2,$$

所以

$$f(x) = x^2 - 2.$$

例 6　已知 $f(x) = e^{x^2}$，$f(\varphi(x)) = 1-x$，且 $\varphi(x) \geqslant 0$，求 $\varphi(x)$，并指出其定义域.

解　因为 $f(\varphi(x)) = e^{\varphi^2(x)} = 1-x$，所以

$$\varphi^2(x) = \ln(1-x).$$

因为 $\varphi(x) \geqslant 0$，所以

$$\varphi(x) = \sqrt{\ln(1-x)}.$$

现在再求 $\varphi(x)$ 的定义域.

要使 $\varphi(x)$ 有意义，则有

$$\begin{cases} \ln(1-x) \geqslant 0, \\ 1-x > 0, \end{cases}$$

即

$$\begin{cases} 1-x \geqslant 1, \\ 1-x > 0, \end{cases}$$

故 $\varphi(x)$ 的定义域为 $(-\infty, 0]$.

例 7　设 $af(x) + bf\left(\dfrac{1}{x}\right) = cx$，且 $|a| \neq |b|$，求 $f(x)$.

解　在上式中将 x 换成 $\dfrac{1}{x}$，则有

$$\begin{cases} af\left(\dfrac{1}{x}\right) + bf(x) = \dfrac{c}{x}, \\ af(x) + bf\left(\dfrac{1}{x}\right) = cx, \end{cases}$$

消去 $f\left(\dfrac{1}{x}\right)$ 可得

$$f(x)=\frac{c}{b^2-a^2}\left(\frac{b}{x}-ax\right).$$

例 8 将下列函数分解成简单函数.

（1）$y=\cos(\sin^2 x^3)$；

（2）$y=\ln(\tan x^2)$.

解 （1）$y=\cos(\sin^2 x^3)$ 可分解为

$$y=\cos u,\quad u=v^2,\quad v=\sin w,\quad w=x^3.$$

（2）$y=\ln(\tan x^2)$ 可分解为

$$y=\ln u,\quad u=\tan v,\quad v=x^2.$$

四、初等函数

定义 3 由基本初等函数经过有限次四则运算和有限次复合运算所得的且能用一个式子表示的函数,称为**初等函数**（elementary function）.

注 初等函数是能用一个解析式子表示的函数,分段函数一般不能表示成一个解析式,故一般不是初等函数.

在工程技术中经常用到一种由指数函数 e^x 与 e^{-x} 构成的初等函数,就是所谓的**双曲函数**（hyperbolic function）.

主要包括：

双曲正弦（hyperbolic sine）函数：

$\sinh x=\dfrac{e^x-e^{-x}}{2}(-\infty<x<+\infty)$（如图 1–20 所示）；

双曲余弦（hyperbolic cosine）函数：

$\cosh x=\dfrac{e^x+e^{-x}}{2}(-\infty<x<+\infty)$（如图 1–20 所示）；

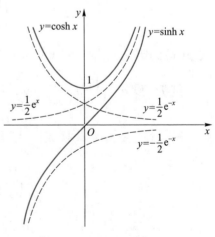

图 1–20

双曲正切(hyperbolic tangent)函数：$\tanh x = \dfrac{e^x - e^{-x}}{e^x + e^{-x}}$ $(-\infty < x < +\infty)$.

双曲函数与三角函数有许多类似的恒等式，即

$$\sinh(x \pm y) = \sinh x \cosh y \pm \cosh x \sinh y,$$

$$\cosh(x \pm y) = \cosh x \cosh y \pm \sinh x \sinh y,$$

$$\cosh^2 x - \sinh^2 x = 1, \quad \sinh 2x = 2\sinh x \cosh x,$$

$$\cosh 2x = \cosh^2 x + \sinh^2 x, \quad \tanh x = \frac{\sinh x}{\cosh x}.$$

这些公式由定义很容易证明. 请读者自己完成.

双曲函数的反函数称为**反双曲函数**(inverse hyperbolic function). 由反函数的定义可推得：

反双曲正弦(inverse hyperbolic sine)函数：

$$\operatorname{arsinh} x = \ln\left(x + \sqrt{1 + x^2}\right) \quad (-\infty < x < +\infty).$$

反双曲余弦(inverse hyperbolic cosine)：

$$\operatorname{arcosh} x = \ln\left(x + \sqrt{x^2 - 1}\right) \quad (1 \leqslant x < +\infty).$$

反双曲正切(inverse hyperbolic tangent)：

$$\operatorname{artanh} x = \frac{1}{2}\ln\frac{x+1}{1-x} \quad (-1 < x < 1).$$

现在以反双曲正弦为例说明推导方法：

设 $y = \operatorname{arsinh} x$，则有

$$x = \sinh y = \frac{e^y - e^{-y}}{2} = \frac{e^{2y} - 1}{2e^y}.$$

令 $e^y = u$，则上式变为关于 u 的二次方程

$$u^2 - 2xu - 1 = 0,$$

解此方程，可得

$$e^y = u = x \pm \sqrt{x^2 + 1}.$$

由于 $e^y > 0$，故应舍去"$-$"号，从而得

$$y = \operatorname{arsinh} x = \ln\left(x + \sqrt{x^2 + 1}\right) \quad (-\infty < x < +\infty).$$

习题 1-3

1. 求下列函数的反函数.

(1) $y = \ln(x+2) + 1$;

(2) $y = \arcsin \dfrac{x-1}{4}$;

(3) $y = \dfrac{2^x}{2^x + 1}$;

(4) $y = \dfrac{1-x}{1+x}$;

(5) $y = \lg(x + \sqrt{x^2 - 1})$;

(6) $y = \sqrt[3]{x+3}$.

2. 写出下列函数组成的复合函数,并求出其定义域.

(1) $y = u^2$, $u = \sin(1+2x)$;

(2) $y = \ln u$, $u = \sqrt{v}$, $v = 1 + \sin^2 x$;

(3) $y = \arcsin u$, $u = 1 - x^2$;

(4) $y = \sqrt{u}$, $u = \sin v$, $v = 2x$.

3. 下列函数是由哪些简单函数复合而成的?

(1) $y = \cos^3(3x+2)$;

(2) $y = \ln \sqrt[3]{x+2}$;

(3) $y = \sqrt[3]{(1+x)^2 + 1}$;

(4) $y = [\arccos(1-x^2)]^3$.

4. a, b, c, d 取什么值时,才能使函数 $f(x) = \dfrac{ax+b}{cx+d}$ 对所有 x,满足

$$f(f(x)) = x.$$

5. 设 $f(x) = \begin{cases} x, & x < 0, \\ x+1, & x \geqslant 0, \end{cases}$ 求 $f(x+1)$, $f(x-1)$.

6. 设 $f\left(\dfrac{1}{x}\right) = x(1 + \sqrt{1+x^2})$, $x > 0$,求 $f(x)$.

7. 设 $f(1 + \sqrt{x}) = x$,求 $f(x)$.

8. 设 $f(x) = \begin{cases} 1, & |x| < 1, \\ 0, & |x| = 1, \\ -1, & |x| > 1, \end{cases}$ $g(x) = e^x$,求 $f[g(x)]$ 和 $g[f(x)]$,并作出这

两个函数的图形.

9. 已知 $f(x)=\dfrac{x}{\sqrt{1+x^2}}$，求 $f_n(x)=\overbrace{f[f[\cdots f(x)]]}^{n个}$.

10. 设 $\varphi(x)=\sqrt[n]{1-x^n}$，$x>0$，求 $\varphi[\varphi(x)]$.

11. 设 $f(x)$ 的定义域是 $[0,1]$，求下列函数的定义域：

(1) $f(x^2)$; (2) $f(\sin x)$;

(3) $f(x+a)(a>0)$; (4) $f(x+a)+f(x-a)(a>0)$.

12. 设 $f(x)=\dfrac{x}{x-1}$，试证明 $f[f[f(x)]]=f(x)(x\neq0,x\neq1)$，并求 $f\left[\dfrac{1}{f(x)}\right](x\neq0,x\neq1)$.

13. 某人从美国到加拿大去度假，他把美元兑换成加拿大元时，币面数值增加 12%，回到美国后他把加拿大元兑换成美元时，币面数值减少 12%，把这两个函数表示出来，并证明这两个函数不互为反函数，即经过这样一来一回的兑换后，他亏损了一些钱. 并就下面的具体数值进行计算：

设某人把 1 000 美元兑换成加拿大元，但因故未能去加拿大，于是他又将加拿大元兑换成了美元，问他亏损了多少钱？

第四节　曲线的极坐标方程和参数方程

一、曲线的极坐标方程

我们知道可以利用直角坐标来表示平面上点的位置和一些曲线的方程，但在有些具体问题中这并不方便. 例如，雷达兵在报告雷达发现的飞机的位置时，只需指出飞机的方向和距离. 像这种利用方向和距离来确定平面上点的位置的坐标系就是极坐标系. 下面介绍极坐标系的概念和曲线的极坐标方程.

如图 1-21 所示，在平面上取一定点 O，从 O 点引一条射线 Ox，再取定一个单位长度并规定角旋转的正

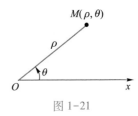

图 1-21

方向(通常以逆时针方向为正),这样就构成了一个极坐标系. O 点称为极点,射线 Ox 称为极轴.

设 M 为平面上任意一点,连接 OM,令 $|OM|=\rho$,θ 表示从 Ox 到 OM 的角,ρ 称为点 M 的**极径**(polar radius),θ 称为点 M 的**极角**(polar angle),这一对有序实数 (ρ,θ),称为点 M 的**极坐标**(polar coordinates),记作 $M(\rho,\theta)$.

当 $\rho=0$ 时,不论 θ 取什么值,$(0,\theta)$ 都表示极点. 当 $\theta=0$ 时,不论 ρ 取什么值,$(\rho,0)$ 都在极轴上.

当 $\rho\geq0,0\leq\theta<2\pi$ 时,对于平面上任意一点 M(除极点外),都可以找到唯一的一对实数 (ρ,θ) 与之对应;反过来,对于任意一对实数 (ρ,θ),也总可以在平面上找到唯一的一点 M 与之对应. 也就是说,当 ρ 与 θ 在上述范围内取值时,平面上的点 M(除极点外)与实数 (ρ,θ) 之间具有一一对应关系.

例如,如图 1-22 所示,当 $\rho\geq0,0\leq\theta<2\pi$ 时,点 M_1,M_2 的极坐标分别为 $\left(3,\dfrac{\pi}{6}\right)$ 和 $\left(1,\dfrac{\pi}{2}\right)$,而极坐标为 $\left(3,\dfrac{3\pi}{4}\right)$ 和 $\left(2,\dfrac{11\pi}{6}\right)$ 所对应的点分别是 M_3,M_4.

由于实际应用的需要,极径 ρ 和极角 θ 也可以取负值. 当 $\rho>0$ 时,规定在角 θ 的终边上取点 M,使 $|OM|=\rho$;当 $\rho<0$ 时,规定在角 θ 的终边的反向延长线上取点 M,使 $|OM|=|\rho|$;当 $\theta>0$ 时,极轴按逆时针方向旋转;当 $\theta<0$ 时,极轴按顺时针方向旋转.

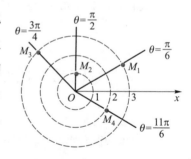

图 1-22

例如,图 1-22 中的点的坐标也可以写成

$$M_1\left(-3,\frac{7\pi}{6}\right),M_2\left(-1,\frac{3\pi}{2}\right),M_3\left(-3,-\frac{\pi}{4}\right),M_4\left(-2,\frac{5\pi}{6}\right).$$

由此可知,在这样的规定下,对于任意一对有序实数 (ρ,θ),仍然可以在平面上确定唯一的点 M,但是反过来,平面上任意一点却对应着无限多对实数,它们都是这个点的极坐标. 例如,图 1-22 中点 M_1 的极坐标可以是

$$\left(3,\frac{\pi}{6}\right),\left(3,\frac{13\pi}{6}\right),\left(-3,\frac{7\pi}{6}\right),\left(-3,-\frac{5\pi}{6}\right),\cdots.$$

一般来说,点 M_1 的极坐标可以写为

$$\left(3,\frac{\pi}{6}+2k\pi\right) \quad 或 \quad \left(-3,\frac{\pi}{6}+(2k+1)\pi\right),$$

其中 k 是整数,这种点与坐标之间的非一一对应关系也是极坐标不同于直角坐标的地方.

由于 $(-\rho,\theta+\pi)$ 和 (ρ,θ) 表示的是同一点的坐标. 因此,可将 $\rho<0$ 的情形转化为 $\rho>0$ 的情形来处理. 除非必要,一般 ρ 都不取负值.

极坐标系和直角坐标系是两种不同的坐标系,同一个点可以用极坐标表示,也可以用直角坐标表示. 为了研究问题方便,有时需要把它们相互转化.

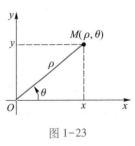

如图 1-23 所示,把直角坐标系的原点 O 作为极点 O,x 轴的非负半轴作为极轴 Ox,并在这两种坐标系中取相同单位长度.

图 1-23

设 M 是平面上任意一点,它的直角坐标是 (x,y),极坐标是 (ρ,θ),则有

$$\begin{cases} x=\rho\cos\theta, \\ y=\rho\sin\theta. \end{cases} \tag{1-1}$$

利用公式 (1-1) 可以把点 M 的极坐标化为直角坐标.

例 1 设点 M 的极坐标为 $\left(2,\frac{\pi}{3}\right)$,求它的直角坐标.

解 由式 (1-1),可得

$$x=2\cos\frac{\pi}{3}, \quad y=2\sin\frac{\pi}{3}.$$

于是,得点 M 的直角坐标为 $(1,\sqrt{3})$.

也可以把直角坐标化为极坐标,由式 (1-1) 变形可得

$$\begin{cases} \rho^2=x^2+y^2, \\ \tan\theta=\dfrac{y}{x}(x\neq 0). \end{cases} \tag{1-2}$$

为了使点 M(除极点外)的极坐标唯一确定,一般可取 $\rho>0,0\leqslant\theta<2\pi$. 当由 $\tan\theta$ 的值确定 θ 时,应该根据点 M 所在的象限决定恰当的 θ.

例 2 设点 M 的直角坐标为 $(1,-1)$，求它的极坐标.

解 由式 $(1-2)$ 可得

$$\rho=\sqrt{1^2+(-1)^2}=\sqrt{2}, \quad \tan\theta=\frac{-1}{1}=-1.$$

因为点 M 在第四象限，所以 $\theta=\dfrac{7\pi}{4}$，于是可得点 M 的极坐标为 $\left(\sqrt{2},\dfrac{7\pi}{4}\right)$.

在直角坐标系中，平面上的一条曲线可以用含有 x 和 y 的方程来表示. 同样，在极坐标系中，曲线也可以用含有 ρ 和 θ 的方程来表示. 而且有些曲线在直角坐标系中不容易用含有 x 和 y 的方程表示，但在极坐标系中却可简单地用含有 ρ 和 θ 的方程来表示. 这就要求在解决具体曲线方程问题时，选择建立恰当的坐标系来得出方程. 为了区别这两类曲线方程，将曲线在直角坐标系中得出的方程称为**曲线的直角坐标方程**，而在极坐标系中得出的方程称为**曲线的极坐标方程**.

利用点的直角坐标与极坐标间的互化公式，可将曲线的直角坐标方程与极坐标方程互化.

例 3 将等轴双曲线 $x^2-y^2=a^2(a>0)$ 化为极坐标方程.

解 由式 $(1-1)$，将 $x=\rho\cos\theta$，$y=\rho\sin\theta$ 代入方程，得

$$\rho^2\cos^2\theta-\rho^2\sin^2\theta=a^2,$$

即 $\rho^2\cos 2\theta=a^2$. 化简得

$$\rho^2=\frac{a^2}{\cos 2\theta},$$

即为所给等轴双曲线的极坐标方程.

例 4 将圆 $x^2+y^2-2ax=0(a>0)$ 化为极坐标方程.

解 由式 $(1-1)$，将 $x=\rho\cos\theta$，$y=\rho\sin\theta$ 代入方程，有

$$\rho^2\cos^2\theta+\rho^2\sin^2\theta-2a\rho\cos\theta=0$$

得 $\rho^2-2a\rho\cos\theta=0$，故

$$\rho=0 \quad \text{或} \quad \rho=2a\cos\theta.$$

由于 $\rho=0$，表示极点，与已知 $a>0$ 矛盾，应舍去，故所给圆的极坐标方程为

$$\rho=2a\cos\theta.$$

例 5　将 $\rho = 2a\sin\theta\,(a>0)$ 化为直角坐标方程,并画出它的图形.

解　将方程 $\rho = 2a\sin\theta\,(a>0)$ 的两端乘 ρ,得

$$\rho^2 = 2a\rho\sin\theta\quad(a>0).$$

将 $\rho^2 = x^2 + y^2$,$y = \rho\sin\theta$ 代入得 $x^2 + y^2 = 2ay$,即

$$x^2 + (y-a)^2 = a^2\quad(a>0).$$

显然,这是一个圆心在 $(0,a)$,半径为 a 的圆,如图 1-24 所示.

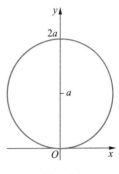

图 1-24

上述介绍了如何在直角坐标系或极坐标系内用坐标 (x,y) 或 (ρ,θ) 表示平面内一些曲线的方程. 但是在实际问题中,有些曲线用以上两种方法来表示都比较困难,也就是说,很难找到曲线所满足的 $f(x,y)=0$ 或 $g(\rho,\theta)=0$ 的式子. 为此,下面将引入一种新变量来表示曲线方程,即参数方程.

二、曲线的参数方程

在平面直角坐标系中,通常可以将一条平面曲线 C 上点的 x 与 y 坐标之间的关系通过参数 t 间接表示出来,有

$$\begin{cases} x = x(t), \\ y = y(t), \end{cases} t \in I,$$

其中 I 是函数 $x(t)$ 与 $y(t)$ 的公共定义区间. 如果对于 I 中每一个 t,由上式确定的点 $(x(t),y(t))$ 都在曲线 C 上,而曲线 C 上任一点 (x,y) 在 I 中都有确定的 t,使得 $x = x(t)$,$y = y(t)$. 这时,就称上式是曲线 C 的**参数方程**(parametric equation).

常见的用参数方程表示的曲线:

(1) 半径为 r,圆心在 (x_0,y_0) 的圆(见图 1-25),其参数方程为

$$\begin{cases} x = x_0 + r\cos t, \\ y = y_0 + r\sin t, \end{cases} 0 \leqslant t < 2\pi.$$

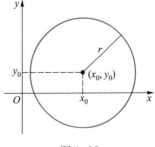

图 1-25

（2）由两点 $P_1(x_1,y_1)$，$P_2(x_2,y_2)$ 所确定的直线（见图 1-26）的参数方程为

$$\begin{cases} x=x_1+(x_2-x_1)t, \\ y=y_1+(y_2-y_1)t, \end{cases} -\infty<t<+\infty.$$

若限制参数 t 在区间 $[0,1]$ 上变化，则该方程表示线段 P_1P_2.

（3）星形线（见图 1-27），其参数方程为

$$\begin{cases} x=a\cos^3 t, \\ y=a\sin^3 t, \end{cases} -\infty<t<+\infty,$$

这里 $a>0$，星形线关于 x 轴和 y 轴都对称.

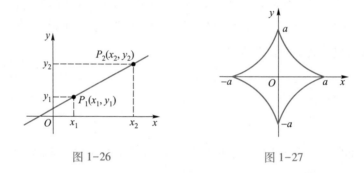

图 1-26   图 1-27

（4）摆线（又称旋轮线）. 顾名思义，摆线是轮子沿直线滚动时，轮子上一固定点的运动轨迹. 具体来说，一半径为 a 的圆，圆心在 $A(0,a)$ 处（见图 1-28），将圆沿 x 轴滚动，则圆周上固定点 M 的运动轨迹称为**摆线**（或称为旋轮线）.

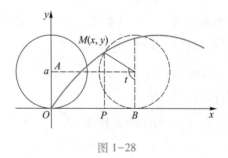

图 1-28

为求该曲线的方程，设当圆开始滚动时，圆周上的定点 M 的位置在坐标原点 $O(0,0)$，点 (x,y) 是圆转动角度为 t 时，点 M 所在位置的坐标，即摆线上

的动点. 根据图中的几何关系, 显然有

$$\overline{OB} = \overset{\frown}{BM} = at,$$

于是有

$$\begin{cases} x = \overline{OB} - \overline{PB} = at - a\sin t, \\ y = \overline{PM} = a - a\cos t, \end{cases}$$

故摆线的参数方程为

$$\begin{cases} x = a(t - \sin t), \\ y = a(1 - \cos t), \end{cases}$$

这里 $-\infty < t < +\infty$, 参数 t 的单位是弧度. 当 t 由 0 变到 2π 时, M 点就画出了摆线的一拱, 摆线的图形见附录.

习题 1-4

1. 已知点 M 在极坐标系下的坐标为 $\left(5, \dfrac{\pi}{3}\right)$, 则下列所给出的 4 个坐标中能表示点 M 的坐标的是 ( ).

A. $\left(5, -\dfrac{\pi}{3}\right)$ 　　B. $\left(5, \dfrac{4\pi}{3}\right)$ 　　C. $\left(5, -\dfrac{2\pi}{3}\right)$ 　　D. $\left(5, -\dfrac{5\pi}{3}\right)$

2. 写出下列点的极坐标.

(1) $(2, -2)$; 　(2) $(1, \sqrt{3})$; 　(3) $(-2\sqrt{3}, 2)$; 　(4) $(-3, -\sqrt{3})$.

3. 已知曲线的极坐标方程为 $\rho = 4\sin\theta$, 求曲线的直角坐标方程.

4. 求极坐标方程分别为 $\rho = \sin\theta$ 和 $\rho = \cos\theta$ 的两个圆的圆心距.

5. 求圆心为 $C\left(3, \dfrac{\pi}{6}\right)$, 半径为 3 的圆的极坐标方程.

6. 圆 O_1 和圆 O_2 的极坐标方程分别为 $\rho = -4\sin\theta$ 和 $\rho = 4\cos\theta$.

(1) 把圆 O_1 和圆 O_2 的极坐标方程化为直角坐标方程;

(2) 求经过圆 O_1 和圆 O_2 交点的直线的直角坐标方程.

7. 写出方程 $\begin{cases} x = 3t^2 + 2, \\ y = t^2 - 1 \end{cases}$（$t$ 为参数）的普通方程, 并求与 x 轴交点的直角

坐标.

8. 将参数方程 $\begin{cases} x = \cos\alpha, \\ y = 1 + \sin\alpha \end{cases}$（$\alpha$ 为参数）化成普通方程.

9. 直线 l 的参数方程为 $\begin{cases} x = 3 - \dfrac{\sqrt{2}}{2}t, \\ y = 5 + \dfrac{\sqrt{2}}{2}t \end{cases}$（$t$ 为参数）, 求在直角坐标系中直线 l 的

一般方程.

10. 已知直线 l 经过点 $P(1,1)$, 倾斜角为 $\alpha = \dfrac{\pi}{6}$.

（1）写出直线 l 的参数方程.

（2）设 l 与圆 $x^2 + y^2 = 4$ 相交于 A, B 两点, 求点 P 到 A, B 两点的距离之积.

第五节　数列的极限

　　春秋战国时期的哲学家庄子在《庄子·天下篇》中对"截丈问题"有一句名言"一尺之棰, 日取其半, 万世不竭", 这其中就隐含了深刻的极限思想. 又如我国古代数学家刘徽用圆内接正多边形的面积（当边数无限增加时）推算圆面积的计算方法——割圆术, 就是极限思想在几何学上的应用. 这种研究变量在某个变化过程中的变化趋势就是所谓的极限问题. 极限是高等数学的基础, 正确理解极限概念, 掌握其思想方法, 是学好高等数学的关键.

　　按照刘徽的设想, 首先作圆内接正六边形, 把它的面积记为 A_1, 再作圆内接正十二边形, 其面积记为 A_2, 再作圆内接正二十四边形, 其面积记为 A_3, 如此下去, 就得到一系列圆内接正多边形的面积:

$$A_1, A_2, A_3, \cdots, A_n, \cdots,$$

其中 A_n 为圆内接正 $6\times2^{n-1}$ 边形的面积,从而它们构成一列有次序的数. n 越大, A_n 作为圆面积的近似值也越精确. 自然就想到 n 要多么大就有多么大,于是 A_n 与圆的面积要多么接近就有多么接近. 用刘徽的话说,就是"割之弥细,所失弥少,割之又割,以至于不可割,则与圆周合体而无所失矣",用现在的话说,就是随着 n 的无限增加,圆的内接正 $6\times2^{n-1}$ 边形面积的极限就是圆的面积.

现在先给出数列的定义.

按照某种法则排列的一串无穷无尽的数:

$$x_1,x_2,\cdots,x_n,\cdots$$

称为无穷数列,简称**数列**(sequence of number),记为 $\{x_n\}$,其中 x_n 称为该数列的**通项**(general term)或**一般项**.

例如,

$$1,2,3,\cdots,n,\cdots;$$
$$1,\frac{1}{2},\frac{1}{3},\cdots,\frac{1}{n},\cdots;$$
$$1,-\frac{1}{2},\frac{1}{3},\cdots,(-1)^{n-1}\frac{1}{n},\cdots;$$
$$1,-1,1,\cdots,(-1)^{n-1},\cdots;$$
$$a,a,a,\cdots,a,\cdots$$

都是数列,它们的通项 x_n 分别为 $n,\frac{1}{n},(-1)^{n-1}\frac{1}{n},(-1)^{n-1},a$,常常将以上数列分别称为数列 $\{n\},\left\{\frac{1}{n}\right\},\left\{(-1)^{n-1}\frac{1}{n}\right\},\{(-1)^{n-1}\},\{a\}$.

从函数的观点来看,数列是一种特殊的函数,即 $x_n=f(n),n\in\mathbf{N}_+$. 它的特殊性体现在自变量的取值是离散的,并且只取正整数,这样的函数通常称为整标函数. 于是,可以像函数一样讨论其特性,比如数列的单调性和有界性. 现在就给出数列的有界以及单调的概念.

如上面的数列 $\{(-1)^{n-1}\}$,对任意正整数 n 都有 $|x_n|\leqslant1$,就称数列 $\{(-1)^{n-1}\}$ 有界.

一般地,对于数列 $\{x_n\}$,如果存在正数 M,使对 $\{x_n\}$ 的所有项都满足

$$|x_n| \leq M,$$

则称**数列** $\{x_n\}$ **有界**,否则,称数列 $\{x_n\}$ **无界**.

数列 $\{x_n\}$ 有界就是存在正数 M,对一切正整数 n,恒有

$$-M \leq x_n \leq M$$

成立. 也就是说,数列 $\{x_n\}$ 所表示的点都落入区间 $[-M,M]$ 上.

对于数列 $\{x_n\}$,如果存在 M,使得对一切正整数 n,均有 $x_n \leq M$ 成立,则称**数列** $\{x_n\}$ **有上界**,这里的 M 称为数列 $\{x_n\}$ 的一个上界.

对于数列 $\{x_n\}$,如果存在 m,使得对一切正整数 n,均有 $x_n \geq m$ 成立,则称**数列** $\{x_n\}$ **有下界**,这里的 m 称为数列 $\{x_n\}$ 的一个下界.

读者可以证明:数列 $\{x_n\}$ 有界的充要条件是数列 $\{x_n\}$ 既有上界又有下界.

又如,数列 $\{n\}$,有 $1<2<3<\cdots<n<n+1<\cdots$ 成立,则称数列 $\{n\}$ 为单调增加的数列;而数列 $\left\{\dfrac{1}{n}\right\}$,有 $1>\dfrac{1}{2}>\dfrac{1}{3}>\cdots>\dfrac{1}{n}>\dfrac{1}{n+1}>\cdots$ 成立,则称数列 $\left\{\dfrac{1}{n}\right\}$ 为单调减少的数列.

一般地,设有数列 $\{x_n\}$,如果对一切正整数 n,总有 $x_n \leq x_{n+1}$ 成立,则称该数列为单调增加数列;如果对一切正整数 n,总有 $x_n \geq x_{n+1}$ 成立,则称该数列为单调减少数列. 单调增加和单调减少的数列统称为**单调数列**.

一、数列极限的定义

对于数列,常常关心的是当 n 无限增大(记为 $n \to \infty$)时 x_n 的变化趋势. 如果当 $n \to \infty$ 时,x_n 无限接近于一个确定的常数 A,就称常数 A 是数列 $\{x_n\}$ 的极限. 否则,就说数列 $\{x_n\}$ 无极限. 例如,数列 $\{x_n\} = \left\{\dfrac{1}{n}\right\}$ 的极限为 0,而数列 $\{x_n\} = \{n\}$ 无极限.

应该指出,上述数列极限的定义是描述性的. 它虽然直观,易于理解,但并未从数量的角度来刻画究竟什么叫"无限增大"? 什么叫"无限接近"? 这

些问题只有从数量上说清楚了,极限的问题才能真正说清楚.

所谓"无限增大",从数量上说就是对于任一确定的正整数 N(不管多大), n 都比它还大,即 $n>N$;所谓" x_n 与 A 无限接近",就是 $|x_n-A|$ 可以任意地小,无论给定多么小的正数 ε, $|x_n-A|$ 都比 ε 还小,即 $|x_n-A|<\varepsilon$. 联系上述描述性定义可知,"n 无限增大"是"x_n 与 A 无限接近"成立的条件,或者说要使 $|x_n-A|<\varepsilon$,只要 n 足够大,即存在 N,使 $n>N$ 就行了.

例如,对于数列 $\left\{\dfrac{1}{n}\right\}$,给定 $\varepsilon=0.1$,要使

$$|x_n-0|=\left|\dfrac{1}{n}-0\right|=\dfrac{1}{n}<0.1,$$

只需 $n>10$,也就是说,从第 11 项开始,后面各项

$$x_{11},x_{12},\cdots,x_n,\cdots$$

都满足不等式

$$|x_n-0|<\varepsilon.$$

类似地,给定 $\varepsilon=0.01$,要使

$$|x_n-0|=\left|\dfrac{1}{n}-0\right|=\dfrac{1}{n}<0.01,$$

只需 $n>100$,也就是说,从第 101 项开始,后面各项

$$x_{101},x_{102},\cdots,x_n,\cdots$$

都满足不等式

$$|x_n-0|<\varepsilon.$$

一般地,$\forall\varepsilon>0$,要使

$$|x_n-0|=\left|\dfrac{1}{n}-0\right|=\dfrac{1}{n}<\varepsilon,$$

只需 $n>\dfrac{1}{\varepsilon}$,取 $N=\left[\dfrac{1}{\varepsilon}\right]$,当 $n>N$ 时,即从第 $N+1$ 项开始,后面所有项都满足不等式

$$|x_n-0|<\varepsilon.$$

因此说数列 $\left\{\dfrac{1}{n}\right\}$ 当 $n\to\infty$ 时的极限为 0.

一般地,有下述定义.

定义 设有数列 $\{x_n\}$ 及常数 A,如果对于任意给定的正数 ε(无论它多么小),总存在正整数 N,使得当 $n>N$ 时,恒有

$$|x_n-A|<\varepsilon$$

数列极限的概念

成立,则称常数 A 是数列 $\{x_n\}$ 的**极限**(limit)或称数列 $\{x_n\}$ 收敛于 A,记为

$$\lim_{n\to\infty}x_n=A \quad \text{或} \quad x_n\to A(n\to\infty).$$

对于数列 $\{x_n\}$,如果这样的常数 A 存在,就称数列 $\{x_n\}$ **收敛**(convergence),否则,就称数列 $\{x_n\}$ **发散**(divergence),习惯上也说 $\lim_{n\to\infty}x_n$ 不存在.

几点说明:

(1) ε 具有二重性. 一是任意性,即 ε 必须是一个可以任意小的正数,因为只有这样,才能表达出 x_n 与 A 可以无限接近;二是相对固定性,即 ε 一旦给定,就作为一个常数对待.

(2) N 的存在性. 如果存在正整数 N_0,使得当 $n>N_0$ 时,有 $|x_n-A|<\varepsilon$ 成立,即 $N_0+1,N_0+2,\cdots$ 之后的项都能保证 $|x_n-A|<\varepsilon$ 成立. 因此,定义中的 N 不唯一,但定义并不要求取最小的 N,只要能确定 N 存在就行. 如果对于较小的 ε 都存在 N,那么对于较大的 ε 这样的 N 也存在. 一般来说,N 依赖于 ε,ε 越小,N 就越大,它随着 ε 的给定而选定.

为了书写方便,可用逻辑符号表示极限. 这样,$\lim_{n\to\infty}x_n=A$ 的含义就可写成:

$$\forall \varepsilon>0,\exists N>0,当 n>N 时,恒有 |x_n-A|<\varepsilon 成立.$$

称之为数列极限的 $\varepsilon\text{-}N$ 定义.

(3) $\lim_{n\to\infty}x_n=A$ 的几何解释. 不等式 $|x_n-A|<\varepsilon$,即 $x_n\in(A-\varepsilon,A+\varepsilon)$,因此,定义在几何上是指,任给一个以 A 为中心的开区间 $(A-\varepsilon,A+\varepsilon)$(这样的区间称为 A 的 ε 邻域,记为 $U(A,\varepsilon)$),总存在正整数 N,使得满足 $n>N$ 的一切 x_n 所表示的点都无一例外地落在 $(A-\varepsilon,A+\varepsilon)$ 之中(见图 1-29).

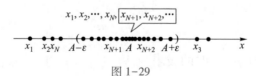

图 1-29

　　这就是数列极限的几何解释. 它表明在 $(A-\varepsilon, A+\varepsilon)$ 之外数列所对应的点最多只有有限个 (N 个), 其他无限多个点都聚集在点 A 的任意小的邻域内; 同时也表明了数列中的项到一定程度时变化就很微小, 呈现一种稳定的状态. 这种稳定的状态就是收敛的一种含义.

　　另外需指出, "无限接近"不能理解为"越来越近". 如"x_n 无限接近于 A"表示 $|x_n-A|$ 趋于 $0, x_n$ 以 A 为极限; 而"x_n 越来越接近于 A"则表示 $|x_n-A|$ 单调递减, 单调递减不见得趋于 0. 例如, 数列 $\left\{1+\dfrac{1}{n}\right\}$ 越来越接近于 $\dfrac{1}{2}$, 但 $\dfrac{1}{2}$ 并不是它的极限. 事实上, 当 $n\to\infty$ 时 $\left\{1+\dfrac{1}{n}\right\}$ 无限接近于 1, 因而 1 是它的极限.

　　例 1　证明 $\lim\limits_{n\to\infty}\dfrac{1}{n}=0$.

　　证明　$\forall\,\varepsilon>0$, 因为

$$|x_n-A|=\left|\frac{1}{n}-0\right|=\frac{1}{n},$$

所以, 要使 $|x_n-A|=\dfrac{1}{n}<\varepsilon$, 只要 $n>\dfrac{1}{\varepsilon}$ 即可.

　　取 $N=\left[\dfrac{1}{\varepsilon}\right]$, 则当 $n>N$ 时, 恒有 $\left|\dfrac{1}{n}-0\right|<\varepsilon$ 成立, 故

$$\lim_{n\to\infty}\frac{1}{n}=0.$$

　　例 2　证明 $\lim\limits_{n\to\infty}q^n=0\,(|q|<1)$.

　　证明　当 $q=0$ 时, 显然成立.

　　当 $0<|q|<1$ 时, 对任意给定的正数 ε (不妨设 $0<\varepsilon<1$). 因为 $|q^n-0|=|q|^n$, 所以, 要使 $|x_n-A|=|q|^n<\varepsilon$, 只要 $n>\dfrac{\ln\varepsilon}{\ln|q|}$.

　　取 $N=\left[\dfrac{\ln\varepsilon}{\ln|q|}\right]$, 则当 $n>N$ 时, 恒有 $|q^n-0|<\varepsilon$ 成立, 故

$$\lim_{n\to\infty}q^n=0\,(|q|<1).$$

　　从上述例子可以看到怎样去寻找 N, 方法就是: 从不等式 $|x_n-A|<\varepsilon$ 中

解出 n,随即可获得 N. 要注意的是,这里的 N 不是唯一的,如在例 1 中,也可以取 $N = \left[\dfrac{1}{\varepsilon}\right] + 1$ 或者取 $N = \left[\dfrac{1}{\varepsilon}\right] + 2$,等等. 类似可证,

$$\lim_{n\to\infty} \frac{1}{\sqrt{n}} = 0, \quad \lim_{n\to\infty} \frac{1}{n^{\alpha}} = 0\,(\alpha > 0).$$

例 3   证明 $\lim\limits_{n\to\infty} \dfrac{1}{n} \cos \dfrac{n\pi}{2} = 0.$

证明 $\forall \varepsilon > 0$,因为

$$|x_n - A| = \left| \frac{1}{n}\cos\frac{n\pi}{2} - 0 \right| \leqslant \frac{1}{n} < \frac{1}{n-1},$$

所以,要使 $|x_n - A| < \varepsilon$,只要 $\dfrac{1}{n-1} < \varepsilon$,即 $n > \dfrac{1}{\varepsilon} + 1$ 即可.

取 $N = \left[\dfrac{1}{\varepsilon}\right] + 1$,则当 $n > N$ 时,恒有 $\left|\dfrac{1}{n}\cos\dfrac{n\pi}{2} - 0\right| < \varepsilon$ 成立,故

$$\lim_{n\to\infty} \frac{1}{n}\cos\frac{n\pi}{2} = 0.$$

例 4   证明 $\lim\limits_{n\to\infty} \dfrac{(-1)^n}{(n+1)^2} = 0.$

证明 $\forall \varepsilon > 0$,因为

$$|x_n - 0| = \frac{1}{(n+1)^2} < \frac{1}{n+1} < \frac{1}{n},$$

所以,要使 $|x_n - 0| < \varepsilon$,只要 $\dfrac{1}{n} < \varepsilon$,即 $n > \dfrac{1}{\varepsilon}$.

取 $N = \left[\dfrac{1}{\varepsilon}\right]$,则当 $n > N$ 时,恒有 $\left|\dfrac{(-1)^n}{(n+1)^2} - 0\right| < \varepsilon$ 成立,故

$$\lim_{n\to\infty} \frac{(-1)^n}{(n+1)^2} = 0.$$

注   当从 $|x_n - A| < \varepsilon$ 直接求 N 较困难时,可设法对 $|x_n - A|$ 进行适当放大,然后求出 N. 如例 4 中用了 $\dfrac{1}{(n+1)^2} < \dfrac{1}{n+1} < \dfrac{1}{n} < \varepsilon$,于是从 $\dfrac{1}{n} < \varepsilon$ 中得到了 N,这是证明极限存在时常用的一种技巧.

二、子数列

从数列 $\{x_n\}$ 中任意抽取无穷多项并保持这些项在原数列 $\{x_n\}$ 中的先后次序而得到的数列称为数列 $\{x_n\}$ 的**子数列**(subsequence),简称**子列**.

设在数列 $\{x_n\}$ 中,第 1 次抽取 x_{n_1},第 2 次在 x_{n_1} 后面抽取 x_{n_2},第 3 次在 x_{n_2} 后面抽取 x_{n_3} ……这样无休止地抽取下去,得到一个数列可写为

$$x_{n_1}, x_{n_2}, \cdots, x_{n_k}, \cdots.$$

在子列中,一般项 x_{n_k} 是第 k 项,而 x_{n_k} 在原数列 $\{x_n\}$ 中却是第 n_k 项,显然,$n_k \geq k$. 不加证明地给出下述结论:

(1)若 $\lim\limits_{n\to\infty} x_n = A$,则任给子列 $\{x_{n_k}\}$,均有 $\lim\limits_{k\to\infty} x_{n_k} = A$. 反之亦然.

(2)若数列 $\{x_n\}$ 有两个子列收敛于不同的数,则数列 $\{x_n\}$ 必发散.

例 5 证明数列 $\{(-1)^{n-1}\}$ 是发散的.

证明 考察数列 $\{x_n\}$ 的两个子列 $\{x_{2k}\}$ 和 $\{x_{2k-1}\}$,因为

$$\lim_{k\to\infty} x_{2k} = -1 \neq \lim_{k\to\infty} x_{2k-1} = 1,$$

所以数列 $\{(-1)^{n-1}\}$ 是发散的.

注 数列 $\{x_{2n}\}$,$\{x_{2n-1}\}$ 分别称为数列 $\{x_n\}$ 的偶数(子)列与奇数(子)列.

例 6 已知 $\lim\limits_{n\to\infty} x_{2n} = A$,$\lim\limits_{n\to\infty} x_{2n+1} = A$,证明:$\lim\limits_{n\to\infty} x_n = A$.

证明 因为 $\lim\limits_{n\to\infty} x_{2n} = A$,$\lim\limits_{n\to\infty} x_{2n+1} = A$,所以 $\forall \varepsilon > 0$,

$\exists N_1 > 0$,当 $n > N_1$ 时,$|x_{2n} - A| < \varepsilon$ 成立;

$\exists N_2 > 0$,当 $n > N_2$ 时,$|x_{2n+1} - A| < \varepsilon$ 成立.

取 $N = \max\{2N_1, 2N_2 + 1\}$,当 $n > N$ 时,上面两个表达式同时成立,即对于大于 N 的一切 n(不论它是奇数还是偶数),恒有

$$|x_n - A| < \varepsilon$$

成立,所以 $\forall \varepsilon > 0$,$\exists N > 0$,当 $n > N$ 时,有 $|x_n - A| < \varepsilon$ 成立,故

$$\lim_{n\to\infty} x_n = A.$$

注 由数列极限的定义知,若 $\lim\limits_{n\to\infty} x_n = A$,则 $\{x_n\}$ 的任一子列的极限都存在且相等,都等于 A,因此有

$$\lim_{n\to\infty} x_n = A \iff \lim_{n\to\infty} x_{2n} = \lim_{n\to\infty} x_{2n+1} = A.$$

该结论可作为判别数列极限是否存在的一种方法. 例如,对于数列 $1,0,$ $1,0,1,0,\cdots$,因为 $\lim\limits_{n\to\infty}x_{2n}=0,\lim\limits_{n\to\infty}x_{2n+1}=1$,所以该数列极限不存在.

三、数列极限的性质

性质 1   收敛数列的极限是唯一的.

这个结论由极限的几何解释很容易说明. 因为如果数列 $\{x_n\}$ 有两个极限 A 和 B,且 $A\neq B$,那么分别作 A 和 B 的邻域, 使它们互不相交,由于 A 是 x_n 的极限,所以从某一个 N 以后所

收敛数列的性质

有的点 $x_{N+1},x_{N+2},\cdots$,都应落在 A 的邻域内,即邻域外的点最多只有有限个, 不可能有无穷多个点落在 B 的邻域内,这与 B 是 x_n 的极限相矛盾,所以 x_n 的极限只能有一个.

证明   用反证法. 假设数列 $\{x_n\}$ 收敛,但极限不唯一,即当 $n\to\infty$ 时, $x_n\to A,x_n\to B$,且 $A\neq B$.

不妨设 $A<B$,取 $\varepsilon=\dfrac{B-A}{2}>0$,因为 $\lim\limits_{n\to\infty}x_n=A$,则存在正整数 N_1,当 $n>N_1$ 时,有

$$|x_n-A|<\frac{B-A}{2},\quad 即\quad A-\frac{B-A}{2}<x_n<A+\frac{B-A}{2},$$

从而有

$$x_n<\frac{A+B}{2}.$$

又因为 $\lim\limits_{n\to\infty}x_n=B$,则存在正整数 N_2,当 $n>N_2$ 时,有

$$|x_n-B|<\frac{B-A}{2},\quad 即\quad B-\frac{B-A}{2}<x_n<B+\frac{B-A}{2},$$

从而有

$$x_n>\frac{A+B}{2}.$$

取 $N=\max\{N_1,N_2\}$,当 $n>N$ 时,$x_n<\dfrac{A+B}{2}$ 且 $x_n>\dfrac{A+B}{2}$,这显然是矛盾的. 因此,收敛数列的极限必是唯一的.

性质 2 收敛数列必有界.

证明 设 $\lim_{n\to\infty}x_n=A$,则由极限的定义,取 $\varepsilon=1$,存在正整数 N,当 $n>N$ 时,有 $|x_n-A|<1$. 于是,当 $n>N$ 时,有

$$|x_n|=|(x_n-A)+A|\leqslant|x_n-A|+|A|<1+|A|.$$

取

$$M=\max\{|x_1|,|x_2|,\cdots,|x_N|,1+|A|\},$$

那么数列 $\{x_n\}$ 中的一切 x_n 都满足 $|x_n|\leqslant M$,即数列 $\{x_n\}$ 是有界的.

注 (1) 这个结论的逆否命题是:无界数列必发散.

(2) 有界是数列收敛的必要条件而不是充分条件,即有界数列未必收敛. 如数列 $\left\{\dfrac{1+(-1)^n}{2}\right\}$ 是有界的,但它却发散.

性质 3(数列极限的保号性) 设 $\lim_{n\to\infty}x_n=A$,

(1) 若 $A>0$(或 $A<0$),则存在正整数 N,使得当 $n>N$ 时,有 $x_n>0$(或 $x_n<0$);

(2) 若存在 $N>0$,当 $n>N$ 时,$x_n\geqslant0$(或 $x_n\leqslant0$),则有 $A\geqslant0$(或 $A\leqslant0$).

证明 对于(1),若 $A>0$,由于 $\lim_{n\to\infty}x_n=A$,根据定义,取 $\varepsilon=\dfrac{A}{2}>0$,则必存在正整数 N,使得当 $n>N$ 时,有 $|x_n-A|<\dfrac{A}{2}$,即 $0<\dfrac{A}{2}<x_n<\dfrac{3}{2}A$,故 $x_n>0$. 若 $A<0$,类似可证.

对于(2),只就 $x_n\geqslant0$ 的情况进行证明:要证 $A\geqslant0$,采用反证法,假定 $A<0$,根据(1),存在正整数 N,当 $n>N$ 时,$x_n<0$,这和条件 $x_n\geqslant0$ 矛盾.

性质 4(极限的运算性质) 设 $\lim_{n\to\infty}x_n=A$,$\lim_{n\to\infty}y_n=B$,则

(1) $\lim\limits_{n\to\infty}(x_n+y_n)=A+B$;

(2) $\lim\limits_{n\to\infty}(x_n-y_n)=A-B$;

(3) $\lim\limits_{n\to\infty}(x_ny_n)=AB$;

(4) $\lim\limits_{n\to\infty}\dfrac{x_n}{y_n}=\dfrac{A}{B}(B\neq0)$.

现在只就加法和乘法法则进行证明.

证明　（1）$\forall \varepsilon > 0$，

由 $\lim\limits_{n \to \infty} x_n = A$ 知，存在正整数 N_1，当 $n > N_1$ 时，有 $|x_n - A| < \dfrac{\varepsilon}{2}$；

又 $\lim\limits_{n \to \infty} y_n = B$ 知，存在正整数 N_2，当 $n > N_2$ 时，有 $|y_n - B| < \dfrac{\varepsilon}{2}$.

取 $N = \max\{N_1, N_2\}$，当 $n > N$ 时，上面两个不等式同时成立，于是

$$|(x_n + y_n) - (A + B)| = |(x_n - A) + (y_n - B)|$$

$$\leqslant |x_n - A| + |y_n - B| < \frac{\varepsilon}{2} + \frac{\varepsilon}{2} = \varepsilon,$$

则 $\forall \varepsilon > 0$，$\exists N$，当 $n > N$ 时，有

$$|(x_n + y_n) - (A + B)| < \varepsilon,$$

故

$$\lim_{n \to \infty}(x_n + y_n) = A + B.$$

（3）
$$|x_n y_n - AB| = |x_n y_n - Ay_n + Ay_n - AB|$$

$$= |y_n(x_n - A) + A(y_n - B)|$$

$$\leqslant |y_n| \cdot |x_n - A| + |A| \cdot |y_n - B|.$$

当 $A = 0$ 时，结论是明显的，而当 $A \neq 0$ 时，因为 y_n 收敛，所以存在常数 $M > 0$，使 $|y_n| \leqslant M (n = 1, 2, \cdots)$.

$\forall \varepsilon > 0$，由 $\lim\limits_{n \to \infty} x_n = A$ 知，存在正整数 N_1，当 $n > N_1$ 时，有

$$|x_n - A| < \frac{\varepsilon}{2M};$$

又 $\lim\limits_{n \to \infty} y_n = A$ 知，存在正整数 N_2，当 $n > N_2$ 时，有

$$|y_n - B| < \frac{\varepsilon}{2|A|}.$$

取 $N = \max\{N_1, N_2\}$，当 $n > N$ 时，有

$$|x_n y_n - AB| < M \frac{\varepsilon}{2M} + |A| \frac{\varepsilon}{2|A|} = \varepsilon.$$

即 $\forall \varepsilon > 0$，$\exists N$，当 $n > N$ 时，有 $|x_n y_n - AB| < \varepsilon$，故

$$\lim_{n \to \infty} x_n y_n = AB.$$

注 极限四则运算性质的加、减、乘法法则可推广到有限个收敛数列的情形.

推论 1 设 $\lim_{n\to\infty}x_n=A$,则 $\lim_{n\to\infty}Cx_n=C\lim_{n\to\infty}x_n=CA$,$C$ 为任意常数.

推论 2 设 $\lim_{n\to\infty}x_n=A$,则 $\lim_{n\to\infty}x_n^2=\left(\lim_{n\to\infty}x_n\right)^2=A^2$.

推论 3 设 $\lim_{n\to\infty}x_n=A$,则 $\lim_{n\to\infty}x_n^k=\left(\lim_{n\to\infty}x_n\right)^k=A^k$,$k$ 为正整数.

例 7 求 $\lim\limits_{n\to\infty}\dfrac{n^2+3}{5n^2+6n}$.

解
$$\lim_{n\to\infty}\frac{n^2+3}{5n^2+6n}=\lim_{n\to\infty}\frac{1+\dfrac{3}{n^2}}{5+\dfrac{6}{n}}=\frac{\lim\limits_{n\to\infty}\left(1+\dfrac{3}{n^2}\right)}{\lim\limits_{n\to\infty}\left(5+\dfrac{6}{n}\right)}=\frac{\lim\limits_{n\to\infty}1+3\left(\lim\limits_{n\to\infty}\dfrac{1}{n}\right)^2}{\lim\limits_{n\to\infty}5+6\lim\limits_{n\to\infty}\dfrac{1}{n}}=\frac{1}{5}.$$

注 一般地,对于两个多项式之比,有以下结论:

$$\lim_{n\to\infty}\frac{a_mn^m+a_{m-1}n^{m-1}+\cdots+a_1n+a_0}{b_kn^k+b_{k-1}n^{k-1}+\cdots+b_1n+b_0}=\begin{cases}\dfrac{a_m}{b_m}, & m=k,\\[2mm] 0, & m<k,\end{cases}$$

其中 k,m 都是正整数,且 $a_i,b_j(i=0,1,2,\cdots,m,j=0,1,2,\cdots,k)$ 都是常数,$a_m\neq0,b_k\neq0$.

例 8 求 $\lim\limits_{n\to\infty}\left[\dfrac{1}{1\times2}+\dfrac{1}{2\times3}+\cdots+\dfrac{1}{n(n+1)}\right]$.

解 因为 $\dfrac{1}{n(n+1)}=\dfrac{1}{n}-\dfrac{1}{n+1}$,所以

$$\frac{1}{1\times2}+\frac{1}{2\times3}+\cdots+\frac{1}{n(n+1)}=\left(1-\frac{1}{2}\right)+\left(\frac{1}{2}-\frac{1}{3}\right)+\cdots+\left(\frac{1}{n}-\frac{1}{n+1}\right)=1-\frac{1}{n+1},$$

故

$$\lim_{n\to\infty}\left[\frac{1}{1\times2}+\frac{1}{2\times3}+\cdots+\frac{1}{n(n+1)}\right]=\lim_{n\to\infty}\left(1-\frac{1}{n+1}\right)=1.$$

四、数列极限的两个存在准则

准则 I(单调有界原理) 单调有界数列必收敛.

这个准则的证明要用到较多的基础理论,从略.这里只作如下解释:设数

列 $\{x_n\}$ 单调增加,则随 n 的增加,x_n 要么无限增大,要么无限地趋于一个常数,而有界数列只能是后一种情形. 单调减少的情形可类似地理解.

对于这个准则的应用,作以下几点说明:

（1）单调增加的数列,首项即为其下界,故单调增加的数列有界等价于有上界. 同样地,单调减少的数列有界等价于有下界. 因此"单调增加有上界或单调减少有下界的数列必收敛".

（2）单调数列未必收敛,如 $\{n\}$ 单调增加但却不收敛. 前面已经指出,有界数列也未必收敛,如 $\{(-1)^{n-1}\}$.

（3）单调有界是数列收敛的一个充分条件,即若数列满足单调有界这个条件,则必收敛,但若不满足条件,数列也可能收敛,如数列 $1,0,\dfrac{1}{2},0,\dfrac{1}{3},\cdots,$ $0,\dfrac{1}{n},\cdots$ 此数列不是单调的,但却收敛,极限是 0. 即收敛数列未必单调.

例 9　设有数列 $\{x_n\}$,$x_1>0$,$x_{n+1}=\dfrac{1}{2}\left(x_n+\dfrac{1}{x_n}\right)$,证明 $\{x_n\}$ 收敛,并求 $\lim\limits_{n\to\infty}x_n$.

解　由递推关系式及 $x_1>0$ 并结合数学归纳法,可知 $x_n>0$,使用平均值不等式有

$$x_{n+1}=\frac{1}{2}\left(x_n+\frac{1}{x_n}\right)\geqslant\sqrt{x_n\frac{1}{x_n}}=1,$$

即 $x_n\geqslant 1(n=1,2,\cdots)$,故 $\{x_n\}$ 有下界.

又由 $x_n^2\geqslant 1$,$\dfrac{1}{x_n^2}\leqslant 1$ 知,

$$\frac{x_{n+1}}{x_n}=\frac{1}{2}\left(1+\frac{1}{x_n^2}\right)\leqslant 1,$$

$$x_{n+1}\leqslant x_n,$$

即数列 $\{x_n\}$ 单调减少. 从而数列 $\{x_n\}$ 单调减少且有下界,由单调有界原理知,数列 $\{x_n\}$ 收敛.

设 $\lim\limits_{n\to\infty}x_n=A$,则 $\lim\limits_{n\to\infty}x_{n+1}=A$,递推关系式 $x_{n+1}=\dfrac{1}{2}\left(x_n+\dfrac{1}{x_n}\right)$ 两边同时取极限有

$$A = \frac{1}{2}\left(A + \frac{1}{A}\right),$$

解得 $A = 1$($A = -1$ 舍去,因为 $x_n > 0$),所以

$$\lim_{n \to \infty} x_n = 1.$$

例 10　设 $x_n = \left(1 + \frac{1}{n}\right)^n$,证明 $\lim_{n \to \infty} x_n$ 存在.

分析　可看出 $x_1 = 2$,$x_2 = 2.25$,$x_3 \approx 2.37$,$\cdots$由此可猜想 $\{x_n\}$ 单调递增且 $x_n < 4$(猜想 $x_n < 3$,类似可证). 下面采用分析法证之.

证明　先证单调递增. 即证 $\left(1 + \frac{1}{n}\right)^n < \left(1 + \frac{1}{n+1}\right)^{n+1}$,亦即证

$$\sqrt[n+1]{\left(1 + \frac{1}{n}\right)^n} < 1 + \frac{1}{n+1}.$$

由平均值不等式

$$\sqrt[n]{a_1 a_2 \cdots a_n} \leqslant \frac{a_1 + a_2 + \cdots + a_n}{n}$$

知,

$$\sqrt[n+1]{\left(1 + \frac{1}{n}\right)^n} = \sqrt[n+1]{\left(1 + \frac{1}{n}\right)\left(1 + \frac{1}{n}\right) \cdots \left(1 + \frac{1}{n}\right) \times 1}$$

$$< \frac{\left(1 + \frac{1}{n}\right) + \left(1 + \frac{1}{n}\right) + \cdots + \left(1 + \frac{1}{n}\right) + 1}{n+1}$$

$$= \frac{n+2}{n+1} = 1 + \frac{1}{n+1}.$$

于是,单调性得证.

再证有界性. 按猜想,即证 $\left(1 + \frac{1}{n}\right)^n < 4$,亦即证 $1 + \frac{1}{n} < \sqrt[n]{4}$ 或 $\sqrt[n]{\frac{1}{4}} < \frac{n}{n+1}$,由平均值不等式知

$$\sqrt[n]{\frac{1}{4}} = \sqrt[n]{\frac{1}{2} \times \frac{1}{2} \times \underbrace{1 \times 1 \times \cdots \times 1}_{(n-2)\text{个}}} < \frac{\frac{1}{2} + \frac{1}{2} + (n-2)}{n} = \frac{n-1}{n} < \frac{n}{n+1}.$$

于是,有界性得证.

综上所述,数列 $\{x_n\}$ 单调增加且有上界,故 $\lim\limits_{n\to\infty}\left(1+\dfrac{1}{n}\right)^n$ 存在,记为 e. 可通过其他的方法计算出 $e = 2.718\ 281\ 828\ 459\cdots$.

这是一个重要的极限公式,即

$$\lim_{n\to\infty}\left(1+\frac{1}{n}\right)^n = e.$$

例 11　求 $\lim\limits_{n\to\infty}\left(1+\dfrac{1}{n}\right)^{3n+1}$.

解　$\lim\limits_{n\to\infty}\left(1+\dfrac{1}{n}\right)^{3n+1} = \lim\limits_{n\to\infty}\left[\left(1+\dfrac{1}{n}\right)^n\right]^3\left(1+\dfrac{1}{n}\right)$

$$= \lim_{n\to\infty}\left[\left(1+\frac{1}{n}\right)^n\right]^3\lim_{n\to\infty}\left(1+\frac{1}{n}\right) = e^3 \times 1 = e^3.$$

准则 Ⅱ（夹逼准则（squeeze rule））　如果数列 $\{x_n\},\{y_n\},\{z_n\}$ 满足

（1）$x_n \leqslant y_n \leqslant z_n, n = 1,2,\cdots$;

（2）$\lim\limits_{n\to\infty}x_n = \lim\limits_{n\to\infty}z_n = A$,

则

$$\lim_{n\to\infty}y_n = A.$$

证明　$\forall\,\varepsilon > 0$,则

$\lim\limits_{n\to\infty}x_n = A$,即存在正整数 N_1,使得当 $n > N_1$ 时,有 $|x_n - A| < \varepsilon$;

$\lim\limits_{n\to\infty}z_n = A$,即存在正整数 N_2,使得当 $n > N_2$ 时,有 $|z_n - A| < \varepsilon$.

取 $N = \max\{N_1, N_2\}$,当 $n > N$ 时,上面两个不等式同时成立,即

$$A - \varepsilon < x_n < A + \varepsilon, \quad A - \varepsilon < z_n < A + \varepsilon,$$

得 $A - \varepsilon < x_n \leqslant y_n \leqslant z_n < A + \varepsilon$,即

$$|y_n - A| < \varepsilon,$$

故

$$\lim_{n\to\infty}y_n = A.$$

例 12　求 $\lim\limits_{n\to\infty}\left(\dfrac{1}{\sqrt{n^2+1}} + \dfrac{1}{\sqrt{n^2+2}} + \cdots + \dfrac{1}{\sqrt{n^2+n}}\right)$.

解　由于

$$\frac{n}{n+1}\leqslant\frac{n}{\sqrt{n^2+n}}\leqslant\frac{1}{\sqrt{n^2+1}}+\frac{1}{\sqrt{n^2+2}}+\cdots+\frac{1}{\sqrt{n^2+n}}\leqslant\frac{n}{\sqrt{n^2+1}}\leqslant 1,$$

而$\lim\limits_{n\to\infty}\dfrac{n}{n+1}=1$, 由夹逼准则知

$$\lim\limits_{n\to\infty}\left(\frac{1}{\sqrt{n^2+1}}+\frac{1}{\sqrt{n^2+2}}+\cdots+\frac{1}{\sqrt{n^2+n}}\right)=1.$$

例 13　证明 $\lim\limits_{n\to\infty}\sqrt[n]{n}=1$.

证明　利用平均值不等式, 得

$$1\leqslant\sqrt[n]{n}=\sqrt[n]{\sqrt{n}\times\sqrt{n}\times\underbrace{1\times1\times\cdots\times1}_{(n-2)\text{个}}}\leqslant\frac{2\sqrt{n}+(n-2)}{n}.$$

又

$$\lim\limits_{n\to\infty}\frac{2\sqrt{n}+(n-2)}{n}=1,$$

由夹逼准则得

$$\lim\limits_{n\to\infty}\sqrt[n]{n}=1.$$

习题 1-5

1. 写出下列数列的前 5 项.

(1) $x_n=\dfrac{n+1}{n}$;　　　　(2) $x_n=(-1)^n+1$;

(3) $x_n=n\sin\dfrac{\pi}{n}$;　　　　(4) $x_n=\dfrac{n+(-1)^{n-1}}{n}$.

2. 观察下列数列的变化趋势, 若有极限, 请指出极限值.

(1) $x_n=1+\dfrac{1}{2^n}$;　　　　(2) $x_n=\dfrac{n-1}{n+1}$;

（3）$x_n = n + \dfrac{1}{n}$；　　　　　　　　（4）$x_n = \dfrac{(-1)^n}{n^2}$.

3. 用定义证明下列各题.

（1）$\lim\limits_{n \to \infty} \dfrac{n+1}{2n+1} = \dfrac{1}{2}$；　　（2）$\lim\limits_{n \to \infty} \dfrac{\sqrt{n^2 + a^2}}{n} = 1$；　　（3）$\lim\limits_{n \to \infty} \dfrac{\sin n}{n} = 0$；

（4）$\lim\limits_{n \to \infty} 0.\underbrace{99\cdots9}_{n\uparrow} = 1$（提示：$\left| 0.\underbrace{99\cdots9}_{n\uparrow} - 1 \right| = 0.\underbrace{1}^{n} = 10^{-n}$）.

4. 下列结论是否正确？若正确，给予证明；若不正确，举出反例.

（1）若 $\lim\limits_{n \to \infty} a_n = A$，则 $\lim\limits_{n \to \infty} |a_n| = |A|$（提示：不等式 $\big| |x_n| - |a| \big| \leqslant |x_n - a|$ 成立）；

（2）若 $\lim\limits_{n \to \infty} |a_n| = A$，则 $\lim\limits_{n \to \infty} a_n = A$；

（3）若 $\lim\limits_{n \to \infty} |a_n| = 0$，则 $\lim\limits_{n \to \infty} a_n = 0$；

（4）若 $\lim\limits_{n \to \infty} a_n = A$，则 $\lim\limits_{n \to \infty} a_{n+1} = A$；

（5）若 $\lim\limits_{n \to \infty} a_n = A$，则 $\lim\limits_{n \to \infty} \dfrac{a_{n+1}}{a_n} = 1$.

5. 求下列极限.

（1）$\lim\limits_{n \to \infty} \dfrac{(n+1)(n+2)(n+3)}{5n^3}$；　　（2）$\lim\limits_{n \to \infty} \left(\dfrac{1}{3} + \dfrac{1}{3^2} + \cdots + \dfrac{1}{3^n} \right)$；

（3）$\lim\limits_{n \to \infty} \left(1 - \dfrac{1}{2^2} \right)\left(1 - \dfrac{1}{3^2} \right) \cdots \left(1 - \dfrac{1}{n^2} \right)$；　　（4）$\lim\limits_{n \to \infty} \dfrac{2^n + 3^n}{2^{n+1} + 3^{n+1}}$；

（5）$\lim\limits_{n \to \infty} \left(1 + \dfrac{1}{n} \right)^{-n+3}$；　　（6）$\lim\limits_{n \to \infty} \left(1 + \dfrac{1}{n} \right)^{2n-1}$.

6. 求下列极限.

（1）$\lim\limits_{n \to \infty} n \left(\dfrac{1}{n^2 + \pi} + \dfrac{1}{n^2 + 2\pi} + \cdots + \dfrac{1}{n^2 + n\pi} \right)$；

（2）$\lim\limits_{n \to \infty} \left(\dfrac{1}{\sqrt[3]{n^3 + 1}} + \dfrac{1}{\sqrt[3]{n^3 + 2}} + \cdots + \dfrac{1}{\sqrt[3]{n^3 + n}} \right)$；

（3）$\lim\limits_{n \to \infty} \left(\sin \dfrac{n\pi}{3n+1} \right)^n$.

7. 求解下列各题.

（1）设有数列 $\{x_n\}$，其各项由递推公式 $x_{n+1} = x_n(1 - 2x_n)$ 给出. 证明当 $0 < x_1 <$

$\dfrac{1}{2}$ 时,数列 $\{x_n\}$ 收敛并求其极限.

（2）设 $0<x_n<1$ 且 $x_{n+1}=-x_n^2+2x_n$,试证 $\lim\limits_{n\to\infty}x_n$ 存在,并求极限.

8. 设 $\{x_n\}$ 收敛, $\{y_n\}$ 发散,证明 $\{x_n+y_n\}$ 发散.

第六节　函数的极限

数列可看作自变量为正整数 n 的函数: $x_n=f(n)$,数列 $\{x_n\}$ 的极限为 A,即当自变量 n 取正整数且无限增大($n\to\infty$)时,对应的函数值 $f(n)$ 无限接近常数 A. 若不考虑数列极限概念中自变量 n 和函数值 $f(n)$ 的特殊性,可以由此引出函数极限的一般概念. 在自变量 x 的某一变化过程中,如果对应的函数值 $f(x)$ 无限接近于某一确定常数 A,就称 A 为 x 在该变化过程中函数 $f(x)$ 的极限. 显然,极限 A 是与自变量 x 的变化过程紧密相关的. 自变量的变化过程不同,函数的极限就有不同的表现形式. 本节分两种情况来讨论:

（1）自变量趋于无穷大时函数的极限;

（2）自变量趋于有限值时函数的极限.

一、当自变量 x 趋于无穷大时函数的极限

在物理学中,设放射性物质的原有质量为 $N(0)$,经过时间 t 以后,所剩下的质量为 $N(t)$,那么 $N(t)$ 与时间 t 有着以下的关系:
$$N(t)=N(0)\mathrm{e}^{-\lambda t},$$
这里 λ 是正常数,称为衰变常数. 从理论上说,随着 t 的不断增加, $N(t)$ 可以任意地接近于零,亦即
$$\lim_{t\to+\infty}N(t)=0.$$
观察函数 $f(x)=\dfrac{1}{x}$,会发现当 $x\to+\infty$ （ $x\to-\infty$, $x\to\infty$ ）时, $\dfrac{1}{x}\to0$.

自变量趋于无穷大时的函数极限

通过上面的例子知,x 趋于无穷大是指 $x\to+\infty$,$x\to-\infty$ 和 $x\to\infty$ 3 种类型,但不论哪一种,都可统一地看成是 $|x|\to+\infty$,即讨论当 $|x|\to+\infty$ 时,$f(x)$ 的变化趋势问题,这和数列的极限是极其相似的,因此有下面的定义:

定义 1   设函数 $f(x)$ 当 $|x|$ 大于某一正数时有定义,A 为常数. 如果对于任意给定的正数 ε(不论它多么小),总存在正数 X,使得对于满足 $|x|>X$ 的一切 x,对应的函数值 $f(x)$ 都满足

$$|f(x)-A|<\varepsilon,$$

则称常数 A 为函数 $f(x)$ 当 $x\to\infty$ 时的极限. 记为

$$\lim_{x\to\infty}f(x)=A$$

或

$$f(x)\to A(x\to\infty).$$

如果 $x>0$ 且无限增大,即 $x\to+\infty$,这时只需将定义中的 $|x|>X$ 改为 $x>X$,就得到了 $\lim\limits_{x\to+\infty}f(x)=A$ 的定义;同样,若 $x<0$ 且 $|x|$ 无限增大,即 $x\to-\infty$,那么只需把 $|x|>X$ 改为 $x<-X$ 便得到 $\lim\limits_{x\to-\infty}f(x)=A$ 的定义.

显然 $\lim\limits_{x\to\infty}f(x)=A$ 包含 $\lim\limits_{x\to-\infty}f(x)=A$ 和 $\lim\limits_{x\to+\infty}f(x)=A$,而且可以证明 $\lim\limits_{x\to\infty}f(x)=A$ 的充要条件为

$$\lim_{x\to-\infty}f(x)=\lim_{x\to+\infty}f(x)=A.$$

例如,由 $\lim\limits_{x\to+\infty}\left(1+\dfrac{1}{x}\right)=1$,$\lim\limits_{x\to-\infty}\left(1+\dfrac{1}{x}\right)=1$,得 $\lim\limits_{x\to\infty}\left(1+\dfrac{1}{x}\right)=1$.

又如 $\lim\limits_{x\to+\infty}\arctan x=\dfrac{\pi}{2}$,$\lim\limits_{x\to-\infty}\arctan x=-\dfrac{\pi}{2}$,则 $\lim\limits_{x\to\infty}\arctan x$ 不存在.

$\lim\limits_{x\to\infty}f(x)=A$ 的几何解释如下:任给一正数 ε,作两条直线 $y=A-\varepsilon$ 和 $y=A+\varepsilon$,不论这两条直线间的区域多么狭窄(即不论 ε 多么小),总有一个正数 X 存在,使得当 $x<-X$ 或 $x>X$ 时,函数 $y=f(x)$ 的图形都位于这两条直线之间,如图 1-30 所示.

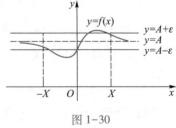

图 1-30

例 1   用定义证明 $\lim\limits_{x\to\infty}\dfrac{1}{x}=0$.

证明   设 ε 是任意给定的正数,要使

$$\left|\frac{1}{x}-0\right|=\frac{1}{|x|}<\varepsilon,$$

只要 $|x|>\dfrac{1}{\varepsilon}$，取 $X=\dfrac{1}{\varepsilon}$，当 $|x|>X$ 时，有

$$\left|\frac{1}{x}-0\right|<\varepsilon$$

成立，故 $\lim\limits_{x\to\infty}\dfrac{1}{x}=0.$

例 2　用定义证明 $\lim\limits_{x\to\infty}\dfrac{x+1}{x}=1.$

证明　设 ε 是任意给定的正数，要使

$$\left|\frac{x+1}{x}-1\right|=\frac{1}{|x|}<\varepsilon,$$

只要 $|x|>\dfrac{1}{\varepsilon}$，取 $X=\dfrac{1}{\varepsilon}$，当 $|x|>X$ 时，有

$$\left|\frac{x+1}{x}-1\right|<\varepsilon$$

成立，故 $\lim\limits_{x\to\infty}\dfrac{x+1}{x}=1.$

一般地，设有曲线 $y=f(x)$，如果 $\lim\limits_{x\to\infty}f(x)=A$，则称直线 $y=A$ 为曲线 $y=f(x)$ 的**水平渐近线**（horizontal asymptote）. 由例 1 知，曲线 $y=\dfrac{1}{x}$ 的水平渐近线为直线 $y=0$；由例 2 知，直线 $y=1$ 为曲线 $y=\dfrac{x+1}{x}$ 的水平渐近线.

二、自变量 x 趋于有限值时函数的极限

对于函数 $y=f(x)$，除研究 $x\to\infty$ 时 $f(x)$ 的极限外，还需研究 x 趋于某个有限值 x_0 时 $f(x)$ 的变化趋势. 这个问题与前文讨论过的情形相比，其差异仅在于 x 的趋向不同而已. 所谓 x 趋于 x_0 的含义就是 $|x-x_0|$ 可以无限地变小，记为 $x\to x_0$.

自变量趋于有限点时的函数极限

考察函数 $f(x)=\dfrac{x^2-4}{3(x-2)}$，$x\neq2$，当 $x\to2$ 时的变化趋势. 不难看出，因为当

$x\neq2$ 时，$f(x)=\dfrac{x^2-4}{3(x-2)}=\dfrac{x+2}{3}$，所以，当 $x\to2$ 时，$f(x)$ 与 $\dfrac{4}{3}$ 无限接近. 因为

$$\left|f(x)-\frac{4}{3}\right|=\left|\frac{x^2-4}{3(x-2)}-\frac{4}{3}\right|=\frac{1}{3}|x-2|,$$

所以，要使 $\left|f(x)-\dfrac{4}{3}\right|<\varepsilon$ 成立，只要 $0<|x-2|<3\varepsilon=\delta$ 就可以了.

定义 2   设函数 $f(x)$ 在去心邻域 $\mathring{U}(x_0)$ 内有定义，A 为常数，如果对于任给的正数 ε（不论多么小），总存在 $\delta>0$，使得满足

$$0<|x-x_0|<\delta$$

的一切 x 所对应的函数值 $f(x)$ 都满足

$$|f(x)-A|<\varepsilon,$$

则称常数 A 为**函数 $f(x)$ 当 $x\to x_0$ 时的极限**，记为

$$\lim_{x\to x_0}f(x)=A \quad 或 \quad f(x)\to A(x\to x_0).$$

定义的几何解释：任给一正数 ε，作两条直线 $y=A-\varepsilon$ 和 $y=A+\varepsilon$，不论这两条直线间的区域多么狭窄（即不论 ε 多么小），总存在一个正数 δ，使得当 x 属于 x_0 的 δ 去心邻域时，$f(x)$ 的图形全都位于这两条直线之间，如图 1–31 所示.

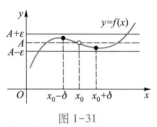

图 1–31

为了书写方便，用逻辑符号表示该极限. $\lim\limits_{x\to x_0}f(x)=A$ 的含义就可写成

$$\forall\varepsilon>0,\exists\delta>0,当0<|x-x_0|<\delta时，恒有|f(x)-A|<\varepsilon成立,$$

称之为函数极限的 ε–δ 定义.

注   （1）在上述定义中 $0<|x-x_0|$ 表示 $x\neq x_0$，所以 $x\to x_0$ 时，$f(x)$ 有无极限与 $f(x)$ 在 x_0 处是否有定义无关.

不等式 $0<|x-x_0|<\delta$ 等价于 $0<x-x_0<\delta$ 或 $-\delta<x-x_0<0$，即 $x\in(x_0-\delta,x_0)\cup(x_0,x_0+\delta)$.

（2）定义中 $x\to x_0$ 是双侧的，它既包含 x 从 x_0 左侧趋于 x_0（记为 $x\to x_0^-$），也包含 x 从 x_0 右侧趋于 x_0（记为 $x\to x_0^+$）.

若当 $x \to x_0^-$ 时，$f(x) \to A$，则称 A 为 $f(x)$ 在 x_0 处的**左极限**（limit on the left），记为

$$\lim_{x \to x_0^-} f(x) = A \quad 或 \quad f(x_0 - 0) = A.$$

其 $\varepsilon\text{-}\delta$ 定义只需将 $x \to x_0$ 时极限定义中的 $0 < |x - x_0| < \delta$ 改为 $x_0 - \delta < x < x_0$.

若当 $x \to x_0^+$ 时，$f(x) \to A$，则称 A 为 $f(x)$ 在 x_0 处的**右极限**（limit on the right），记为

$$\lim_{x \to x_0^+} f(x) = A \quad 或 \quad f(x_0 + 0) = A.$$

其 $\varepsilon\text{-}\delta$ 定义只需将 $x \to x_0$ 时极限定义中的 $0 < |x - x_0| < \delta$ 改为 $x_0 < x < x_0 + \delta$.

容易证明，$\lim\limits_{x \to x_0} f(x) = A$ 的充要条件是

$$\lim_{x \to x_0^-} f(x) = \lim_{x \to x_0^+} f(x) = A.$$

例 3　证明 $\lim\limits_{x \to x_0} C = C$（$C$ 为常数）.

证明　$\forall \varepsilon > 0$，由于 $|f(x) - A| = |C - C| = 0 < \varepsilon$，任取一正数 δ，当 $0 < |x - x_0| < \delta$ 时，总有 $|C - C| < \varepsilon$ 成立，故

$$\lim_{x \to x_0} C = C.$$

例 4　证明 $\lim\limits_{x \to x_0} x = x_0$.

证明　$\forall \varepsilon > 0$，要使 $|x - x_0| < \varepsilon$，只要取 $\delta = \varepsilon$，当 $0 < |x - x_0| < \delta$ 时，恒有 $|x - x_0| < \varepsilon$ 成立，故

$$\lim_{x \to x_0} x = x_0.$$

类似地，可以证明 $\lim\limits_{x \to x_0} (ax + b) = ax_0 + b$.

例 5　证明 $\lim\limits_{x \to 3} \dfrac{x^2 - 9}{x - 3} = 6$.

证明　$\forall \varepsilon > 0$，由于当 $x \neq 3$ 时，$\left| \dfrac{x^2 - 9}{x - 3} - 6 \right| = |x - 3|$，因此，取 $\delta = \varepsilon$，当 $0 < |x - 3| < \delta$ 时，有

$$\left| \frac{x^2 - 9}{x - 3} - 6 \right| < \varepsilon$$

成立,故

$$\lim_{x\to 3}\frac{x^2-9}{x-3}=6.$$

例 6   证明 $\lim\limits_{x\to 1}\sqrt{2x-1}=1$.

证明 $\forall \varepsilon>0(\varepsilon<1)$,由于

$$\left|\sqrt{2x-1}-1\right|=\frac{2\mid x-1\mid}{\sqrt{2x-1}+1}\leqslant 2\mid x-1\mid,$$

要使

$$\left|\sqrt{2x-1}-1\right|<\varepsilon,$$

只要 $\mid x-1\mid<\dfrac{\varepsilon}{2}$,取 $\delta=\dfrac{\varepsilon}{2}$,当 $\mid x-1\mid<\delta$ 时,有

$$\left|\sqrt{2x-1}-1\right|\leqslant 2\mid x-1\mid<\varepsilon$$

成立,故

$$\lim_{x\to 1}\sqrt{2x-1}=1.$$

类似可以证明 $\lim\limits_{x\to x_0}\sqrt{ax+b}=\sqrt{ax_0+b}$ $(ax_0+b\geqslant 0)$.

例 7   证明 $\lim\limits_{x\to 0}\sin x=0$.

证明   由正弦函数 $y=\sin x$ 及 $y=x$ 的图形可知,当 $x>0$ 时,$\sin x<x$.

$\forall \varepsilon>0$,要使

$$\mid\sin x-0\mid<\mid x\mid<\varepsilon,$$

取 $\delta=\varepsilon$,当 $0<\mid x-0\mid<\delta$ 时,有

$$\mid\sin x-0\mid<\varepsilon,$$

故

$$\lim_{x\to 0}\sin x=0.$$

同理可证:$\lim\limits_{x\to 0}\cos x=1$.

一般地,可以证明:$\lim\limits_{x\to x_0}\sin x=\sin x_0$, $\lim\limits_{x\to x_0}\cos x=\cos x_0$.

例 8 证明 $\lim\limits_{x\to 1}\dfrac{x+1}{2x-1}=2$.

证明 由于

$$\left|\frac{x+1}{2x-1}-2\right|=\frac{3\,|\,x-1\,|}{|\,2x-1\,|},$$

为了寻找 δ, 可对上式放大, 由于 $x\to 1$, 故可限制 $0<|\,x-1\,|<\dfrac{1}{4}$, 即 $\dfrac{3}{4}<x<\dfrac{5}{4}$,

且 $x\neq 1$, 从而 $|\,2x-1\,|>\dfrac{1}{2}$, 所以在条件 $0<|\,x-1\,|<\dfrac{1}{4}$ 下, 有

$$\left|\frac{x+1}{2x-1}-2\right|<\frac{3\,|\,x-1\,|}{\dfrac{1}{2}}=6\,|\,x-1\,|.$$

因而 $\forall\,\varepsilon>0\,(\varepsilon<1)$, 要使 $\left|\dfrac{x+1}{2x-1}-2\right|<\varepsilon$, 只要

$$0<|\,x-1\,|<\frac{1}{4}\quad \text{和}\quad 0<|\,x-1\,|<\frac{\varepsilon}{6}$$

同时成立.

取 $\delta=\dfrac{\varepsilon}{6}$, 当 $0<|\,x-1\,|<\delta$ 时, 有

$$\left|\frac{x+1}{2x-1}-2\right|<\varepsilon,$$

故

$$\lim\limits_{x\to 1}\frac{x+1}{2x-1}=2.$$

例 9 设 $f(x)=\begin{cases}x+1, & x>0,\\ 0, & x=0,\\ x-1, & x<0,\end{cases}$ 考察 $\lim\limits_{x\to 0}f(x)$ 是否存在.

解 因为

$$\lim\limits_{x\to 0^-}f(x)=\lim\limits_{x\to 0^-}(x-1)=-1,$$

$$\lim\limits_{x\to 0^+}f(x)=\lim\limits_{x\to 0^+}(x+1)=1,$$

左、右极限都存在但不相等, 所以 $\lim\limits_{x\to 0}f(x)$ 不存在.

三、函数极限的性质

由于函数的极限与数列的极限类似,因此,有关数列极限的性质及存在准则对于函数极限也是适用的(只是形式有所变化).

性质 1(唯一性)　如果函数 $f(x)$ 极限存在,则极限是唯一的.

证明　可用与数列极限唯一性的证明方法类似的证法,这里用同一法证明.

设 $\lim\limits_{x \to x_0} f(x) = A, \lim\limits_{x \to x_0} f(x) = B$,对于任一给定的 $\varepsilon > 0$,

由于 $\lim\limits_{x \to x_0} f(x) = A$,故存在正数 δ_1,当 $0 < |x - x_0| < \delta_1$ 时,有

$$|f(x) - A| < \frac{\varepsilon}{2}$$

成立. 又 $\lim\limits_{x \to x_0} f(x) = B$,故存在正数 δ_2,当 $0 < |x - x_0| < \delta_2$ 时,有

$$|f(x) - B| < \frac{\varepsilon}{2}$$

成立. 取 $\delta = \min\{\delta_1, \delta_2\}$,当 $0 < |x - x_0| < \delta$ 时,有

$$|f(x) - A| < \frac{\varepsilon}{2} \quad 和 \quad |f(x) - B| < \frac{\varepsilon}{2}$$

同时成立. 从而

$$|A - B| = |(f(x) - A) - (f(x) - B)|$$
$$\leqslant |f(x) - A| + |f(x) - B| < \varepsilon,$$

注意到 A, B 均为常数,故 $A = B$. 这就证明了极限的唯一性.

在自变量其他趋近过程中,性质的证明类似,请读者自己完成.

性质 2(有界性)　如果 $\lim\limits_{x \to x_0} f(x)$ 存在,则存在 x_0 的某个去心邻域 $\mathring{U}(x_0, \delta)$,使函数 $f(x)$ 在该去心邻域内有界.

证明　设 $\lim\limits_{x \to x_0} f(x) = A$,对于 $\varepsilon = 1 > 0$,存在正数 δ,当 $0 < |x - x_0| < \delta$ 时,有

$$|f(x) - A| < \varepsilon = 1,$$

从而有

$$|f(x)| = |f(x) - A + A| \leqslant |f(x) - A| + |A| < 1 + |A|.$$

取 $M=1+|A|$,当 $x\in \overset{\circ}{U}(x_0,\delta)$ 时,则有

$$|f(x)|\leqslant M.$$

故有界性得证.

在自变量其他趋近过程中 $f(x)$ 极限存在时,有界性的叙述略有变化,但本质是相同的. 譬如,当 $x\to\infty$ 时 $f(x)$ 的极限存在,则存在 $X>0$,使函数在 $|x|>X$ 时有界. 其他情形的有界性类似,不再细述.

性质 3(局部保号性) 设 $\underset{\substack{x\to x_0\\(x\to\infty)}}{\lim}f(x)=A$,则

(1) 若 $A>0$(或 $A<0$),则当 $0<|x-x_0|<\delta$(或 $|x|>X$)时,有 $f(x)>0$(或 $f(x)<0$).

(2) 若当 $0<|x-x_0|<\delta$(或 $|x|>X$)时,有 $f(x)\geqslant 0$(或 $f(x)\leqslant 0$),则必有 $A\geqslant 0$(或 $A\leqslant 0$).

证明 (1) 设 $A>0$,取 $\varepsilon=\dfrac{A}{2}>0$,根据 $\underset{x\to x_0}{\lim}f(x)=A$,存在正数 δ,当 $0<|x-x_0|<\delta$ 时,有

$$|f(x)-A|<\frac{A}{2},$$

即

$$A-\frac{A}{2}<f(x)<A+\frac{A}{2},$$

而 $A-\dfrac{A}{2}=\dfrac{A}{2}>0$,故

$$f(x)>0.$$

类似地,可证明 $A<0$ 的情形.

(2) 设 $f(x)\geqslant 0$ 而结论不成立,即有 $A<0$,由(1)就存在 $\overset{\circ}{U}(x_0,\delta)$,当 $x\in\overset{\circ}{U}(x_0,\delta)$ 时,$f(x)<0$,这与题设矛盾,故 $A\geqslant 0$.

性质 4(四则运算性质) 设 $\lim f(x)=A,\lim g(x)=B$,则

(1) $\lim(f(x)\pm g(x))=A\pm B$;

(2) $\lim f(x)g(x)=AB$;

(3) $\lim\dfrac{f(x)}{g(x)}=\dfrac{A}{B}(B\neq 0)$.

其中自变量 x 的变化趋势可以是 $x \to x_0$（或 $x \to \infty$ 的情形）.

证明 仅就 $x \to x_0$ 时,证明(1).

$\forall \varepsilon > 0$, 由 $\lim\limits_{x \to x_0} f(x) = A$, $\lim\limits_{x \to x_0} g(x) = B$, 知

$\exists \delta_1 > 0$, 当 $0 < |x-x_0| < \delta_1$ 时, 则有 $|f(x)-A| < \dfrac{\varepsilon}{2}$ 成立;

$\exists \delta_2 > 0$, 当 $0 < |x-x_0| < \delta_2$ 时, 则有 $|g(x)-B| < \dfrac{\varepsilon}{2}$ 成立.

取 $\delta = \min\{\delta_1, \delta_2\}$, 则当 $0 < |x-x_0| < \delta$ 时, 同时有

$$|f(x)-A| < \frac{\varepsilon}{2}, \quad |g(x)-B| < \frac{\varepsilon}{2}$$

成立, 从而

$$|(f(x)-g(x))-(A+B)| \leqslant |f(x)-A| + |g(x)-B|$$

$$< \frac{\varepsilon}{2} + \frac{\varepsilon}{2} = \varepsilon,$$

故

$$\lim_{x \to x_0}(f(x)+g(x)) = A+B.$$

其余结论可参照数列极限的证明方法, 请读者自己给出证明.

由(2)很容易得到以下两个推论:

推论 1 若 $\lim f(x) = A$, C 为常数, 则 $\lim Cf(x) = C\lim f(x) = CA$.

推论 2 若 $\lim f(x) = A$, n 为正整数, 则 $\lim [f(x)]^n = [\lim f(x)]^n = A^n$.

例 10 求 $\lim\limits_{x \to 1}(2x^3 - 3x^2 + 2)$.

解 $\lim\limits_{x \to 1}(2x^3 - 3x^2 + 2) = 2(\lim\limits_{x \to 1}x)^3 - 3(\lim\limits_{x \to 1}x)^2 + \lim\limits_{x \to 1}2$

$= 2 \times 1^3 - 3 \times 1^2 + 2 = 1.$

一般地, 称 $P_n(x) = a_0 + a_1 x + a_2 x^2 + \cdots + a_n x^n$ 为多项式函数(也叫有理整函数), 根据极限的四则运算法则, 有

$$\lim_{x \to x_0} P_n(x) = a_0 + a_1 x_0 + a_2 x_0^2 + \cdots + a_n x_0^n = P_n(x_0).$$

设多项式函数 $Q_m(x) = b_0 + b_1 x + b_2 x^2 + \cdots + b_m x^m$, 称 $\dfrac{P_n(x)}{Q_m(x)}$ 为有理分式函数, 当 $Q_m(x_0) \neq 0$ 时, 有

$$\lim_{x \to x_0} \frac{P_n(x)}{Q_m(x)} = \frac{a_0 + a_1 x_0 + a_2 x_0^2 + \cdots + a_n x_0^n}{b_0 + b_1 x_0 + b_2 x_0^2 + \cdots + b_m x_0^m} = \frac{P_n(x_0)}{Q_m(x_0)}.$$

例 11　求 $\lim\limits_{x \to 1} \dfrac{x^2 + 3}{2x^3 - x^2 + 1}$.

解　$\lim\limits_{x \to 1} \dfrac{x^2 + 3}{2x^3 - x^2 + 1} = \dfrac{1^2 + 3}{2 \times 1^3 - 1^2 + 1} = 2.$

例 12　求 $\lim\limits_{x \to 1} \left(\dfrac{3}{1 - x^3} - \dfrac{1}{1 - x} \right)$.

解　$\lim\limits_{x \to 1} \left(\dfrac{3}{1 - x^3} - \dfrac{1}{1 - x} \right) = \lim\limits_{x \to 1} \dfrac{(1 - x)(2 + x)}{(1 - x)(1 + x + x^2)} = \dfrac{\lim\limits_{x \to 1}(x + 2)}{\lim\limits_{x \to 1}(1 + x + x^2)} = 1.$

注　上例中,当 $x \to 1$ 时,分子及分母的极限都是零,于是,分子、分母不能分别取极限. 因分子、分母有公因子 $x - 1$,而 $x \to 1$ 时,$x \ne 1$,即 $x - 1 \ne 0$,可约去公因子 $x - 1$,即可求得结果.

例 13　求 $\lim\limits_{x \to \infty} \dfrac{2x^2 - 3x + 1}{3x^2 + 5}$.

解　$\lim\limits_{x \to \infty} \dfrac{2x^2 - 3x + 1}{3x^2 + 5} = \lim\limits_{x \to \infty} \dfrac{2 - \dfrac{3}{x} + \dfrac{1}{x^2}}{3 + \dfrac{5}{x^2}} = \dfrac{\lim\limits_{x \to \infty}\left(2 - \dfrac{3}{x} + \dfrac{1}{x^2}\right)}{\lim\limits_{x \to \infty}\left(3 + \dfrac{5}{x^2}\right)} = \dfrac{2}{3}.$

例 14　求 $\lim\limits_{x \to 0} \dfrac{\sqrt{1 + x} - 1}{x}$.

解　$\lim\limits_{x \to 0} \dfrac{\sqrt{1 + x} - 1}{x} = \lim\limits_{x \to 0} \dfrac{x}{x(\sqrt{1 + x} + 1)} = \lim\limits_{x \to 0} \dfrac{1}{\sqrt{1 + x} + 1} = \dfrac{1}{2}.$

习题 1-6

1. 根据函数极限的定义证明下列各题.

（1）$\lim\limits_{x \to 2}(4x + 2) = 10$;

（2）$\lim\limits_{x \to x_0} \sqrt{x} = \sqrt{x_0}\ (x_0 > 0)$;

（3）$\lim\limits_{x\to\infty}\dfrac{1+x^2}{x^2}=1$；   （4）$\lim\limits_{x\to\infty}\dfrac{\sin x}{x}=0$.

2. 当 $x\to\infty$ 时，$y=\dfrac{x^2-1}{x^2+3}\to 1$，问 X 应该为何值，才能使得当 $|x|>X$ 时，$|y-1|<0.01$.

3. 当 $x\to 2$ 时，$y=x^2\to 4$，问 δ 大约等于多少，才能使得当 $0<|x-2|<\delta$ 时，而使 $|y-4|<0.001$（提示：因为 $x\to 2$，故不妨设 $1<x<3$）.

4. 下列运算有无错误？为什么？

（1）$\lim\limits_{x\to 0}\dfrac{\sin x}{x}=\dfrac{\lim\limits_{x\to 0}\sin x}{\lim\limits_{x\to 0}x}=\dfrac{0}{0}=1$；

（2）$\lim\limits_{x\to 0}x\sin\dfrac{1}{x}=\lim\limits_{x\to 0}x\cdot\lim\limits_{x\to 0}\sin\dfrac{1}{x}=0$；

（3）$\lim\limits_{x\to\infty}x\sin\dfrac{1}{x}=\lim\limits_{x\to\infty}x\cdot\lim\limits_{x\to\infty}\sin\dfrac{1}{x}=\lim\limits_{x\to\infty}x\cdot 0=0$.

5. 求下列极限.

（1）$\lim\limits_{x\to 2}\dfrac{x+2}{3x^2+2x}$；   （2）$\lim\limits_{x\to 1}\dfrac{x^2+x-2}{x^2-3x+2}$；

（3）$\lim\limits_{x\to\infty}\dfrac{(2x-1)^{30}(3x-2)^{20}}{(2x+1)^{50}}$；   （4）$\lim\limits_{h\to 0}\dfrac{(x+h)^2-x^2}{h}$；

（5）$\lim\limits_{x\to 0}\dfrac{4x^3-3x^2+x}{3x^2+2x}$；   （6）$\lim\limits_{x\to 4}\dfrac{\sqrt{x}-2}{x-4}$；

（7）$\lim\limits_{x\to 1}\dfrac{x^2-2x+1}{x^2-1}$；   （8）$\lim\limits_{x\to\infty}\dfrac{x^2+x}{x^4+x^3-1}$；

（9）$\lim\limits_{x\to 4}\dfrac{x^2-6x+8}{x^2-5x+4}$；   （10）$\lim\limits_{x\to\infty}\left(1-\dfrac{1}{x}\right)\left(2+\dfrac{1}{x^2}\right)$.

6. 讨论下列函数的极限是否存在.

（1）$f(x)=\dfrac{x}{|x|}$，$x\to 0$；   （2）$f(x)=\begin{cases}x, & x\geqslant 0,\\ x+1, & x<0,\end{cases}$ $x\to 0$；

（3）$f(x)=\begin{cases}2x+1, & x\geqslant 1,\\ x+2, & x<1,\end{cases}$ $x\to 1$.

第七节　复合函数的极限运算法则及两个重要极限

一、复合函数的极限运算法则

定理(复合函数的极限运算法则)　　如果由函数 $u=\varphi(x)$ 与 $y=f(u)$ 复合而成的函数 $y=f[\varphi(x)]$ 满足

（1）$\lim\limits_{x\to x_0}\varphi(x)=a$；

（2）在 x_0 的某去心邻域内 $\varphi(x)\neq a$；

（3）$\lim\limits_{u\to a}f(u)=A$，

那么复合函数 $f[\varphi(x)]$ 当 $x\to x_0$ 时的极限存在，且

$$\lim_{x\to x_0}f[\varphi(x)]=\lim_{u\to a}f(u)=A.$$

证明　　根据函数极限的定义知，要证：对于任意给定的 $\varepsilon>0$，存在 $\delta>0$，使得当 $0<|x-x_0|<\delta$ 时，有

$$|f[\varphi(x)]-A|=|f(u)-A|<\varepsilon$$

成立.

由于 $\lim\limits_{u\to a}f(u)=A$，对于任意给定的 $\varepsilon>0$，存在 $\eta>0$，当 $0<|u-a|<\eta$ 时，$|f(u)-A|<\varepsilon$ 成立.

又由于 $\lim\limits_{x\to x_0}\varphi(x)=a$，对于上面得到的 $\eta>0$，存在 $\delta_1>0$，当 $0<|x-x_0|<\delta_1$ 时，$|\varphi(x)-a|<\eta$ 成立.

设在 x_0 的去心邻域 $\mathring{U}(x_0,\delta_2)$ 内，$\varphi(x)\neq a$. 取 $\delta=\min\{\delta_1,\delta_2\}$，则当 $0<|x-x_0|<\delta$ 时，$|\varphi(x)-a|<\eta$ 及 $|\varphi(x)-a|\neq0$ 同时成立，即

$$0<|\varphi(x)-a|=|u-a|<\eta$$

成立，从而

$$|f[\varphi(x)]-A|=|f(u)-A|<\varepsilon$$

成立.

注　（1）在定理中，把 $\lim\limits_{x\to x_0}\varphi(x)=a$ 换成 $\lim\limits_{x\to x_0}\varphi(x)=\infty$ 或 $\lim\limits_{x\to\infty}\varphi(x)=\infty$，而把 $\lim\limits_{u\to a}f(u)=A$ 换成 $\lim\limits_{u\to\infty}f(u)=A$，可得类似的定理.

（2）定理表明，如果函数 $f(u)$ 和 $\varphi(x)$ 满足该定理的条件，则有

$$\lim_{x\to x_0}f[\varphi(x)]\xlongequal{u=\varphi(x)}\lim_{u\to a}f(u)=A,$$

这就是极限计算过程中的变量代换.

例1　求 $\lim\limits_{x\to 1}\sin\dfrac{x-1}{2x+1}$.

解　令 $u=\dfrac{x-1}{2x+1}$，则当 $x\to 1$ 时，$u\to 0$，从而

$$\lim_{x\to 1}\sin\frac{x-1}{2x+1}=\lim_{u\to 0}\sin u=0.$$

例2　求 $\lim\limits_{x\to\infty}\cos\dfrac{\pi(x^2-1)}{3x^2+2}$.

解　令 $u=\dfrac{\pi(x^2-1)}{3x^2+2}$，则当 $x\to\infty$ 时，$u\to\dfrac{\pi}{3}$，从而

$$\lim_{x\to\infty}\cos\frac{\pi(x^2-1)}{3x^2+2}=\lim_{u\to\frac{\pi}{3}}\cos u=\frac{1}{2}.$$

二、夹逼准则

夹逼准则（squeeze rule）　若 $f(x),g(x),h(x)$ 在 $\mathring{U}(x_0,\delta)$（或 $|x|>X$）内有 $g(x)\leqslant f(x)\leqslant h(x)$，且 $\lim\limits_{\substack{x\to x_0\\(x\to\infty)}}g(x)=\lim\limits_{\substack{x\to x_0\\(x\to\infty)}}h(x)=A$，则

$$\lim_{\substack{x\to x_0\\(x\to\infty)}}f(x)=A.$$

极限存在准则Ⅰ

证明　仅对 $x\to x_0$ 的情形进行证明.

$\forall\varepsilon>0$，由于 $\lim\limits_{x\to x_0}g(x)=A$，$\lim\limits_{x\to x_0}h(x)=A$，于是存在 $\delta_1>0$，当 $0<|x-x_0|<\delta_1$ 时，有

$$|g(x)-A|<\varepsilon$$

成立，即

$$A-\varepsilon<g(x)<A+\varepsilon.$$

同时存在 $\delta_2>0$, 当 $0<|x-x_0|<\delta_2$ 时,有

$$|h(x)-A|<\varepsilon$$

成立,即

$$A-\varepsilon<h(x)<A+\varepsilon.$$

取 $\delta=\min\{\delta_1,\delta_2\}$, 当 $x\in\mathring{U}(x_0,\delta)$ 时,有

$$A-\varepsilon<g(x)\leqslant f(x)\leqslant h(x)<A+\varepsilon,$$

即

$$|f(x)-A|<\varepsilon,$$

故 $\lim\limits_{x\to x_0}f(x)=A.$

三、两个重要极限

1. $\lim\limits_{x\to 0}\dfrac{\sin x}{x}=1$

第一重要极限

证明 在如图 1-32 所示的单位圆中,设圆心角 $\angle AOB=$ $x\left(0<x<\dfrac{\pi}{2}\right)$, 由于

$$S_{\triangle AOB}<S_{扇形AOB}<S_{\triangle AOD},$$

则有

$$\frac{1}{2}\sin x<\frac{1}{2}x<\frac{1}{2}\tan x,$$

即 $\sin x<x<\tan x=\dfrac{\sin x}{\cos x}$, 变形得

$$\cos x<\frac{\sin x}{x}<1.$$

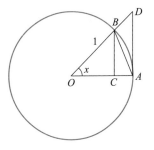

图 1-32

因为 $\cos(-x)=\cos x$, $\dfrac{\sin(-x)}{-x}=\dfrac{\sin x}{x}$, 所以上述不等式对 $-\dfrac{\pi}{2}<x<0$ 仍成立.

因为 $\lim\limits_{x\to 0}\cos x=1$, 所以由夹逼准则得

$$\lim_{x\to 0}\frac{\sin x}{x}=1.$$

由复合函数极限的运算法则可知,如果 $f(x) \to 0$ 且 $f(x) \neq 0$,则有

$$\lim_{f(x) \to 0} \frac{\sin f(x)}{f(x)} = 1.$$

例如 $\lim\limits_{x \to 0} \dfrac{\sin x^3}{x^3} = 1$. 作为应用,下面再举几个例子.

例 3 求 $\lim\limits_{x \to 0} \dfrac{\tan x}{x}$.

解 $\lim\limits_{x \to 0} \dfrac{\tan x}{x} = \lim\limits_{x \to 0} \dfrac{\sin x}{x} \dfrac{1}{\cos x} = \lim\limits_{x \to 0} \dfrac{\sin x}{x} \lim\limits_{x \to 0} \dfrac{1}{\cos x} = 1.$

例 4 求 $\lim\limits_{x \to 0} \dfrac{1 - \cos x}{x^2}$.

解 $\lim\limits_{x \to 0} \dfrac{1 - \cos x}{x^2} = \lim\limits_{x \to 0} \dfrac{2\sin^2 \dfrac{x}{2}}{x^2} = \lim\limits_{x \to 0} \dfrac{1}{2} \left(\dfrac{\sin \dfrac{x}{2}}{\dfrac{x}{2}} \right)^2 = \dfrac{1}{2}.$

例 5 求 $\lim\limits_{x \to \infty} x \sin \dfrac{a}{x}$.

解 当 $a = 0$ 时,$\lim\limits_{x \to \infty} x \sin \dfrac{a}{x} = 0$;

当 $a \neq 0$ 时,有

$$\lim_{x \to \infty} x \sin \frac{a}{x} = \lim_{x \to \infty} a \frac{\sin \dfrac{a}{x}}{\dfrac{a}{x}} = a \lim_{\frac{a}{x} \to 0} \frac{\sin \dfrac{a}{x}}{\dfrac{a}{x}} = a.$$

综上,得

$$\lim_{x \to \infty} x \sin \frac{a}{x} = a.$$

例 6 求 $\lim\limits_{x \to 0} \dfrac{\sin 2x}{\sin 5x}$.

解 $\lim\limits_{x \to 0} \dfrac{\sin 2x}{\sin 5x} = \lim\limits_{x \to 0} \dfrac{\sin 2x}{2x} \cdot \dfrac{2x}{5x} \cdot \dfrac{5x}{\sin 5x} = \dfrac{2}{5} \lim\limits_{x \to 0} \dfrac{\sin 2x}{2x} \lim\limits_{x \to 0} \dfrac{5x}{\sin 5x} = \dfrac{2}{5}.$

例 7　求 $\lim\limits_{x\to 0}\dfrac{\arcsin x}{x}$.

解　令 $u=\arcsin x$，即 $x=\sin u$，当 $x\to 0$ 时，$u\to 0$，则

$$\lim_{x\to 0}\frac{\arcsin x}{x}=\lim_{u\to 0}\frac{u}{\sin u}=1.$$

例 8　求 $\lim\limits_{x\to\pi}\dfrac{\sin x}{x-\pi}$.

解　令 $u=x-\pi$，即 $x=u+\pi$，当 $x\to\pi$ 时，$u\to 0$，则

$$\lim_{x\to\pi}\frac{\sin x}{x-\pi}=\lim_{u\to 0}\frac{\sin(u+\pi)}{u}=-\lim_{u\to 0}\frac{\sin u}{u}=-1.$$

2. $\lim\limits_{x\to\infty}\left(1+\dfrac{1}{x}\right)^{x}=\mathrm{e}$

证明　因为对任何实数 $x>1$，都有 $[x]\leqslant x<[x]+1$，所以

$$\left(1+\frac{1}{[x]+1}\right)^{[x]}\leqslant\left(1+\frac{1}{x}\right)^{x}\leqslant\left(1+\frac{1}{[x]}\right)^{[x]+1}.$$

当 $x\to+\infty$ 时，$[x]$ 和 $[x]+1$ 都以整数变量趋于 $+\infty$，从而

$$\lim_{x\to+\infty}\left(1+\frac{1}{[x]+1}\right)^{[x]}=\lim_{x\to+\infty}\left(1+\frac{1}{[x]+1}\right)^{[x]+1}\left(1+\frac{1}{[x]+1}\right)^{-1}=\mathrm{e}.$$

又

$$\lim_{x\to+\infty}\left(1+\frac{1}{[x]}\right)^{[x]+1}=\lim_{x\to+\infty}\left(1+\frac{1}{[x]}\right)^{[x]}\left(1+\frac{1}{[x]}\right)=\mathrm{e},$$

由夹逼准则知

$$\lim_{x\to+\infty}\left(1+\frac{1}{x}\right)^{x}=\mathrm{e}.$$

现在证明 $\lim\limits_{x\to-\infty}\left(1+\dfrac{1}{x}\right)^{x}=\mathrm{e}$.

设 $t=1-x$，则当 $x\to-\infty$ 时，$t\to+\infty$，因为

$$\left(1+\frac{1}{x}\right)^{x}=\left(1+\frac{1}{1-t}\right)^{1-t}=\left(1+\frac{1}{t-2}\right)^{t-2}\left(1+\frac{1}{t-2}\right),$$

所以

$$\lim_{x \to -\infty}\left(1+\frac{1}{x}\right)^{x} = \lim_{t \to +\infty}\left(1+\frac{1}{t-2}\right)^{t-2}\left(1+\frac{1}{t-2}\right) = \mathrm{e},$$

故有

$$\lim_{x \to -\infty}\left(1+\frac{1}{x}\right)^{x} = \mathrm{e}.$$

综上所述，有

$$\lim_{x \to \infty}\left(1+\frac{1}{x}\right)^{x} = \mathrm{e}.$$

在上式中，令 $u = \dfrac{1}{x}$，则当 $x \to \infty$ 时，$u \to 0$，故得

$$\lim_{u \to 0}(1+u)^{\frac{1}{u}} = \mathrm{e}.$$

一般地，有

$$\lim_{f(x) \to \infty}\left[1+\frac{1}{f(x)}\right]^{f(x)} = \mathrm{e} \quad 或 \quad \lim_{g(x) \to 0}\left[1+g(x)\right]^{\frac{1}{g(x)}} = \mathrm{e}.$$

例 9　求 $\lim\limits_{x \to \infty}\left(1+\dfrac{2}{x}\right)^{3x}$.

解　令 $u = \dfrac{x}{2}$，则当 $x \to \infty$ 时，$u \to \infty$，有

$$\lim_{x \to \infty}\left(1+\frac{2}{x}\right)^{3x} = \lim_{u \to \infty}\left(1+\frac{1}{u}\right)^{6u} = \lim_{u \to \infty}\left[\left(1+\frac{1}{u}\right)^{u}\right]^{6} = \mathrm{e}^{6}.$$

例 10　求 $\lim\limits_{x \to \infty}\left(\dfrac{x}{1+x}\right)^{x}$.

解　$\lim\limits_{x \to \infty}\left(\dfrac{x}{1+x}\right)^{x} = \lim\limits_{x \to \infty}\dfrac{1}{\left(1+\dfrac{1}{x}\right)^{x}} = \dfrac{1}{\mathrm{e}}$.

例 11　求 $\lim\limits_{x \to \infty}\left(\dfrac{2x+3}{2x+1}\right)^{2x+1}$.

解　$\lim\limits_{x \to \infty}\left(\dfrac{2x+3}{2x+1}\right)^{2x+1} = \lim\limits_{x \to \infty}\left[\left(1+\dfrac{1}{\dfrac{2x+1}{2}}\right)^{\frac{2x+1}{2}}\right]^{2} = \mathrm{e}^{2}.$

例 12　求 $\lim\limits_{x\to 0}\sqrt[x]{1-x}$.

解　$\lim\limits_{x\to 0}\sqrt[x]{1-x}=\lim\limits_{x\to 0}(1-x)^{\frac{1}{x}}=\lim\limits_{x\to 0}\left[1+(-x)\right]^{\frac{1}{-x}\cdot(-1)}=\lim\limits_{x\to 0}\left\{\left[1+(-x)\right]^{\frac{1}{-x}}\right\}^{-1}=e^{-1}.$

例 13　求 $\lim\limits_{x\to 0}(1+\tan x)^{\cot x}$.

解　令 $u=\tan x$, 于是 $\cot x=\dfrac{1}{u}$, 当 $x\to 0$ 时, $u\to 0$, 则

$$\lim_{x\to 0}(1+\tan x)^{\cot x}=\lim_{u\to 0}(1+u)^{\frac{1}{u}}=e.$$

习题 1-7

1. 求下列极限.

（1）$\lim\limits_{x\to 0}\dfrac{\sin kx}{x}$;

（2）$\lim\limits_{\Delta x\to 0}\dfrac{\sin(x+\Delta x)-\sin x}{\Delta x}$;

（3）$\lim\limits_{x\to\infty}x\sin\dfrac{1}{x}$;

（4）$\lim\limits_{x\to 0}\dfrac{\arctan x}{x}$;

（5）$\lim\limits_{x\to 0}\dfrac{\tan x-\sin x}{\sin^3 x}$;

（6）$\lim\limits_{x\to 0}x\cot 2x$;

（7）$\lim\limits_{x\to 0}\dfrac{\sin x^n}{\sin^n x}(n\in\mathbf{N})$;

（8）$\lim\limits_{x\to\frac{\pi}{2}}\dfrac{\cos x}{x-\dfrac{\pi}{2}}$;

（9）$\lim\limits_{n\to\infty}2^n\sin\dfrac{x}{2^n}$($x$ 为不等于零的常数).

2. 求下列极限.

（1）$\lim\limits_{x\to\infty}\left(1-\dfrac{2}{x}\right)^{3x}$;

（2）$\lim\limits_{x\to 0}(1-2x)^{\frac{1}{x}}$;

（3）$\lim\limits_{x\to\infty}\left(\dfrac{x+a}{x-a}\right)^{x+1}$;

（4）$\lim\limits_{x\to\infty}\left(\dfrac{x^2+1}{x^2-1}\right)^{x^2}$;

（5）$\lim\limits_{x\to 0}(1+\sin x)^{\csc x}$;

（6）$\lim\limits_{x\to\infty}\left(1+\dfrac{1}{x}\right)^{kx}$($k$ 为实数).

第八节   无穷小、无穷大

一、无穷小及其运算性质

1. 无穷小

定义 1   若 $\lim\limits_{x \to x_0} f(x) = 0$,则称函数 $f(x)$ 为 $x \to x_0$ 时的**无穷小量**,简称**无穷小**(infinitesimal).

无穷小定义中的 $x \to x_0$,可以换成 $x \to x_0^+$,$x \to x_0^-$,$x \to \infty$,$x \to -\infty$,$x \to +\infty$ 等.

简单地说,以零为极限的变量称为无穷小. 如 $\sin 2x$ 是当 $x \to 0$ 时的无穷小,$\dfrac{1}{n}$ 是当 $n \to \infty$ 时的无穷小.

值得强调的是:

(1) 无穷小量与自变量的变化过程有关. 如 $\dfrac{1}{x}$,不能孤立地说它是无穷小,事实上,它是当 $x \to \infty$ 时的无穷小,而当 $x \to 1$ 时它不是无穷小.

(2) 无穷小量是一个以 0 为极限的变量,它反映了一种变化趋势,而不是一个很小很小的数,可以作为无穷小的常数只有一个,就是 0.

2. 无穷小的运算性质

性质 1   有限个无穷小的和、差、积仍为无穷小.

性质 2   有界变量与无穷小之积仍为无穷小.

证明   仅对 $x \to x_0$ 的情形给出证明.

设 $\lim\limits_{x \to x_0} f(x) = 0$,在 x_0 的某去心邻域内,$g(x)$ 为有界函数,M 为它的界,即当 $x \in \mathring{U}(x_0)$ 时,$|g(x)| \leqslant M$. 故当 $x \in \mathring{U}(x_0)$ 时,有

$$0 \leqslant |f(x)g(x)| \leqslant M|f(x)|.$$

而 $\lim\limits_{x \to x_0} M|f(x)| = 0$,根据夹逼准则,得

$$\lim_{x \to x_0} f(x)g(x)=0,$$

即 $f(x)g(x)$ 为 $x \to x_0$ 时的无穷小.

例如, $\lim\limits_{x \to \infty} \dfrac{x}{x^2+1} \sin \mathrm{e}^x=0$, 因为 $\lim\limits_{x \to \infty} \dfrac{x}{x^2+1}=0$ 且 $\sin \mathrm{e}^x$ 是有界函数.

性质 3(无穷小与函数极限的关系)　在自变量的某一变化过程中, $\lim f(x)=A$ 的充要条件是 $f(x)=A+\alpha$, 其中 α 是同一变化过程中的无穷小.

证明　必要性. 若 $\lim f(x)=A$, 令 $f(x)-A=\alpha$, 则有

$$\lim \alpha=\lim[f(x)-A]=0,$$

即 α 是无穷小, 于是 $f(x)=A+\alpha$.

充分性. 若 $f(x)=A+\alpha$ 且 α 是无穷小, 则有

$$\lim f(x)=\lim(A+\alpha)=A+0=A.$$

二、无穷小的比较

无穷小量有许许多多, 但它们趋于零的速度有快有慢, 为了比较它们趋于零的速度, 引入以下定义.

定义 2　设 α 和 β 都是同一变化过程中的无穷小量.

(1) 若 $\lim \dfrac{\beta}{\alpha}=0$, 则称 β 是比 α 高阶的无穷小量, 记为 $\beta=o(\alpha)$, 或称 α 是比 β 低阶的无穷小量.

(2) 若 $\lim \dfrac{\beta}{\alpha}=C \neq 0$, 则称 β 是与 α 同阶的无穷小量, 特别地, 当 $C=1$ 时, 称 β 与 α 是**等价无穷小**(equivalent infinitesimal), 记为 $\alpha \sim \beta$.

例如, 当 $x \to 0$ 时, $2x, x^2, \sin 2x, \tan 3x$ 都是无穷小.

因为 $\lim\limits_{x \to 0} \dfrac{x^2}{2x}=0$, 所以当 $x \to 0$ 时, x^2 是比 $2x$ 高阶的无穷小, 或称 $2x$ 是比 x^2 低阶的无穷小.

因为 $\lim\limits_{x \to 0} \dfrac{\sin 2x}{2x}=1$, 所以 $\sin 2x$ 与 $2x$ 是 $x \to 0$ 时的等价无穷小.

因为 $\lim\limits_{x\to 0}\dfrac{\tan 3x}{2x}=\dfrac{3}{2}$，所以 $\tan 3x$ 与 $2x$ 是 $x\to 0$ 时的同阶无穷小.

现在列举几个当 $x\to 0$ 时的等价无穷小：

$$\sin x\sim x,\qquad \tan x\sim x,\qquad 1-\cos x\sim\frac{1}{2}x^2,$$

$$\mathrm{e}^x-1\sim x,\qquad \ln(1+x)\sim x,\qquad \sqrt[n]{1+x}-1\sim\frac{1}{n}x.$$

其中前三个是明显的，后三个现在证明比较烦琐，在学习了连续性之后就可以简单地证明了.

关于等价无穷小，有下面的重要定理：

定理 1   设 $\alpha\sim\alpha',\beta\sim\beta'$，且 $\lim\dfrac{\beta'}{\alpha'}$ 存在，则 $\lim\dfrac{\beta}{\alpha}=\lim\dfrac{\beta'}{\alpha'}$.

证明 $\lim\dfrac{\beta}{\alpha}=\lim\left(\dfrac{\beta}{\beta'}\cdot\dfrac{\beta'}{\alpha'}\cdot\dfrac{\alpha'}{\alpha}\right)=\lim\dfrac{\beta}{\beta'}\cdot\lim\dfrac{\beta'}{\alpha'}\cdot\lim\dfrac{\alpha'}{\alpha}=\lim\dfrac{\beta'}{\alpha'}$.

定理告诉我们：在求极限时，无穷小之比或乘法中的无穷小因子都可用它们的等价无穷小代换. 因此，掌握一些等价无穷小会对求某些极限带来方便.

等价无穷小及
应用

例 1   求 $\lim\limits_{x\to 0}\dfrac{\sin(x^m)}{\sin^m x}\,(m\in\mathbf{N})$.

解   因为当 $x\to 0$ 时，$\sin x\sim x$，故当 $x\to 0$ 时，$\sin(x^m)\sim x^m$，$\sin^m x\sim x^m$，所以

$$\lim_{x\to 0}\frac{\sin(x^m)}{\sin^m x}=\lim_{x\to 0}\frac{x^m}{x^m}=1.$$

例 2   求 $\lim\limits_{x\to 0}\dfrac{\sqrt{1+\sin x}-1}{x}$.

解   因为当 $x\to 0$ 时，$\sqrt[n]{1+x}-1\sim\dfrac{1}{n}x$，故当 $x\to 0$ 时，$\sqrt{1+\sin x}-1\sim\dfrac{1}{2}\sin x$，所以

$$\lim_{x\to 0}\frac{\sqrt{1+\sin x}-1}{x}=\lim_{x\to 0}\frac{\frac{1}{2}\sin x}{x}=\frac{1}{2}.$$

例 3 求 $\lim\limits_{x\to 0}\dfrac{\sin ax}{x^3+3x}$.

解 因为当 $x\to 0$ 时,$\sin ax \sim ax$,所以

$$\lim_{x\to 0}\frac{\sin ax}{x^3+3x}=\lim_{x\to 0}\frac{ax}{x^3+3x}=\lim_{x\to 0}\frac{a}{x^2+3}=\frac{a}{3}.$$

例 4 求 $\lim\limits_{x\to 0}\dfrac{\tan x-\sin x}{\sin^3 x}$.

解 因为 $\dfrac{\tan x-\sin x}{\sin^3 x}=\dfrac{\sin x(1-\cos x)}{\sin^3 x\cos x}$,当 $x\to 0$ 时有

$$\sin x \sim x,\quad 1-\cos x \sim \frac{1}{2}x^2,$$

所以

$$\lim_{x\to 0}\frac{\tan x-\sin x}{\sin^3 x}=\lim_{x\to 0}\frac{\sin x(1-\cos x)}{\sin^3 x\cos x}=\lim_{x\to 0}\frac{x\cdot\dfrac{1}{2}x^2}{x^3}=\frac{1}{2}.$$

注 下列做法错在什么地方?

因为当 $x\to 0$ 时,$\tan x \sim x$,$\sin x \sim x$,所以

$$\lim_{x\to 0}\frac{\tan x-\sin x}{\sin^3 x}=\lim_{x\to 0}\frac{x-x}{x^3}=\lim_{x\to 0}\frac{0}{x^3}=0.$$

三、无穷大

定义 3 设函数 $f(x)$ 在 x_0 的某去心邻域内有定义(或 $|x|$ 大于某一正数时有定义),如果对于任意给定的正数 M(不论它多么大),总存在正数 δ(或正数 X),当 $0<|x-x_0|<\delta$(或 $|x|>X$)时,恒有

$$|f(x)|>M$$

成立,则称函数 $f(x)$ 当 $x\to x_0$(或 $x\to\infty$)时为无穷大量,简称无穷大(infinity).
并记作

$$\lim_{x\to x_0}f(x)=\infty\ (\lim_{x\to\infty}f(x)=\infty)$$

或

$$f(x) \to \infty \ (x \to x_0) (f(x) \to \infty \ (x \to \infty)).$$

例 5 证明 $\lim\limits_{x \to 1} \dfrac{1}{x-1} = \infty$.

证明 对于任意给定的正数 M，要使 $\left| \dfrac{1}{x-1} \right| > M$，只要 $|x-1| < \dfrac{1}{M}$，因此取

$\delta = \dfrac{1}{M}$，则当 $0 < |x-1| < \delta$ 时，有

$$\left| \frac{1}{x-1} \right| > \frac{1}{\delta} = M,$$

故

$$\lim\limits_{x \to 1} \frac{1}{x-1} = \infty.$$

一般地，如果 $\lim\limits_{x \to x_0} f(x) = \infty$，那么称直线 $x = x_0$ 为曲线 $y = f(x)$ 的**铅直渐近线**（vertical asymptote）.

于是，直线 $x = 1$ 是曲线 $y = \dfrac{1}{x-1}$ 的铅直渐近线.

四、无穷小与无穷大的关系

关于无穷小与无穷大的关系有下述定理.

定理 2 在自变量的同一变化过程中，无穷大的倒数是无穷小，恒不为零的无穷小的倒数是无穷大.

证明 （1）设 $\lim\limits_{x \to x_0} f(x) = \infty$，$\forall \varepsilon > 0$，根据无穷大的定义，对于 $M = \dfrac{1}{\varepsilon}$，存在 $\delta > 0$，当 $0 < |x - x_0| < \delta$ 时，有

$$|f(x)| > M = \frac{1}{\varepsilon},$$

即

$$\left| \frac{1}{f(x)} \right| < \varepsilon,$$

故

$$\lim_{x \to x_0} \frac{1}{f(x)} = 0.$$

（2）设 $\lim\limits_{x \to x_0} f(x) = 0$，且 $f(x) \neq 0$，$\forall M > 0$，根据无穷小的定义，对于 $\varepsilon = \dfrac{1}{M}$，

存在 $\delta > 0$，当 $0 < |x - x_0| < \delta$ 时，有

$$|f(x)| < \varepsilon = \frac{1}{M},$$

而当 $0 < |x - x_0| < \delta$ 时，$f(x) \neq 0$，从而

$$\left| \frac{1}{f(x)} \right| > M,$$

故

$$\lim_{x \to x_0} \frac{1}{f(x)} = \infty.$$

类似地，可证 $x \to \infty$ 时的情形.

例 6　求 $\lim\limits_{x \to 1} \dfrac{x^2 + 1}{x^2 - 1}$.

解　由于 $\lim\limits_{x \to 1} \dfrac{x^2 - 1}{x^2 + 1} = 0$，根据无穷大与无穷小的关系知

$$\lim_{x \to 1} \frac{x^2 + 1}{x^2 - 1} = \infty.$$

例 7　求 $\lim\limits_{x \to \infty} \dfrac{3x^3 - x + 2}{2x^2 + x + 1}$.

解　$\lim\limits_{x \to \infty} \dfrac{2x^2 + x + 1}{3x^3 - x + 2} = \lim\limits_{x \to \infty} \dfrac{\dfrac{2}{x} + \dfrac{1}{x^2} + \dfrac{1}{x^3}}{3 - \dfrac{1}{x^2} + \dfrac{2}{x^3}} = 0.$

由无穷小与无穷大的关系知

$$\lim_{x \to \infty} \frac{3x^3 - x + 2}{2x^2 + x + 1} = \infty.$$

一般地,设多项式

$$P_n(x) = a_0 + a_1 x + \cdots + a_n x^n, \quad Q_m(x) = b_0 + b_1 x + \cdots + b_m x^m,$$

则

$$\lim_{x \to \infty} \frac{P_n(x)}{Q_m(x)} = \lim_{x \to \infty} \frac{a_0 + a_1 x + \cdots + a_n x^n}{b_0 + b_1 x + \cdots + b_m x^m} = \begin{cases} 0, & n < m, \\ \dfrac{a_n}{b_n}, & n = m, \\ \infty, & n > m. \end{cases}$$

例 8　自变量在怎样的变化过程中,下列函数为无穷大.

(1) $y = \ln x$;　　(2) $y = 2^x$.

解　(1) 当 $x \to 0^+$ 时,$\ln x \to -\infty$,即

$$\lim_{x \to 0^+} \ln x = -\infty.$$

当 $x \to +\infty$ 时,$\ln x \to +\infty$,即

$$\lim_{x \to +\infty} \ln x = +\infty.$$

(2) 因为 $\lim\limits_{x \to +\infty} \dfrac{1}{2^x} = 0$,所以 $\lim\limits_{x \to +\infty} 2^x = +\infty$.

习题 1-8

1. 当 $x \to 0$ 时,$3x + x^2$ 与 $x^2 - x^3$ 相比,哪一个是高阶无穷小?

2. 讨论当 $x \to 1$ 时,无穷小 $1 - x$ 与(1) $1 - x^2$;(2) $\dfrac{1}{2}(1 - x^2)$ 是否同阶? 是否等价?

3. 当 $x \to 0$ 时,证明:

(1) $\arctan x \sim x$;　　　　　　　　(2) $1 - \cos x \sim \dfrac{1}{2} x^2$.

4. 利用等价无穷小代换求下列极限.

（1）$\lim\limits_{x\to 0}\dfrac{1-\cos x}{\sin^2 x}$；

（2）$\lim\limits_{x\to 0}\dfrac{\sqrt{1+\sin^2 x}-1}{x\tan x}$；

（3）$\lim\limits_{x\to 0}\dfrac{e^{x^2}-1}{\ln(1+x^2)}$；

（4）$\lim\limits_{x\to 0}\dfrac{\tan x-\sin x}{x^2(\sqrt{1+x}-1)}$；

（5）$\lim\limits_{x\to 0}\dfrac{\sin\left(x^2\sin\dfrac{1}{x}\right)}{x}$；

（6）$\lim\limits_{x\to 0}\dfrac{1-\cos 2x}{\sqrt[3]{1+x^2}-1}$．

5. 设 $\lim\limits_{x\to 1}\dfrac{x^2+ax+b}{x-1}=5$，求常数 a,b．

6. 确定常数 a,b,c 的值，使 $\lim\limits_{x\to +\infty}(5x-\sqrt{ax^2-bx+c})=2$ 成立．

第九节　函数的连续性

所谓连续，直观上来说就是持续不断的变化，如河水的流动、时间的延续等；从图形的角度讲，所谓连续就是曲线没有断开，那么对于自然界中这些连续的现象如何从数量关系上刻画出来呢？

一、函数的连续与间断

设函数 $y=f(x)$ 在 x_0 的某一邻域 $U(x_0)$ 内有定义，在 x_0 点给自变量 x 以改变量（也称为增量），记为 Δx，即 x 由 x_0 变到 $x_0+\Delta x$，相应地 y 有改变量，记为 Δy，即

$$\Delta y=f(x_0+\Delta x)-f(x_0).$$

从图 1-33 容易看出，连续是指当 Δx 越来越小，Δy 也应该是越来越小，当 $\Delta x\to 0$ 时，Δy 也应趋于 0；反之，当 $\Delta x\to 0$ 时，若 Δy 不趋于 0，则曲线在 x_0 处就有跳跃，即不连续，因此有下述定义．

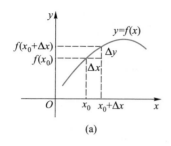 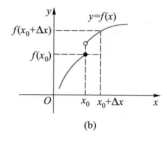

图 1-33

定义 1   设函数 $y=f(x)$ 在 x_0 的某一邻域 $U(x_0)$ 内有定义,$x_0+\Delta x \in$ $U(x_0)$,如果

$$\lim_{\Delta x \to 0}\Delta y = \lim_{\Delta x \to 0}[f(x_0+\Delta x)-f(x_0)] = 0,$$

则称函数 $y=f(x)$ 在 x_0 处**连续**(continuous),x_0 称为函数 $f(x)$ 的**连续点**(continuity point),否则就称函数 $f(x)$ 在 x_0 处**间断**(discontinuous),x_0 称为函数 $f(x)$ 的**间断点**(discontinuity point).

若记 $x=x_0+\Delta x$,则当 $\Delta x \to 0$ 时 $x \to x_0$,故

$$\lim_{x \to x_0}f(x) = \lim_{\Delta x \to 0}[\Delta y+f(x_0)] = f(x_0).$$

因此 $f(x)$ 在 x_0 处连续的定义也可叙述为:

定义 1′   设函数 $y=f(x)$ 在 x_0 的某一邻域 $U(x_0)$ 内有定义,如果

$$\lim_{x \to x_0}f(x) = f(x_0),$$

则称函数 $y=f(x)$ 在 x_0 处连续.

从定义可知,$f(x)$ 要在 x_0 处连续,必须同时满足以下 3 个条件:

(1) $f(x)$ 在 x_0 处有定义;

(2) $f(x)$ 在 $x \to x_0$ 时有极限;

(3) 极限值与函数值相等.

另外,值得注意的是,上述连续的定义中 $f(x)$ 在 x_0 点连续的前提条件是 $f(x)$ 在 x_0 的某一邻域内有定义,即 $f(x)$ 在 x_0 的左、右两侧某邻域内有定义. 如果 $f(x)$ 定义在闭区间上,由于 $f(x)$ 在区间端点只可能有左极限或右极限,因而在区间端点处不可能满足 $\lim_{x \to x_0}f(x) = f(x_0)$,但有可能满足

$$\lim_{x\to x_0^-}f(x)=f(x_0) \quad \text{或} \quad \lim_{x\to x_0^+}f(x)=f(x_0).$$

为此,引入左连续和右连续的定义.

定义 2　若 $\lim\limits_{x\to x_0^-}f(x)=f(x_0)$,则称函数 $f(x)$ 在 x_0 点**左连续**(continuity from the left);若 $\lim\limits_{x\to x_0^+}f(x)=f(x_0)$,则称 $f(x)$ 在 x_0 点**右连续**(continuity from the right).

显然函数在某点连续的充要条件是在该点既左连续又右连续.

定义 3　若函数 $f(x)$ 在开区间 (a,b) 内的每一点都连续,则称函数 $f(x)$ 在 (a,b) 内连续,记为 $f(x)\in C(a,b)$,这里 $C(a,b)$ 表示在区间 (a,b) 内连续函数的全体构成的集合. 若 $f(x)$ 在 a 点右连续,同时在 b 点左连续,则称函数 $f(x)$ 在 $[a,b]$ 上连续,记为 $f(x)\in C[a,b]$.

例 1　证明 $y=\cos x$ 在 $(-\infty,+\infty)$ 内是连续的.

证明　$\forall x_0\in(-\infty,+\infty)$,设自变量在 x_0 处有增量 Δx,则函数有增量

$$\Delta y=\cos(x_0+\Delta x)-\cos x_0=-2\sin\left(x_0+\frac{\Delta x}{2}\right)\sin\frac{\Delta x}{2}.$$

因为当 $\Delta x\to 0$ 时,$\sin\dfrac{\Delta x}{2}\sim\dfrac{\Delta x}{2}$,所以

$$\lim_{\Delta x\to 0}\Delta y=-\lim_{\Delta x\to 0}\Delta x\sin\left(x_0+\frac{\Delta x}{2}\right)=0.$$

又由 x_0 的任意性知,$y=\cos x$ 在 $(-\infty,+\infty)$ 上是连续的.

事实上,由极限部分的讨论可知,常函数、正弦函数、余弦函数、有理整函数、有理分式函数在其定义域内都是连续的.

例 2　讨论函数 $f(x)=\begin{cases}x^2, & x>0,\\ 1, & x=0,\\ 1-x, & x<0\end{cases}$ 在 $x=0$ 处的连续性.

解　因为

$$\lim_{x\to 0^-}f(x)=\lim_{x\to 0^-}(1-x)=1,\quad \lim_{x\to 0^+}f(x)=\lim_{x\to 0^+}x^2=0,$$

函数 $f(x)$ 在 $x=0$ 处左、右极限虽然都存在但不相等,所以 $f(x)$ 在 $x=0$ 处不连续.

例 3 设 $f(x) = \begin{cases} e^x, & x < 0, \\ a+x, & x \geqslant 0, \end{cases}$ 问 a 为何值时, $f(x)$ 在 $x = 0$ 处连续.

解 要使 $f(x)$ 在 $x = 0$ 处连续, 须满足

$$\lim_{x \to 0^-} f(x) = \lim_{x \to 0^+} f(x) = f(0),$$

即

$$\lim_{x \to 0^-} e^x = \lim_{x \to 0^+} (a+x) = a,$$

从而有 $a = 1$, 故当 $a = 1$ 时 $f(x)$ 在 $x = 0$ 处连续.

例 4 指出下列函数的间断点.

(1) $f(x) = \begin{cases} \dfrac{\sin x}{x}, & x \neq 0, \\ 2, & x = 0; \end{cases}$ (2) $f(x) = \dfrac{x^2 - 9}{x - 3}$;

(3) $f(x) = \begin{cases} x, & x > 0, \\ 0, & x = 0, \\ -1, & x < 0; \end{cases}$ (4) $f(x) = \sin \dfrac{1}{x}$;

(5) $f(x) = \dfrac{1}{x - 2}$.

解 (1) 虽然函数 $f(x)$ 在 $x = 0$ 处有定义, $f(0) = 2$, 但

$$\lim_{x \to 0} \frac{\sin x}{x} = 1 \neq f(0),$$

所以 $x = 0$ 为函数 $f(x)$ 的间断点.

若改变函数 $f(x)$ 在 $x = 0$ 处的函数值, 令 $f(0) = 1$, 则所给函数在 $x = 0$ 处连续.

(2) 因为函数 $f(x)$ 在 $x = 3$ 处无定义, 所以 $x = 3$ 为函数 $f(x)$ 的间断点.

由于 $\lim_{x \to 3} f(x) = \lim_{x \to 3} \dfrac{x^2 - 9}{x - 3} = 6$, 若补充函数 $f(x)$ 在 $x = 3$ 处的定义: 令 $f(3) = 6$, 则所给函数 $f(x)$ 在 $x = 3$ 处连续.

在 (1)(2) 中, 函数 $f(x)$ 在间断点处极限都存在, 我们可以改变或者补充函数 $f(x)$ 在该点处的定义使函数 $f(x)$ 在该点连续, 这种间断点称为函数 $f(x)$ 的**可去间断点** (removable discontinuity point).

（3）由于

$$\lim_{x\to 0^-}f(x)=\lim_{x\to 0^-}(-1)=-1, \quad \lim_{x\to 0^+}f(x)=\lim_{x\to 0^+}x=0.$$

函数 $f(x)$ 在 $x=0$ 处虽然有定义,且函数 $f(x)$ 在 $x=0$ 处左、右极限存在,但在 $x=0$ 处左、右极限不相等,所以 $x=0$ 为函数 $f(x)$ 的间断点.

函数 $y=f(x)$ 的图形在 $x=0$ 处产生跳跃,故称 $x=0$ 为函数 $f(x)$ 的**跳跃间断点**(jump discontinuity point).

（4）因为函数 $f(x)$ 在 $x=0$ 处无定义,所以 $x=0$ 为函数 $f(x)$ 的间断点.

当 $x\to 0$ 时,函数值在 -1 与 1 之间变动无限多次,因此称 $x=0$ 为函数 $f(x)$ 的**振荡间断点**(oscillation discontinuity point).

（5）因为函数 $f(x)$ 在 $x=2$ 处无定义,所以 $x=2$ 为函数 $f(x)$ 的间断点.

因为 $\lim\limits_{x\to 2}\dfrac{1}{x-2}=\infty$,所以称 $x=2$ 为函数 $f(x)$ 的**无穷间断点**(infinite discontinuity point).

若 x_0 是函数 $f(x)$ 的间断点,且左极限 $f(x_0-0)$ 及右极限 $f(x_0+0)$ 都存在,则称 x_0 为函数 $f(x)$ 的**第一类间断点**(discontinuity point of the first kind),否则,称为**第二类间断点**(discontinuity point of the second kind). 上例中的可去间断点和跳跃间断点属于第一类间断点,振荡间断点和无穷间断点属于第二类间断点.

间断点可根据左、右极限的情况分为以下几类:

$$x_0\text{ 为间断点} \begin{cases} \text{第一类间断点(左、右极限都存在)} \begin{cases} \text{可去间断点(左、右极限相等)} \\ \text{跳跃间断点(左、右极限不相等)} \end{cases} \\ \text{第二类间断点} \\ \text{(左、右极限中至少有一个不存在)} \begin{cases} \text{无穷间断点(左、右极限中至少一个为}\infty\text{)} \\ \text{振荡间断点(函数值在某一范围内来回振荡)} \end{cases} \end{cases}$$

二、连续函数及其性质

若函数在其定义域内每一点都连续,则此函数称为连续函数. 关于连续函数有以下的运算性质.

性质 1(四则运算性质) 若函数 $f(x),g(x)$ 在点 x_0 处连续,则

（1）$f(x)\pm g(x)$ 在点 x_0 处连续；

（2）$f(x)\cdot g(x)$ 在点 x_0 处连续；

（3）$\dfrac{f(x)}{g(x)}(g(x_0)\neq 0)$ 在点 x_0 处连续.

该性质只须根据极限的四则运算性质及函数连续性的定义即可证明. 这个性质也可以推广到有限多个函数的情形.

性质 2（反函数的连续性） 设函数 $y=f(x)$ 在区间 I 上单调增加（单调减少）且连续，则其反函数 $x=f^{-1}(y)$ 在相应区间 $W=\{y\mid y=f(x),x\in I\}$ 上单调增加（单调减少）且连续.

性质 3 设 $u=\varphi(x)$，$\lim\limits_{x\to x_0}\varphi(x)=a$，$y=f(u)$ 在 $u=a$ 点连续，则复合函数 $f[\varphi(x)]$ 当 $x\to x_0$ 时的极限为

$$\lim_{x\to x_0}f[\varphi(x)]=f\left[\lim_{x\to x_0}\varphi(x)\right]=f(a),$$

即当函数 $f(u)$ 连续时，极限符号与函数符号可以交换次序.

例如，$\lim\limits_{x\to 0}\ln(1+x)^{\frac{1}{x}}=\ln\left[\lim\limits_{x\to 0}(1+x)^{\frac{1}{x}}\right]=\ln e=1.$

性质 4（复合函数的连续性） 有限个连续函数复合而成的复合函数仍是连续函数.

现在以两个函数的复合为例来证明这个结论.

设 $y=f(u)$ 在 u_0 处连续，$u_0=\varphi(x_0)$ 且 $u=\varphi(x)$ 在 x_0 处连续，证明复合函数 $y=f[\varphi(x)]$ 在 x_0 处连续.

证明 由于 $y=f(u)$ 在 u_0 处连续，所以 $\forall\varepsilon>0$，$\exists\eta>0$，当 $|u-u_0|<\eta$ 时，有

$$|f(u)-f(u_0)|<\varepsilon$$

成立. 又由于 $u=\varphi(x)$ 在 x_0 处连续，因此，对上述 $\eta>0$，$\exists\delta>0$，当 $|x-x_0|<\delta$ 时，则有

$$|\varphi(x)-\varphi(x_0)|=|u-u_0|<\eta.$$

故 $\forall\varepsilon>0$，$\exists\delta>0$，当 $|x-x_0|<\delta$ 时，有

$$|f[\varphi(x)]-f[\varphi(x_0)]|=|f(u)-f(u_0)|<\varepsilon.$$

性质 5（初等函数的连续性） 初等函数在其定义区间内是连续的.

已知常函数、正弦函数、余弦函数在实数集 $\mathbf{R}$ 内是连续的. 用连续的定

义及极限的知识也可证明,幂函数在其定义区间内是连续的. 故由连续函数的性质可知,基本初等函数在其定义区间内是连续的,加、减、乘、除和复合又不改变连续性(性质 1 和性质 4),所以性质 5 的正确性是显而易见的.

上述结论提供了求初等函数极限的一种方法,即若 x_0 是初等函数定义区间内的点,则有 $\lim\limits_{x \to x_0} f(x) = f(x_0)$,例如 $x = 0$ 是初等函数 $f(x) = \dfrac{2^x(1+x^2)}{1+x^3}$ 定义区间内的点,因而 $f(x)$ 在该点连续,故有 $\lim\limits_{x \to 0} f(x) = f(0) = 1$.

例 5　求 $\lim\limits_{x \to 0} \dfrac{\sqrt{1+x^2}-1}{x^2}$.

解　$\lim\limits_{x \to 0} \dfrac{\sqrt{1+x^2}-1}{x^2} = \lim\limits_{x \to 0} \dfrac{(\sqrt{1+x^2}-1)(\sqrt{1+x^2}+1)}{x^2(\sqrt{1+x^2}+1)} = \lim\limits_{x \to 0} \dfrac{1}{\sqrt{1+x^2}+1} = \dfrac{1}{2}$.

例 6　求 $\lim\limits_{x \to +\infty} \arccos(\sqrt{x^2+x}-x)$.

解　$\lim\limits_{x \to +\infty} \arccos(\sqrt{x^2+x}-x) = \arccos \lim\limits_{x \to +\infty}(\sqrt{x^2+x}-x)$

$$= \arccos \lim\limits_{x \to +\infty} \dfrac{1}{\sqrt{1+\dfrac{1}{x}}+1} = \dfrac{\pi}{3}.$$

例 7　求 $\lim\limits_{x \to +\infty} x[\ln(x+a) - \ln x], a \neq 0$.

解　$\lim\limits_{x \to +\infty} x[\ln(x+a)-\ln x] = \lim\limits_{x \to +\infty} \ln\left(1+\dfrac{a}{x}\right)^x = \ln \lim\limits_{x \to +\infty}\left(1+\dfrac{a}{x}\right)^x = a$.

例 8　设 $\lim u(x) = a > 0, \lim v(x) = b$. 证明 $\lim[u(x)]^{v(x)} = a^b$.

证明　$\lim[u(x)]^{v(x)} = \lim e^{v(x)\ln u(x)} = e^{\lim v(x)\ln u(x)} = e^{b\ln a} = a^b$.

另外,如果 $\lim f(x) = 0, \lim g(x) = \infty$,且 $\lim f(x)g(x)$ 存在,则有
$$\lim[1+f(x)]^{g(x)} = e^{\lim f(x)g(x)}.$$

其证明请读者自己完成.

三、闭区间上连续函数的性质

定义 4　设函数 $f(x)$ 在区间 I 上有定义,如果有 $x_0 \in I$,使得对于任意的

$x \in I$, 都有

$$f(x) \leqslant f(x_0) \, (\text{或} f(x) \geqslant f(x_0)),$$

则称 $f(x_0)$ 是函数 $f(x)$ 在区间 I 上的**最大值**(maximum value)(或**最小值**(minimum value)),称点 x_0 为函数 $f(x)$ 的**最大值点**(或**最小值点**),最大值与最小值统称为**最值**.

定理 1(最值定理) 闭区间上的连续函数一定取得最大值和最小值.

这个定理从几何上容易得到证实(见图 1-34). 该定理表明,若 $f(x) \in C[a,b]$, 那么在 $[a,b]$ 上至少有一点 ξ_1, 使得 $f(\xi_1)$ 为最大,即 $f(x) \leqslant f(\xi_1)$, $x \in [a,b]$, 又至少存在一点 ξ_2, 使 $f(\xi_2)$ 为最小,即

$$f(x) \geqslant f(\xi_2), \quad x \in [a,b].$$

如果区间非闭或函数不连续,则结论并不一定成立. 如函数 $\dfrac{1}{x}$ 在 $(0,1]$ 上无最大值;函数

$$f(x) = \begin{cases} x^2, & x \neq 0, \\ 1, & x = 0 \end{cases}$$

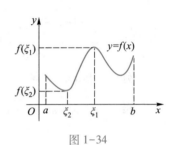

图 1-34

在 $[-1,1]$ 上无最小值.

设在闭区间 $[a,b]$ 上连续的函数 $f(x)$ 的最大值为 M, 最小值为 m, 则

$$m \leqslant f(x) \leqslant M,$$

从而 m 为函数 $f(x)$ 的下界,M 为函数 $f(x)$ 的上界,因此连续函数 $f(x)$ 在闭区间 $[a,b]$ 上有界,于是有

推论 1 闭区间 $[a,b]$ 上的连续函数在该区间上一定有界.

定理 2(介值定理(intermediate value theorem)**)** 在闭区间 $[a,b]$ 上连续的函数 $f(x)$ 必取得介于区间端点处的两个不同函数值 $f(a)$ 与 $f(b)$ 之间的任何值.

这就是说,如果 μ 是介于 $f(a)$ 与 $f(b)$ 之间的值,那么在 (a,b) 内至少有一点 ξ, 使

$$f(\xi) = \mu.$$

在函数的图形中,这表现为连续曲线 $y=f(x)$ 与直线 $y=\mu$ 至少相交于一点(见图 1-35).

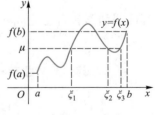

图 1-35

由介值定理可得两个推论:

推论 2 闭区间上的连续函数必取得介于最大值与最小值之间的任何值.

若 $f(x_0)=0$,则称点 x_0 为函数 $f(x)$ 的**零点**.

推论 3 设 $f(x)\in C[a,b]$,且 $f(a)f(b)<0$,则在 (a,b) 内至少存在一点 ξ,使得 $f(\xi)=0$,即方程 $f(x)=0$ 在 (a,b) 内至少存在一个根. 因而该结论常被称为**根值定理**或**零点定理**(the zero point theorem).

零点定理与介值定理的应用

例 9 试证方程 $x^5-3x=1$ 至少有一个介于 1 与 2 的根.

证明 设 $f(x)=x^5-3x-1$,显然 $f(x)\in C[1,2]$,且 $f(1)=-3$,$f(2)=25$,$f(1)f(2)<0$,故由零点定理知至少存在一点 $\xi\in(1,2)$,使 $f(\xi)=0$,即方程 $x^5-3x=1$ 在 $(1,2)$ 内至少有一个根.

例 10 设 $f(x)\in C(a,b)$,$a<x_1<x_2<\cdots<x_n<b$,证明至少存在一点 $\xi\in(a,b)$,使

$$f(\xi)=\frac{1}{n}\sum_{i=1}^{n}f(x_i).$$

证明 由于 $f(x)\in C(a,b)$,因此 $f(x)\in C[x_1,x_n]$,由最值定理知,必存在 $\xi_1,\xi_2\in[x_1,x_n]$,使得

$$f(\xi_1)=m=\min_{x\in[x_1,x_n]}\{f(x)\},\quad f(\xi_2)=M=\max_{x\in[x_1,x_n]}\{f(x)\}.$$

从而有

$$m\leqslant f(x_i)\leqslant M,\quad i=1,2,\cdots,n,$$

于是有

$$nm\leqslant\sum_{i=1}^{n}f(x_i)\leqslant nM,$$

即

$$m\leqslant\frac{1}{n}\sum_{i=1}^{n}f(x_i)\leqslant M.$$

由介值定理的推论 1 知,至少存在一点 $\xi\in[x_1,x_n]\subset(a,b)$,使得

$$f(\xi)=\frac{1}{n}\sum_{i=1}^{n}f(x_i).$$

例 11 设函数 $f(x)$ 在区间 $[a,b]$ 上连续,且 $f(a)<a$, $f(b)>b$,证明:至少存在一点 $\xi\in(a,b)$,使得 $f(\xi)=\xi$.

证明 设 $F(x)=f(x)-x$,由 $f(x)$ 在区间 $[a,b]$ 上连续,易知 $F(x)$ 在区间 $[a,b]$ 上连续,且

$$F(a)=f(a)-a<0, \quad F(b)=f(b)-b>0.$$

由零点定理知,至少存在一点 $\xi\in(a,b)$,使得

$$F(\xi)=f(\xi)-\xi=0,$$

即 $f(\xi)=\xi$.

习题 1-9

1. 设 $f(x)$, $g(x)$ 在 x_0 处都不连续,问 $f(x)+g(x)$ 在 x_0 处是否一定不连续? 若 $f(x)$ 在 x_0 处连续,而 $g(x)$ 在 x_0 处不连续,那么 $f(x)+g(x)$ 在 x_0 处的连续性如何呢?

2. 讨论下列函数的连续性,若有间断点,说明其类型.

(1) $f(x)=\dfrac{x-2}{x^2-4}$;

(2) $f(x)=2^{\frac{1}{x-3}}$;

(3) $f(x)=\begin{cases} x\sin\dfrac{1}{x}, & x\neq 0, \\ 0, & x=0; \end{cases}$

(4) $f(x)=\begin{cases} \dfrac{\sin x}{x}, & x<0, \\ x^2-1, & x\geqslant 0; \end{cases}$

(5) $f(x)=\cos\dfrac{1}{x}$;

(6) $f(x)=\lim\limits_{t\to+\infty}\dfrac{1-xe^{tx}}{x+e^{tx}}$.

3. 确定常数 a,b 的值,使下列函数在 $x=0$ 处连续.

(1) $f(x)=\begin{cases} a+x, & x\leqslant 0, \\ \sin x, & x>0; \end{cases}$

(2) $f(x)=\begin{cases} \arctan\dfrac{1}{x}, & x<0, \\ a+\sqrt{x}, & x\geqslant 0; \end{cases}$

$$(3)\ f(x)=\begin{cases}\dfrac{\sin ax}{x}, & x>0,\\[2mm] 2, & x=0,\\[2mm] \dfrac{1}{bx}\ln(1-3x), & x<0.\end{cases}$$

4. 求下列极限.

（1）$\lim\limits_{x\to 0}\sin\dfrac{\pi(1-\cos 2x)}{x^2}$；

（2）$\lim\limits_{x\to\infty}e^{\frac{\sin x}{x}}$；

（3）$\lim\limits_{x\to\infty}\left(1+\sin\dfrac{1}{x}\right)^{x}$；

（4）$\lim\limits_{x\to 1}\dfrac{\ln x}{x-1}$.

5. 证明方程 $e^x=3x$ 至少存在一个小于 1 的正根.

6. 证明方程 $x=a\sin x+b$（其中 $a>0,b>0$）至少有一个不超过 $a+b$ 的正根.

7. 证明方程 $x^3-4x^2+1=0$ 在 $(0,1)$ 内至少有一个根.

8. 证明：若 $f(x)\in C(-\infty,+\infty)$，且 $\lim\limits_{x\to\infty}f(x)$ 存在，则 $f(x)$ 在 $(-\infty,+\infty)$ 内有界.

第一章总习题

1. 选择题.

（1）设 $f(x)=\arcsin x,g(x)=2x$，则 $f[g(x)]$ 的定义域是（　　）.

（A）$[-2,2]$

（B）$\left[-\dfrac{1}{2},\dfrac{1}{2}\right]$

（C）$(-2,2)$

（D）$\left(-\dfrac{1}{2},\dfrac{1}{2}\right)$

（2）函数 $f(x)=\pi+\arctan x$ 是（　　）.

（A）有界函数

（B）无界函数

（C）单调减函数

（D）周期函数

（3）在下列函数中,是奇函数的为（　　）.

(A) $y = x + \cos x$　　　　　　(B) $y = \dfrac{e^x + e^{-x}}{2}$

(C) $y = x\cos x$　　　　　　　(D) $y = x^2 \ln(1+x)$

(4) 在区间 $(0, +\infty)$ 上严格单调增加的函数是（　　）.

(A) $y = \sin x$　　　　　　　(B) $y = \tan x$

(C) $y = x^2$　　　　　　　　(D) $y = \dfrac{1}{x}$

(5) 当 $x \to 0$ 时，$2x^2 + \sin x$ 是 x 的（　　）.

(A) 高阶无穷小　　　　　　(B) 低阶无穷小

(C) 等价无穷小　　　　　　(D) 同阶但不等价无穷小

(6) 设 $f(x) = \dfrac{e^x - 1}{x}$，则 $x = 0$ 是 $f(x)$ 的（　　）.

(A) 连续点　　　　　　　　(B) 可去间断点

(C) 跳跃间断点　　　　　　(D) 无穷间断点

2. 填空题.

(1) 已知函数 $f(x)$ 的定义域为 $[-1, 2]$，则函数 $F(x) = f(x+2) + f(2x)$ 的定义域是_____.

(2) $y = f(\ln x)$ 的定义域为 $\left[\dfrac{1}{2}, 2\right]$，则 $y = f(x)$ 的定义域为_____.

(3) 设 $f(x) = ax + b$，则 $g(x) = \dfrac{f(x+h) - f(x)}{h} = $_____.

(4) 点 $A\left(3, \dfrac{\pi}{3}\right)$ 和 $B\left(4, -\dfrac{\pi}{6}\right)$，则 $|AB| = $_____，$S_{\triangle OAB} = $_____.

(5) 极坐标方程 $\rho \sin^2 \theta - 2\cos \theta = 0$ 表示的曲线是_____.

(6) 直线 $\begin{cases} x = 3 + t\sin 20° \\ y = -1 + t\cos 20° \end{cases}$（$t$ 为参数）的倾斜角是_____.

(7) 已知某曲线的参数方程是 $\begin{cases} x = \sec \varphi \\ y = \tan \varphi \end{cases}$（$\varphi$ 为参数），若以原点为极点，x 轴的正半轴为极轴，长度单位不变，建立极坐标系，则该曲线的极坐标方程是_____.

(8) 当 $x \to 0$ 时，$1 - \cos x$ 与 $a\sin^2 x$ 是等价无穷小，则 $a = $_____.

(9) 设 $f(x)=\begin{cases}\dfrac{k}{1+x^2}, & x\geqslant 1, \\ 3x^2+2, & x<1,\end{cases}$ 若 $f(x)$ 在 $x=1$ 处连续，则 $k=$ _____.

(10) 若 $\lim\limits_{x\to\infty}\dfrac{3x^k-2x+5}{4x^5+3x^3-2x}=\dfrac{3}{4}$，则 $k=$ _____.

(11) 函数 $f(x)=e^{\frac{1}{x}}$ 在_____间断，且为第_____类间断点.

(12) $\lim\limits_{x\to\infty}\dfrac{\sin x}{x}=$ _____，$\quad \lim\limits_{x\to\infty}x\sin\dfrac{1}{x}=$ _____，

$\lim\limits_{x\to 0}\dfrac{\sin x}{x}=$ _____，$\quad \lim\limits_{x\to 0}x\sin\dfrac{1}{x}=$ _____.

3. 求下列函数的定义域.

(1) $y=\sqrt{2-x^2}$；　　　　　　　(2) $y=\sqrt{1-x^2}+\ln(1+x)$.

4. 设 $f(\sqrt{x}+1)=x$，求 $f(x)$ 的表达式.

5. 判断下列各对函数是否相同，并说明理由.

(1) $y=x$ 与 $y=3^{\log_3 x}$；

(2) $y=\arcsin(\sin x)$ 与 $y=x$；

(3) $y=f(x)$ 与 $x=f(y)$；

(4) $y=\ln(1-x^2)$ 与 $y=\ln(1-x)+\ln(1+x)$.

6. 已知 $f(x)=\begin{cases}2x+1, & |x|<1, \\ x^2+1, & |x|\geqslant 1.\end{cases}$ 作出函数 $f(x)$ 的图形，并求 $f(0)$，$f(-1)$，$f\left(\dfrac{3}{2}\right)$ 及 $f[f(x)]$.

7. 已知 $f(x)$ 是以 2 为周期的周期函数，在 $(0,2]$ 上的表达式 $f(x)=x^2$，试写出 $f(x)$ 在 $(0,4]$ 上的表达式.

8. 设函数 $f(x)$ 对一切正值都满足方程 $f(xy)=f(x)+f(y)$，试证明下列各式：

(1) $f(1)=0$；　　　(2) $f\left(\dfrac{1}{x}\right)=-f(x)$；　　　(3) $f\left(\dfrac{x}{y}\right)=f(x)-f(y)$.

9. 设 $F(x)=e^x$，证明：

(1) $F(x)F(y)=F(x+y)$；

(2) $\dfrac{F(x)}{F(y)} = F(x-y)$.

10. 在一个拥有 80 000 人的城镇里，在时刻 t 得感冒的人数为

$$N(t) = \dfrac{10\ 000}{1+9\ 999\mathrm{e}^{-t}},$$

其中 t 以天为单位. 试求 $t=0$ 和 $t=4$ 时感冒的人数.

11. 某停车场收费标准为：凡停车不超过 2 h 的，收费 2 元，以后每多停 1 h（不到 1 h 仍按 1 h 计）增加收费 0.5 元，但停车时间最长不能超过 5 h. 试建立停车费用与停车时间之间的函数模型.

12. 求下列极限.

(1) $\lim\limits_{n\to\infty}\left(\sqrt{2}\times\sqrt[4]{2}\times\sqrt[8]{2}\times\cdots\times\sqrt[2^n]{2}\right)$；

(2) $\lim\limits_{n\to\infty}\sqrt{n}\left(\sqrt{n+1}-\sqrt{n}\right)$；

(3) $\lim\limits_{n\to\infty}\sin\left(\sqrt{n^2+n\pi}-n\right)$；

(4) $\lim\limits_{n\to\infty}\dfrac{4n^2+n}{2n^2-1}$；

(5) $\lim\limits_{x\to\frac{\pi}{4}}\dfrac{1+\sin 2x}{1-\cos 4x}$；

(6) $\lim\limits_{x\to\infty}\dfrac{(3x+1)^5(2x-5)^{10}}{(5x+3)^{15}}$；

(7) $\lim\limits_{x\to 1}\dfrac{\sqrt{x}-1}{\sqrt[3]{x}-1}$；

(8) $\lim\limits_{x\to 2}\left(\dfrac{1}{x-2}-\dfrac{12}{x^3-8}\right)$；

(9) $\lim\limits_{x\to\infty}\left(\dfrac{x-1}{x+1}\right)^x$；

(10) $\lim\limits_{x\to 0}\dfrac{\mathrm{e}^{2x}-1}{\sin 3x}$；

(11) $\lim\limits_{x\to 0}\left(\dfrac{a^x+b^x+c^x}{3}\right)^{\frac{1}{x}}$ $(a>0,b>0,c>0)$；

(12) $\lim\limits_{x\to+\infty}\dfrac{\ln(1+2^x)}{\ln(1+3^x)}$ （提示：$1+a^x=a^x(1+a^{-x})$）.

13. 已知 $\lim\limits_{x\to\infty}\left(\dfrac{x+k}{x-k}\right)^x = \mathrm{e}^4$，求 k 的值.

14. 证明当 $x\to 0$ 时，下列各对无穷小是等价的.

(1) x 与 $\arcsin x$；　　(2) x 与 $\arctan x$；　　(3) $1-\cos x$ 与 $\dfrac{x^2}{2}$；

(4) a^x-1 与 $x\ln a\ a>0,a\neq 1$；　　(5) $\sqrt[n]{1+x}-1$ 与 $\dfrac{1}{n}x$.

15. 利用等价无穷小计算 $\lim\limits_{x \to 0} \dfrac{\cos x - 1}{\sqrt[3]{1+\sin^2 x} - 1}$.

16. 设数列 $\{x_n\}$ 满足 $x_{n+1} = \sqrt{2+x_n}$, $x_1 = \sqrt{2}$, 试证 $\lim\limits_{n \to \infty} x_n$ 存在, 并求极限.

17. 讨论函数 $f(x) = \lim\limits_{n \to \infty} \dfrac{1}{1+x^n}(x \geqslant 0)$ 的连续性.

18. 指出函数 $f(x) = \dfrac{x^2-1}{x^2-3x+2}$ 的间断点并判定其类型.

19. 证明题.

（1）证明函数 $f(x) = x^3 + ax^2 + bx + c$（$a, b, c$ 为常数）至少有一个零点.

（2）设 $f(x)$ 在 $[0, 2a]$ 上连续, 且 $f(0) = f(2a)$, 证明存在 $x \in [0, a]$, 使得 $f(x) = f(x+a)$.

第二章 导数与微分

当解决实际问题时,除了需要研究变量之间的函数关系外,有时还需要讨论函数相对于自变量变化的快慢程度,即变化率问题.例如,运动物体的瞬时速度、曲线的切线斜率、电流强度、城市人口增长的速度、国民经济发展的速度等.求函数的变化率在高等数学中通常称为求导数.在这一章里,首先通过实例引入导数的概念,然后给出求函数导数的一般法则和初等函数求导方法,最后介绍微分的概念、微分的求法及其简单应用.

第一节 导数的概念

一、导数概念的引出

导数的思想最初是由法国数学家费马(Fermat)为研究极值问题而引入的,但与导数概念直接相联系的是以下两个问题:已知运动规律求速度和已知曲线求它的切线.下面以这两个问题为背景引入导数的概念.

1. 变速直线运动的瞬时速度

设某质点做直线运动,其路程 s 与时间 t 的关系为 $s=f(t)$,求其在某一时刻 t_0 的瞬时速度 $v(t_0)$.

众所周知,当物体做匀速直线运动时,其速度等于单位时间走过的路程,即速度等于走过的任何一段路程与经过这段路程所用时间之商.

对于变速直线运动,如果考虑很短的时间间隔,在此时间间隔内快慢变化很小,就可以近似为匀速直线运动. 因此,在 t_0 时刻给时间 t 以增量 Δt,则质点在 Δt 时间段内所走路程为 Δs,则

$$\Delta s = f(t_0 + \Delta t) - f(t_0),$$

于是质点在 Δt 内的平均速度就是

$$\bar{v} = \frac{\Delta s}{\Delta t} = \frac{f(t_0 + \Delta t) - f(t_0)}{\Delta t}.$$

如果时间间隔 Δt 较小,$\bar{v}$ 可作为 $v(t_0)$ 的近似值,显然,Δt 越小,近似程度就越好. 如果当 $\Delta t \to 0$ 时,$\dfrac{\Delta s}{\Delta t}$ 的极限存在,就称该极限值为质点在时刻 t_0 的瞬时速度,即

$$v(t_0) = \lim_{\Delta t \to 0} \frac{\Delta s}{\Delta t} = \lim_{\Delta t \to 0} \frac{f(t_0 + \Delta t) - f(t_0)}{\Delta t}.$$

2. 曲线的切线

在中学数学中,圆的切线定义为"与圆只有一个交点的直线",但是对于其他曲线,用这一描述作为切线的定义就不一定合适. 如直线 $x = 0$ 与抛物线 $y = x^2$ 只有一个交点,但 $x = 0$ 却不是 $y = x^2$ 的切线.

现在给出切线的一般定义,并求出其斜率.

设曲线 $y = f(x)$ 的图形如图 2-1 所示,点 $M_0(x_0, y_0)$ 为曲线上一定点,在曲线上另取一点 $M(x_0 + \Delta x, y_0 + \Delta y)$,得割线 $M_0 M$,其斜率为

$$\tan \varphi = \frac{\Delta y}{\Delta x} = \frac{f(x_0 + \Delta x) - f(x_0)}{\Delta x}.$$

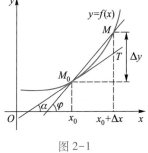

图 2-1

容易看出,当点 M 沿曲线趋向 M_0 时,割线 $M_0 M$ 绕点 M_0 旋转而趋向于极限位置 $M_0 T$,称 $M_0 T$ 为曲线在点 M_0 处的**切线**(tangent line),即切线是割线的极限位置,因此切线的斜率 k 就等于割线斜率的极限,即

$$k = \tan \alpha = \lim_{\Delta x \to 0} \frac{\Delta y}{\Delta x} = \lim_{\Delta x \to 0} \frac{f(x_0 + \Delta x) - f(x_0)}{\Delta x}.$$

以上讨论的两个问题,虽然具体含义不同,但从数量关系上看,其分析与计算是一致的,而且最终都归结为极限

$$\lim_{\Delta x \to 0} \frac{\Delta y}{\Delta x} = \lim_{\Delta x \to 0} \frac{f(x_0 + \Delta x) - f(x_0)}{\Delta x}.$$

在自然科学和工程技术问题中,还有许多类似的非均匀变化的变化率问题,如电流强度、物质的比热、线密度等问题,尽管它们的实际背景各不相同,但最终都归结为上面形式的极限,因此有必要对这类极限做专门的研究并给以专用的名称——导数.

二、导数的定义

定义   设函数 $y = f(x)$ 在 $U(x_0)$ 内有定义,在 x_0 处给自变量 x 以增量 $\Delta x(x_0 + \Delta x \in U(x_0))$,函数相应地有增量 $\Delta y = f(x_0 + \Delta x) - f(x_0)$,若极限

$$\lim_{\Delta x \to 0} \frac{\Delta y}{\Delta x} = \lim_{\Delta x \to 0} \frac{f(x_0 + \Delta x) - f(x_0)}{\Delta x} \tag{2-1}$$

存在,则称函数 $y = f(x)$ 在点 x_0 处**可导**(derivable),并称此极限为函数 $f(x)$ 在 x_0 处的**导数**(derivative),记为 $f'(x_0)$,$y'\big|_{x=x_0}$,$\dfrac{\mathrm{d}y}{\mathrm{d}x}\bigg|_{x=x_0}$ 或 $\dfrac{\mathrm{d}f}{\mathrm{d}x}\bigg|_{x=x_0}$,即

$$f'(x_0) = \lim_{\Delta x \to 0} \frac{\Delta y}{\Delta x} = \lim_{\Delta x \to 0} \frac{f(x_0 + \Delta x) - f(x_0)}{\Delta x}. \tag{2-2}$$

函数 $y = f(x)$ 在 x_0 处可导,也称函数 $y = f(x)$ 在点 x_0 处具有导数或导数存在. 在式(2-1)中如果极限不存在,称函数 $y = f(x)$ 在 x_0 处不可导. 如果不可导的原因是由于 $\Delta x \to 0$ 时,$\dfrac{\Delta y}{\Delta x} \to \infty$,为了方便起见,也往往称函数 $y = f(x)$ 在 x_0 处的导数为无穷大,并记作 $f'(x_0) = \infty$(并不表示导数存在).

在式(2-2)中,若令 $x_0 + \Delta x = x$,则 $\Delta x = x - x_0$,当 $\Delta x \to 0$ 时,$x \to x_0$,于是有

$$f'(x_0) = \lim_{x \to x_0} \frac{f(x) - f(x_0)}{x - x_0}. \tag{2-3}$$

因为上式右端的分子、分母分别是函数值 $f(x)$ 与 $f(x_0)$ 之差和自变量 x 与 x_0

之差,所以

$$\frac{f(x)-f(x_0)}{x-x_0}$$

又称为差商. 因此,导数是差商的极限.

对定义的几点说明:

1. 导数的本质

导数是实际问题中变化率的数学反映,对函数 $y=f(x)$ 来说,

$$\frac{\Delta y}{\Delta x}=\frac{f(x_0+\Delta x)-f(x_0)}{\Delta x} \tag{2-4}$$

表示自变量 x 在以点 x_0 与 $x_0+\Delta x$ 为端点的区间上每改变一个单位时,函数 y 的平均变化量,因此,称式(2-4)为函数 $y=f(x)$ 在该区间上的平均变化率. 把平均变化率当 $\Delta x \to 0$ 时的极限 $f'(x_0)$ 称为函数在 x_0 处的变化率,它反映了因变量相对于自变量变化的快慢程度.

2. 左、右导数的定义

导数实际上是一种特定形式的极限,而极限有左、右极限的问题,因而导数也就有左、右导数的问题.

函数 $f(x)$ 在 x_0 处的**左导数**(left-hand derivative)定义为

$$f'_-(x_0)=\lim_{\Delta x \to 0^-}\frac{\Delta y}{\Delta x}=\lim_{x \to x_0^-}\frac{f(x)-f(x_0)}{x-x_0}=\lim_{\Delta x \to 0^-}\frac{f(x_0+\Delta x)-f(x_0)}{\Delta x},$$

函数 $f(x)$ 在 x_0 处的**右导数**(right-hand derivative)定义为

$$f'_+(x_0)=\lim_{\Delta x \to 0^+}\frac{\Delta y}{\Delta x}=\lim_{x \to x_0^+}\frac{f(x)-f(x_0)}{x-x_0}=\lim_{\Delta x \to 0^+}\frac{f(x_0+\Delta x)-f(x_0)}{\Delta x}.$$

不难看出, $f'(x_0)$ 存在的充要条件是 $f'_-(x_0)$ 和 $f'_+(x_0)$ 都存在且相等.

例1　求函数 $f(x)=|x|$ 在 $x=0$ 处的导数.

解　$f'_+(0)=\lim\limits_{x \to 0^+}\dfrac{f(x)-f(0)}{x-0}=\lim\limits_{x \to 0^+}\dfrac{x-0}{x}=1,$

$$f'_-(0)=\lim_{x \to 0^-}\frac{f(x)-f(0)}{x-0}=\lim_{x \to 0^-}\frac{-x-0}{x}=-1.$$

因为 $f'_-(0) \neq f'_+(0)$,所以 $f(x)$ 在 $x=0$ 处不可导.

例 2　求函数 $f(x) = \begin{cases} x^2, & x \geq 0, \\ x^3, & x < 0 \end{cases}$ 在 $x = 0$ 处的导数.

解　$f'_+(0) = \lim\limits_{x \to 0^+} \dfrac{f(x) - f(0)}{x - 0} = \lim\limits_{x \to 0^+} \dfrac{x^2}{x} = 0,$

$f'_-(0) = \lim\limits_{x \to 0^-} \dfrac{f(x) - f(0)}{x - 0} = \lim\limits_{x \to 0^-} \dfrac{x^3}{x} = 0.$

因为 $f'_+(0) = f'_-(0)$, 所以 $f(x)$ 在 $x = 0$ 处可导, 且 $f'(0) = 0.$

3. 导函数的概念

若函数 $y = f(x)$ 在区间 I 内每一点都可导, 则称 $f(x)$ 在 I 内可导, 记为 $f(x) \in D(I)$, 这里 $D(I)$ 表示区间 I 内可导的函数的全体构成的集合. 此时 $\forall x \in I$, 由导数的定义知, 必有一个确定的导数值 $f'(x)$ 与之对应, 这样就形成了一个函数, 称为 $f(x)$ 的**导函数** (derived function), 记为 y', $f'(x)$, $\dfrac{\mathrm{d}y}{\mathrm{d}x}$ 或 $\dfrac{\mathrm{d}f(x)}{\mathrm{d}x}$, 显然

$$f'(x) = \lim_{\Delta x \to 0} \frac{f(x + \Delta x) - f(x)}{\Delta x}.$$

可以看出, 函数在 x_0 点的导数就是导函数在 x_0 点的函数值, 即

$$f'(x_0) = f'(x) \big|_{x = x_0}.$$

为了简便, 把导函数也简称为导数.

4. 导数的实际意义

由前面曲线的切线实例可知, 函数 $f(x)$ 在 $x = x_0$ 处的导数 $f'(x_0)$, 在几何上表示曲线 $y = f(x)$ 在点 $(x_0, f(x_0))$ 处的切线的斜率, 此时曲线 $y = f(x)$ 在点 $(x_0, f(x_0))$ 处的切线方程为

$$y - f(x_0) = f'(x_0)(x - x_0),$$

即

$$y = f(x_0) + f'(x_0)(x - x_0).$$

曲线 $y = f(x)$ 在 $(x_0, f(x_0))$ 处的法线方程为

$$y - f(x_0) = -\frac{1}{f'(x_0)}(x - x_0),$$

即

$$y=f(x_0)-\frac{1}{f'(x_0)}(x-x_0).$$

可以看出,当 $f'(x_0)=0$ 时,曲线 $y=f(x)$ 在 $(x_0,f(x_0))$ 处的法线为过点 $(x_0,f(x_0))$ 且垂直于 x 轴的直线 $x=x_0$.

当 $f(x)$ 在 x_0 处导数为 ∞ 时,曲线 $y=f(x)$ 在 $(x_0,f(x_0))$ 处的切线是过 $(x_0,f(x_0))$ 且垂直于 x 轴的直线 $x=x_0$.

根据函数不同的意义,导数有不同的物理意义,当 $y=f(t)$ 为变速直线运动的位置函数时,$f'(t_0)$ 表示质点在 t_0 时刻的瞬时速度. 还有许多物理量都可用导数来表示,如加速度(速度函数 $v=v(t)$ 对时间 t 的导数)、角速度、线速度、电流、功率、线密度、(放射性元素的)衰变率等. 在其他领域中的各种各样的变化率,如化学反应中的扩散速度、反应速度等;生物学中的(种群的)出生率、死亡率、自然增长率等;经济学中的边际成本、边际利润、边际需求等;社会学中的信息传播速度、时尚的推广速度等都可用导数来刻画.

5. 可导与连续的关系

从导数的定义可知,若函数 $f(x)$ 在 x_0 处可导,即 $f'(x_0)=\lim\limits_{\Delta x\to 0}\dfrac{\Delta y}{\Delta x}$ 存在,则有

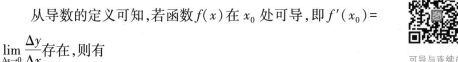

可导与连续的关系

$$\lim_{\Delta x\to 0}\Delta y=\lim_{\Delta x\to 0}\left(\frac{\Delta y}{\Delta x}\cdot\Delta x\right)=\lim_{\Delta x\to 0}\frac{\Delta y}{\Delta x}\cdot\lim_{\Delta x\to 0}\Delta x=0.$$

这说明函数 $f(x)$ 在点 x_0 处连续,即可导必连续;反过来,如果函数在一点连续却未必可导,如函数 $f(x)=|x|$ 在 $x=0$ 处连续但不可导,因此连续是可导的必要条件.

三、求导举例及基本导数公式

现在根据导数的定义求一些简单函数的导数,然后给出导数公式表.

例 3　求常函数 $f(x)=C$ 的导数.

解　记 $y=f(x)$,因为

$$\Delta y=f(x+\Delta x)-f(x)=C-C=0,$$

$$\frac{\Delta y}{\Delta x} = \frac{0}{\Delta x} = 0,$$

所以 $\lim\limits_{\Delta x \to 0} \dfrac{\Delta y}{\Delta x} = 0$，即

$$(C)' = 0.$$

例 4　求 $y = x^n$（n 为正整数）的导数.

解　因为

$$\Delta y = (x + \Delta x)^n - x^n = x^n + nx^{n-1}\Delta x + \cdots + (\Delta x)^n - x^n$$
$$= nx^{n-1}\Delta x + \cdots + (\Delta x)^n,$$

所以

$$\lim_{\Delta x \to 0} \frac{\Delta y}{\Delta x} = \lim_{\Delta x \to 0} \frac{nx^{n-1}\Delta x + \cdots + (\Delta x)^n}{\Delta x} = nx^{n-1},$$

即

$$(x^n)' = nx^{n-1}.$$

对于一般的幂函数 $y = x^\alpha$（α 为任意实数），也有

$$(x^\alpha)' = \alpha x^{\alpha-1}.$$

这个结论下节给出证明.

例如，

$$(x^2)' = 2x, \quad (x)' = 1,$$
$$\left(\frac{1}{x}\right)' = (x^{-1})' = -x^{-2} = -\frac{1}{x^2},$$
$$(\sqrt{x})' = \left(x^{\frac{1}{2}}\right)' = \frac{1}{2}x^{\frac{1}{2}-1} = \frac{1}{2\sqrt{x}}.$$

例 5　求正弦函数 $y = \sin x$ 的导数.

解　因为

$$\Delta y = \sin(x + \Delta x) - \sin x = 2\cos\left(x + \frac{\Delta x}{2}\right)\sin\frac{\Delta x}{2},$$

所以

$$\lim_{\Delta x \to 0} \frac{\Delta y}{\Delta x} = \lim_{\Delta x \to 0} \cos\left(x + \frac{\Delta x}{2}\right)\frac{\sin\frac{\Delta x}{2}}{\frac{\Delta x}{2}} = \cos x,$$

即

$$(\sin x)' = \cos x.$$

同理可得

$$(\cos x)' = -\sin x.$$

例 6 求指数函数 $f(x) = a^x (a>0, a \neq 1)$ 的导数.

解 $f'(x) = \lim\limits_{\Delta x \to 0} \dfrac{f(x+\Delta x) - f(x)}{\Delta x} = \lim\limits_{\Delta x \to 0} \dfrac{a^{x+\Delta x} - a^x}{\Delta x} = \lim\limits_{\Delta x \to 0} \dfrac{a^x (a^{\Delta x} - 1)}{\Delta x}.$

因为 $a^{\Delta x} - 1 = \mathrm{e}^{\Delta x \ln a} - 1$,所以当 $\Delta x \to 0$ 时,$a^{\Delta x} - 1 \sim \Delta x \ln a$,故

$$f'(x) = \lim\limits_{\Delta x \to 0} \dfrac{a^x (a^{\Delta x} - 1)}{\Delta x} = \lim\limits_{\Delta x \to 0} \dfrac{a^x \Delta x \ln a}{\Delta x} = a^x \ln a,$$

即

$$(a^x)' = a^x \ln a.$$

特别地,当 $a = \mathrm{e}$ 和 $a = \mathrm{e}^{-1}$ 时,有

$$(\mathrm{e}^x)' = \mathrm{e}^x, \quad (\mathrm{e}^{-x})' = \mathrm{e}^{-x} \ln \mathrm{e}^{-1} = -\mathrm{e}^{-x}.$$

例 7 求对数函数 $y = \log_a x$ 的导数.

解 因为

$$\Delta y = \log_a (x + \Delta x) - \log_a x = \log_a \left(1 + \dfrac{\Delta x}{x} \right),$$

所以

$$\lim\limits_{\Delta x \to 0} \dfrac{\Delta y}{\Delta x} = \lim\limits_{\Delta x \to 0} \dfrac{1}{\Delta x} \log_a \left(1 + \dfrac{\Delta x}{x} \right) = \lim\limits_{\Delta x \to 0} \log_a \left[\left(1 + \dfrac{\Delta x}{x} \right)^{\frac{x}{\Delta x}} \right]^{\frac{1}{x}}$$

$$= \dfrac{1}{x} \lim\limits_{\Delta x \to 0} \log_a \left(1 + \dfrac{\Delta x}{x} \right)^{\frac{x}{\Delta x}} = \dfrac{1}{x} \log_a \mathrm{e} = \dfrac{1}{x \ln a},$$

即

$$(\log_a x)' = \dfrac{1}{x \ln a}.$$

特别地,若 $a = \mathrm{e}$,则

$$(\ln x)' = \dfrac{1}{x}.$$

为使用方便,现将上述结论归纳如下:

(1) $(C)' = 0$;

(2) $(x^n)' = nx^{n-1}$(n 为正整数);

(3) $(x^\alpha)' = \alpha x^{\alpha-1}$($\alpha$ 为任意实数);

(4) $(\sin x)' = \cos x$;

(5) $(\cos x)' = -\sin x$;

(6) $(a^x)' = a^x \ln a$($a>0, a \neq 1$);

(7) $(e^x)' = e^x$;

(8) $(e^{-x})' = -e^{-x}$;

(9) $(\log_a x)' = \dfrac{1}{x \ln a}$;

(10) $(\ln x)' = \dfrac{1}{x}$.

例 8　求曲线 $y = x^{\frac{1}{3}}$ 在点 $(1,1)$ 和 $(0,0)$ 处的切线方程及法线方程.

解　因为曲线 $y = x^{\frac{1}{3}}$ 在点 $(1,1)$ 处的切线的斜率为

$$k = y'\big|_{x=1} = \frac{1}{3}x^{-\frac{2}{3}}\bigg|_{x=1} = \frac{1}{3},$$

所以曲线 $y = x^{\frac{1}{3}}$ 在点 $(1,1)$ 处的切线方程为

$$y - 1 = \frac{1}{3}(x - 1),$$

即

$$y = \frac{1}{3}x + \frac{2}{3}.$$

法线方程为

$$y - 1 = -3(x - 1),$$

即

$$y = -3x + 4.$$

因为

$$y'\big|_{x=0} = \lim_{\Delta x \to 0} \frac{1}{\Delta x}\left[(0+\Delta x)^{\frac{1}{3}} - 0\right] = \lim_{\Delta x \to 0} \frac{1}{\sqrt[3]{(\Delta x)^2}} = \infty,$$

即 $y = x^{\frac{1}{3}}$ 在 $x = 0$ 处的导数为 ∞,所以曲线 $y = x^{\frac{1}{3}}$ 在点 $(0,0)$ 处有垂直于 x 轴的切线,其方程为 $x = 0$,对应的法线方程为 $y = 0$.

由导数的几何意义可知,如果 $f'(x_0)$ 存在,则曲线 $y = f(x)$ 在点 $(x_0, f(x_0))$ 处有切线,但曲线 $y = f(x)$ 在点 $(x_0, f(x_0))$ 有切线时, $f'(x_0)$ 未

必存在. 在本例中, $x=0$ 是曲线 $y=\dfrac{1}{x^3}$ 在点 $(0,0)$ 处的切线, 而函数 $y=\dfrac{1}{x^3}$ 在点 $x=0$ 处却不可导.

例 9 讨论下列函数在 $x=0$ 处的连续性与可导性.

(1) $f(x)=\begin{cases}\mathrm{e}^{2x}-1, & x\leqslant 0, \\ \sin 2x, & x>0;\end{cases}$ (2) $f(x)=\begin{cases}x\sin\dfrac{1}{x}, & x\neq 0, \\ 0, & x=0;\end{cases}$

(3) $f(x)=\begin{cases}1+x^2, & x\geqslant 0, \\ x^3, & x<0.\end{cases}$

解 (1) 因为

$$\lim_{x\to 0^+}f(x)=\lim_{x\to 0^+}\sin 2x=0,$$

$$\lim_{x\to 0^-}f(x)=\lim_{x\to 0^-}(\mathrm{e}^{2x}-1)=0,$$

所以 $\lim\limits_{x\to 0}f(x)=0.$

又 $f(0)=(\mathrm{e}^{2x}-1)\big|_{x=0}=0$, 因此

$$\lim_{x\to 0}f(x)=f(0),$$

故 $f(x)$ 在 $x=0$ 处连续. 又

$$\lim_{x\to 0^+}\frac{f(x)-f(0)}{x-0}=\lim_{x\to 0^+}\frac{\sin 2x-0}{x}=2,$$

$$\lim_{x\to 0^-}\frac{f(x)-f(0)}{x-0}=\lim_{x\to 0^-}\frac{\mathrm{e}^{2x}-1}{x}=2,$$

因此 $f'_+(0)=f'_-(0)$, 故 $f(x)$ 在 $x=0$ 处可导, 且 $f'(0)=2.$

(2) 因为

$$\lim_{x\to 0}f(x)=\lim_{x\to 0}x\sin\frac{1}{x}=0=f(0),$$

所以 $f(x)$ 在 $x=0$ 处连续.

而极限

$$\lim_{x\to 0}\frac{f(x)-f(0)}{x-0}=\lim_{x\to 0}\frac{x\sin\dfrac{1}{x}}{x}=\lim_{x\to 0}\sin\frac{1}{x}$$

不存在, 因此 $f(x)$ 在 $x=0$ 处不可导.

（3）因为

$$\lim_{x \to 0^+} f(x) = \lim_{x \to 0^+}(1+x^2) = 1,$$

$$\lim_{x \to 0^-} f(x) = \lim_{x \to 0^-}x^3 = 0,$$

所以

$$\lim_{x \to 0^+} f(x) \neq \lim_{x \to 0^-} f(x),$$

故 $f(x)$ 在 $x=0$ 处不连续,因而在 $x=0$ 处也不可导.

注　求分段函数在分段点处的导数时,因为在分段点的左、右邻域内,函数增量的表达式往往不一致,所以经常需要分别计算左、右导数,例 9 中（1）即是这种情形.如果函数在某点不连续,由可导与连续的关系可知,函数在该点不可导,例 9 中（3）正是用了这个结论.

例 10　设 $f(x) = \begin{cases} x^2, & x \leq 1, \\ ax+b, & x > 1 \end{cases}$ 在 $x=1$ 处可导,求常数 a,b.

解　因为 $f(x)$ 在 $x=1$ 处可导,所以在 $x=1$ 处必连续.由连续的充要条件知,

$$\lim_{x \to 1^+} f(x) = \lim_{x \to 1^-} f(x) = f(1).$$

因为

$$\lim_{x \to 1^+} f(x) = \lim_{x \to 1^+}(ax+b) = a+b,$$

$$\lim_{x \to 1^-} f(x) = \lim_{x \to 1^-}x^2 = 1,$$

$$f(1) = 1^2 = 1,$$

所以 $a+b=1$,从而 $b=1-a$.

由于 $f(x)$ 在 $x=1$ 处可导,故有 $f'_-(1) = f'_+(1)$.因为

$$f'_+(1) = \lim_{x \to 1^+} \frac{ax+b-1}{x-1} = \lim_{x \to 1^+} \frac{ax+1-a-1}{x-1} = a,$$

$$f'_-(1) = \lim_{x \to 1^-} \frac{x^2-1}{x-1} = 2,$$

所以 $a=2$,从而有 $b=-1$.

例 11　求一个在 $0 \leq x \leq 4$ 上可导的函数,使得它的图形在原点 $O(0,0)$ 和 $P(4,2)$ 都有水平的切线.

解　设所求函数为 $y=y(x)$,它应满足条件:

$$y(0)=0, \quad y'(0)=0, \quad y(4)=2, \quad y'(4)=0.$$

题目没有指定函数的类型,因此任找一个满足这些条件的函数即可. 这里有 4 个条件,因此最简单的是有 4 个待定常数的三次多项式

$$y=ax^3+bx^2+cx+d,$$

其中 a,b,c,d 待定.

由条件 $y(0)=0,y'(0)=0$ 定出 $d=0,c=0$,再由条件 $y(4)=2,y'(4)=0$,得

$$\begin{cases} a\times4^3+b\times4^2=2, \\ 3a\times4^2+2b\times4=0, \end{cases}$$

解得 $a=-\dfrac{1}{16},b=\dfrac{3}{8}$,于是所求函数为

$$y=-\frac{1}{16}x^3+\frac{3}{8}x^2.$$

习题 2-1

1. 用导数定义求下列函数的导数.

(1) $y=ax+b$;

(2) $y=\cos x$;

(3) $y=\sqrt{x}$;

(4) $y=\dfrac{1}{x}$,求 $y'(1)$.

2. 求下列函数的导数.

(1) $y=\sqrt{x^3}$;

(2) $y=\dfrac{x^3}{\sqrt{x}}$;

(3) $y=\mathrm{e}^{2x}$;

(4) $y=\log_2 x$;

(5) $y=3^x$;

(6) $y=2^x\mathrm{e}^x$.

3. 已知 $f'(x_0)$ 存在,求下列极限.

(1) $\lim\limits_{\Delta x\to0}\dfrac{f(x_0-\Delta x)-f(x_0)}{\Delta x}$;

(2) $\lim\limits_{h\to0}\dfrac{f(x_0+h)-f(x_0-h)}{h}$;

(3) $\lim\limits_{n\to\infty}n\left[f\left(x_0+\dfrac{1}{n}\right)-f(x_0)\right]$;

(4) $\lim\limits_{x\to x_0}\dfrac{x_0f(x)-xf(x_0)}{x-x_0}$.

4. 讨论下列函数在 $x=0$ 处的连续性与可导性.

(1) $f(x)=\begin{cases} 1, & x\geqslant 0, \\ 0, & x<0; \end{cases}$ (2) $f(x)=\begin{cases} x^2, & x\leqslant 0, \\ xe^x, & x>0; \end{cases}$

(3) $f(x)=\begin{cases} x^2\sin\dfrac{1}{x}, & x\neq 0, \\ 0, & x=0. \end{cases}$

5. 设 $f(x)=\begin{cases} 1-\cos ax, & x<0, \\ 0, & x=0, \\ x^2+b, & x>0 \end{cases}$ 在 $x=0$ 处可导,求常数 a,b.

6. 已知物体的运动规律为 $s=t^2(\mathrm{m})$,求:

(1) 物体在 1 s 到 2 s 这一时段的平均速度;

(2) 物体在 2 s 时的瞬时速度.

7. 求曲线 $y=\sin x$ 在具有下列横坐标的各点处的切线的斜率: $x=\dfrac{2}{3}\pi$; $x=\pi$.

8. 求曲线 $y=\mathrm{e}^x$ 在点 $(0,1)$ 处的切线和法线方程.

9. 曲线 $y=x^{\frac{3}{2}}$ 上哪一点的切线平行于直线 $y=3x-1$,并写出切线方程和曲线在切点处的法线方程.

10. 设 $f(x)=x(x-1)(x-2)\cdots(x-100)$,求 $f'(0)$.

11. 设 $f(x)$ 为偶函数,且 $f'(0)$ 存在,证明 $f'(0)=0$.

12. 设 $g(x)$ 在 $x=a$ 处连续, $f(x)=(x^2-a^2)g(x)$,试求 $f'(a)$.

13. 证明双曲线 $xy=1$ 上任一点处的切线与两坐标轴构成的三角形面积都等于 2.

14. 若 $f(x)$ 在 $x=0$ 处连续,且 $\lim\limits_{x\to 0}\dfrac{f(x)}{x}=2$,求 $f'(0)$.

15. 设函数 $f(x)$ 定义在 $(-\infty,+\infty)$ 内, $f(x)\neq 0$, $f'(0)=1$,且对任意的 x, $y\in(-\infty,+\infty)$,恒有 $f(x+y)=f(x)f(y)$. 证明: $f(x)$ 在 $(-\infty,+\infty)$ 内可导,且 $f'(x)=f(x)$.

16. 设函数 $f(x)$ 在 $x=0$ 的某个邻域内有定义, x,y 为该邻域内任意两点,且 $f(x)$ 满足条件:(1) $f(x+y)=f(x)+f(y)+1$;(2) $f'(0)=1$. 证明:在上述邻域内 $f'(x)=1$.

第二节　求导法则

由导数定义虽可以求出一些简单函数的导数,但当函数较复杂时,用定义求导是比较麻烦的,因此,建立求导数的一些法则就显得很有必要.

一、四则运算法则

定理 1　设 $u=u(x)$ 及 $v=v(x)$ 在点 x 具有导数 $u'=u'(x)$ 及 $v'=v'(x)$,则有

$$(u+v)'=u'+v', \quad (u-v)'=u'-v',$$

$$(uv)'=u'v+uv', \quad \left(\frac{u}{v}\right)'=\frac{u'v-uv'}{v^2}.$$

加、减法则利用导数的定义及极限的加、减法则容易证明,现在证明乘法法则.

证明　设 $y=f(x)=u(x)v(x)$,则

$$\begin{aligned}
\Delta y &=f(x+\Delta x)-f(x)=u(x+\Delta x)v(x+\Delta x)-u(x)v(x)\\
&=u(x+\Delta x)v(x+\Delta x)-u(x)v(x+\Delta x)+\\
&\quad u(x)v(x+\Delta x)-u(x)v(x)\\
&=[u(x+\Delta x)-u(x)]v(x+\Delta x)+u(x)[v(x+\Delta x)-v(x)].
\end{aligned}$$

因为 $v(x)$ 在 x 处可导,则在 x 处连续,得 $\lim\limits_{\Delta x\to 0}v(x+\Delta x)=v(x)$,故

$$\begin{aligned}
f'(x) &=\lim_{\Delta x\to 0}\frac{\Delta y}{\Delta x}=\lim_{\Delta x\to 0}\frac{u(x+\Delta x)-u(x)}{\Delta x}\lim_{\Delta x\to 0}v(x+\Delta x)+\\
&\quad u(x)\lim_{\Delta x\to 0}\frac{v(x+\Delta x)-v(x)}{\Delta x}\\
&=u'(x)v(x)+u(x)v'(x),
\end{aligned}$$

即

$$(uv)'=u'v+uv'.$$

除法法则的证明与乘法法则的证明类似,留给读者自己证明.

注 (1) 函数四则运算的求导法则可推广到有限个可导函数的情形,如

$$\Big[\sum_{i=1}^{n} f_i(x)\Big]' = \sum_{i=1}^{n} f_i{}'(x),$$

$$(uvw)' = u'vw + uv'w + uvw'.$$

或者更一般地,有

$$\Big[\prod_{i=1}^{n} f_i(x)\Big]' = \sum_{i=1}^{n} f_1(x)\cdots f_{i-1}(x)f_i{}'(x)f_{i+1}(x)\cdots f_n(x).$$

(2) 若 $u(x) = C$,则有 $[Cv(x)]' = Cv'(x)$,这说明在求导时,常数因子可以提到求导符号的外面.

(3) 若 $f(x)$ 可导且 $f(x) \neq 0$,则 $\left[\dfrac{1}{f(x)}\right]' = -\dfrac{f'(x)}{f^2(x)}$.

例 1　求 $y = x^3 - \sqrt{x} + 2\cos x + \ln 3$ 的导数.

解
$$\begin{aligned}
y' &= (x^3 - \sqrt{x} + 2\cos x + \ln 3)' \\
&= (x^3)' - (\sqrt{x})' + 2(\cos x)' + (\ln 3)' \\
&= 3x^2 - \frac{1}{2\sqrt{x}} - 2\sin x.
\end{aligned}$$

例 2　设 $f(x) = 2e^x + 3\ln x + 7^x$,求 $f'(x)$ 及 $f'(1)$.

解
$$f'(x) = 2(e^x)' + 3(\ln x)' + (7^x)' = 2e^x + \frac{3}{x} + 7^x \ln 7,$$

$$f'(1) = \Big(2e^x + \frac{3}{x} + 7^x \ln 7\Big)\Big|_{x=1} = 2e + 3 + 7\ln 7.$$

例 3　求 $y = x^2 \sin x$ 的导数.

解
$$y' = (x^2)' \sin x + x^2(\sin x)' = 2x\sin x + x^2 \cos x.$$

例 4　求 $y = \tan x$ 的导数.

解
$$y' = (\tan x)' = \Big(\frac{\sin x}{\cos x}\Big)' = \frac{(\sin x)'\cos x - \sin x(\cos x)'}{\cos^2 x}$$

$$= \frac{\cos^2 x + \sin^2 x}{\cos^2 x} = \sec^2 x,$$

即

$$(\tan x)' = \sec^2 x.$$

类似可得

$$(\cot x)' = -\csc^2 x.$$

例 5　求 $y = \sec x$ 的导数.

解
$$y' = (\sec x)' = \left(\frac{1}{\cos x}\right)' = \frac{(1)'\cos x - 1 \times (\cos x)'}{\cos^2 x}$$

$$= \frac{\sin x}{\cos^2 x} = \sec x \tan x,$$

因此

$$(\sec x)' = \sec x \tan x.$$

同理可得

$$(\csc x)' = -\csc x \cot x.$$

例 6　求 $y = \sinh x$ 的导数.

解
$$y = \sinh x = \frac{e^x - e^{-x}}{2},$$

$$y' = (\sinh x)' = \frac{(e^x)' - (e^{-x})'}{2} = \frac{e^x + e^{-x}}{2} = \cosh x,$$

因此

$$(\sinh x)' = \cosh x.$$

同理可得

$$(\cosh x)' = \sinh x, \quad (\tanh x)' = \frac{1}{\cosh^2 x}.$$

例 7　已知 $f(x) = \begin{cases} x, & x \geqslant 0, \\ \sin x, & x < 0, \end{cases}$ 求 $f'(x)$.

解　当 $x > 0$ 时，$f'(x) = (x)' = 1$；

当 $x < 0$ 时，$f'(x) = (\sin x)' = \cos x$；

当 $x = 0$ 时，需要用左、右导数定义判断：

$$f'_-(0) = \lim_{x \to 0^-} \frac{f(x) - f(0)}{x - 0} = \lim_{x \to 0^-} \frac{\sin x}{x} = 1,$$

$$f'_+(0) = \lim_{x \to 0^+} \frac{f(x) - f(0)}{x - 0} = \lim_{x \to 0^+} \frac{x}{x} = 1.$$

因为 $f'_-(0) = f'_+(0)$，所以 $f'(0)$ 存在，且 $f'(0) = 1$. 故

$$f'(x) = \begin{cases} 1, & x \geqslant 0, \\ \cos x, & x < 0. \end{cases}$$

例 8　设 $f(x) = \lim\limits_{t \to +\infty} \dfrac{x}{x^2 + 2 - e^{tx}}$，求 $f'(x)$.

解　求极限可得

$$f(x) = \begin{cases} 0, & x \geqslant 0, \\ \dfrac{x}{x^2 + 2}, & x < 0. \end{cases}$$

从而，当 $x > 0$ 时，$f'(x) = (0)' = 0$；

当 $x < 0$ 时，$f'(x) = \left(\dfrac{x}{x^2 + 2}\right)' = \dfrac{2 - x^2}{(x^2 + 2)^2}$；

当 $x = 0$ 时，需要用左、右导数定义判断：

$$f'_-(0) = \lim_{x \to 0^-} \frac{f(x) - f(0)}{x - 0} = \lim_{x \to 0^-} \frac{\dfrac{x}{x^2 + 2}}{x} = \frac{1}{2},$$

$$f'_+(0) = \lim_{x \to 0^+} \frac{f(x) - f(0)}{x - 0} = \lim_{x \to 0^+} \frac{0}{x} = 0.$$

因为 $f'_-(0) \neq f'_+(0)$，所以 $f(x)$ 在 $x = 0$ 处不可导. 故当 $x \neq 0$ 时，有

$$f'(x) = \begin{cases} 0, & x > 0, \\ \dfrac{2 - x^2}{(x^2 + 2)^2}, & x < 0. \end{cases}$$

二、反函数求导法则

定理 2　设函数 $x = \varphi(y)$ 在某区间 I_y 内单调、可导，且 $\varphi'(y) \neq 0$，则它的反函数 $y = f(x)$ 在相应区间 I_x 内也单调、可导，且

$$\frac{\mathrm{d}y}{\mathrm{d}x}=\frac{1}{\dfrac{\mathrm{d}x}{\mathrm{d}y}},$$

即

$$f'(x)=\frac{1}{\varphi'(y)}.$$

证明　因 $x=\varphi(y)$ 在区间 I_y 内单调、可导,则它的反函数 $y=f(x)$ 在区间 I_x 内单调、连续. 给 x 以增量 $\Delta x\neq0$,由于 $y=f(x)$ 单调,故

$$\Delta y=f(x+\Delta x)-f(x)\neq0,$$

因而有

$$\frac{\Delta y}{\Delta x}=\frac{1}{\dfrac{\Delta x}{\Delta y}}.$$

因为 $y=f(x)$ 连续,所以当 $\Delta x\to0$ 时,$\Delta y\to0$. 又因为 $x=\varphi(y)$ 可导,所以 $\lim\limits_{\Delta y\to0}\dfrac{\Delta x}{\Delta y}=\varphi'(y)\neq0$. 故得

$$\lim_{\Delta x\to0}\frac{\Delta y}{\Delta x}=\lim_{\Delta x\to0}\frac{1}{\dfrac{\Delta x}{\Delta y}}=\lim_{\Delta y\to0}\frac{1}{\dfrac{\Delta x}{\Delta y}}=\frac{1}{\varphi'(y)},$$

即

$$f'(x)=\frac{1}{\varphi'(y)}.$$

这个定理说明,反函数的导数等于直接函数的导数的倒数. 从变化率的角度看,反函数的导数公式是容易理解的. 假设在点 y 处,x 关于 y 的变化率是 $a(a\neq0)$,则在对应点 x 处,y 关于 x 的变化率显然就是 $\dfrac{1}{a}$.

从几何上来看也是较明显的,因为 $x=\varphi(y)$ 与 $y=f(x)$ 表示同一图形(见图 2-2),根据导数的几何意义,有

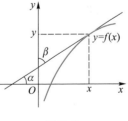

图 2-2

$$f'(x) = \tan \alpha, \quad \varphi'(y) = \tan \beta.$$

又 $\alpha + \beta = \dfrac{\pi}{2}$，所以

$$\tan \alpha = \tan\left(\frac{\pi}{2} - \beta\right) = \frac{1}{\tan \beta},$$

即

$$f'(x) = \frac{1}{\varphi'(y)}.$$

例 9 求 $y = \arctan x$ 的导数.

解 函数 $y = \arctan x$ 的反函数为 $x = \tan y$，有

$$\frac{\mathrm{d}y}{\mathrm{d}x} = \frac{1}{\dfrac{\mathrm{d}x}{\mathrm{d}y}} = \frac{1}{(\tan y)'} = \frac{1}{\sec^2 y} = \frac{1}{1 + \tan^2 y} = \frac{1}{1 + x^2},$$

即

$$(\arctan x)' = \frac{1}{1 + x^2}.$$

同理可求得

$$(\operatorname{arccot} x)' = -\frac{1}{1 + x^2},$$

$$(\arcsin x)' = \frac{1}{\sqrt{1 - x^2}},$$

$$(\arccos x)' = -\frac{1}{\sqrt{1 - x^2}}.$$

例 10 求 $y = \operatorname{arsinh} x$ 的导数.

解 $y = \operatorname{arsinh} x$ 的反函数为 $x = \sinh y$，于是有

$$(\operatorname{arsinh} x)' = \frac{1}{(\sinh y)'} = \frac{1}{\cosh y}.$$

又 $\cosh^2 y - \sinh^2 y = 1$，所以，$\cosh y = \sqrt{\sinh^2 y + 1} = \sqrt{x^2 + 1}$，于是

$$(\operatorname{arsinh} x)' = \frac{1}{\sqrt{x^2 + 1}}.$$

同理可得

$$(\text{arcosh } x)' = \frac{1}{\sqrt{x^2-1}}, \quad (\text{artanh } x)' = \frac{1}{1-x^2}.$$

至此,已全部求出基本初等函数的导数,为以后使用方便,汇总成以下的基本导数公式表.

基本导数公式表

(1) $(C)' = 0$;　　　　　　　　　　(2) $(x^\alpha)' = \alpha x^{\alpha-1}$($\alpha$ 是任意实数);

(3) $(a^x)' = a^x \ln a$($a>0, a\neq 1$);　　(4) $(e^x)' = e^x$;

(5) $(\log_a x)' = \frac{1}{x\ln a}$($a>0, a\neq 1$);　(6) $(\ln x)' = \frac{1}{x}$;

(7) $(\sin x)' = \cos x$;　　　　　　(8) $(\cos x)' = -\sin x$;

(9) $(\tan x)' = \sec^2 x$;　　　　　(10) $(\cot x)' = -\csc^2 x$;

(11) $(\sec x)' = \sec x \tan x$;　　　(12) $(\csc x)' = -\csc x \cot x$;

(13) $(\arcsin x)' = \frac{1}{\sqrt{1-x^2}}$;　　(14) $(\arccos x)' = -\frac{1}{\sqrt{1-x^2}}$;

(15) $(\arctan x)' = \frac{1}{1+x^2}$;　　(16) $(\text{arccot } x)' = -\frac{1}{1+x^2}$;

(17) $(\sinh x)' = \cosh x$;　　　　(18) $(\cosh x)' = \sinh x$;

(19) $(\tanh x)' = \frac{1}{\cosh^2 x}$;　　　(20) $(\text{arsinh } x)' = \frac{1}{\sqrt{x^2+1}}$;

(21) $(\text{arcosh } x)' = \frac{1}{\sqrt{x^2-1}}$.　　(22) $(\text{artanh } x)' = \frac{1}{1-x^2}$.

三、复合函数求导法则

复合函数求导
法则

定理 3　设函数 $u = \varphi(x)$ 在点 x 处可导,函数 $y = f(u)$ 在对应点 $u = \varphi(x)$ 处可导,则复合函数 $y = f[\varphi(x)]$ 在点 x 处可导,且其导数为

$$y' = f'(u)\varphi'(x) \quad \text{或} \quad \frac{\mathrm{d}y}{\mathrm{d}x} = \frac{\mathrm{d}y}{\mathrm{d}u}\frac{\mathrm{d}u}{\mathrm{d}x}.$$

证明 给自变量 x 以增量 Δx,相应地,函数 $u=\varphi(x)$ 有增量 Δu,从而函数 $y=f(u)$ 有增量 Δy.

因为 $y=f(u)$ 在 u 处可导,所以 $\lim\limits_{\Delta u \to 0}\dfrac{\Delta y}{\Delta u}=f'(u)$,从而有

$$\frac{\Delta y}{\Delta u}=f'(u)+\alpha(\Delta u),$$

$$\Delta y=f'(u)\Delta u+\alpha(\Delta u)\Delta u,$$

$$\frac{\Delta y}{\Delta x}=f'(u)\frac{\Delta u}{\Delta x}+\alpha(\Delta u)\frac{\Delta u}{\Delta x},$$

其中 $\alpha(\Delta u)$ 是当 $\Delta u \to 0$ 时的无穷小.

由于 $u=\varphi(x)$ 在 x 处可导,故 $u=\varphi(x)$ 在 x 处连续,于是,当 $\Delta x \to 0$ 时,$\Delta u \to 0$,因此

$$\lim_{\Delta x \to 0}\alpha(\Delta u)=\lim_{\Delta u \to 0}\alpha(\Delta u)=0,$$

$$\lim_{\Delta x \to 0}\frac{\Delta u}{\Delta x}=\varphi'(x),$$

$$\lim_{\Delta x \to 0}\frac{\Delta y}{\Delta x}=f'(u)\varphi'(x)+0\times\varphi'(x),$$

即

$$\frac{\mathrm{d}y}{\mathrm{d}x}=f'(u)\varphi'(x).$$

此法则可推广到多个中间变量的情形,如 $y=f(u),u=u(v),v=v(x)$,则

$$\frac{\mathrm{d}y}{\mathrm{d}x}=\frac{\mathrm{d}y}{\mathrm{d}u}\frac{\mathrm{d}u}{\mathrm{d}v}\frac{\mathrm{d}v}{\mathrm{d}x}.$$

当求复合函数的导数时,关键是要分析所给函数由哪些简单函数复合而成,选好中间变量,正确写出求导公式.

例 11 求 $y=\sin 2x$ 的导数.

解 函数 $y=\sin 2x$ 可看作由 $y=\sin u,u=2x$ 复合而成,故

$$y'=\frac{\mathrm{d}y}{\mathrm{d}u}\frac{\mathrm{d}u}{\mathrm{d}x}=\cos u \times 2=2\cos 2x.$$

例 12 求 $y=\sqrt[3]{1-2x^2}$ 的导数.

解 $y=\sqrt[3]{1-2x^2}$ 可看作由 $y=u^{\frac{1}{3}}$, $u=1-2x^2$ 复合而成, 故

$$y'=\frac{\mathrm{d}y}{\mathrm{d}u}\frac{\mathrm{d}u}{\mathrm{d}x}=\frac{1}{3}u^{-\frac{2}{3}}(-4x)=-\frac{4x}{3\sqrt[3]{(1-2x^2)^2}}.$$

例 13 求函数 $y=x^\alpha$(α 为任意实数)的导数.

解 前面已给出了一般幂函数的求导公式, 现用复合函数求导法则推证之.

$y=x^\alpha$ 可改写为 $y=\mathrm{e}^{\alpha\ln x}$, 它可看作由 $y=\mathrm{e}^u$, $u=\alpha\ln x$ 复合而成, 故

$$y'=\frac{\mathrm{d}y}{\mathrm{d}u}\frac{\mathrm{d}u}{\mathrm{d}x}=\mathrm{e}^u\alpha\frac{1}{x}=\alpha x^{\alpha-1},$$

即

$$(x^\alpha)'=\alpha x^{\alpha-1}.$$

例 14 求 $y=\ln(\cos\sqrt{2x})$ 的导数.

解 $y=\ln(\cos\sqrt{2x})$ 可看作由 $y=\ln u$, $u=\cos v$, $v=\sqrt{w}$, $w=2x$ 复合而成, 故

$$y'=\frac{\mathrm{d}y}{\mathrm{d}u}\frac{\mathrm{d}u}{\mathrm{d}v}\frac{\mathrm{d}v}{\mathrm{d}w}\frac{\mathrm{d}w}{\mathrm{d}x}=\frac{1}{u}(-\sin v)\frac{1}{2\sqrt{w}}\times 2=-\frac{\tan\sqrt{2x}}{\sqrt{2x}}.$$

注 $y=\ln(\cos\sqrt{2x})$ 也可看作由 $y=\ln u$, $u=\cos v$, $v=\sqrt{2}x^{\frac{1}{2}}$ 复合而成.

在熟练后, 求导时不必写出中间变量, 只要分析清楚复合关系, 做到心中有数, 就可直接写出复合函数对自变量的导数.

例 15 求 $y=\mathrm{e}^{\sin\frac{1}{x}}$ 的导数.

解 $y'=\mathrm{e}^{\sin\frac{1}{x}}\cos\frac{1}{x}\left(-\frac{1}{x^2}\right)=-\frac{1}{x^2}\mathrm{e}^{\sin\frac{1}{x}}\cos\frac{1}{x}.$

例 16 设 $y=f(\sin^2 x)$, f 可导, 求 $\frac{\mathrm{d}y}{\mathrm{d}x}$.

在求解之前, 先作如下说明. $u=\varphi(x)$ 在 x 处可导, $y=f(u)$ 在相应点 u 处可导, 由复合函数求导法则可知, $y=f[\varphi(x)]$ 在点 x 处可导, 且有 $\frac{\mathrm{d}y}{\mathrm{d}x}=f'(u)\varphi'(x)$. 如果不设出中间变量, 习惯上将 $f'(u)$ 写成 $f'[\varphi(x)]$. 注意与 $\{f[\varphi(x)]\}'$ 区别.

解 $y'=f'(\sin^2 x)(\sin^2 x)'=f'(\sin^2 x)\times 2\sin x\cos x=f'(\sin^2 x)\sin 2x.$

习题 2-2

1. 求下列函数的导数.

(1) $y=2x^4-\dfrac{3}{x^2}+5$;

(2) $y=\mathrm{e}^{2x}+2^x+7$;

(3) $y=\ln(2x)+2\lg x$;

(4) $y=3\sec x+\cot x$;

(5) $y=\sin x\tan x$;

(6) $y=x^3\ln x$;

(7) $y=\mathrm{e}^x\sin x$;

(8) $y=(x^2+x+1)(x-1)^2$;

(9) $y=\dfrac{\sin x}{x}$;

(10) $y=\dfrac{\ln x}{x}$;

(11) $y=\dfrac{1}{x\ln x}$;

(12) $y=\dfrac{\mathrm{e}^x}{x^2+2x+1}$;

(13) $y=x^2\mathrm{e}^x\cos x$;

(14) $y=\dfrac{2\ln x+x^3}{3\ln x+x^2}$.

2. 求下列函数的导数.

(1) $y=\sqrt[3]{x}(2+\sqrt{x})$;

(2) $y=3\mathrm{e}^x\cos x$;

(3) $y=x\arcsin x$;

(4) $y=\dfrac{1}{1+x+x^2}+\ln 3$;

(5) 设 $s=\dfrac{1+\sqrt{t}}{1-\sqrt{t}}$,求 $s'(4)$;

(6) $y=\dfrac{3}{5-x}+\dfrac{x^2}{5}$,求 $y'\big|_{x=0}$.

3. 求下列函数的导数.

(1) $y=(2x+3)^5$;

(2) $y=\mathrm{e}^{\alpha x}\sin(\omega x+\beta)(\alpha,\beta,\omega\in\mathbf{R})$;

(3) $y=\ln(x^2+\cos x)$;

(4) $y=\left(\arccos\dfrac{1}{x}\right)^2$;

(5) $y=\arctan(1-2x)^2$;

(6) $y=\ln\sqrt{x\sin x\sqrt{1-\mathrm{e}^x}}$.

4. 求抛物线 $y=ax^2+bx+c$ 上具有水平切线的点.

5. 写出曲线 $y = x - \dfrac{1}{x}$ 与 x 轴交点处的切线方程.

6. 求下列函数的导数.

(1) $y = \sin(4x+5)$；

(2) $y = \mathrm{e}^{-x^2+x+1}$；

(3) $y = \sqrt{a^2 - x^2}$；

(4) $y = \arcsin(\mathrm{e}^x - 1)$；

(5) $y = (\arccos x)^3$；

(6) $y = \log_a(x^2 + 1)$；

(7) $y = \dfrac{1}{\sqrt{1-x^2}}$；

(8) $y = \mathrm{e}^{-ax}\cos bx$；

(9) $y = \ln(\sec x + \tan x)$；

(10) $y = \ln(x + \sqrt{a^2 + x^2})$；

(11) $y = \arcsin \dfrac{1}{x}$；

(12) $y = \sqrt{1 + 2\ln^2 x}$；

(13) $y = \ln[\ln(\ln x)]$；

(14) $y = \arctan(\mathrm{e}^{\sqrt{x}})$；

(15) $y = \arcsin\sqrt{\dfrac{1-x}{1+x}}$；

(16) $y = \sqrt{\dfrac{1-\sin 2x}{1+\sin 2x}}$.

7. 设 f, g 是可导函数, $f^2(x) + g^2(x) \neq 0$, 求下列函数的导数.

(1) $y = f(x^2)$；

(2) $y = f(\sin^2 x) + f(\cos^2 x)$；

(3) $y = \sqrt{f^2(x) + g^2(x)}$；

(4) $y = \arctan \dfrac{f(x)}{g(x)} (g(x) \neq 0)$.

8. 设 $y = \begin{cases} \dfrac{x}{1 + \mathrm{e}^{\frac{1}{x}}}, & x \neq 0, \\ 0, & x = 0, \end{cases}$ 求函数 y 的导数.

9. 设函数 $y = \lim\limits_{n \to \infty} x \left(\dfrac{n+x}{n-x}\right)^n$, 求 y'.

10. 已知 $y = f\left(\dfrac{3x-2}{3x+2}\right)$, $f'(x) = \arctan x^2$, 求 $\left.\dfrac{\mathrm{d}y}{\mathrm{d}x}\right|_{x=0}$.

11. 设 $f(x)$ 在 $x = a$ 处可导, $f(a) \neq 0$, 求 $\lim\limits_{n \to \infty} \left[\dfrac{f\left(a + \dfrac{1}{n}\right)}{f(a)}\right]^n$.

12. 求下列函数的导数.

(1) $y = \cosh(\sinh x)$；

(2) $y = \sinh x \cdot \mathrm{e}^{\cosh x}$；

(3) $y=\tanh(1-x^2)$;　　　　　　(4) $y=\operatorname{arcosh}(e^{2x})$;

(5) $y=\arctan(\tanh x)$;　　　　　(6) $y=\ln(\cosh x)+\dfrac{1}{2\cosh^2 x}$;

13. 设 $f(x)$ 在 $(-l,l)$ 内可导, 证明:

(1) 如果 $f(x)$ 是偶函数, 那么 $f'(x)$ 是奇函数;

(2) 如果 $f(x)$ 是奇函数, 那么 $f'(x)$ 是偶函数.

14. 为了比较不同液体的酸碱性, 化学家利用了 pH 值. pH 值由液体中氢离子的浓度 x 决定, 即

$$pH=-\lg x,$$

求当 pH 为 2 时 pH 对氢离子的浓度的变化率.

第三节　隐函数求导法、参数方程所确定的函数的导数

一、隐函数的导数

用解析式子表示函数关系, 可以有不同的形式. 例如 $y=1+\sin x$, $y=xe^x$, $y=\ln x+\arctan x$ 等, 都表示 y 是 x 的函数, 这里函数 y 都是用含自变量 x 的表达式表示的, 这样的函数叫做**显函数**(explicit function). 但是在实际问题中还会遇到另外一种函数, 就是变量 x 与变量 y 之间的函数关系是由一个含有 x 和 y 的方程 $F(x,y)=0$ 所确定的, 这种函数关系不是明显地表达出来, 而是隐含在方程之中, 这样的函数称为**隐函数**(implicit function). 如方程 $2x^2+y^3-x+1=0$ 表示 y 是 x 的函数, 事实上, 由方程可以解出 $y=\sqrt[3]{x-2x^2-1}$, 这种将隐函数化为显函数的过程称为**隐函数的显化**. 然而大多数隐函数的显化是困难的, 甚至是不可能的. 因此, 需要寻找直接由方程 $F(x,y)=0$ 求出它所确定的隐函数的导数的方法. 现在通过例子来说明隐函数的求导方法, 至于隐函数存在问题, 将在多元函数微分学中介绍.

例 1　求由方程 $xe^y + ye^x = 10$ 所确定的隐函数 $y = y(x)$ 的导数.

解　方程两边同时对 x 求导,并注意 y 是 x 的函数,应用复合函数的求导法有

隐函数的导数

$$e^y + xe^y y' + y'e^x + ye^x = 0,$$

解出 y' 得

$$y' = -\frac{e^y + ye^x}{xe^y + e^x} \quad (xe^y + e^x \neq 0).$$

例 2　求由方程 $\sin(xy) + \ln(y-x) = x$ 所确定的隐函数 $y = y(x)$ 在 $x = 0$ 处的导数 $y'|_{x=0}$.

解　方程两边同时对 x 求导,并注意 y 是 x 的函数,得

$$\cos(xy)(y + xy') + \frac{1}{y-x}(y'-1) = 1.$$

将 $x = 0$ 代入原方程,得 $y = 1$,因此

$$(1+0) + (y'|_{x=0} - 1) = 1,$$

解之,得

$$y'|_{x=0} = 1.$$

例 3　求曲线 $x^2 + xy + y^2 = 4$ 在点 $(2, -2)$ 处的切线方程.

解　设由方程可确定 y 是 x 的函数,方程两边对 x 求导,得

$$2x + y + xy' + 2yy' = 0.$$

将 $x = 2, y = -2$ 代入上式可得

$$y'(2) = 1,$$

从而切线的斜率 $k = 1$,于是所求曲线在点 $(2, -2)$ 处的切线方程为

$$y + 2 = 1 \times (x - 2),$$

即

$$y = x - 4.$$

例 4　求 $y = x^{\sin x} (x > 0)$ 的导数 y'.

解　函数 $y = x^{\sin x}$ 的底数和指数都是 x 的函数,称这种函数为**幂指函数**(power exponent function). 求导时不能直接使用幂函数或指数函数的求导公式. 两边取自然对数,得

$$\ln y = \sin x \ln x,$$

两边对 x 求导,并注意 y 是 x 的函数,得

$$\frac{1}{y}y' = \cos x \ln x + \frac{\sin x}{x},$$

于是得

$$y' = y\left(\cos x \ln x + \frac{\sin x}{x}\right) = x^{\sin x}\left(\cos x \ln x + \frac{\sin x}{x}\right).$$

幂指函数的一般形式为

$$y = [f(x)]^{g(x)} \quad (f(x) > 0),$$

上式两边取对数,得

$$\ln y = g(x)\ln f(x),$$

两边对 x 求导,得

$$\frac{1}{y}y' = g'(x)\ln f(x) + g(x)\frac{1}{f(x)}f'(x),$$

整理得

$$y' = \{[f(x)]^{g(x)}\}' = g(x)[f(x)]^{g(x)-1}f'(x) + [f(x)]^{g(x)}g'(x)\ln f(x).$$

上式就是幂指函数的求导公式,这个公式也可以看成是幂指函数 $[f(x)]^{g(x)}$ 分别按幂函数及指数函数求导结果之和.

从上述例子可以看到,对函数两边先取对数,然后再利用隐函数的求导方法对方程两边求导,从而很简便地得到函数的导数,这种给函数两边先取对数再求导的方法称为**对数求导法**(logarithmic differentiation).

例 5 求 $y = \dfrac{(x-1)\sqrt{x-2}}{\sqrt[3]{x-3}(x-4)^2}$ 的导数 y'.

解 两边取自然对数得

$$\ln y = \ln(x-1) + \frac{1}{2}\ln(x-2) - \frac{1}{3}\ln(x-3) - 2\ln(x-4),$$

两边同时对 x 求导,并注意 y 是 x 的函数,有

$$\frac{1}{y}y' = \frac{1}{x-1} + \frac{1}{2(x-2)} - \frac{1}{3(x-3)} - \frac{2}{x-4},$$

于是得

$$y' = y\left(\frac{1}{x-1} + \frac{1}{2(x-2)} - \frac{1}{3(x-3)} - \frac{2}{x-4}\right)$$

$$= \frac{(x-1)\sqrt{x-2}}{\sqrt[3]{x-3}(x-4)^2}\left[\frac{1}{x-1} + \frac{1}{2(x-2)} - \frac{1}{3(x-3)} - \frac{2}{x-4}\right].$$

本例在取对数时没有讨论函数 $y=f(x)$ 的符号. 事实上,如果 $y<0$ 且可导,有 $(\ln|y|)' = [\ln(-y)]' = \dfrac{y'}{y}$,与 $y>0$ 时对数的导数形式相同. 因此在用对数求导法时,讨论函数符号的过程可以省略.

通过以上例题可以看出,用对数求导法求幂指函数及许多因子连乘、除、乘方、开方的函数的导数是很方便的.

二、参数方程所确定的函数的导数

设曲线的参数方程为

$$\begin{cases} x=\varphi(t), \\ y=\psi(t). \end{cases}$$

如果函数 $x=\varphi(t)$ 在区间 I 上单调、连续且可导,且 $\varphi'(t)\neq 0$,则它的反函数 $t=\varphi^{-1}(x)$ 也单调、连续且可导,则有

$$y=\psi[\varphi^{-1}(x)],$$

即函数 y 是由 $y=\psi(t)$,$t=\varphi^{-1}(x)$ 复合而成的复合函数. 由复合函数求导法则及反函数求导法则得

$$\frac{\mathrm{d}y}{\mathrm{d}x} = \frac{\mathrm{d}y}{\mathrm{d}t}\frac{\mathrm{d}t}{\mathrm{d}x} = \frac{\mathrm{d}y}{\mathrm{d}t}\frac{1}{\dfrac{\mathrm{d}x}{\mathrm{d}t}} = \frac{\psi'(t)}{\varphi'(t)},$$

即

$$\frac{\mathrm{d}y}{\mathrm{d}x} = \frac{\psi'(t)}{\varphi'(t)}.$$

定理　设变量 x 与 y 之间的函数关系是由参数方程

由参数方程所确定函数的导数

$$\begin{cases} x = \varphi(t), \\ y = \psi(t) \end{cases}$$

所确定的,若 x, y 在 t 处可导,且 $\varphi'(t) \neq 0$,则

$$\frac{\mathrm{d}y}{\mathrm{d}x} = \frac{\dfrac{\mathrm{d}y}{\mathrm{d}t}}{\dfrac{\mathrm{d}x}{\mathrm{d}t}} = \frac{\psi'(t)}{\varphi'(t)}.$$

例 6 求由摆线的参数方程 $\begin{cases} x = a(t - \sin t), \\ y = a(1 - \cos t) \end{cases}$ 所确定的函数 y 的导数 $\dfrac{\mathrm{d}y}{\mathrm{d}x}$.

解
$$\frac{\mathrm{d}y}{\mathrm{d}x} = \frac{\dfrac{\mathrm{d}y}{\mathrm{d}t}}{\dfrac{\mathrm{d}x}{\mathrm{d}t}} = \frac{a\sin t}{a(1 - \cos t)} = \frac{\sin t}{1 - \cos t}.$$

例 7 求椭圆 $\begin{cases} x = a\cos t, \\ y = b\sin t \end{cases}$ $(a \neq 0)$ 在 $t = \dfrac{\pi}{4}$ 相应点处的切线方程.

解 当 $t = \dfrac{\pi}{4}$ 时,$x = \dfrac{\sqrt{2}}{2}a$,$y = \dfrac{\sqrt{2}}{2}b$,因此椭圆上相应点 P_0 的坐标为 $\left(\dfrac{\sqrt{2}}{2}a, \dfrac{\sqrt{2}}{2}b \right)$,又

$$\frac{\mathrm{d}y}{\mathrm{d}x}\bigg|_{t = \frac{\pi}{4}} = \frac{y'(t)}{x'(t)}\bigg|_{t = \frac{\pi}{4}} = -\frac{b\cos t}{a\sin t}\bigg|_{t = \frac{\pi}{4}} = -\frac{b}{a}.$$

因此,过 P_0 点的切线方程为

$$y - \frac{\sqrt{2}}{2}b = -\frac{b}{a}\left(x - \frac{\sqrt{2}}{2}a \right).$$

例 8 笛卡儿叶形线的参数方程为

$$x = \frac{3at}{1 + t^3}, \qquad y = \frac{3at^2}{1 + t^3},$$

求由此方程所确定的函数 y 的导数.

解
$$\frac{\mathrm{d}y}{\mathrm{d}t} = \frac{6at(1 + t^3) - 3at^2 \times 3t^2}{(1 + t^3)^2} = \frac{3at(2 - t^3)}{(1 + t^3)^2},$$

$$\frac{\mathrm{d}x}{\mathrm{d}t} = \frac{3a(1+t^3) - 3at \times 3t^2}{(1+t^3)^2} = \frac{3a(1-2t^3)}{(1+t^3)^2},$$

$$\frac{\mathrm{d}y}{\mathrm{d}x} = \frac{t(2-t^3)}{1-2t^3}.$$

习题 2-3

1. 求由下列方程所确定的隐函数的导数 $\dfrac{\mathrm{d}y}{\mathrm{d}x}$.

(1) $xy = \mathrm{e}^{x+y}$；

(2) $y = \sin(x+y)$；

(3) $y = 1 - x\mathrm{e}^y$；

(4) $x^3 + y^3 - 3xy = 0$；

(5) $\arctan \dfrac{y}{x} = \ln\sqrt{x^2+y^2}$；

(6) $x + 2\sqrt{x-y} + 4y = 2$.

2. 求下列函数的导数 $\dfrac{\mathrm{d}y}{\mathrm{d}x}$.

(1) $y = \dfrac{(3-x)^4 \sqrt{x+2}}{(x+1)^5}$；

(2) $y = (\sin x)^{\cos x}$；

(3) $y = \left(\dfrac{x}{1+x}\right)^x$；

(4) $y = \sqrt{x\ln x \sqrt{1-\sin x}}$.

3. 求曲线 $\mathrm{e}^{xy} - 2x - y = 3$ 在 $y=0$ 的对应点处的切线方程.

4. 求曲线 $x^{\frac{2}{3}} + y^{\frac{2}{3}} = a^{\frac{2}{3}}$ 在点 $\left(\dfrac{\sqrt{2}}{4}a, \dfrac{\sqrt{2}}{4}a\right)$ 处的切线和法线方程.

5. 求下列参数方程所确定的函数的导数 $\dfrac{\mathrm{d}y}{\mathrm{d}x}$.

(1) $\begin{cases} x = t^2 + 1, \\ y = t^3 + t; \end{cases}$

(2) $\begin{cases} x = \theta(1-\sin\theta), \\ y = \theta\cos\theta. \end{cases}$

6. 写出下列曲线在所给参数值的相应点处的切线方程和法线方程.

(1) $\begin{cases} x = \mathrm{e}^t \sin t, \\ y = \mathrm{e}^t \cos t \end{cases}$ 在 $t = \dfrac{\pi}{2}$ 处；

(2) $\begin{cases} x = \cos^3 t, \\ y = \sin^3 t \end{cases}$ 在 $t = \dfrac{\pi}{4}$ 处.

7. 求曲线 $\begin{cases} x+t(1-t)=0, \\ te^y+y+1=0 \end{cases}$ 在 $t=0$ 的对应点处的切线方程.

8. 利用恒等式 $\cos\dfrac{x}{2}\cos\dfrac{x}{4}\cdots\cos\dfrac{x}{2^n}=\dfrac{\sin x}{2^n\sin\dfrac{x}{2^n}}$,求

$$S_n=\frac{1}{2}\tan\frac{x}{2}+\frac{1}{4}\tan\frac{x}{4}+\cdots+\frac{1}{2^n}\tan\frac{x}{2^n}$$

的和.

第四节　高阶导数与相关变化率

一、高阶导数

如果函数 $y=f(x)$ 在某区间 I 内可导,则 $y'=f'(x)$ 仍是 x 的函数,如果该函数还可导,称其导数为 $y=f(x)$ 的**二阶导数**(second derivative),记作

$$y''=f''(x) \quad 或 \quad \frac{\mathrm{d}^2y}{\mathrm{d}x^2}=\frac{\mathrm{d}^2f(x)}{\mathrm{d}x^2}.$$

习惯上,称 $y'=f'(x)$ 为函数 $y=f(x)$ 的**一阶导数**(first derivative),函数 $y=f(x)$ 的 $k-1$ 阶导数的导数叫做函数 $y=f(x)$ 的 k 阶导数,二阶及二阶以上的导数统称为**高阶导数**(derivative of higher order). 函数的 n 阶导数记作 $y^{(n)}$ 或 $\dfrac{\mathrm{d}^ny}{\mathrm{d}x^n}$,而当 $n=1,2,3$ 时可简记为 y',y'',y'''.

由高阶导数的定义可以看出,只要反复使用一阶导数的求法,就可以计算高阶导数了,没有必要建立新的求导法则.

例1　求 $y=ax^2+bx+c$ 的二阶导数.

解　　　　　　　$y'=2ax+b$,　$y''=(2ax+b)'=2a$.

例2　求 $y=e^x$ 的 n 阶导数.

解　　　　　　　$y'=e^x,y''=(e^x)'=e^x,\cdots,y^{(n)}=e^x$.

例 3　求 $y=\sin x$ 的 n 阶导数.

解
$$y'=\cos x=\sin\left(x+\frac{\pi}{2}\right),$$

$$y''=\cos\left(x+\frac{\pi}{2}\right)=\sin\left(x+2\times\frac{\pi}{2}\right),\cdots,$$

$$y^{(n)}=\sin\left(x+n\times\frac{\pi}{2}\right).$$

用数学归纳法可证:

$$(\sin x)^{(n)}=\sin\left(x+\frac{n\pi}{2}\right).$$

类似可得

$$(\cos x)^{(n)}=\cos\left(x+\frac{n\pi}{2}\right).$$

例 4　求 $y=\ln(1+x)$ 的 n 阶导数.

解
$$y'=\frac{1}{1+x},\quad y''=-\frac{1}{(1+x)^2}$$

$$y'''=\frac{1\times2}{(1+x)^3},\quad y^{(4)}=-\frac{1\times2\times3}{(1+x)^4},\cdots,$$

$$y^{(n)}=\frac{(-1)^{n-1}(n-1)!}{(1+x)^n}.$$

如果 u,v 都是 x 的 n 阶可导函数,对它们乘积的 n 阶导数有类似于二项展开式的所谓莱布尼茨(Leibniz)求导公式,即

$$(uv)^{(n)}=u^{(n)}v+C_n^1u^{(n-1)}v'+C_n^2u^{(n-2)}v''+\cdots+C_n^ku^{(n-k)}v^{(k)}+\cdots+uv^{(n)}$$

$$=\sum_{k=0}^n C_n^k u^{(n-k)}v^{(k)}.$$

该公式可用乘法法则及数学归纳法证明.

例 5　设 $y=x^2\mathrm{e}^{3x}$,求 $y^{(8)}$.

解　设 $u=\mathrm{e}^{3x},v=x^2$,则

$$v'=2x,\quad v''=2,\quad v'''=v^{(4)}=\cdots=0,$$

$$u^{(k)}=3^k\mathrm{e}^{3x}\quad(k=1,2,\cdots,8),$$

代入莱布尼茨公式得

$$y^{(8)} = (x^2 e^{3x})^{(8)}$$

$$= C_8^0 (e^{3x})^{(8)} (x^2)^{(0)} + C_8^1 (e^{3x})^{(7)} (x^2)' + C_8^2 (e^{3x})^{(6)} (x^2)''$$

$$= 3^6 e^{3x} (56 + 48x + 9x^2).$$

例 6 设 $\begin{cases} x = a\cos^3 t, \\ y = a\sin^3 t, \end{cases} a > 0$，求 $\dfrac{d^2 y}{dx^2}$.

解
$$\frac{dy}{dx} = \frac{y'(t)}{x'(t)} = \frac{3a\sin^2 t\cos t}{-3a\cos^2 t\sin t} = -\tan t,$$

$$\frac{d^2 y}{dx^2} = \frac{d}{dx}(-\tan t) = \frac{d}{dt}(-\tan t)\frac{dt}{dx} = (-\tan t)'\frac{1}{x'(t)}$$

$$= -\sec^2 t \frac{1}{-3a\cos^2 t\sin t} = \frac{1}{3a}\sec^4 t\csc t.$$

注 一般地，设 $\begin{cases} x = x(t), \\ y = y(t), \end{cases}$ 则

$$\frac{d^2 y}{dx^2} = \frac{d}{dx}\left(\frac{dy}{dx}\right) = \frac{d}{dx}\left(\frac{y'(t)}{x'(t)}\right) = \frac{\dfrac{d}{dt}\left(\dfrac{y'(t)}{x'(t)}\right)}{\dfrac{dx}{dt}} = \frac{x'(t)y''(t) - x''(t)y'(t)}{[x'(t)]^3}.$$

例 7 求由方程 $x - y + \dfrac{1}{2}\sin y = 0$ 所确定的隐函数 $y = y(x)$ 的二阶导数.

解 连续两次对方程用隐函数求导法，得

$$1 - y' + \frac{1}{2}y'\cos y = 0, \tag{2-5}$$

$$-y'' + \frac{1}{2}y''\cos y - \frac{1}{2}(y')^2\sin y = 0. \tag{2-6}$$

从式(2-5)中解出 y'，代入式(2-6)，可得

$$y'' = -\frac{4\sin y}{(2 - \cos y)^3}.$$

二、相关变化率

众所周知，导数的意义就是变化率，如果变量 x 和 y 都是变量 t 的可导函

数,而 x 和 y 又有着某种联系,则变化率 $\dfrac{\mathrm{d}y}{\mathrm{d}t}$ 与 $\dfrac{\mathrm{d}x}{\mathrm{d}t}$ 就是所谓的**相关变化率**(cor-relative change rata),即相互依赖的变化率.下面举例说明相关变化率的计算.

例 8　一气球从离开观察员 500 m 处离开地面垂直上升,其速度为 140 m/min,当气球高为 500 m 时,观察员视线的仰角增加率是多少?

解　如图 2-3 所示,设气球上升 t min 后的高度为 h m,此时观察员的仰角为 α,则

$$\tan \alpha = \frac{h}{500},$$

其中 h 和 α 都是 t 的函数,上式两边对 t 求导,得

$$\sec^2 \alpha \cdot \frac{\mathrm{d}\alpha}{\mathrm{d}t} = \frac{1}{500} \cdot \frac{\mathrm{d}h}{\mathrm{d}t}.$$

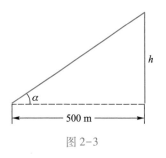

图 2-3

已知 $\dfrac{\mathrm{d}h}{\mathrm{d}t} = 140$ m/min 且当 $h = 500$ m 时,$\alpha = \dfrac{\pi}{4}$,$\sec^2 \alpha = 2$,代入上式,得

$$\frac{\mathrm{d}\alpha}{\mathrm{d}t} = \frac{7}{50} = 0.14(\text{rad/min}),$$

即当气球高度为 500 m 时,观察员视线的仰角增加率为 0.14 rad/min.

例 9　一正圆锥形容器的底半径为 4 m,高为 10 m,水以 5 m³/min 的速度流入容器内,问水深为 5 m 时,水面上升的速度是多少(见图 2-4)?

解　设水流入容器内 t min 后,水面上升的高度为 h m,此时水的体积为 V m³,则水面半径

$$r = \frac{2}{5}(10-h),$$

故

$$V = \frac{1}{3}\pi \times 16 \times 10 - \frac{1}{3}\pi \left[\frac{2}{5}(10-h) \right]^2 (10-h)$$

$$= \frac{160}{3}\pi - \frac{4\pi}{75}(10-h)^3,$$

其中 V 和 h 都是 t 的函数,上式两边对 t 求导,得

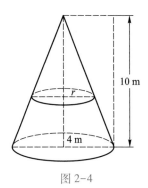

图 2-4

$$V'(t) = \frac{4\pi}{25}(10-h)^2 h'(t).$$

已知 $V'(t) = 5\ \mathrm{m}^3/\mathrm{min}$,当 $h = 5\ \mathrm{m}$ 时,代入上式,得

$$h'(t) = \frac{5}{4\pi} \approx 0.398(\mathrm{m/min}),$$

即当水深为 5 m 时,水面上升的速度是 0.398 m/min.

习题 2-4

1. 求下列函数的指定阶导数.

(1) $y = 3x^2 + \mathrm{e}^{2x} + \ln x$,求 y'';

(2) $y = \dfrac{1}{x^3+1}$,求 y'';

(3) $y = (1+x^2)\ln(1+x^2)$,求 y'';

(4) $y = \dfrac{\mathrm{e}^x}{x}$,求 y'';

(5) $f(x) = \mathrm{e}^x \cos x$,求 $f^{(4)}(x)$;

(6) $f(x) = x^2 \sin 2x$,求 $f^{(50)}(x)$;

(7) $f(x) = \dfrac{1}{x^2+5x+6}$,求 $f^{(n)}(x)$;

(8) 设 $y = \ln f(x)$,f 二阶可导,求 $\dfrac{\mathrm{d}^2 y}{\mathrm{d}x^2}$.

2. 求由下列方程所确定的隐函数的二阶导数 $\dfrac{\mathrm{d}^2 y}{\mathrm{d}x^2}$.

(1) $x^2 - y^2 = 1$;　　　　　　(2) $y = x^x$;

(3) $y = \sin(x+y)$;　　　　　(4) $y = 1 + x\mathrm{e}^y$.

3. 求下列参数方程所确定的函数的二阶导数 $\dfrac{\mathrm{d}^2 y}{\mathrm{d}x^2}$.

(1) $\begin{cases} x=t-\ln(1+t), \\ y=t^3+t^2; \end{cases}$

(2) $\begin{cases} x=f'(t), \\ y=tf'(t)-f(t), \end{cases}$ 设 $f''(t)$ 存在且不为零.

4. 求下列函数在相应点处的导数.

(1) 设 $f(x)=e^x\sin x$, 试求 $f'(0)$, $f''(0)$, $f'''(0)$, $f^{(4)}(0)$;

(2) 设 $xy=\sin(\pi y^2)$, 求 $\left.\dfrac{d^2y}{dx^2}\right|_{y=1}$;

(3) 设 $\begin{cases} x=3e^{-t}, \\ y=2e^t, \end{cases}$ 求 $\left.\dfrac{d^2y}{dx^2}\right|_{t=0}$;

(4) 设 $\begin{cases} x=at\cos t, \\ y=at\sin t \end{cases}$ $(a\neq 0)$, 求 $\left.\dfrac{d^2y}{dx^2}\right|_{t=\frac{\pi}{2}}$.

5. 函数 $f(x)$ 的一阶及二阶导函数 $f'(x)$ 与 $f''(x)$ 皆存在且不为零, 其反函数为 $x=\varphi(y)$, 求反函数的二阶导数 $\varphi''(y)$.

6. 验证函数 $y=e^x\sin x$ 满足关系式

$$y''-2y'+2y=0.$$

7. 落在平静水面上的石块使水面产生一系列同心水波, 若最外一圈波半径的增大率总为 6 m/s, 问 2 s 末被扰动水面积的增大率为多少?

8. 在 12:00, 甲船以 6 km/h 的速率向东行驶, 乙船在甲船之北 16 km 处以 8 km/h 的速率向南行使, 求 13:00 两船相离的速率.

9. 将水注入深 8 m 而上顶直径为 8 m 的锥形水池中, 注入速率为 4 m³/min, 求当水深为 5 m 时, 其表面上升的速度为多少?

第五节　函数的微分及其在近似计算中的应用

微分是与导数密切相关的一个概念, 它将非均匀变化看作均匀变化, 进而提供了一种用线性函数的改变量近似表示复杂函数改变量的方法. 后面将会讲到这种近似表示虽然不是很精确,但是很实用.

一、微分的定义

在许多情况下,需要研究函数 $y=f(x)$ 的增量

$$\Delta y = f(x+\Delta x) - f(x)$$

与自变量的增量 Δx 之间的关系. 由导数定义知,若函数 $y=f(x)$ 在 x 处可导,则 $\lim\limits_{\Delta x \to 0} \dfrac{\Delta y}{\Delta x} = f'(x)$,由无穷小与函数极限的关系可知,

$$\frac{\Delta y}{\Delta x} = f'(x) + \alpha,$$

其中 $\lim\limits_{\Delta x \to 0}\alpha = 0$. 因此

$$\Delta y = f'(x)\Delta x + \alpha \Delta x.$$

显然,当 $\Delta x \to 0$ 时,$\alpha \Delta x = o(\Delta x)$,于是有

$$\Delta y = f(x+\Delta x) - f(x) = f'(x)\Delta x + o(\Delta x).$$

上式右端由两部分构成,一部分 $f'(x)\Delta x$ 是 Δx 的线性函数;另一部分则是比 Δx 高阶的无穷小. 如果 $f'(x) \neq 0$,而 $|\Delta x|$ 很小时,$o(\Delta x)$ 可忽略不计,从而 $f'(x)\Delta x$ 就是 Δy 的主要部分,即当 $|\Delta x|$ 很小时,有

$$\Delta y \approx f'(x)\Delta x.$$

这就是局部的以线性代替非线性、以直代曲的思想. 那么一个函数 $y=f(x)$ 在 x 的某邻域内有定义时,$\Delta y = f(x+\Delta x) - f(x)$ 是否总能分解成 $A\Delta x + o(\Delta x)$ 的形式呢? 或者说,什么样的函数其增量能分解成这样两部分,A 又如何确定? 下面给出函数微分的定义,并回答这个问题.

定义　设函数 $y=f(x)$ 在点 x 的某个邻域内有定义,当自变量 x 在该邻域内有增量 Δx 时,相应地 y 有增量 $\Delta y = f(x+\Delta x) - f(x)$,如果 Δy 能写成

$$\Delta y = f(x+\Delta x) - f(x) = A\Delta x + o(\Delta x),$$

其中 A 是不依赖于 Δx 而仅与 x 有关的量,则称 $y=f(x)$ 在点 x 处**可微**(differentiable),并称 $A\Delta x$ 为 $y=f(x)$ 在 x 处的**微分**(differential),记作 $\mathrm{d}y$,即

$$\mathrm{d}y = A\Delta x.$$

由定义可以看出,函数的微分与函数的增量仅相差一个关于 Δx 的高阶无穷小,由于 $\mathrm{d}y$ 是 Δx 的线性函数,所以当 $A \neq 0$ 时,也说微分 $\mathrm{d}y$ 是增量 Δy 的**线性主部**.

由上述讨论可知,如果 $y=f(x)$ 在 x 处可导,则在 x 处可微,且有

$$\mathrm{d}y = f'(x)\Delta x.$$

反过来,如果 $y=f(x)$ 在 x 处可微,此时

$$\Delta y = f(x+\Delta x) - f(x) = A\Delta x + o(\Delta x),$$

两边同除以 Δx,并令 $\Delta x \to 0$,取极限,则有

$$\lim_{\Delta x \to 0} \frac{\Delta y}{\Delta x} = A.$$

这就表明,如果函数 $y=f(x)$ 在点 x 处可微,则函数 $y=f(x)$ 在点 x 处可导,且 $f'(x) = A.$ 于是有下面的定理.

定理 函数 $y=f(x)$ 在点 x 处可微的充要条件是在 x 处可导,且

$$\mathrm{d}y = f'(x)\Delta x.$$

函数 $y=x$ 可导,因而有 $\mathrm{d}y = \mathrm{d}x = (x)'\Delta x = \Delta x$,即自变量的增量就是自变量的微分,这样 $y=f(x)$ 的微分就可以写成

$$\mathrm{d}y = f'(x)\mathrm{d}x.$$

同时也可以看出,函数 y 的导数就是函数的微分 $\mathrm{d}y$ 与自变量的微分 $\mathrm{d}x$ 的商,这正是导数记号 $\dfrac{\mathrm{d}y}{\mathrm{d}x}$ 的含义,因此函数的导数也叫做**微商**(differential quotient).

应当注意,微分与导数虽然有着密切的联系,但却是有区别的. 导数是函数在一点处的变化率,而微分是函数在一点处由自变量增量所引起的函数增量的线性主部,导数的值只与 x 有关,而微分的值却与 x 和 Δx 都有关.

二、微分公式与运算法则

由微分的定义可知,要求函数的微分,只需求出导数代入即可. 如 $y = \sin x$,将 $y' = \cos x$ 代入微分定义式,有

$$\mathrm{d}y = f'(x)\mathrm{d}x = \cos x\mathrm{d}x.$$

因此,由基本导数公式与求导法则很容易得出基本微分公式与微分法则.

1. 基本微分公式

(1) $\mathrm{d}C = 0$;　　　　　　　　　　　　(2) $\mathrm{d}(x^{\alpha}) = \alpha x^{\alpha-1}\mathrm{d}x(\alpha$ 为任意实数);

(3) $\mathrm{d}(a^{x}) = a^{x}\ln a\mathrm{d}x(a>0,a\neq 1)$;　(4) $\mathrm{d}(e^{x}) = e^{x}\mathrm{d}x$;

(5) $\mathrm{d}(\log_{a}x) = \dfrac{1}{x\ln a}\mathrm{d}x(a>0,a\neq 1)$;　(6) $\mathrm{d}(\ln x) = \dfrac{1}{x}\mathrm{d}x$;

(7) $\mathrm{d}(\sin x) = \cos x\mathrm{d}x$;　　　　　　(8) $\mathrm{d}(\cos x) = -\sin x\mathrm{d}x$;

(9) $\mathrm{d}(\tan x) = \sec^{2}x\mathrm{d}x$;　　　　　(10) $\mathrm{d}(\cot x) = -\csc^{2}x\mathrm{d}x$;

(11) $\mathrm{d}(\sec x) = \sec x\tan x\mathrm{d}x$;　　　(12) $\mathrm{d}(\csc x) = -\csc x\cot x\mathrm{d}x$;

(13) $\mathrm{d}(\arcsin x) = \dfrac{1}{\sqrt{1-x^{2}}}\mathrm{d}x$;　(14) $\mathrm{d}(\arccos x) = -\dfrac{1}{\sqrt{1-x^{2}}}\mathrm{d}x$;

(15) $\mathrm{d}(\arctan x) = \dfrac{1}{1+x^{2}}\mathrm{d}x$;　(16) $\mathrm{d}(\text{arccot } x) = -\dfrac{1}{1+x^{2}}\mathrm{d}x$;

(17) $\mathrm{d}(\sinh x) = \cosh x\mathrm{d}x$;　　　(18) $\mathrm{d}(\cosh x) = \sinh x\mathrm{d}x$;

(19) $\mathrm{d}(\tanh x) = \dfrac{1}{\cosh^{2}x}\mathrm{d}x$;　(20) $\mathrm{d}(\text{arsinh } x) = \dfrac{1}{\sqrt{x^{2}+1}}\mathrm{d}x$;

(21) $\mathrm{d}(\text{arcosh } x) = \dfrac{1}{\sqrt{x^{2}-1}}\mathrm{d}x$;　(22) $\mathrm{d}(\text{artanh } x) = \dfrac{1}{1-x^{2}}\mathrm{d}x$.

2. 微分运算法则

设 $u=u(x),v=v(x)$ 在 x 处均可微,则 $u\pm v,uv,\dfrac{u}{v}(v\neq 0)$ 均在 x 处可微,且

$$\mathrm{d}(u+v) = \mathrm{d}u+\mathrm{d}v,\quad \mathrm{d}(u-v) = \mathrm{d}u-\mathrm{d}v,$$

$$\mathrm{d}(uv) = v\mathrm{d}u+u\mathrm{d}v,\quad \mathrm{d}\left(\dfrac{u}{v}\right) = \dfrac{v\mathrm{d}u-u\mathrm{d}v}{v^{2}}.$$

3. 复合函数的微分法则

由复合函数的求导法则及微分的定义可推出复合函数的微分公式.

设 $y=f(u)$ 及 $u=\varphi(x)$ 都可导,则复合函数 $y=f[\varphi(x)]$ 的微分为

$$dy = y'_x dx = f'(u)\varphi'(x)dx.$$

由于 $\varphi'(x)dx = du$，因此上述公式也可写成

$$dy = f'(u)du \quad 或 \quad dy = y'_u du,$$

从而有

$$dy = y'_x dx = y'_u du.$$

这说明，无论 y 是中间变量 u 的函数还是自变量 x 的函数，微分总是有相同的形式，即

$$dy = y'_\square d\square(\square 表示 u 或 x).$$

这一性质称为**微分的形式不变性**. 利用微分的这种性质，在求复合函数导数时，可以不写出中间变量而求出复合函数的导数.

三、微分的几何意义

设函数 $y = f(x)$ 在点 x_0 处可微，在曲线 $y = f(x)$ 上取一点 $P(x_0, f(x_0))$，在 x_0 处给自变量 x 一微小增量 Δx，得到曲线上另一点 $Q(x_0 + \Delta x, f(x_0 + \Delta x))$（如图 2-5 所示），于是有

$$\overline{PN} = \Delta x, \quad \overline{NQ} = \Delta y.$$

过 P 点作切线 $\overline{PT}$，倾角为 α，其斜率 $k = \tan\alpha$，则

$$dy = f'(x_0)\Delta x = \overline{PN} \cdot \tan\alpha = \overline{NT}.$$

这就是说，函数 $y = f(x)$ 在 x_0 处的微分在几何上表示曲线 $y = f(x)$ 在对应点 P 处切线的纵坐标增量. 又因为

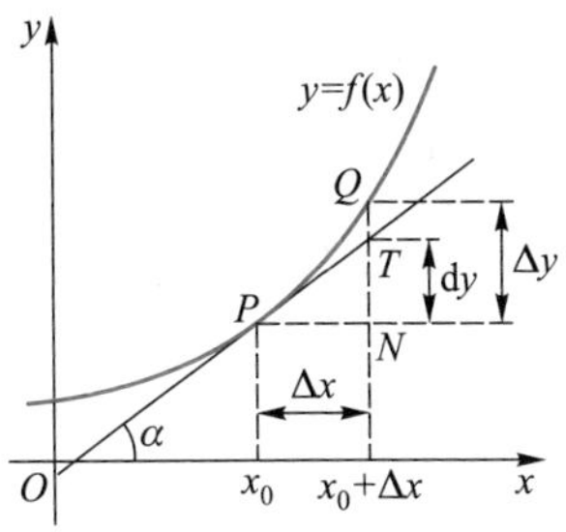

图 2-5

$$\Delta y = f(x_0 + \Delta x) - f(x_0) = \overline{NQ},$$

所以用微分 dy 近似代替增量 Δy 产生的误差就是 $\overline{TQ}$，当 $|\Delta x|$ 很小时，$\overline{TQ}$ 比 $\overline{NT}$ 小得多，故当 $|\Delta x|$ 很小时，有

$$f(x_0 + \Delta x) - f(x_0) \approx f'(x_0)\Delta x.$$

若记 $x = x_0 + \Delta x$，于是 $\Delta y = f(x) - f(x_0)$，则

$$f(x) - f(x_0) \approx f'(x_0)(x - x_0),$$

即

$$f(x) \approx f(x_0) + f'(x_0)(x - x_0).$$

此式表明,用微分近似代替 Δy,就是在 x_0 附近(微小局部)用线性函数

$$y = f(x_0) + f'(x_0)(x - x_0)$$

近似代替 $y = f(x)$,在几何上就是在点 P 附近用切线 PT 去近似代替曲线 $\overset{\frown}{PQ}$. 这种在微小局部用切线近似代替曲线的方法通常称为**非线性函数的局部线性化**,这种思想方法在自然科学和工程问题的研究中经常用到.

例 1   求函数 $y = e^x$ 在 $x = 0$ 与 $x = 1$ 处的微分.

解
$$y' = e^x,$$
$$\mathrm{d}y \mid_{x=0} = e^x \mid_{x=0} \Delta x = \Delta x,$$
$$\mathrm{d}y \mid_{x=1} = e^x \mid_{x=1} \Delta x = e\Delta x.$$

例 2   求函数 $y = x^3$ 当 $x = 2, \Delta x = 0.02$ 时的微分.

解
$$y' = 3x^2,$$
$$\mathrm{d}y \left.\right|_{\substack{x=2 \\ \Delta x = 0.02}} = 3x^2 \Delta x \left.\right|_{\substack{x=2 \\ \Delta x = 0.02}} = 0.24.$$

例 3   求函数 $y = \sin(2x^2 + 1)$ 的微分.

解 $\mathrm{d}y = \mathrm{d}[\sin(2x^2 + 1)] = \cos(2x^2 + 1)\mathrm{d}(2x^2 + 1) = 4x\cos(2x^2 + 1)\mathrm{d}x.$

例 4   设 $y = \ln(1 + e^{x^2})$,求 $\dfrac{\mathrm{d}y}{\mathrm{d}x}$.

解   因为

$$\mathrm{d}y = \mathrm{d}\ln(1 + e^{x^2}) = \frac{1}{1 + e^{x^2}}\mathrm{d}(1 + e^{x^2}) = \frac{1}{1 + e^{x^2}}e^{x^2}\mathrm{d}(x^2)$$

$$= \frac{e^{x^2}}{1 + e^{x^2}}2x\mathrm{d}x = \frac{2xe^{x^2}}{1 + e^{x^2}}\mathrm{d}x,$$

所以

$$\frac{\mathrm{d}y}{\mathrm{d}x} = \frac{2xe^{x^2}}{1 + e^{x^2}}.$$

例 5　在下列等式左端的括号内填入适当的函数,使等式成立.

(1) d(　　) = $x\mathrm{d}x$;　　　　　(2) d(　　) = $\cos \omega t \mathrm{d}t (\omega \neq 0)$.

解　(1) 因为 d(x^2) = $2x\mathrm{d}x$,所以

$$x\mathrm{d}x = \frac{1}{2}\mathrm{d}(x^2) = \mathrm{d}\left(\frac{1}{2}x^2\right),$$

即

$$\mathrm{d}\left(\frac{1}{2}x^2\right) = x\mathrm{d}x.$$

当 C 为任意常数时,$\mathrm{d}C = 0$,故有

$$\mathrm{d}\left(\frac{1}{2}x^2 + C\right) = x\mathrm{d}x.$$

(2) 类似可得

$$\mathrm{d}\left(\frac{1}{\omega}\sin \omega t + C\right) = \cos \omega t \mathrm{d}t \quad (C \text{ 为任意常数}).$$

例 6　求由参数方程 $\begin{cases} x = \varphi(t), \\ y = \psi(t) \end{cases}$ 所确定的函数 $y = y(x)$ 的二阶导数,其中 $\varphi(t), \psi(t)$ 具有二阶导数且 $\varphi'(t) \neq 0$.

解　$\mathrm{d}y = \psi'(t)\mathrm{d}t, \mathrm{d}x = \varphi'(t)\mathrm{d}t$,则

$$y' = \frac{\mathrm{d}y}{\mathrm{d}x} = \frac{\psi'(t)}{\varphi'(t)}, \quad \mathrm{d}y' = \frac{\psi''(t)\varphi'(t) - \psi'(t)\varphi''(t)}{\varphi'^2(t)}\mathrm{d}t,$$

故

$$\frac{\mathrm{d}^2 y}{\mathrm{d}x^2} = \frac{\mathrm{d}y'}{\mathrm{d}x} = \frac{\psi''(t)\varphi'(t) - \psi'(t)\varphi''(t)}{\varphi'^3(t)}.$$

四、微分在近似计算中的应用

设函数 $f(x)$ 在 x_0 处可微,在 x_0 处给 x 以增量 Δx,函数增量为 Δy,由微分的定义知,当 $|\Delta x| \ll 1$ 时,$\Delta y \approx \mathrm{d}y$,即

$$\Delta y \approx f'(x_0)\Delta x, \tag{2-7}$$

即

$$f(x_0+\Delta x)-f(x_0)\approx f'(x_0)\Delta x,$$

故有

$$f(x_0+\Delta x)\approx f(x_0)+f'(x_0)\Delta x. \tag{2-8}$$

若令 $x_0+\Delta x=x$,则有

$$f(x)\approx f(x_0)+f'(x_0)(x-x_0). \tag{2-9}$$

利用式(2-7)、式(2-8)可近似求出函数的增量及某点的函数值.

例 7　在 $x=0$ 的附近,求 $f(x)=\ln(1+x)$ 的一次近似式.

解　在式(2-9)中,令 $x_0=0$,当 $|x|\ll1$ 时,有

$$f(x)\approx f(0)+f'(0)x.$$

又 $f(0)=0$, $f'(0)=\left.\dfrac{1}{1+x}\right|_{x=0}=1$,得

$$\ln(1+x)\approx x.$$

当 $|x|\ll1$ 时,还可得到常用的几个一次近似式:

(1) $\mathrm{e}^x\approx1+x$;　　　(2) $\sin x\approx x$;

(3) $\tan x\approx x$;　　　(4) $(1+x)^\alpha\approx1+\alpha x$.

例 8　有一半径为 1 cm 的铁球,为了提高球面的光洁度,欲镀厚度为 0.01 cm 的一层铜,试估计需铜多少克(铜的密度为 8.9 g/cm³)?

解　半径为 r 的球的体积为

$$V=f(r)=\frac{4}{3}\pi r^3.$$

当 $r=1$ cm, $\Delta r=0.01$ cm 时,用 $\mathrm{d}V$ 近似代替 ΔV,得

$$\Delta V\approx\mathrm{d}V=f'(1)\Delta r=4\pi r^2\mid_{r=1}\Delta r\approx0.13(\mathrm{cm}^3),$$

故需铜约为 $0.13\times8.9=1.16(\mathrm{g})$.

例 9　求 $\sin30°30'$ 的近似值.

解　$\sin30°30'$ 是 $f(x)=\sin x$ 在 $x=30°30'$ 时的值,而 $\sin30°$ 的值是已知的,因此令 $x_0=30°=\dfrac{\pi}{6}$, $\Delta x=30'=\dfrac{\pi}{360}$,且 $f'(x)=\cos x$,得

$$\sin 30°30' = f(x_0 + \Delta x) \approx f(x_0) + f'(x_0)\Delta x$$

$$= \sin\frac{\pi}{6} + \frac{\pi}{360}\cos\frac{\pi}{6} = \frac{1}{2} + \frac{\sqrt{3}}{2}\times\frac{\pi}{360}$$

$$\approx 0.507\,6.$$

例 10　求 $\sqrt{1.05}$ 的近似值.

解　设 $f(x) = \sqrt{x}$, 在求 $\sqrt{1+0.05}$ 的近似值时, 取 $x_0 = 1, \Delta x = 0.05$, 则

$$\sqrt{1.05} \approx \sqrt{1} + (\sqrt{x})'|_{x=1}\times 0.05 = 1 + \frac{1}{2}\times 0.05 = 1.025.$$

习题 2-5

1. 设有一正方形 $ABCD$, 边长为 x, 面积为 y.

(1) 当边长由 x 增加到 $x+\Delta x$ 时, 正方形的面积 y 所增加的量 Δy 为多少? 这个量 Δy 在图形上表示哪块面积?

(2) $\mathrm{d}y$ 是什么? 它在图形上表示什么?

(3) Δy 与 $\mathrm{d}y$ 相差多少? 这个差在图形上表示什么? 它是不是 Δx (当 $\Delta x \to 0$ 时)的高阶无穷小?

2. 已知 $y = x^3 - x$, 计算在 $x = 2$ 处当 Δx 分别等于 $0.1, 0.01$ 时的 Δy 及 $\mathrm{d}y$.

3. 求下列函数的微分.

(1) $y = x^2 + \sqrt{x} + 1$;

(2) $y = \dfrac{1}{\sqrt{x^2+1}}$;

(3) $y = \sin x - x\cos x$;

(4) $y = \tan^2(1-x)$;

(5) $y = \ln\cos x$;

(6) $y = \arctan\dfrac{1-x^2}{1+x^2}$.

4. 当 $|x|$ 较小时, 证明下列近似公式.

(1) $\sqrt[n]{1+x} \approx 1 + \dfrac{1}{n}x$;

(2) $\sin x \approx x$;

（3）$\tan x \approx x$；

（4）$e^x \approx 1+x$；

（5）$\ln(1+x) \approx x$；

（6）$\dfrac{1}{1+x} \approx 1-x$.

5. 求下列函数在指定点处的一次近似式.

（1）$y = \arcsin\sqrt{1-x^2}$，$x=\dfrac{1}{2}$；

（2）$y = \arccos\dfrac{1}{\sqrt{x}}$，$x=2$；

（3）$y = \ln^2(1+x^2)$，$x=1$；

（4）$y = e^{-x}\cos(3-x)$，$x=0$.

6. 将适当的函数填入下列括号内，使等式成立.

（1）$d(\quad) = 2dx$；

（2）$d(\quad) = 3x dx$；

（3）$d(\quad) = \cos x dx$；

（4）$d(\quad) = \sin\omega x dx$；

（5）$d(\quad) = \dfrac{1}{1+x}dx$；

（6）$d(\quad) = e^{-2x}dx$；

（7）$d(\quad) = \dfrac{1}{\sqrt{x}}dx$；

（8）$d(\quad) = \sec^2 3x dx$.

7. 求下列近似值.

（1）$\cos 59°$；

（2）$\sqrt{25.4}$；

（3）$\ln 0.99$；

（4）$e^{1.01}$.

8. 设扇形的扇心角 $\alpha=60°$，半径 $R=100$ cm. 如果 R 不变，α 减少 $30'$，问扇形面积大约改变多少？又如果 α 不变，R 增加 1 cm，问扇形面积大约改变了多少？

9. 单摆摆动周期 $T=2\pi\sqrt{\dfrac{l}{g}}$，其中 l 为摆长，$g=980$ cm/s² 为重力加速度，为使周期增大 0.05 s，需将 $l=20$ cm 的摆长改变多少？

第二章总习题

1. 思考题.

（1）设 $f(x)$ 在 x_0 的某个邻域内有定义，问极限式

$$\lim_{\Delta x \to 0}\frac{f(x_0+\Delta x)-f(x_0)}{\Delta x} \quad 与 \quad \lim_{\Delta x \to 0}\frac{f(x_0+\Delta x)-f(x_0-\Delta x)}{2\Delta x}$$

之间有怎样的关系,第二个极限式能作为导数的定义吗?

(2) 函数可微、可导及连续有什么关系?

(3) $f(x)$ 与 $|f(x)|$ 的可导性有什么关系?

(4) 已知 $f(x)=\begin{cases} x^2\sin\dfrac{1}{x}, & x\neq 0,\\ 0, & x=0, \end{cases}$ 求 $\lim\limits_{x\to 0}f'(x)$ 以及 $f'(0)$. 由此你得到什么

启示?

2. 已知 $f'(x_0)=1$,求 $\lim\limits_{x\to 0}\dfrac{x}{f(x_0-3x)-f(x_0+x)}$.

3. 设函数 $f(x)=\begin{cases} x^2+2x+3, & x\leqslant 0,\\ ax+b, & x>0 \end{cases}$,在 $x=0$ 处可导,求常数 a,b.

4. 设 $f(x)$ 在 $x=2$ 处连续,且 $\lim\limits_{x\to 2}\dfrac{f(x)}{x-2}=5$,求 $f'(2)$.

5. 设 $f(x)=(x-a)\varphi(x)$,且 $\varphi(x)$ 在 $x=a$ 处连续,求 $f'(a)$.

6. 求下列函数的导数.

(1) $y=x^2\log_3 x$;

(2) $y=\dfrac{\cos 2x}{\sin x+\cos x}$;

(3) $y=x\arctan\sqrt{x}$;

(4) $y=\arctan\dfrac{x+1}{x-1}$;

(5) $y=\dfrac{\sqrt{x^2+2x}}{\sqrt[3]{(x+1)(x+5)}}$;

(6) $y=\tan^2(2x^2+1)-\ln|\sin x|$.

7. 设 $f(x)$ 可导,求 $y_1=f^2(x)$ 与 $y_2=f(\sin 2x)$ 的导数.

8. 设 $f(x+3)=x^5$,求 $f'(x)$,$f'(x+3)$.

9. 设 $f\left(\dfrac{x}{2}\right)=\sin x$,求 $f'[f(x)]$.

10. 求曲线 $1+\sin(x+y)=\mathrm{e}^{-xy}$ 在 $(0,0)$ 处的切线和法线方程.

11. 已知 $\arctan\dfrac{y}{x}=\ln\sqrt{x^2+y^2}$ 确定了隐函数 $y=y(x)$,求 $\mathrm{d}y$ 及 $\dfrac{\mathrm{d}^2y}{\mathrm{d}x^2}$.

12. 求由参数方程 $\begin{cases} x = e^t(1-\cos t), \\ y = e^t(1+\sin t) \end{cases}$ 所确定的函数 $y=y(x)$ 的一、二阶导数.

13. 在下列括号中填入适当的函数使等式成立:

(1) d($\quad$) $= \dfrac{1}{x}dx$;　　　　　　(2) d($\quad$) $= x^2 dx$;

(3) d($\quad$) $= \left(1-\dfrac{1}{x^2}\right)dx$;　　　(4) d($\quad$) $= \dfrac{dx}{1+x^2}$;

(5) d($\quad$) $= \dfrac{x}{\sqrt{1-x^2}}dx$;　　　(6) d($\quad$) $= te^{-t^2}dt$.

14. 求下列函数的 n 阶导数.

(1) $y = e^x \cos x$（提示 $: \cos x - \sin x = \sqrt{2}\cos\left(x+\dfrac{\pi}{4}\right)$）;

(2) $y = \dfrac{x^3}{x^2-3x+2}$ 　$(n \geqslant 2)$.

15. 溶液自深 18 cm,顶直径为 12 cm 的正圆锥形漏斗中漏入一直径为 10 cm 的圆柱形筒中,开始时漏斗中盛满了溶液. 已知当溶液在漏斗中深为 12 cm 时,其表面下降的速率为 1 cm/min. 问此时圆柱形筒中溶液表面上升的速率为多少?

16. 利用函数的微分代替函数的增量求 $\sqrt[3]{1.02}$ 的近似值.

17. 扩音器插头为圆柱形,截面半径 r 为 0.15 cm,长度 l 为 4 cm,为了提高它的导电性能,要在这个圆柱的侧面镀上一层厚为 0.001 cm 的纯铜(铜的密度为 8.9 g/cm^3),问每个插头约需要多少克纯铜?

第三章　微分中值定理与导数应用

本章首先介绍微分中值定理,然后利用微分中值定理介绍一种求极限的方法——洛必达法则,最后利用导数研究函数的单调性、曲线的凹凸性、函数的极值、函数图形的描绘与曲率.

第一节　微分中值定理

为了深入讨论导数的应用,先介绍联系导数及其应用的理论基础——微分中值定理. 微分中值定理一般指罗尔(Rolle)定理、拉格朗日(Lagrange)中值定理和柯西(Cauchy)中值定理.

一、罗尔定理

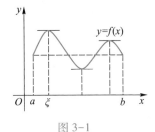

罗尔定理

罗尔定理　如果 $f(x) \in C[a,b]$,$f(x) \in D(a,b)$,且 $f(a) = f(b)$,则至少存在一点 $\xi \in (a,b)$,使 $f'(\xi) = 0$.

先对定理做出几何说明:设有一条连续的曲线弧,除端点外处处具有不垂直于 x 轴的切线,且端点的纵坐标相等,如图 3-1 所示. 直观地看,曲线 $y =$

图 3-1

$f(x)$ 上至少有一点处的切线平行于 x 轴,即 $f'(\xi)=0,\xi\in(a,b)$. 而且几何直观还提供了证明思路,那就是 ξ 在局部最值点处取得.

证明　因为 $f(x)\in C[a,b]$,故函数 $f(x)$ 在 $[a,b]$ 上必取到最大值 M 和最小值 m. 分两种情况:

如果 $M=m$,则函数 $f(x)=C$,于是 $f'(x)=0$,(a,b) 内任一点都可作为 ξ,故结论成立.

如果 $M\neq m$,由于 $f(a)=f(b)$,故不妨假设 $f(a)\neq M$,则在 (a,b) 内至少存在一点 ξ,使 $f(\xi)=M$. 由于 $f(x)\in D(a,b)$,故 $f'(\xi)$ 存在,即有

$$f'(\xi)=f'_-(\xi)=f'_+(\xi). \tag{3-1}$$

$$f'_-(\xi)=\lim_{x\to\xi^-}\frac{f(x)-f(\xi)}{x-\xi}=\lim_{x\to\xi^-}\frac{f(x)-M}{x-\xi},$$

在上式中,$f(x)-M\leqslant 0,x-\xi<0$,故有 $\dfrac{f(x)-M}{x-\xi}\geqslant 0$,从而

$$f'_-(\xi)\geqslant 0.$$

同理

$$f'_+(\xi)=\lim_{x\to\xi^+}\frac{f(x)-f(\xi)}{x-\xi}=\lim_{x\to\xi^+}\frac{f(x)-M}{x-\xi}\leqslant 0.$$

由式(3-1)知

$$f'(\xi)=0.$$

若 $f'(x_0)=0$,称 x_0 点为函数 $f(x)$ 的**驻点**(stationary point).

注　(1) 定理中的 3 个条件缺少其中任何一个,结论将不一定成立,但是也不能认为定理的条件不全具备,就一定不存在 $\xi\in(a,b)$,使 $f'(\xi)=0$,也就是说定理的条件是充分的但不是必要的. 读者可考察下面几例:

$$f_1(x)=\begin{cases}\dfrac{1}{x}, & 0<x\leqslant 1, \\ 1, & x=0,\end{cases}\qquad f_2(x)=\begin{cases}\sin x, & 0<x\leqslant\pi, \\ 1, & x=0,\end{cases}$$

$$f_3(x)=x^2, \quad x\in[0,1], \quad f_4(x)=|x|, \quad x\in[-1,1].$$

(2) 罗尔定理提供了判断方程 $f'(x)=0$ 是否有根的一种方法.

例 1　验证函数 $f(x)=x^2-3x+2$ 在 $[1,2]$ 上满足罗尔定理的条件,并求

使 $f'(\xi)=0$ 的 ξ.

解　$f(x)=x^2-3x+2$ 在实数 **R** 内可导,且 $f'(x)=2x-3$,从而 $f(x)\in C[1,2]$,$f(x)\in D(1,2)$,且 $f(1)=f(2)=0$,即函数满足罗尔定理的条件. 令 $f'(\xi)=2\xi-3=0$,解得 $\xi=\dfrac{3}{2}\in(1,2)$.

例 2　证明方程 $5x^4-4x+1=0$ 在 0 与 1 之间至少有一个实根.

证明　不难知道,方程的左端 $5x^4-4x+1$ 是函数 $\varphi(x)=x^5-2x^2+x$ 的导数 $\varphi'(x)$,由于 $\varphi(x)\in C[0,1]$,$\varphi(x)\in D(0,1)$,且 $\varphi(0)=\varphi(1)=0$,由罗尔定理知,在 0 与 1 之间至少有一点 ξ,使 $\varphi'(\xi)=0$,即方程 $5x^4-4x+1=0$ 在 0 与 1 之间至少有一实根 ξ.

例 3　设 $f(x)\in C[0,1]$,$f(x)\in D(0,1)$,且 $f(1)=0$,证明至少存在一点 $\xi\in(0,1)$,使 $f'(\xi)=-\dfrac{f(\xi)}{\xi}$.

分析　欲证 $f'(\xi)=-\dfrac{f(\xi)}{\xi}$,即证 $\xi f'(\xi)+f(\xi)=0$.

这相当于证明方程 $xf'(x)+f(x)=0$ 在 $(0,1)$ 内至少有一个根或 $[xf(x)]'|_{x=\xi}=0$. 这显然是罗尔定理的结论. 因此只需验证 $\varphi(x)=xf(x)$ 满足罗尔定理的条件,问题就解决了.

证明　作辅助函数 $\varphi(x)=xf(x)$. 因为 $f(x)\in C[0,1]$,$f(x)\in D(0,1)$,所以 $\varphi(x)\in C[0,1]$,$\varphi(x)\in D(0,1)$,又 $\varphi(0)=0\times f(0)=0$,$\varphi(1)=1\times f(1)=0$,即 $\varphi(0)=\varphi(1)$. 由罗尔定理知,至少存在一点 $\xi\in(0,1)$ 使 $\varphi'(\xi)=0$,即

$$\varphi'(\xi)=[xf(x)]'|_{x=\xi}=f(\xi)+\xi f'(\xi)=0,$$

故

$$f'(\xi)=-\dfrac{f(\xi)}{\xi}.$$

从罗尔定理的条件可以看出,它对函数的要求比较严格,特别是 $f(a)=f(b)$,一般来说,函数并不容易满足这个条件,因此罗尔定理的应用受到很大的限制. 为了克服这种局限性,现在介绍拉格朗日中值定理.

二、拉格朗日中值定理

拉格朗日中值定理　如果$f(x) \in C[a,b]$，$f(x) \in D(a,b)$，则至少存在一点$\xi \in (a,b)$，使

$$f'(\xi) = \frac{f(b)-f(a)}{b-a}$$

拉格朗日中值
定理

或

$$f(b)-f(a) = f'(\xi)(b-a).$$

定理从几何上看是非常明显的. 如图 3-2 所示，弦 AB 的斜率正是 $k_{AB} = \dfrac{f(b)-f(a)}{b-a}$，将直线 AB 上下平移，总有直线和曲线相切，设切点的横坐标为 ξ，则 $f'(\xi)$ 就是切线的斜率，因为切线与弦 AB 平行，所以斜率相等，故有

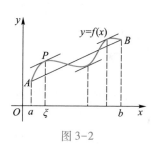

图 3-2

$$f'(\xi) = \frac{f(b)-f(a)}{b-a}.$$

如何严格证明这个定理呢? 先做一简要的分析:要证明定理，也就是要证明在曲线上至少存在一点 P(横坐标为 ξ)，使曲线在 P 点的切线斜率等于弦 AB 的斜率，由于曲线的方程是 $y=f(x)$，弦 AB 的方程为

$$L(x) = f(a) + \frac{f(b)-f(a)}{b-a}(x-a).$$

因此，就是要证明在(a,b)内至少有一点 ξ，使$f'(x)\big|_{x=\xi} = L'(x)\big|_{x=\xi}$，即

$$[f(x)-L(x)]'\big|_{x=\xi} = 0.$$

这就启示我们去考虑函数 $\varphi(x) = f(x)-L(x)$，即

$$\varphi(x) = f(x) - f(a) - \frac{f(b)-f(a)}{b-a}(x-a),$$

即要证 $\varphi'(x)\big|_{x=\xi} = 0$，只要 $\varphi(x)$ 满足罗尔定理的条件，对 $\varphi(x)$ 在区间$[a,b]$上使用罗尔定理就可以解决这个问题.

证明 作辅助函数

$$\varphi(x)=f(x)-f(a)-\frac{f(b)-f(a)}{b-a}(x-a).$$

因为 $\varphi(x)\in C[a,b]$, $\varphi(x)\in D(a,b)$, $\varphi(a)=\varphi(b)=0$, 即 $\varphi(x)$ 满足罗尔定理的条件, 由罗尔定理知, 至少存在一点 $\xi\in(a,b)$, 使 $\varphi'(\xi)=0$, 而

$$\varphi'(x)=f'(x)-\frac{f(b)-f(a)}{b-a},$$

所以

$$\varphi'(\xi)=f'(\xi)-\frac{f(b)-f(a)}{b-a}=0,$$

故有

$$f'(\xi)=\frac{f(b)-f(a)}{b-a},\quad \xi\in(a,b).$$

在拉格朗日中值定理中, 当附加条件 $f(a)=f(b)$ 时, 拉格朗日中值定理就变成罗尔定理, 因此罗尔定理是拉格朗日中值定理的特殊情形.

如果在 (a,b) 内的一个小区间 $[x,x+\Delta x]$ 上对 $y=f(x)$ 应用拉格朗日中值定理, 则有

$$f'(\xi)=\frac{f(x+\Delta x)-f(x)}{\Delta x},\quad \xi\in(x,x+\Delta x),$$

即

$$\Delta y=f'(\xi)\Delta x=f'(x+\theta\Delta x)\Delta x\quad (0<\theta<1).$$

它是函数增量的一个表达式, 称为**有限增量公式**.

可以看出, 拉格朗日中值定理把函数的增量与函数在某一点的导数联系起来, 从而提供了用函数的局部性质来研究函数的整体性质的一种方法.

现向读者介绍一个看起来很简单而又很有趣的问题: 如果 $f(x)=C$, 则 $f'(x)\equiv 0$; 但反过来, 如果 $f'(x)\equiv 0$, $f(x)$ 一定是常数吗? 这个结论是成立的, 可用微分中值定理很容易地证明它.

推论 1 设 $f(x)$ 在 (a,b) 内可导, 且 $f'(x)\equiv 0$, 则在 (a,b) 内, $f(x)\equiv C$.

证明 在 (a,b) 内取一固定点 x_0, $\forall x\in(a,b)$, 只要证得 $f(x)\equiv f(x_0)$ 即

可. 由于 $f(x)$ 在 $[x_0,x]$ 或 $[x,x_0]$ 上满足拉格朗日中值定理的条件, 故有

$$f(x)-f(x_0)=f'(\xi)(x-x_0),$$

其中 ξ 介于 x_0 与 x 之间. 因为 $f'(x)\equiv 0$, 所以有 $f'(\xi)=0$, 于是 $f(x)-f(x_0)\equiv 0$, 即

$$f(x)\equiv C.$$

利用上述推论可以证明恒等式.

例 4 证明 $\arcsin x+\arccos x=\dfrac{\pi}{2}, x\in[-1,1]$.

证明 设 $f(x)=\arcsin x+\arccos x-\dfrac{\pi}{2}$, 显然 $f(x)\in D(-1,1)$, 且有

$$f'(x)=\frac{1}{\sqrt{1-x^2}}-\frac{1}{\sqrt{1-x^2}}\equiv 0,\quad x\in(-1,1).$$

由推论 1 知 $f(x)\equiv C$, 即

$$\arcsin x+\arccos x-\frac{\pi}{2}=C,\quad x\in(-1,1).$$

取 $x=0$, 可得 $C=0$, 且 $f(1)=f(-1)=0$, 从而有

$$\arcsin x+\arccos x=\frac{\pi}{2},\quad x\in[-1,1].$$

推论 2 设 $f(x)$ 在 x_0 的某邻域内连续, 在 x_0 的去心邻域内可导,

(1) 如果 $\lim\limits_{x\to x_0^+}f'(x)=A$(或为无穷大), 则

$$f'_+(x_0)=\lim\limits_{x\to x_0^+}f'(x)=A(\text{或为无穷大});$$

(2) 如果 $\lim\limits_{x\to x_0^-}f'(x)=A$(或为无穷大), 则

$$f'_-(x_0)=\lim\limits_{x\to x_0^-}f'(x)=A(\text{或为无穷大}).$$

证明 (1) 在 x_0 的右侧邻域内给 x_0 以增量 Δx, 由于在 $[x_0,x_0+\Delta x]$ 上 $f(x)$ 满足拉格朗日中值定理的条件, 则有

$$\frac{f(x_0+\Delta x)-f(x_0)}{\Delta x}=f'(\xi),$$

其中 $x_0<\xi<x_0+\Delta x$, 由右导数的定义有

$$f'_+(x_0) = \lim_{\Delta x \to 0^+} \frac{f(x_0+\Delta x)-f(x_0)}{\Delta x} = \lim_{\Delta x \to 0^+} f'(\xi)$$

$$= \lim_{\xi \to x_0^+} f'(\xi) = \lim_{x \to x_0^+} f'(x) = A.$$

（2）的证明过程与（1）类似.

该结论为讨论分段函数在分段点处的可导性带来了方便,即如果 $f(x)$ 满足上述结论的条件,那么就可用它来讨论函数在分段点处的可导性.

例 5　设 $f(x) = \begin{cases} x^2, & x \leqslant 0, \\ x\sin x, & x > 0, \end{cases}$ 求 $f'(x)$.

解　当 $x<0$ 时, $f'(x)=2x$;当 $x>0$ 时, $f'(x)=\sin x+x\cos x$.

因为 $f(x)$ 在 $x=0$ 处连续且

$$\lim_{x \to 0^-} f'(x) = \lim_{x \to 0^-} 2x = 0,$$

$$\lim_{x \to 0^+} f'(x) = \lim_{x \to 0^+} (\sin x+x\cos x) = 0,$$

由推论 2 知, $f'_+(0)=0$, $f'_-(0)=0$,得 $f'(0)=0$. 故

$$f'(x) = \begin{cases} 2x, & x \leqslant 0, \\ \sin x+x\cos x, & x > 0. \end{cases}$$

拉格朗日中值定理是最常用的一个微分中值定理,具有重要的理论价值. 现在举例说明它在证明不等式以及判定方程根的存在性方面的应用.

例 6　证明:当 $0<a<b$ 时,有 $\dfrac{b-a}{b} < \ln\dfrac{b}{a} < \dfrac{b-a}{a}$.

证明　所证结论即 $\dfrac{1}{b} < \dfrac{\ln b-\ln a}{b-a} < \dfrac{1}{a}$,为此作辅助函数

$$f(x) = \ln x, \quad x \in [a,b].$$

由于 $f(x)$ 在 $[a,b]$ 上满足拉格朗日中值定理的条件,则有

$$\frac{\ln b-\ln a}{b-a} = \frac{1}{\xi} \quad (a<\xi<b).$$

由于 $\dfrac{1}{b} < \dfrac{1}{\xi} < \dfrac{1}{a}$,故得

$$\frac{1}{b} < \frac{\ln b-\ln a}{b-a} < \frac{1}{a}.$$

例7 证明方程 $4ax^3+3bx^2+2cx=a+b+c$ 在 $(0,1)$ 内至少有一个实根.

证明 令 $f(x)=ax^4+bx^3+cx^2$,显然函数 $f(x)$ 在 $[0,1]$ 上连续,在 $(0,1)$ 内可导,即函数 $f(x)$ 在 $[0,1]$ 上满足拉格朗日中值定理的条件,由拉格朗日中值定理知,在 $(0,1)$ 内至少存在一点 ξ,使

$$\frac{f(1)-f(0)}{1-0}=f'(\xi),$$

即

$$a+b+c=4a\xi^3+3b\xi^2+2c\xi,$$
$$4ax^3+3bx^2+2cx=a+b+c.$$

这说明在 $(0,1)$ 内至少存在一点 ξ 为方程的一个根.

注 此题也可用罗尔定理证明. 请读者考虑作怎样的辅助函数.

三、柯西中值定理

柯西中值定理 设函数 $f(x),g(x)$ 在 $[a,b]$ 上连续,在 (a,b) 内可导,且在 (a,b) 内 $g'(x)\neq0$,则至少存在一点 $\xi\in(a,b)$,使

$$\frac{f(b)-f(a)}{g(b)-g(a)}=\frac{f'(\xi)}{g'(\xi)}.$$

证明 要证

$$\frac{f(b)-f(a)}{g(b)-g(a)}=\frac{f'(\xi)}{g'(\xi)},\quad \xi\in(a,b),$$

即证

$$[f(b)-f(a)]g'(\xi)-[g(b)-g(a)]f'(\xi)=0,$$

亦即

$$\{[f(b)-f(a)]g(x)-[g(b)-g(a)]f(x)\}'\big|_{x=\xi}=0.$$

记

$$\varphi(x)=[f(b)-f(a)]g(x)-[g(b)-g(a)]f(x),$$

即证

$$\varphi'(\xi)=0.$$

可见,只要验证 $\varphi(x)$ 满足罗尔定理的条件,问题就解决了. 显然 $\varphi(x)\in$

$C[a,b],\varphi(x)\in D(a,b)$,且

$$\varphi(a)=[f(b)-f(a)]g(a)-[g(b)-g(a)]f(a)$$
$$=f(b)g(a)-g(b)f(a),$$
$$\varphi(b)=[f(b)-f(a)]g(b)-[g(b)-g(a)]f(b)$$
$$=f(b)g(a)-g(b)f(b),$$

即 $\varphi(a)=\varphi(b)$. 于是定理得证.

注 若取 $g(x)=x$,则柯西中值定理就变成拉格朗日中值定理.

例 8 设 $0<a<b$,$f(x)\in D[a,b]$,证明至少存在一点 $\xi\in(a,b)$,使

$$f(b)-f(a)=\xi f'(\xi)\ln\frac{b}{a}.$$

分析 即证 $\dfrac{f(b)-f(a)}{\ln b-\ln a}=\xi f'(\xi)$,由此很容易想到柯西中值定理.

证明 因为 $f(x),g(x)=\ln x$ 在 $[a,b]$ 上满足柯西中值定理的条件,由柯西中值定理知

$$\frac{f(b)-f(a)}{\ln b-\ln a}=\frac{f'(\xi)}{\frac{1}{\xi}}=\xi f'(\xi),\quad \xi\in(a,b).$$

习题 3-1

1. 下列函数在给定区间上是否满足罗尔定理的条件？若满足,求出定理中的 ξ;若不满足,ξ 是否一定不存在？

(1) $f(x)=\dfrac{3}{2x^2+1}$, $[-1,1]$;

(2) $f(x)=x-x^3$, $[0,1]$;

(3) $f(x)=2-|x|$, $[-2,2]$;

(4) $f(x)=\begin{cases}x, & -2\leqslant x<0,\\ -x^2+2x+1, & 0\leqslant x\leqslant 3.\end{cases}$

2. 验证函数 $f(x)=\arctan x$ 在区间 $[0,1]$ 上满足拉格朗日中值定理的条件,并求出满足定理条件的 ξ 值.

3. 验证函数 $f(x)=x^2+2$, $g(x)=x^3-1$ 在区间 $[1,2]$ 上满足柯西中值定理的条件,并求出满足定理条件的 ξ 值.

4. 证明:对函数 $f(x)=px^2+qx+r$ 在任一闭区间上应用拉格朗日中值定理时所求得的 ξ 是该区间的中点,其中 p,q,r 是常数.

5. 能否用下面的方法证明柯西中值定理? 为什么?

对 $f(x)$, $g(x)$ 分别应用拉格朗日中值定理,得

$$f(b)-f(a)=f'(\xi)(b-a), \quad g(b)-g(a)=g'(\xi)(b-a).$$

上述两式相除,即有

$$\frac{f(b)-f(a)}{g(b)-g(a)}=\frac{f'(\xi)}{g'(\xi)}, \quad \xi \in (a,b).$$

6. 设 $f(x)=(x-1)(x-2)(x-3)(x-4)$,不用求导说明 $f'(x)=0$ 有几个根,各在怎样的区间内?

7. 设 $f(x)$ 二阶可导,且 $f(x_1)=f(x_2)=f(x_3)$,其中 $x_1<x_2<x_3$,证明:至少存在一点 $\xi \in (x_1,x_3)$,使得 $f''(\xi)=0$.

8. 设 $f(x) \in C[a,b]$, $f(x) \in D(a,b)$,且对任意的 $x \in (a,b)$ 有 $f'(x)=g'(x)$,证明:在 $[a,b]$ 上,有 $f(x)=g(x)+C$(C 为任意常数).

9. 证明下列恒等式.

(1) $\arctan x+\arctan \dfrac{1}{x}=\dfrac{\pi}{2}(x>0)$; (2) $2\arctan x+\arcsin \dfrac{2x}{1+x^2}=\pi(x \geqslant 1)$.

10. 证明下列不等式.

(1) 当 $x>0$ 时,$\dfrac{x}{1+x}<\ln(1+x)<x$; (2) 当 $x>1$ 时,$e^x>xe$;

(3) $|\arctan x-\arctan y| \leqslant |x-y|$.

11. 证明方程 $x^3+2x+1=0$ 在 $(-1,0)$ 内有唯一实根.

12. 证明方程 $x^5+x-1=0$ 只有一个正根.

13. 设函数 $f(x)$ 在 $[0,\pi]$ 上连续,在 $(0,\pi)$ 内可导,证明:在 $(0,\pi)$ 内至少存在一点 ξ,使得 $f'(\xi)\sin \xi+f(\xi)\cos \xi=0$.

14. 设 $f(x)$ 是处处可导的奇函数,证明:对于任意实数 $b>0$,总存在 $c \in (-b,b)$,使 $f'(c)=\dfrac{f(b)}{b}$.

15. 设 $f(x) \in C[a,b]$，$f(x) \in D(a,b)$，且 $ab>0$，证明：至少存在一点 $\xi \in (a,b)$，使得

$$2\xi[f(b)-f(a)] = (b^2-a^2)f'(\xi).$$

第二节　洛必达法则

在自变量的某一变化过程中，当 $f(x) \to 0$，$g(x) \to 0$ 时，极限 $\lim \dfrac{f(x)}{g(x)}$ 可能存在，也可能不存在，这种形式的极限称为 $\dfrac{0}{0}$ 型 **未定式**（indeterminate forms）。如果 $f(x)$，$g(x)$ 同时趋于无穷大，就称极限 $\lim \dfrac{f(x)}{g(x)}$ 为 $\dfrac{\infty}{\infty}$ 型未定式。它们都不能利用商的极限法则来求，现以 $\dfrac{0}{0}$ 型为例介绍洛必达法则，它可以较方便地求得未定式的极限。

定理 1（洛必达法则（L'Hospital's rule））　如果 $f(x)$，$g(x)$ 满足

（1）当 $x \to x_0$ 时，$f(x) \to 0$，$g(x) \to 0$；

（2）在 x_0 的去心邻域内处处可导，且 $g'(x) \neq 0$；

（3）$\lim\limits_{x \to x_0} \dfrac{f'(x)}{g'(x)}$ 存在（或为 ∞），

未定式 $\dfrac{0}{0}$ 的情形

则有

$$\lim_{x \to x_0} \frac{f(x)}{g(x)} = \lim_{x \to x_0} \frac{f'(x)}{g'(x)}.$$

证明　由极限的定义知，$f(x)$，$g(x)$ 在 $x \to x_0$ 时的极限是否存在与 $f(x)$，$g(x)$ 在 x_0 点是否有定义及 x_0 点的函数值无关，因此可定义 $f(x_0) = g(x_0) = 0$，并不影响证明的一般性。这样

$$\frac{f(x)}{g(x)} = \frac{f(x)-f(x_0)}{g(x)-g(x_0)},$$

取 $x \in U(x_0, \delta)(x \neq x_0)$，易知在 $[x, x_0]$ 或 $[x_0, x]$ 上，函数 $f(x)$ 和 $g(x)$ 满足柯西中值定理的条件，于是有

$$\frac{f(x)}{g(x)} = \frac{f(x) - f(x_0)}{g(x) - g(x_0)} = \frac{f'(\xi)}{g'(\xi)},$$

其中 ξ 在 x_0 与 x 之间，从而

$$\lim_{x \to x_0} \frac{f(x)}{g(x)} = \lim_{\xi \to x_0} \frac{f'(\xi)}{g'(\xi)} = \lim_{x \to x_0} \frac{f'(x)}{g'(x)}.$$

注　当 $x \to \infty$ 时的 $\dfrac{0}{0}$ 型及 $x \to x_0 (x \to \infty)$ 时的 $\dfrac{\infty}{\infty}$ 型也有类似的洛必达法则. 下面给出 $x \to x_0$ 时的 $\dfrac{\infty}{\infty}$ 型的洛必达法则.

定理 2　如果 $f(x)$ 与 $g(x)$ 满足

(1) $\lim\limits_{x \to x_0} f(x) = \infty$，$\lim\limits_{x \to x_0} g(x) = \infty$；

(2) 在 x_0 的某去心邻域内处处可导，且 $g'(x) \neq 0$；

(3) 极限 $\lim\limits_{x \to x_0} \dfrac{f'(x)}{g'(x)}$ 存在 (或为 ∞)，则有

未定式 $\dfrac{\infty}{\infty}$ 的情
形及其他形式

$$\lim_{x \to x_0} \frac{f(x)}{g(x)} = \lim_{x \to x_0} \frac{f'(x)}{g'(x)}.$$

注　如果求导后，$\dfrac{f'(x)}{g'(x)}$ 仍是 $\dfrac{0}{0}$ 型或 $\dfrac{\infty}{\infty}$ 型，可连续使用洛必达法则. 同时注意在使用法则前应尽可能对 $\dfrac{f(x)}{g(x)}$ 化简，以便于计算.

例 1　求 $\lim\limits_{x \to 0} \dfrac{x - \sin x}{x^3}$.

解　$\lim\limits_{x \to 0} \dfrac{x - \sin x}{x^3} = \lim\limits_{x \to 0} \dfrac{1 - \cos x}{3x^2} = \lim\limits_{x \to 0} \dfrac{\sin x}{6x} = \dfrac{1}{6}$.

例 2　求 $\lim\limits_{x \to +\infty} \dfrac{\ln x}{x^\alpha} (\alpha > 0)$.

解　$\lim\limits_{x \to +\infty} \dfrac{\ln x}{x^\alpha} = \lim\limits_{x \to +\infty} \dfrac{\dfrac{1}{x}}{\alpha x^{\alpha-1}} = \lim\limits_{x \to +\infty} \dfrac{1}{\alpha x^\alpha} = 0$.

例 3 求 $\lim\limits_{x \to 1} \dfrac{x^3-3x+2}{x^3-x^2-x+1}$.

解 $\lim\limits_{x \to 1} \dfrac{x^3-3x+2}{x^3-x^2-x+1} = \lim\limits_{x \to 1} \dfrac{3x^2-3}{3x^2-2x-1} = \lim\limits_{x \to 1} \dfrac{6x}{6x-2} = \dfrac{3}{2}$.

例 4 求 $\lim\limits_{x \to +\infty} \dfrac{\dfrac{\pi}{2}-\arctan x}{\dfrac{1}{x}}$.

解 $\lim\limits_{x \to +\infty} \dfrac{\dfrac{\pi}{2}-\arctan x}{\dfrac{1}{x}} = \lim\limits_{x \to +\infty} \dfrac{-\dfrac{1}{1+x^2}}{-\dfrac{1}{x^2}} = \lim\limits_{x \to +\infty} \dfrac{x^2}{1+x^2} = 1$.

例 5 求 $\lim\limits_{x \to +\infty} \dfrac{x^n}{e^{\lambda x}} (n \in \mathbf{N}, \lambda > 0)$.

解 $\lim\limits_{x \to +\infty} \dfrac{x^n}{e^{\lambda x}} = \lim\limits_{x \to +\infty} \dfrac{nx^{n-1}}{\lambda e^{\lambda x}} = \lim\limits_{x \to +\infty} \dfrac{n(n-1)x^{n-2}}{\lambda^2 e^{\lambda x}} = \cdots = \lim\limits_{x \to +\infty} \dfrac{n!}{\lambda^n e^{\lambda x}} = 0$.

例 6 求 $\lim\limits_{x \to \infty} \dfrac{x+\sin x}{x}$.

解 该极限属 $\dfrac{\infty}{\infty}$ 型, 但 $\lim\limits_{x \to \infty} \dfrac{(x+\sin x)'}{x'} = \lim\limits_{x \to \infty}(1+\cos x)$, 而 $\lim\limits_{x \to \infty}\cos x$ 极限不存在, 且不是 ∞, 因此不能用洛必达法则, 须改用其他方法. 事实上, 有

$$\lim_{x \to \infty} \frac{x+\sin x}{x} = \lim_{x \to \infty}\left(1+\frac{1}{x} \cdot \sin x\right) = 1.$$

注 此例说明, 当 $\lim\limits_{\substack{x \to x_0 \\ (x \to \infty)}} \dfrac{f'(x)}{g'(x)}$ 不存在也不是无穷大时, 不能断言 $\lim\limits_{\substack{x \to x_0 \\ (x \to \infty)}} \dfrac{f(x)}{g(x)}$ 不存在, 只能说明洛必达法则失效, 此时须另寻方法来求极限.

当利用洛必达法则求极限时, 也可以与其他求极限的方法结合使用, 例如等价无穷小替换、消去零因子、重要极限等.

例 7 求 $\lim\limits_{x \to 0} \dfrac{x-\tan x}{(1-\cos x)\ln(1+2x)}$.

解 当 $x \to 0$ 时, $1-\cos x \sim \dfrac{1}{2}x^2, \ln(1+2x) \sim 2x$, 则

$$\lim_{x \to 0} \frac{x - \tan x}{(1 - \cos x) \ln(1 + 2x)} = \lim_{x \to 0} \frac{x - \tan x}{\frac{1}{2} x^2 \times 2x} = \lim_{x \to 0} \frac{1 - \sec^2 x}{3x^2}$$

$$= \lim_{x \to 0} \frac{-\tan^2 x}{3x^2} = -\frac{1}{3}.$$

另外,还有一些未定式,如 $0 \cdot \infty$, $\infty - \infty$, 0^0, 1^∞, ∞^0 等都可经过变形、通分及指数化或取对数等方法化为 $\frac{0}{0}$ 型或 $\frac{\infty}{\infty}$ 型.

例 8 求 $\lim\limits_{x \to \frac{\pi}{2}}(\sec x - \tan x)$.

解 $\lim\limits_{x \to \frac{\pi}{2}}(\sec x - \tan x) = \lim\limits_{x \to \frac{\pi}{2}} \dfrac{1 - \sin x}{\cos x} = \lim\limits_{x \to \frac{\pi}{2}} \dfrac{-\cos x}{-\sin x} = 0.$

例 9 求 $\lim\limits_{x \to 0^+} x^{\sin x}$.

解 $\lim\limits_{x \to 0^+} x^{\sin x} = \lim\limits_{x \to 0^+} \mathrm{e}^{\ln x^{\sin x}} = \lim\limits_{x \to 0^+} \mathrm{e}^{\sin x \ln x} = \mathrm{e}^{\lim\limits_{x \to 0^+} \sin x \ln x} = \mathrm{e}^{\lim\limits_{x \to 0^+} \frac{\ln x}{1/x}} = \mathrm{e}^{\lim\limits_{x \to 0^+} \frac{1/x}{-1/x^2}} = \mathrm{e}^{\lim\limits_{x \to 0^+}(-x)} = 1.$

例 10 求 $\lim\limits_{x \to 0}(\cos x + x \sin x)^{\frac{1}{x^2}}$.

解 设 $y = (\cos x + x \sin x)^{\frac{1}{x^2}}$,两边取对数得

$$\ln y = \frac{1}{x^2} \ln(\cos x + x \sin x),$$

取极限得

$$\lim_{x \to 0} \ln y = \lim_{x \to 0} \frac{\ln(\cos x + x \sin x)}{x^2} = \lim_{x \to 0} \frac{x \cos x}{2x(\cos x + x \sin x)} = \frac{1}{2},$$

故

$$\lim_{x \to 0}(\cos x + x \sin x)^{\frac{1}{x^2}} = \mathrm{e}^{\frac{1}{2}}.$$

习题 3-2

1. 下列求极限的过程中都应用了洛必达法则,其解法有无错误?

（1）$\lim\limits_{x\to 0}\dfrac{x^2+1}{x-1}=\lim\limits_{x\to 0}\dfrac{(x^2+1)'}{(x-1)'}=\lim\limits_{x\to 0}\dfrac{2x}{1}=0$；

（2）由于

$$\lim_{x\to\infty}\frac{2\cos x+x^2}{x^2}=\lim_{x\to\infty}\frac{(2\cos x+x^2)'}{(x^2)'}=\lim_{x\to\infty}\frac{(-\sin x+x)'}{x'}$$

$$=\lim_{x\to\infty}\frac{-\cos x+1}{1}$$

极限不存在，故原极限不存在．

2. 求下列极限.

（1）$\lim\limits_{x\to 0}\dfrac{e^x-e^{-x}}{\sin x}$；

（2）$\lim\limits_{x\to 0}\dfrac{\tan x-x}{x^2\sin x}$；

（3）$\lim\limits_{x\to 0}\dfrac{\ln(1+x)}{x}$；

（4）$\lim\limits_{x\to a}\dfrac{\sin x-\sin a}{x-a}$；

（5）$\lim\limits_{x\to\frac{\pi}{2}}\dfrac{\ln\sin x}{(\pi-2x)^2}$；

（6）$\lim\limits_{x\to +\infty}\dfrac{\ln\left(1+\dfrac{1}{x}\right)}{\arctan x-\dfrac{\pi}{2}}$；

（7）$\lim\limits_{x\to 0}\dfrac{e^{-\frac{1}{x^2}}}{x^{100}}$；

（8）$\lim\limits_{x\to 0^+}\left(\dfrac{1}{x}\right)^{\tan x}$；

（9）$\lim\limits_{x\to 0}\left(\dfrac{\sin x}{x}\right)^{\frac{1}{x^2}}$；

（10）$\lim\limits_{x\to 0}\dfrac{e-(1+x)^{\frac{1}{x}}}{x}$；

（11）$\lim\limits_{x\to +\infty}(1+e^{ax})\ln\left(1+\dfrac{b}{x}\right)\ (a>0,b\neq 0)$；

（12）$\lim\limits_{x\to +\infty}(x+e^x)^{\frac{1}{x}}$；

（13）$\lim\limits_{x\to 1}\left(\dfrac{x}{x-1}-\dfrac{1}{\ln x}\right)$；

（14）$\lim\limits_{x\to +\infty}\left(\dfrac{a_1^{\frac{1}{x}}+a_2^{\frac{1}{x}}+\cdots+a_n^{\frac{1}{x}}}{n}\right)^{nx}\ (a_1,a_2,\cdots,a_n>0)$.

3. 试确定 a,b，使极限 $\lim\limits_{x\to 0}\dfrac{1+a\cos 2x+b\cos 4x}{x^4}$ 存在，并求出极限值.

4. 已知 $f''(a)$ 存在，求极限 $\lim\limits_{h\to 0}\dfrac{f(a+h)+f(a-h)-2f(a)}{h^2}$.

5. 设 $f(x)$ 具有二阶导数,当 $x \neq 0$ 时, $f(x) \neq 0$ 且 $\lim\limits_{x \to 0} \dfrac{f(x)}{x} = 0, f''(0) = 4$,求

$\lim\limits_{x \to 0} \left[1 + \dfrac{f(x)}{x} \right]^{\frac{1}{x}}$.

6. 验证极限 $\lim\limits_{x \to 0} \dfrac{x^2 \sin \dfrac{1}{x}}{\sin x}$ 存在,但不能用洛必达法则.

7. 讨论函数

$$f(x) = \begin{cases} \left[\dfrac{(1+x)^{\frac{1}{x}}}{\mathrm{e}} \right]^{\frac{1}{x}}, & x > 0, \\ \mathrm{e}^{-\frac{1}{2}}, & x \leqslant 0 \end{cases}$$

在 $x = 0$ 处的连续性.

8. 设 $f(x)$ 在 $[-1, 1]$ 上是恒正的连续可微函数,而且 $f(0) = 1$,证明:

$\lim\limits_{x \to 0} [f(x)]^{\frac{1}{x}} = \mathrm{e}^{f'(0)}$.

第三节　泰　勒　公　式

　　对于一些比较复杂的函数,为了便于研究,往往希望用一些简单的函数来近似表达. 多项式函数是各类函数中最简单的一类函数,它只要对自变量进行有限次的加、减、乘 3 种运算,就能求出其函数值,因此,多项式经常被用来近似地表达函数,这种近似表达在数学上常称为**逼近**. 英国数学家泰勒(Brook Taylor,1685—1731 年)在这方面做出了不朽的贡献. 其研究结果表明:具有直到 $n+1$ 阶导数的函数在一个点的邻域内的值可以用函数在该点的函数值及各阶导数值组成的 n 次多项式近似表达. 本节将介绍泰勒公式及其简单应用.

　　在学习导数和微分概念时已经知道,如果函数 $f(x)$ 在 x_0 可导,则有

$$f(x)=f(x_0)+f'(x_0)(x-x_0)+o(x-x_0),$$

即在点 x_0 附近,函数 $f(x)$ 有近似公式

$$f(x)\approx f(x_0)+f'(x_0)(x-x_0).$$

其误差为 $(x-x_0)$ 的高阶无穷小,且函数 $f(x)$ 与一次多项式函数 $f(x_0)+$ $f'(x_0)(x-x_0)$ 在 x_0 点函数值相等,在 x_0 点一阶导数值也相等.

　　然而在很多场合,取一次多项式逼近是不够的,往往需要在点 x_0 附近用关于 $(x-x_0)$ 的二次或二次以上的多项式去逼近,并要求误差为 $(x-x_0)^n$ 的高阶无穷小,且函数 $f(x)$ 与该多项式函数在 x_0 点函数值相等,在 x_0 点各阶导数值也相等. 为此,假设函数 $f(x)$ 在 x_0 的某邻域内具有直到 $n+1$ 阶导数,关于 $(x-x_0)^n$ 的多项式为

$$p_n(x)=a_0+a_1(x-x_0)+a_2(x-x_0)^2+\cdots+a_n(x-x_0)^n.$$

逐次求出它在 x_0 点的函数值及各阶导数值:

$$p_n(x_0)=a_0, \quad p_n'(x_0)=a_1,$$

$$p_n''(x_0)=2!a_2, \quad \cdots, \quad p_n^{(n)}(x_0)=n!a_n.$$

　　由

$$f(x_0)=p_n(x_0), \quad f'(x_0)=p_n'(x_0),$$

$$f''(x_0)=p_n''(x_0), \quad \cdots, \quad f^{(n)}(x_0)=p_n^{(n)}(x_0),$$

得

$$a_0=f(x_0), \quad a_1=f'(x_0), \quad a_2=\frac{1}{2!}f''(x_0), \quad \cdots, \quad a_n=\frac{1}{n!}f^{(n)}(x_0),$$

从而有

$$p_n(x)=f(x_0)+f'(x_0)(x-x_0)+\frac{1}{2!}f''(x_0)(x-x_0)^2+\cdots+$$

$$\frac{1}{n!}f^{(n)}(x_0)(x-x_0)^n.$$

这个多项式称为函数 $f(x)$ 在 x_0 处的**泰勒多项式**, $\frac{1}{k!}f^{(k)}(x_0)$ $(k=0,1,2,\cdots,$ $n)$ 称为**泰勒系数**. 下面定理将要证明在 x_0 点附近,用 $p_n(x)$ 近似表示函数

$f(x)$ 所产生的误差为 $(x-x_0)^n$ 的高阶无穷小,并给出误差计算公式.

泰勒中值定理　设函数 $f(x)$ 在 x_0 的某邻域内具有直到 $n+1$ 阶导数,则对该邻域内任意 x,有

$$f(x)=f(x_0)+f'(x_0)(x-x_0)+\frac{f''(x_0)}{2!}(x-x_0)^2+\cdots+$$

$$\frac{f^{(n)}(x_0)}{n!}(x-x_0)^n+R_n(x), \tag{3-2}$$

其中

$$R_n(x)=\frac{f^{(n+1)}(\xi)}{(n+1)!}(x-x_0)^{n+1}$$

$$=\frac{f^{(n+1)}[x_0+\theta(x-x_0)]}{(n+1)!}(x-x_0)^{n+1}, \tag{3-3}$$

这里 ξ 在 x_0 与 x 之间,$0<\theta<1$.

证明　为了方便起见,不妨设 $x>x_0$. 根据定义,有

$$R_n(x)=f(x)-\sum_{k=0}^{n}\frac{f^{(k)}(x_0)}{k!}(x-x_0)^k.$$

求 $R_n(x)$ 的各阶导数得

$$R_n'(x)=f'(x)-\sum_{k=1}^{n}\frac{f^{(k)}(x_0)}{(k-1)!}(x-x_0)^{k-1},$$

$$\cdots\cdots\cdots$$

$$R_n^{(m)}(x)=f^{(m)}(x)-\sum_{k=m}^{n}\frac{f^{(k)}(x_0)}{(k-m)!}(x-x_0)^{k-m},$$

$$\cdots\cdots\cdots$$

$$R_n^{(n)}(x)=f^{(n)}(x)-f^{(n)}(x_0),$$

$$R_n^{(n+1)}(x)=f^{(n+1)}(x).$$

容易看出

$$R_n(x_0)=R_n'(x_0)=\cdots=R_n^{(m)}(x_0)=\cdots=R_n^{(n)}(x_0)=0.$$

对函数 $R_n(x)$ 和 $(x-x_0)^{n+1}$ 以及它们的导数依次应用柯西中值定理,得

$$\frac{R_n(x)}{(x-x_0)^{n+1}} = \frac{R_n(x) - R_n(x_0)}{(x-x_0)^{n+1} - (x_0-x_0)^{n+1}} = \frac{R_n'(\xi_1)}{(n+1)(\xi_1-x_0)^n}$$

$$= \frac{R_n'(\xi_1) - R_n'(x_0)}{(n+1)\left[(\xi_1-x_0)^n - (x_0-x_0)^n\right]} (\xi_1 \text{ 在 } x_0 \text{ 与 } x \text{ 之间})$$

$$= \frac{R_n''(\xi_2)}{n(n+1)(\xi_2-x_0)^{n-1}} = \cdots = \frac{R_n^{(n)}(\xi_n)}{(n+1)!(\xi_n-x_0)} (\xi_2 \text{ 在 } x_0 \text{ 与 } \xi_1 \text{ 之间})$$

$$= \frac{R_n^{(n)}(\xi_n) - R_n^{(n)}(x_0)}{(n+1)!\left[(\xi_n-x_0) - (x_0-x_0)\right]}$$

$$= \frac{R_n^{(n+1)}(\xi)}{(n+1)!} = \frac{f^{(n+1)}(\xi)}{(n+1)!},$$

其中 $x_0 < \xi < \xi_n < \cdots < \xi_2 < \xi_1 < x$. 由此即得

$$R_n(x) = \frac{f^{(n+1)}(\xi)}{(n+1)!}(x-x_0)^{n+1}.$$

式(3-2)称为 n **阶泰勒公式**,其中 $R_n(x)$ 称为**泰勒公式的余项**. 式(3-3) 所表示的余项称为**拉格朗日型余项**.

当 $n=0$ 时,泰勒公式变为

$$f(x) = f(x_0) + (x-x_0)f'(\xi),$$

这里 ξ 在 x 与 x_0 之间,这就是拉格朗日中值定理. 因此泰勒中值定理是拉格朗日中值定理的推广.

由泰勒中值定理可知,以多项式

$$p_n(x) = f(x_0) + f'(x_0)(x-x_0) + \frac{f''(x_0)}{2!}(x-x_0)^2 + \cdots +$$

$$\frac{f^{(n)}(x_0)}{n!}(x-x_0)^n$$

近似表示函数 $f(x)$ 时,其误差为 $|R_n(x)|$. 如果对于某个固定的 n,当 x 在开区间 (a,b) 内变动时, $|f^{(n+1)}(x)|$ 总不超过一个常数 M,则有估计式

$$|R_n(x)| = \left|\frac{f^{(n+1)}(\xi)}{(n+1)!}(x-x_0)^{n+1}\right| \leqslant \frac{M}{(n+1)!}|x-x_0|^{n+1} \tag{3-4}$$

及

$$\lim_{x \to x_0} \frac{R_n(x)}{(x-x_0)^n} = 0.$$

由此可见, 当 $x \to x_0$ 时, $|R_n(x)|$ 是比 $(x-x_0)^n$ 高阶的无穷小, 即

$$R_n(x) = o[(x-x_0)^n].$$

在不需要余项的精确表达式时, n 阶泰勒公式也可写成

$$f(x) = f(x_0) + f'(x_0)(x-x_0) + \cdots + \frac{f^{(n)}(x_0)}{n!}(x-x_0)^n + o[(x-x_0)^n].$$

这里余项 $R_n(x) = o[(x-x_0)^n]$, 这种形式的余项称为**皮亚诺(Peano)型余项**, 该公式称为**带有皮亚诺型余项的泰勒公式**.

在泰勒公式(3-2)中, 如果取 $x_0 = 0$, 则 ξ 在 0 与 x 之间. 因此可令 $\xi = \theta x (0 < \theta < 1)$, 从而泰勒公式变成下面较简单的形式:

$$f(x) = f(0) + f'(0)x + \frac{f''(0)}{2!}x^2 + \cdots + \frac{f^{(n)}(0)}{n!}x^n +$$

$$\frac{f^{(n+1)}(\theta x)}{(n+1)!}x^{n+1} \quad (0 < \theta < 1). \tag{3-5}$$

称式(3-5)为**麦克劳林(Maclaurin)公式**, 或写作

$$f(x) = f(0) + f'(0)x + \frac{f''(0)}{2!}x^2 + \cdots + \frac{f^{(n)}(0)}{n!}x^n + o(x^n).$$

由此可得近似公式

$$f(x) \approx f(0) + f'(0)x + \frac{f''(0)}{2!}x^2 + \cdots + \frac{f^{(n)}(0)}{n!}x^n,$$

其误差估计式(3-4)相应地变成

$$|R_n(x)| \leqslant \frac{M}{(n+1)!}|x|^{n+1}.$$

例1   写出函数 $f(x) = e^x$ 的 n 阶麦克劳林公式.

解   因为 $f'(x) = f''(x) = \cdots = f^{(n)}(x) = e^x$, 所以

$$f(0) = f'(0) = f''(0) = \cdots = f^{(n)}(0) = 1.$$

把这些值代入式(3-5), 得

$$e^x = 1 + x + \frac{x^2}{2!} + \cdots + \frac{x^n}{n!} + \frac{e^{\theta x}}{(n+1)!}x^{n+1} \quad (0 < \theta < 1).$$

由这个公式可知,若把 e^x 用它的 n 次近似多项式表示为

$$e^x \approx 1+x+\frac{x^2}{2!}+\cdots+\frac{x^n}{n!},$$

这时所产生的误差为

$$|R_n(x)| = \left|\frac{e^{\theta x}}{(n+1)!}x^{n+1}\right| < \frac{e^{|x|}}{(n+1)!}|x|^{n+1} \quad (0<\theta<1).$$

如果取 $x=1$,则得无理数 e 的近似式为

$$e \approx 1+1+\frac{1}{2!}+\cdots+\frac{1}{n!},$$

其误差为

$$|R_n| < \frac{e}{(n+1)!} < \frac{3}{(n+1)!}.$$

当 $n=10$ 时,可算出 $e\approx 2.718\,282$,其误差不超过 10^{-6}.

例2 求 $f(x)=\sin x$ 的 n 阶麦克劳林公式.

解 因为

$$f'(x)=\cos x, \quad f''(x)=-\sin x$$
$$f'''(x)=-\cos x, \quad f^{(4)}(x)=\sin x,\cdots,$$
$$f^{(n)}(x)=\sin\left(x+\frac{n\pi}{2}\right),$$

所以

$$f(0)=0, \quad f'(0)=1, \quad f''(0)=0, \quad f'''(0)=-1, \quad f^{(4)}(0)=0,\cdots,$$
$$f^{(n)}(0)=\sin\frac{n\pi}{2}.$$

它们依次循环地取 $0,1,0,-1$ 这 4 个数,于是按式(3-5)有

$$\sin x=x-\frac{x^3}{3!}+\frac{x^5}{5!}-\cdots+(-1)^{m-1}\frac{x^{2m-1}}{(2m-1)!}+R_{2m}(x),$$

其中

$$R_{2m}(x)=\frac{\sin\left[\theta x+(2m+1)\dfrac{\pi}{2}\right]}{(2m+1)!}x^{2m+1} \quad (0<\theta<1).$$

如果取 $m=1$,那么得近似公式 $\sin x \approx x$,这时误差为

$$|R_2| = \left| \frac{\sin\left(\theta x + \frac{3}{2}\pi\right)}{3!}x^3 \right| \leqslant \frac{|x|^3}{6} \quad (0<\theta<1).$$

如果 m 分别取 2 和 3,那么可得 $\sin x$ 的 3 次和 5 次近似多项式为

$$\sin x \approx x - \frac{1}{3!}x^3 \quad \text{和} \quad \sin x \approx x - \frac{1}{3!}x^3 + \frac{1}{5!}x^5,$$

其误差的绝对值依次不超过 $\frac{1}{5!}|x|^5$ 和 $\frac{1}{7!}|x|^7$. 以上 3 个近似多项式及正弦函数的图形如图 3-3 所示.

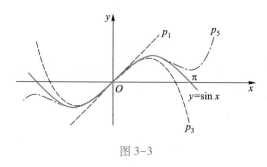

图 3-3

用同样的方法可得

$$\cos x = 1 - \frac{1}{2!}x^2 + \frac{1}{4!}x^4 - \cdots + (-1)^n \frac{1}{(2n)!}x^{2n} + o(x^{2n+1}),$$

$$\ln(1+x) = x - \frac{1}{2}x^2 + \frac{1}{3}x^3 - \cdots + (-1)^{n-1}\frac{1}{n}x^n + o(x^n),$$

$$(1+x)^\alpha = 1 + \alpha x + \frac{\alpha(\alpha-1)}{2!}x^2 + \cdots + \frac{\alpha(\alpha-1)\cdots(\alpha-n+1)}{n!}x^n + o(x^n).$$

上式写的是带有皮亚诺型余项的麦克劳林公式,至于拉格朗日型余项,请读者自行给出. 下面再举一例,说明泰勒公式在极限计算中的应用.

例 3   求极限 $\lim\limits_{x \to 0} \dfrac{\cos x - 1 + \dfrac{x^2}{2} - \dfrac{x^4}{4!}}{x^2 \sin^4 x}$.

解   注意到分母 $x^2 \sin^4 x \sim x^6$ $(x \to 0)$. 利用 $\cos x$ 的 6 阶麦克劳林公式,得

$$\cos x - 1 + \frac{x^2}{2} - \frac{x^4}{4!} = -\frac{x^6}{6!} + o(x^6),$$

故

$$\lim_{x \to 0} \frac{\cos x - 1 + \dfrac{x^2}{2} - \dfrac{x^4}{4!}}{x^2 \sin^4 x} = \lim_{x \to 0} \frac{-\dfrac{x^6}{6!} + o(x^6)}{x^6} = -\frac{1}{6!}.$$

习题 3-3

1. 将多项式 $P(x) = x^6 - 2x^2 - x + 3$ 分别按 $(x-1)$ 的乘幂及 $(x+1)$ 的乘幂展开，由此说明 $P(x)$ 在 $(-\infty, -1]$ 及 $[1, +\infty)$ 上无实零点.

2. 写出下列函数在指定点 x_0 处的带皮亚诺型余项的三阶泰勒公式.

(1) $f(x) = \dfrac{1}{x}, x_0 = -1$;   (2) $f(x) = \sqrt{x}, x_0 = 4$;

(3) $f(x) = \tan x, x_0 = 0$;   (4) $f(x) = e^{\sin x}, x_0 = 0$.

3. 写出下列函数的带拉格朗日型余项的 n 阶麦克劳林公式.

(1) $f(x) = \dfrac{1}{x-1}$;   (2) $f(x) = xe^x$.

4. 应用三阶泰勒公式求下列各数的近似值，并估计误差.

(1) $\sqrt[3]{30}$;   (2) $\ln 1.2$.

5. 验证当 $0 < x \leqslant \dfrac{1}{2}$ 时，按公式 $e^x \approx 1 + x + \dfrac{x^2}{2} + \dfrac{x^3}{6}$ 计算 e^x 的近似值时，所产生的误差小于 0.01，并求 $\sqrt{e}$ 的近似值，使误差小于 0.01.

6. 利用带有皮亚诺型余项的麦克劳林公式求下列极限.

(1) $\displaystyle\lim_{x \to 0} \dfrac{\cos x - e^{-\frac{x^2}{2}} + \dfrac{x^4}{12}}{x^6}$;   (2) $\displaystyle\lim_{x \to 0} \dfrac{e^x \sin x - x(1+x)}{x^2 \sin x}$.

第四节　函数的单调性、极值与最值

我们已经会用初等数学的方法研究一些函数的单调性和某些简单函数的性质,但这些方法使用范围狭小,并且有些需要借助某些特殊的技巧,因而不具备一般性. 本节将以导数为工具,介绍判断函数单调性和凹凸性的简便且具有一般性的方法.

一、函数单调性的判定

如何利用导数研究函数的单调性呢? 先考察图 3-4(a),单调增加的函数 $y=f(x)$ 的图形在 (a,b) 内沿 x 轴的正向上升,曲线上各点处的切线对 x 轴正向的倾角均为锐角,即曲线上各点处的切线的斜率为正,从而函数 $y=f(x)$ 在 (a,b) 内的导数为正;在图 3-4(b) 中,单调减少的函数 $y=f(x)$ 的图形在 (a,b) 内沿 x 轴的正向下降,曲线上各点处的切线对 x 轴正向的倾角均为钝角,即曲线上各点处的切线的斜率为负,从而函数 $y=f(x)$ 在 (a,b) 内的导数为负. 由此可以看出,函数的单调性与函数的导数的符号具有紧密的联系,下面给出函数单调性的判定定理.

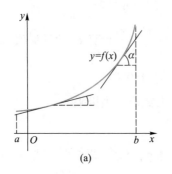
(a)

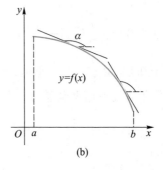
(b)

图 3-4

定理 1　设 $f(x) \in C[a,b]$，$f(x) \in D(a,b)$.

（1）若 $f'(x)>0$，$x \in (a,b)$，则 $f(x)$ 在 $[a,b]$ 上单调增加.

（2）若 $f'(x)<0$，$x \in (a,b)$，则 $f(x)$ 在 $[a,b]$ 上单调减少.

函数的单调性

证明　（1）$\forall x_1, x_2 \in [a,b]$，且设 $x_1 < x_2$，由拉格朗日中值定理知

$$f(x_2) - f(x_1) = f'(\xi)(x_2 - x_1), \quad \xi \in (x_1, x_2).$$

由 $f'(\xi)>0$，$x_2 - x_1 > 0$，知 $f(x_2) > f(x_1)$，即 $f(x)$ 在 $[a,b]$ 上单调增加.

（2）证明类似（1）.

从定理的证明过程中不难看出，定理条件中的闭区间换成开区间或无穷区间，结论依然成立.

例 1　判定函数 $f(x) = e^x + \arctan x$ 的单调性，并指出单调区间.

解　$f(x)$ 的定义域为 $(-\infty, +\infty)$，因为

$$f'(x) = e^x + \frac{1}{x^2+1} > 0,$$

所以 $f(x)$ 在 $(-\infty, +\infty)$ 内单调增加.

例 2　讨论函数 $f(x) = \dfrac{x^2}{1+x}$ 的单调性.

解　$f(x)$ 的定义域为 $(-\infty, +\infty)$ 且 $x \neq -1$.

$$f'(x) = \frac{x(x+2)}{(1+x)^2}$$

由 $f'(x)=0$ 得 $x=0$，$x=-2$，以驻点将定义域分成 4 个小区间（如下表所示），在其内根据 $f'(x)$ 的符号判别 $f(x)$ 的单调性（在各子区间上，导数的符号是恒定的，因而可用取特殊点的方法确定符号）.

x	$(-\infty,-2)$	$(-2,-1)$	$(-1,0)$	$(0,+\infty)$
$f'(x)$	+	−	−	+
$f(x)$	↗	↘	↘	↗

故函数 $f(x)$ 在 $(-\infty, -2]$ 和 $[0, +\infty)$ 上单调增加，在 $[-2,-1)$ 和 $(-1,0)$ 上单调减少.

注   从上述两例可见,对于函数 $y=f(x)$ 单调性的讨论,应先求出使函数的导数等于零的点或导数不存在的点,并用这些点将函数的定义域划分成若干个子区间,然后判断每个子区间上函数的导数 $f'(x)$ 的符号,从而确定出各子区间上函数 $f(x)$ 的单调性.

利用单调性可以证明不等式.

例 3   证明:当 $x>0$ 时, $\ln(1+x)>x-\dfrac{1}{2}x^2$.

证明   作辅助函数

$$f(x)=\ln(1+x)-x+\frac{1}{2}x^2.$$

因为 $f(x)\in C[0,+\infty)$,在 $(0,+\infty)$ 内可导,且

$$f'(x)=\frac{1}{1+x}-1+x=\frac{x^2}{1+x}>0,$$

所以 $f(x)$ 在 $[0,+\infty)$ 上单调增加. 又 $f(0)=0$,故当 $x>0$ 时, $f(x)>f(0)$,即

$$\ln(1+x)>x-\frac{1}{2}x^2.$$

例 4   证明方程 $x^5+x+1=0$ 在区间 $(-1,0)$ 内有且只有一个实根.

证明   令 $f(x)=x^5+x+1$,因为 $f(x)\in C[-1,0]$,且

$$f(-1)=-1<0,\quad f(0)=1>0.$$

根据零点定理,方程 $f(x)=0$ 在 $(-1,0)$ 内至少有一个根.

又对于任意实数 x ,有

$$f'(x)=5x^4+1>0,$$

所以函数 $f(x)$ 在 $(-\infty,+\infty)$ 内单调增加,因此曲线 $y=f(x)$ 与 x 轴至多只有一个交点.

综上所述,方程 $x^5+x+1=0$ 在区间 $(-1,0)$ 内有且只有一个实根.

二、函数的极值

从本节例 2 可以看出,在 $x=0$ 点左侧附近, $f(x)$ 单调减

函数的极值及
求法

少;在其右侧附近,$f(x)$单调增加,故 $x=0$ 点处的函数值 $f(0)=0$ 比左、右两侧的函数值都小,称 0 为函数 $f(x)$ 的极小值,而在 $x=-2$ 处的函数值 $f(-2)=-4$ 比左、右两侧附近的函数值都大,称 -4 为函数 $f(x)$ 的极大值. 现在给出极值的定义.

定义　设函数 $y=f(x)$ 在 $U(x_0)$ 内有定义,如果 $\forall x \in \overset{\circ}{U}(x_0)$,有
$$f(x) > f(x_0),$$
则称 $x=x_0$ 为函数 $y=f(x)$ 的**极小值点**,$f(x_0)$ 为 $y=f(x)$ 的**极小值**(local minimum);如果 $\forall x \in \overset{\circ}{U}(x_0)$,有
$$f(x) < f(x_0),$$
则称 $x=x_0$ 为函数 $y=f(x)$ 的**极大值点**,$f(x_0)$ 为 $y=f(x)$ 的**极大值**(local maximum). 极大值、极小值统称为**极值**(extremum),极大值点、极小值点统称为**极值点**.

注　(1) 应当注意,极值是函数的局部性质,因而对某一函数来说,它可能有几个极大值,也可能有几个极小值,而且某一极小值也可以大于某一极大值. 如图 3-5 所示,$f(x_1)$,$f(x_3)$ 是函数的极大值,$f(x_2)$,$f(x_4)$ 是函数的极小值,同时可看出极小值 $f(x_4)$ 大于极大值 $f(x_1)$.

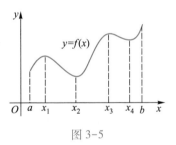

图 3-5

(2) 可以证明:可导函数的极值点一定是驻点(即 $f'(x_0)=0$). 事实上,设函数在 x_0 处可导,且 x_0 是极值点,不妨设是极大值点,即 $f(x) < f(x_0)$. 于是对于
$$f'(x_0) = \lim_{x \to x_0} \frac{f(x) - f(x_0)}{x - x_0},$$
当 $x > x_0$ 时,$f'_+(x_0) \leqslant 0$;当 $x < x_0$ 时,$f'_-(x_0) \geqslant 0$,由于 $f'(x_0)$ 存在,故
$$f'(x_0) = 0.$$

但必须注意,驻点不一定是极值点,如 $f(x) = x^3$,$x=0$ 是驻点,但不是极值点. 另外,不可导点也可能是函数的极值点. 例如,$y = |x|$ 在 $x=0$ 处取得极小值,但在 $x=0$ 处函数不可导. 因此,极值只可能在函数的驻点或导数不存

在的点处取得.

结合单调性的判定定理和单调函数的性质,不难证明以下定理.

定理 2(第一充分条件) 设函数 $f(x)$ 在 $U(x_0)$ 内连续,在 $\mathring{U}(x_0)$ 内可导.

(1)当 $x<x_0$ 时,$f'(x)>0$,而当 $x>x_0$ 时,$f'(x)<0$,则 x_0 是 $f(x)$ 的极大值点.

(2)当 $x<x_0$ 时,$f'(x)<0$,而当 $x>x_0$ 时,$f'(x)>0$,则 x_0 是 $f(x)$ 的极小值点.

(3)若 $f'(x)$ 在点 x_0 左、右两侧同号,则 x_0 不是 $f(x)$ 的极值点.

由前边的讨论可知,要求函数的极值点,可先求出函数的驻点和导数不存在的点,然后判别这些点左、右两侧导数的符号,若同号,则不是极值点;若为异号,且左侧大于 0,右侧小于 0,则该点为极大值点,反之为极小值点.

例 5 求函数 $f(x)=x^3+3x^2-24x-20$ 的极值.

解 $f(x)=x^3+3x^2-24x-20$,则

$$f'(x)=3x^2+6x-24=3(x+4)(x-2).$$

令 $f'(x)=0$,得驻点 -4 与 2,它们将定义域 $(-\infty,+\infty)$ 分成 3 个小区间 $(-\infty,-4)$,$(-4,2)$,$(2,+\infty)$,列表讨论如下:

x	$(-\infty,-4)$	-4	$(-4,2)$	2	$(2,+\infty)$
$f'(x)$	$+$	0	$-$	0	$+$
$f(x)$	↗	极大	↘	极小	↗

因此,函数 $f(x)$ 的极大值 $f(-4)=60$,极小值 $f(2)=-48$.

在驻点 x_0 处是否取得极值,还可根据 $f''(x_0)$ 的符号进行判定.

定理 3(第二充分条件) 设 $f(x)$ 在 $U(x_0)$ 内具有二阶导数且 $f'(x_0)=0$(即 x_0 是驻点),$f''(x_0)\neq0$,

(1)若 $f''(x_0)>0$,则 x_0 是 $f(x)$ 的极小值点.

(2)若 $f''(x_0)<0$,则 x_0 是 $f(x)$ 的极大值点.

证明　$f''(x_0) = \lim\limits_{x \to x_0} \dfrac{f'(x) - f'(x_0)}{x - x_0} = \lim\limits_{x \to x_0} \dfrac{f'(x)}{x - x_0}$.

（1）若 $f''(x_0) > 0$，即 $\lim\limits_{x \to x_0} \dfrac{f'(x)}{x - x_0} > 0$，由函数极限的局部保号性定理知，在 x_0 的某一邻域内，有 $\dfrac{f'(x)}{x - x_0} > 0$，显然在该邻域内，当 $x > x_0$ 时 $f'(x) > 0$，从而当 $x > x_0$ 时 $f(x)$ 单调增加；当 $x < x_0$ 时 $f'(x) < 0$，从而当 $x < x_0$ 时 $f(x)$ 单调减少. 故 x_0 是 $f(x)$ 的极小值点.

类似地可证（2）.

例 6　求 $f(x) = -x^4 + 2x^2$ 的极值.

解　$$f'(x) = -4x^3 + 4x = -4x(x^2 - 1).$$

令 $f'(x) = 0$，得驻点 $x_1 = 0, x_2 = 1, x_3 = -1$，又

$$f''(x) = -12x^2 + 4,$$

则

$$f''(0) = 4 > 0, \quad f''(-1) = -8 < 0, \quad f''(1) = -8 < 0,$$

因此，极小值为 $f(0) = 0$，极大值为 $f(-1) = 1, f(1) = 1$.

在驻点 x_0 处，若 $f''(x_0) = 0$，则上述方法就失效. 这时可以用高于二阶的导数来判定.

*****定理 4**　若 $f(x)$ 在 x_0 点 n 阶可导（$n \geqslant 2$），且

$$f'(x_0) = f''(x_0) = f'''(x_0) = \cdots = f^{(n-1)}(x_0) = 0, \quad f^{(n)}(x_0) \neq 0,$$

则

（1）当 n 为偶数，$f^{(n)}(x_0) > 0$ 时，$f(x)$ 在 x_0 处取得极小值；$f^{(n)}(x_0) < 0$ 时，$f(x)$ 在 x_0 处取得极大值.

（2）当 n 为奇数时，$f(x)$ 在 x_0 处没有极值.

证明略.

例 7　求 $f(x) = x^4$ 的极值.

解　$f'(x) = 4x^3, f''(x) = 12x^2, f'''(x) = 24x, f^{(4)}(x) = 24$.

由 $f'(x) = 0$ 得驻点 $x = 0$，但 $f''(0) = 0, f'''(0) = 0$，而 $f^{(4)}(0) = 24 > 0$，故 $f(0) = 0$ 为极小值.

三、最值问题

在生产实际中常遇到在一定条件下,怎样使用料最省、成本最低、时间最少、效益最大的"最优方案",这类问题反映在数学中就是求某一函数的最大值、最小值问题.

观察图 3-6,不难发现,连续函数的最值只可能在驻点、一阶导数不存在的点或区间端点处取得. 因此求连续函数在某区间上的最值的方法是:求出函数在驻点、导数不存在的点及区间端点处的函数值,比较函数值的大小即得.

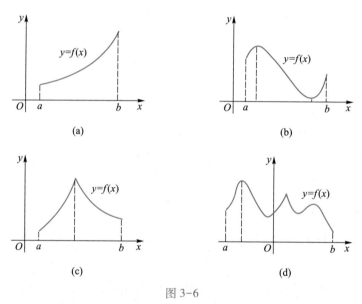

图 3-6

例 8   求 $f(x) = x^3 - 3x + 3$ 在 $\left[-3, \dfrac{3}{2}\right]$ 上的最值.

解   由于 $f(x) \in C\left[-3, \dfrac{3}{2}\right]$,故必存在最大值和最小值. 令 $f'(x) = 3x^2 - 3 = 0$,得驻点 $x = \pm 1$,此函数没有导数不存在的点. 比较 $f(-3) = -15$,$f(-1) = 5$,$f(1) = 1$,$f\left(\dfrac{3}{2}\right) = \dfrac{15}{8}$ 知,函数 $f(x)$ 在 $\left[-3, \dfrac{3}{2}\right]$ 上的最大值为

$f(-1)=5$,最小值为$f(-3)=-15$.

应该注意的几种特殊情形:

(1) 若$f(x)$在$[a,b]$上单调增加(减少),则$f(a)$为最小(大)值,$f(b)$为最大(小)值.

(2) 若$f(x)$在$[a,b]$上连续,在(a,b)内只有唯一极大(小)值点,则极值点处的函数值即为$f(x)$在$[a,b]$上的最大(小)值.

(3) 在实际问题中,如果目标函数可导,而由实际问题的性质分析,函数的最值存在且不取在区间端点处,而函数在所考虑的区间内驻点唯一,则驻点处的函数值即为所求的最值.

例9　如图3-7所示,设工厂到铁路线的垂直距离为20 km,垂足为B,铁路线上距离B处100 km的地方有一个原料供应站C,现要从BC之间某处D向工厂修一条公路,使得从原料供应站C运货到工厂A所需运费最省,问D应选在何处(已知每千米铁路运费与每千米公路运费之比是$3:5$)?

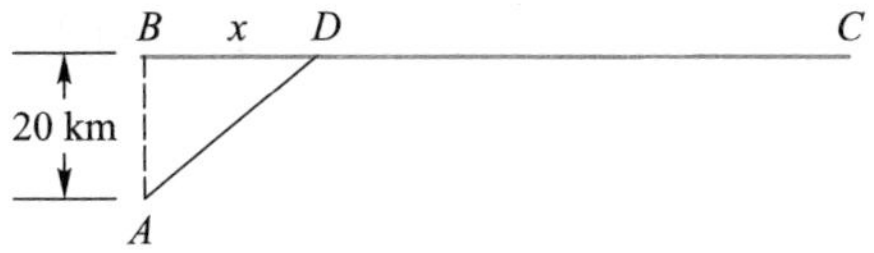

図3-7

解　设$BD=x$,且设铁路每千米的运费为$3k$,则公路每千米的运费为$5k$,于是总运费为

$$y=5k\sqrt{400+x^2}+3k(100-x) \quad (0\leqslant x\leqslant 100).$$

令

$$y'=k\left(\frac{5x}{\sqrt{400+x^2}}-3\right)=0$$

得驻点为$x=15$,由于y的最小值存在且有唯一驻点,故驻点处的函数值即为函数的最小值. 因此D点距B点15 km时,运费最省.

例10　一电灯(见图3-8)可沿垂线OB上下移动,问它与水平桌面OA相距多少时,才能使水平桌面上一点A处有最大的照明度?

解　由物理学知道,照明度E与入射角α的余

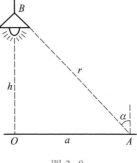

図3-8

弦成正比,与距离 r 的平方成反比,即 $E = C \dfrac{\cos\alpha}{r^2}$,其中 C 为常数,它依赖于灯光的强度,而

$$r = \sqrt{h^2 + a^2}\,, \quad \cos\alpha = \frac{h}{r}.$$

故

$$E = C \frac{h}{(h^2 + a^2)^{3/2}} \quad (h > 0, a \text{ 为常量}),$$

令

$$\frac{\mathrm{d}E}{\mathrm{d}h} = C \frac{a^2 - 2h^2}{(h^2 + a^2)^{5/2}} = 0$$

得 $h = \dfrac{\sqrt{2}}{2}a$,故电灯与水平桌面相距 $\dfrac{\sqrt{2}}{2}a$ 时,才能使 A 处有最大的照明度.

习题 3-4

1. 求下列函数的单调区间.

(1) $y = x - \arctan x$;

(2) $y = x - \ln(1 + x)$;

(3) $y = 2x + \dfrac{8}{x}\,(x > 0)$;

(4) $y = 2x^2 - \ln x$;

(5) $y = 2x^3 - 9x^2 + 12x - 3$;

(6) $y = \ln(x + \sqrt{1 + x^2})$;

(7) $y = \dfrac{x^2 - 2x + 2}{x - 1}$;

(8) $y = x^2 \mathrm{e}^{-x^2}$.

2. 证明下列不等式.

(1) $\arctan x \leqslant x\,(x \geqslant 0)$;

(2) $(1 + x)\ln(1 + x) \geqslant \arctan x\,(x \geqslant 0)$;

(3) $\mathrm{e}^x \leqslant \dfrac{1}{1 - x}\,(x < 1)$;

(4) $1 + \dfrac{1}{2}x > \sqrt{x}\,(x > 0)$;

(5) $\dfrac{x_1}{x_2}<\dfrac{\ln x_1}{\ln x_2}<\dfrac{x_2}{x_1}$ (e$<x_1<x_2$);   (6) $\dfrac{2}{\pi}x<\sin x<x\left(0<x<\dfrac{\pi}{2}\right)$.

3. 讨论下列函数的零点的个数.

(1) $f(x)=x^3-3x$;   (2) $f(x)=\ln x-ax$ ($a>0$).

4. 证明:方程 $2x-\sin x=5$ 在闭区间 $[0,4]$ 上只有一个根.

5. 试证方程 $\sin x=x$ 仅有一个实根.

6. 求下列函数的极值.

(1) $f(x)=x^2-2x^4$;   (2) $f(x)=\dfrac{x^2}{1+x}$;

(3) $f(x)=2x^2-\ln x$;   (4) $f(x)=\dfrac{2}{3}x-(x-1)^{\frac{2}{3}}$.

7. 已知 $f(x)=a\ln x+bx^2+x$ 在 $x=1$ 与 $x=2$ 处有极值,求常数 a,b.

8. a 为何值时,函数 $f(x)=a\sin x+\dfrac{1}{3}\sin 3x$ 在 $x=\dfrac{\pi}{3}$ 处取得极值? 是极大值还是极小值? 并求此极值.

9. 求下列函数在给定区间上的最值.

(1) $f(x)=-3x^4+4x^3-2$, $x\in[-1,2]$;

(2) $f(x)=x+\sqrt{1-x}$, $x\in[-5,1]$.

10. 在抛物线 $y=x^2$ 上找一点,使它到直线 $y=2x-4$ 的距离最短.

11. 某铁路隧道的截面拟建成矩形加半圆的形状(见图 3-9),截面积为 $a\,\mathrm{m}^2$,问底宽 x 为多少时才能使建造时所用的材料最省(不考虑地面处理材料)?

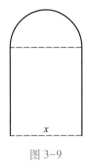

图 3-9

12. 某银行中的总存款量与银行付给存户利率的平方成正比,若银行以 20% 的年利率把总存款的 90% 贷出,问它给存户支付的年利率为多少时才能获得最大利润?

13. 曲线 $y=4-x^2$ 与 $y=2x+1$ 相交于 A,B 两点,C 为弧 AB 上的一点,问 C 点在何处时三角形 ABC 的面积最大? 并求此最大面积.

14. 用仪器测量某零件的长度 n 次,得到 n 个略有差异的数 $a_1,a_2,\cdots,a_n$,证

明用算术平均值 $\bar{x} = \dfrac{1}{n} \displaystyle\sum_{i=1}^{n} a_i$ 作为该零件长度的近似值,可使

$$f(x) = (x-a_1)^2 + (x-a_2)^2 + \cdots + (x-a_n)^2$$

达到最小.

第五节　曲线的凹凸性与函数图形的描绘

一、曲线的凹凸性

研究函数图形的变化,仅知道单调性是不够的,如图 3-10 所示的曲线都是上升的,但它们的凹向是不同的,称图 3-10(a) 中曲线是凹的,图 3-10(b) 中曲线是凸的.

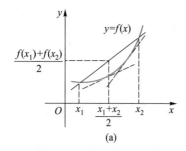 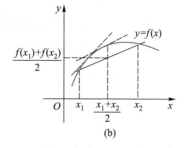

图 3-10

从图形不难看出曲线的凹与凸的数学定义.

定义　设 $f(x) \in C(a,b)$,如果对于 $\forall x_1, x_2 \in (a,b)$,且 $x_1 \neq x_2$,恒有

$$f\left(\frac{x_1+x_2}{2}\right) < \frac{f(x_1)+f(x_2)}{2},$$

曲线的凹凸性
与拐点

则称曲线 $y=f(x)$ 在 (a,b) 内是(向上)**凹**的(upward concave),也称之为凹弧;如果恒有

$$f\left(\frac{x_1+x_2}{2}\right)>\frac{f(x_1)+f(x_2)}{2},$$

则称曲线 $y=f(x)$ 在 (a,b) 内是（向上）**凸的**（upward convex），也称之为凸弧.

从图 3-10 还可看出,凹曲线上的点的切线斜率随 x 增大而增大,即 $f'(x)$ 为单调增加;凸曲线上的点的切线斜率随 x 增大而减少,即 $f'(x)$ 为单调减少. 而 $f'(x)$ 的单调性可用 $f''(x)$ 的正、负号来判定,因此有

定理　设函数 $f(x)$ 在 (a,b) 内二阶可导:

（1）若 $\forall x\in(a,b)$,恒有 $f''(x)>0$,则曲线 $y=f(x)$ 在 (a,b) 内是凹的;

（2）若 $\forall x\in(a,b)$,恒有 $f''(x)<0$,则曲线 $y=f(x)$ 在 (a,b) 内是凸的.

证明　设 x_1,x_2 是 (a,b) 内的任意两点,且 $x_1<x_2$,在泰勒公式中,取 $n=1,x_0=\frac{1}{2}(x_1+x_2)$,有

$$f(x)=f(x_0)+f'(x_0)(x-x_0)+\frac{f''(\xi)}{2!}(x-x_0)^2, \tag{3-6}$$

这里 ξ 在 x 与 x_0 之间.

在式（3-6）中,分别令 $x=x_1,x=x_2$,得

$$f(x_1)=f(x_0)+f'(x_0)(x_1-x_0)+\frac{f''(\xi_1)}{2!}(x_1-x_0)^2,$$

$$f(x_2)=f(x_0)+f'(x_0)(x_2-x_0)+\frac{f''(\xi_2)}{2!}(x_2-x_0)^2,$$

这里 $x_1<\xi_1<x_0,x_0<\xi_2<x_2$.

上述两式相加并注意到 $x_1+x_2-2x_0=0,x_0-x_1=x_2-x_0$,得

$$f(x_1)+f(x_2)=2f(x_0)+\frac{1}{2!}[f''(\xi_1)+f''(\xi_2)](x_1-x_0)^2.$$

（1）当 $f''(x)>0$ 时,显然 $f''(\xi_1)>0,f''(\xi_2)>0$,则

$$f(x_1)+f(x_2)>2f(x_0),$$

故

$$f\left(\frac{x_1+x_2}{2}\right)<\frac{f(x_1)+f(x_2)}{2},$$

即曲线 $y=f(x)$ 在 (a,b) 内是凹的.

(2) 当 $f''(x)<0$ 时,则 $f''(\xi_1)<0$,$f''(\xi_2)<0$,则

$$f\left(\frac{x_1+x_2}{2}\right)>\frac{f(x_1)+f(x_2)}{2},$$

即曲线 $y=f(x)$ 在 (a,b) 内是凸的.

该定理也可用拉格朗日中值定理证明,请读者自己完成.

连续曲线上凹弧与凸弧的分界点称为曲线的**拐点**(inflection point).

例 1 求曲线 $y=3x^4-4x^3+1$ 的拐点和凹凸区间.

解 函数 $y=3x^4-4x^3+1$ 的定义域为 $(-\infty,+\infty)$.

$$y'=12x^3-12x^2,$$

$$y''=36x^2-24x=36x\left(x-\frac{2}{3}\right),$$

令 $y''=0$,得

$$x_1=0,\quad x_2=\frac{2}{3}.$$

于是 $x=0$ 和 $x=\dfrac{2}{3}$ 将函数的定义域 $(-\infty,+\infty)$ 分成 3 个小区间,列表讨论如下:

x	$(-\infty,0)$	0	$\left(0,\dfrac{2}{3}\right)$	$\dfrac{2}{3}$	$\left(\dfrac{2}{3},+\infty\right)$
y''	+	0	-	0	+
y	凹	拐点	凸	拐点	凹

故在 $(-\infty,0)$ 和 $\left(\dfrac{2}{3},+\infty\right)$ 内曲线是凹的,在 $\left(0,\dfrac{2}{3}\right)$ 内曲线是凸的,拐点为 $(0,1)$ 及 $\left(\dfrac{2}{3},\dfrac{11}{27}\right)$.

例 2 判别曲线 $y=\dfrac{1}{3}x^2+3\sqrt[3]{x}$ 的凹凸性.

解 函数 $y=\dfrac{1}{3}x^2+3\sqrt[3]{x}$ 的定义域为 $(-\infty,+\infty)$,当 $x\neq0$ 时,有

$$y' = \frac{2}{3}x + x^{-2/3}, \quad y'' = \frac{2}{3} - \frac{2}{3}x^{-5/3} = \frac{2}{3}(1 - x^{-5/3}).$$

由 $y'' = 0$ 得 $x = 1$,又函数在 $x = 0$ 处不可导,于是 $x = 0$ 和 $x = 1$ 将函数的定义域 $(-\infty, +\infty)$ 分成 3 个小区间,列表讨论如下:

x	$(-\infty, 0)$	0	$(0,1)$	1	$(1, +\infty)$
y''	+	不存在	-	0	+
y	凹	拐点	凸	拐点	凹

故在 $(-\infty, 0)$ 和 $(1, +\infty)$ 内曲线是凹的,在 $(0,1)$ 内曲线是凸的,$(0,0)$ 和 $\left(1, \frac{10}{3}\right)$ 就是曲线的拐点.

从上述两个例子不难看出:

(1)拐点只可能在 $y'' = 0$ 的点或 y'' 不存在的点处取得.

(2)求拐点的方法为:先求出 $y'' = 0$ 的点(如 $x = x_0$)和 y'' 不存在的点,然后考察这些点左、右两侧二阶导数的符号,若该点左、右两侧二阶导数的符号相同,则曲线上的点 $(x_0, f(x_0))$ 不是拐点;若该点左、右两侧二阶导数的符号相反,则曲线上的点 $(x_0, f(x_0))$ 就是拐点.

例3 试确定 $y = ax^3 + bx^2 + cx + d$ 中的 a, b, c, d,使 $x = -2$ 为驻点,$(1, -10)$ 为拐点,且过点 $(-2, 44)$.

解 由题设知
$$y(-2) = 44, \quad y'(-2) = 0, \quad y''(1) = 0, \quad y(1) = -10,$$
即
$$\begin{cases} -8a + 4b - 2c + d = 44, \\ 12a - 4b + c = 0, \\ 6a + 2b = 0, \\ a + b + c + d = -10, \end{cases}$$
求解上述方程组可得
$$a = 1, \quad b = -3, \quad c = -24, \quad d = 16.$$

二、函数图形的描绘

当描绘函数图形时,若对图形无限延伸部分的趋势有所了解,将会有助于更准确地作出某些函数图形. 在介绍作图方法之前先介绍曲线渐近线的求法.

渐近线有 3 种:水平渐近线、垂直渐近线和斜渐近线,它们都可以通过求极限而得到.

如果 $\lim\limits_{x \to \infty} f(x) = A$,那么随着 $|x|$ 无限增大,$f(x)$ 与水平直线 $y = A$ 无限接近,此时直线 $y = A$ 称为曲线 $y = f(x)$ 的**水平渐近线**. 类似地,如果 $\lim\limits_{x \to +\infty} f(x) = A$ 或 $\lim\limits_{x \to -\infty} f(x) = A$,也称直线 $y = A$ 为曲线 $y = f(x)$ 的水平渐近线.

如果 $\lim\limits_{x \to a} f(x) = \infty$,那么直线 $x = a$ 称为曲线 $y = f(x)$ 的**垂直渐近线**. 类似地,如果 $\lim\limits_{x \to a+0} f(x) = \infty$ 或 $\lim\limits_{x \to a-0} f(x) = \infty$,也称直线 $x = a$ 为曲线 $y = f(x)$ 的垂直渐近线.

如果曲线的渐近线既不是水平渐近线,也不是垂直渐近线,就称为**斜渐近线**. 如图 3-11 所示.

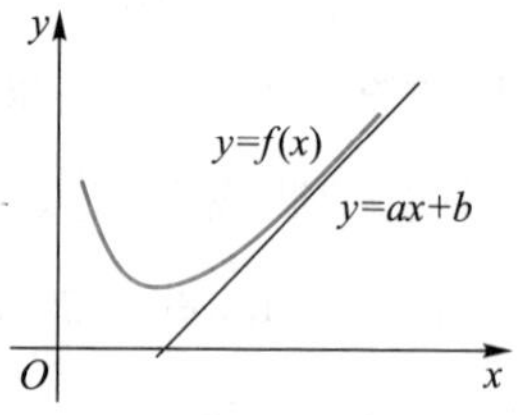

现在介绍斜渐近线的求法.

设 $y = ax + b$ 为曲线 $y = f(x)$ 的斜渐近线(a, b 为待定常数),则有

图 3-11

$$\lim_{x \to \infty} [f(x) - (ax + b)] = 0, \tag{3-7}$$

从而有

$$\lim_{x \to \infty} \frac{[f(x) - (ax + b)]}{x} = \lim_{x \to \infty} \left[\frac{f(x)}{x} - a \right] = 0.$$

于是可得

$$a = \lim_{x \to \infty} \frac{f(x)}{x},$$

由式(3-7)得

$$b = \lim_{x \to \infty} [f(x) - ax].$$

当 $x\to+\infty$ 和 $x\to-\infty$ 情况,可相仿处理,同理可得

$$a=\lim_{x\to+\infty}\frac{f(x)}{x},\quad b=\lim_{x\to+\infty}[f(x)-ax]$$

或

$$a=\lim_{x\to-\infty}\frac{f(x)}{x},\quad b=\lim_{x\to-\infty}[f(x)-ax].$$

由以上讨论知,求曲线的斜渐近线,关键在于先求出 a,再求出 b,如果 a, b 中有一个不存在,则曲线就无斜渐近线.

例4　求曲线 $y=\sqrt{x^2+1}$ 的渐近线.

解　显然该曲线无水平渐近线和垂直渐近线. 而

$$\lim_{x\to+\infty}\frac{y}{x}=\lim_{x\to+\infty}\frac{\sqrt{x^2+1}}{x}=1=a,$$

$$\lim_{x\to+\infty}(y-ax)=\lim_{x\to+\infty}\left(\sqrt{x^2+1}-x\right)=\lim_{x\to+\infty}\frac{1}{\sqrt{x^2+1}+x}=0=b,$$

故当 $x\to+\infty$ 时,曲线 $y=\sqrt{x^2+1}$ 的渐近线为 $y=x$.

同理

$$\lim_{x\to-\infty}\frac{y}{x}=\lim_{x\to-\infty}\frac{\sqrt{x^2+1}}{x}=-1=a,$$

$$\lim_{x\to-\infty}(y-ax)=\lim_{x\to-\infty}\left(\sqrt{x^2+1}+x\right)=\lim_{x\to-\infty}\frac{1}{\sqrt{x^2+1}-x}=0=b,$$

故当 $x\to-\infty$ 时,曲线 $y=\sqrt{x^2+1}$ 的渐近线为 $y=-x$.

例5　求曲线 $y=\dfrac{(x-2)(2x+3)}{x-1}$ 的渐近线.

解　因为 $\lim\limits_{x\to1}y=\infty$,所以 $x=1$ 为该曲线的垂直渐近线.
又因为

$$\lim_{x\to\infty}\frac{y}{x}=\lim_{x\to\infty}\frac{(x-2)(2x+3)}{x(x-1)}=2,$$

$$\lim_{x\to\infty}(y-ax)=\lim_{x\to\infty}\left[\frac{(x-2)(2x+3)}{x-1}-2x\right]=\lim_{x\to\infty}\frac{x-6}{x-1}=1=b,$$

故该曲线的斜渐近线为 $y=2x+1$.

运用前面的知识可以比较准确地描绘函数 $y=f(x)$ 的图形,其步骤为:

(1) 确定函数 $y=f(x)$ 的定义域,考察函数的奇偶性、周期性;

(2) 求出 y',y'' 为零的点及其不存在的点,并将定义域分成若干小区间;

(3) 判别 $y=f(x)$ 在各区间上的单调性、凹凸性,并求出极值点和拐点;

(4) 确定曲线的渐近线;

(5) 确定某些特殊点,如与坐标轴的交点、必要的辅助点等;然后结合(3)、(4)步中得到的结果联结这些点画出函数 $y=f(x)$ 的图形.

这种利用导数描绘函数图形的方法称为**微分作图法**.

例 6　作出函数 $y=e^{-x^2}$ 的图形.

解　函数的定义域为 $(-\infty,+\infty)$,且为偶函数,其图形关于 y 轴对称.

$$y'=-2xe^{-x^2},\quad y''=2(2x^2-1)e^{-x^2},$$

令 $y'=0$,得 $x=0$. 令 $y''=0$,得 $x_1=-\dfrac{\sqrt{2}}{2}$,$x_2=\dfrac{\sqrt{2}}{2}$. 用 $x=0$,$-\dfrac{\sqrt{2}}{2}$,$\dfrac{\sqrt{2}}{2}$ 将定义域分为 4 个小区间,列表讨论如下:

x	$\left(-\infty,-\dfrac{\sqrt{2}}{2}\right)$	$-\dfrac{\sqrt{2}}{2}$	$\left(-\dfrac{\sqrt{2}}{2},0\right)$	0	$\left(0,\dfrac{\sqrt{2}}{2}\right)$	$\dfrac{\sqrt{2}}{2}$	$\left(\dfrac{\sqrt{2}}{2},+\infty\right)$
y'	+	+	+	0	−	−	−
y''	+	0	−	−	−	0	+
y	↗	拐点	↗	极大	↘	拐点	↘

这里记号 ↗ 表示曲线上升且是凸的, ↘ 表示曲线下降且是凸的, ↘ 表示曲线是下降且是凹的, ↗ 表示曲线上升且是凹的.

因为 $\lim\limits_{x\to\infty}e^{-x^2}=0$,故曲线的水平渐近线为 $y=0$.

当 $x=0$ 时,$y=1$;当 $x=\pm1$ 时,$y=\dfrac{1}{e}\approx0.368$;当 $x=\pm2$ 时,$y=\dfrac{1}{e^4}\approx0.135$,从而画出函数 $y=e^{-x^2}$ 的图形如图 3-12 所示.

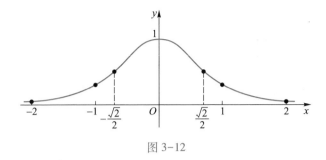

图 3–12

例 7　描绘函数 $y=\dfrac{1-x^3}{x^2}$ 的图形.

解　函数的定义域为 $(-\infty,0)\cup(0,+\infty)$.

当 $x\neq0$ 时,有

$$y'=-\frac{x^3+2}{x^3},\quad y''=\frac{6}{x^4}>0,$$

令 $y'=0$,得 $x=-\sqrt[3]{2}$. 用 $x=0,-\sqrt[3]{2}$ 将定义域分为 3 个小区间,列表讨论如下:

x	$(-\infty,-\sqrt[3]{2})$	$-\sqrt[3]{2}$	$(-\sqrt[3]{2},0)$	0	$(0,+\infty)$
y'	$-$	0	$+$		$-$
y''	$+$	$+$	$+$		$+$
y	⌣	极小	⌣	间断	⌣

因 $\displaystyle\lim_{x\to0}\frac{1-x^3}{x^2}=\infty$,故直线 $x=0$ 为函数图形的垂直渐近线. 再考察曲线的斜渐近线. 有

$$\lim_{x\to\infty}\frac{y}{x}=\lim_{x\to\infty}\frac{1-x^3}{x^3}=-1=a,$$

$$\lim_{x\to\infty}(y-ax)=\lim_{x\to\infty}\left(\frac{1-x^3}{x^2}+x\right)=0=b,$$

故函数图形的斜渐近线为 $y=-x$. 又

$$y\,|_{x=-2}=\frac{9}{4},y\,|_{x=-1}=2,y\,|_{x=1}=0,y\,|_{x=-\sqrt[3]{2}}=\frac{3\sqrt[3]{2}}{2},y\,|_{x=2}=-\frac{7}{4},$$

在曲线上作出点

$$M_1\left(-2,\frac{9}{4}\right),M_2\left(-\sqrt[3]{2},\frac{3\sqrt[3]{2}}{2}\right),M_3(-1,2),M_4(1,0),M_5\left(2,-\frac{7}{4}\right)$$

综合以上结果,可描绘出 $y=\dfrac{1-x^3}{x^2}$ 的图形如图 3-13 所示.

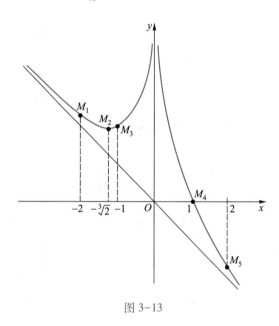

图 3-13

习题 3-5

1. 求下列曲线的凹凸区间及拐点.

(1) $y=x^3(1-x)$;

(2) $y=x+\dfrac{1}{x}$;

(3) $y=x+\sin x$;

(4) $y=\dfrac{1}{4}x^2+\sin x$;

(5) $y=\ln(1+x^2)$;

(6) $y=\dfrac{(x-3)^2}{x-1}$.

2. 利用凹凸性, 证明下列不等式.

(1) $\dfrac{x^n+y^n}{2}>\left(\dfrac{x+y}{2}\right)^n$ $(x>0,y>0,x\neq y,n>1)$;

(2) $\dfrac{e^x+e^y}{2}>e^{\frac{x+y}{2}}$ $(x\neq y)$;

(3) $x\ln x+y\ln y>(x+y)\ln\dfrac{x+y}{2}$ $(x,y>0,x\neq y)$;

(4) $\cos\dfrac{x+y}{2}>\dfrac{\cos x+\cos y}{2}$ $\left(x,y\in\left(-\dfrac{\pi}{2},\dfrac{\pi}{2}\right)\right)$.

3. 证明: 曲线 $y=\dfrac{x-1}{x^2+1}$ 有 3 个拐点位于同一直线上.

4. 问 a,b 为何值时, 点 $(1,3)$ 为曲线 $y=ax^3+bx^2$ 的拐点?

5. 试确定 $y=k(x^2-3)^2$ 中 k 的值, 使曲线的拐点处的法线通过原点.

6. 设 $y=f(x)$ 在 $x=x_0$ 的某邻域内具有 3 阶连续导数, 如果 $f'(x_0)=0$, $f''(x_0)=0$, 而 $f'''(x_0)\neq0$, 试问 $x=x_0$ 是否为极大值点? 为什么? 又 $(x_0,f(x_0))$ 是否为拐点? 为什么?

7. 设函数 $f(x)$ 在开区间 I 内有连续的 2 阶导数, 若曲线 $y=f(x)$ 在 I 内是凹(凸)的, 证明 $f''(x)\geq0(\leq0)$.

8. 描绘下列函数的图形.

(1) $y=4x^2+\dfrac{1}{x}$; (2) $y=xe^{\frac{1}{x}}$; (3) $y=\dfrac{x^2}{1+x}$.

第六节　弧微分与曲率

在许多问题中要用到曲线弧长的微分, 称之为弧微分. 现在就来讨论怎样求弧微分, 并在此基础上介绍刻画曲线弯曲程度的一个重要概念——曲率.

一、弧微分

设曲线 C 的方程为 $y=f(x)$，其图形如图 3–14 所示，假定 $f(x)$ 在 (a,b) 上具有连续导数，在曲线 C 上取定一点 $M_0(x_0,y_0)$ 作为度量弧长的基准点，$M(x,y)$ 为曲线 C 上的任意一点. 规定有向弧段 $\widehat{M_0M}$ 的值 s(简称弧 s)如下:

s 的绝对值为弧段 $\widehat{M_0M}$ 的长度，当 $x>x_0$ 时，s 的值为正值，其值等于弧段 $\widehat{M_0M}$ 的长度；当 $x<x_0$ 时，s 的值为负值，其值等于弧段 $\widehat{M_0M}$ 的长度的负值.

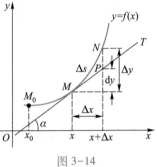

图 3–14

显然 s 是 x 的函数，并且是单调增加函数，记为 $s=s(x)$，该函数的微分称为**弧微分**. 由微分学知: $\mathrm{d}s=s'(x)\mathrm{d}x$，而

$$s'(x)=\frac{\mathrm{d}s}{\mathrm{d}x}=\lim_{\Delta x\to 0}\frac{\Delta s}{\Delta x}.$$

因此可把问题转化为如何根据已知曲线 C 的方程 $y=f(x)$ 求 $\lim\limits_{\Delta x\to 0}\dfrac{\Delta s}{\Delta x}$.

设自变量在 x 处取得增量 Δx 时，曲线 C 上对应点为 N，由图 3–14 可以看出，当 Δx 充分小时，有

$$|MN|\leqslant|\Delta s|=|s(x+\Delta x)-s(x)|\leqslant|MP|+|PN|,$$

即

$$\sqrt{(\Delta x)^2+(\Delta y)^2}\leqslant|\Delta s|\leqslant\sqrt{(\Delta x)^2+(y'\Delta x)^2}+|\Delta y-\mathrm{d}y|.$$

上式两边同除以 $|\Delta x|$，并整理得

$$\sqrt{1+\left(\frac{\Delta y}{\Delta x}\right)^2}\leqslant\left|\frac{\Delta s}{\Delta x}\right|\leqslant\sqrt{1+y'^2}+\left|\frac{\Delta y-\mathrm{d}y}{\Delta x}\right|.$$

因为 $y=f(x)$ 在 x 处可导，所以 $\lim\limits_{\Delta x\to 0}\dfrac{\Delta y}{\Delta x}=y'$，$\lim\limits_{\Delta x\to 0}\dfrac{\Delta y-\mathrm{d}y}{\Delta x}=0$. 由夹逼准则可得

$$\left|\frac{ds(x)}{dx}\right|=\sqrt{1+y'^2}.$$

又因为 $s(x)$ 是单调增加的函数,所以导数非负,故有

$$s'=\frac{ds(x)}{dx}=\sqrt{1+y'^2}.$$

于是,弧微分为

$$ds=\sqrt{1+y'^2}\,dx.$$

若曲线的方程由参数方程 $\begin{cases}x=x(t),\\y=y(t)\end{cases}$ 给出,则弧微分公式为

$$ds=\sqrt{x'^2(t)+y'^2(t)}\,dt.$$

二、曲率

为什么要研究曲线的弯曲程度？例如,设一辆车子在弯曲的路面上行驶,如果道路的弯曲程度越大,则车子的离心力越大,因此转弯处一般都铺成内侧低外侧高,以免高速行驶的车辆翻车；又如,一根两端有支撑的梁,在载荷的作用下会产生弯曲变形甚至断裂等.因此在设计时对它们的弯曲必须作一定的限制,这就要定量地研究它们的弯曲程度.

怎样描述曲线的弯曲程度呢？观察图 3-15,在图 3-15(a) 中,曲线弧 $\overset{\frown}{M_1N_1}$ 与曲线弧 $\overset{\frown}{M_2N_2}$ 长度相同,当动点沿曲线弧 $\overset{\frown}{M_1N_1}$ 由端点 M_1 移动到 N_1 时,曲线的切线转过的角度(称为切线在该弧段上的**转角**)为 $\Delta\alpha_1$；当动点沿曲线弧 $\overset{\frown}{M_2N_2}$ 由端点 M_2 移动到 N_2 时,曲线的切线在该弧段上的转角为 $\Delta\alpha_2$.可以看出,曲线弧 $\overset{\frown}{M_1N_1}$ 比曲线弧 $\overset{\frown}{M_2N_2}$ 弯曲得厉害,这时切线的转角 $\Delta\alpha_1>\Delta\alpha_2$,这说明曲线的弯曲程度与切线的转角成正比.

但是,切线的转角的大小还不能完全反映曲线的弯曲程度,在图 3-15(b) 中,曲线弧 $\overset{\frown}{M_1N_1}$ 与曲线弧 $\overset{\frown}{M_2N_2}$ 切线的转角相同,都是 $\Delta\alpha$,容易看出曲线弧 $\overset{\frown}{M_1N_1}$ 比曲线弧 $\overset{\frown}{M_2N_2}$ 弯曲得厉害,但曲线弧 $\overset{\frown}{M_1N_1}$ 的长度比曲线弧 $\overset{\frown}{M_2N_2}$ 的

长度要小,这说明曲线的弯曲程度与曲线的弧长成反比.

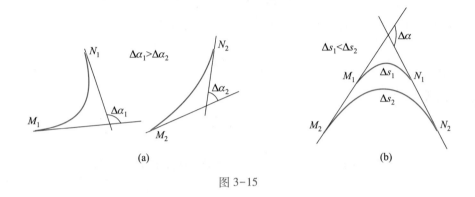

图 3-15

基于上述分析,可以用一个数量来描述曲线的弯曲程度,这个数量就是曲率.

定义 1 设光滑曲线①弧 $\widehat{MN}$ 的弧长为 $|\Delta s|$,动点沿曲线由 M 移动到 N 时,曲线的切线的转角为 $|\Delta\alpha|$,称

$$\bar{k} = \left|\frac{\Delta\alpha}{\Delta s}\right|$$

为曲线弧 $\widehat{MN}$ 的平均曲率,即单位弧段上切线转过的角度.

例 1 求直线的平均曲率.

解 因为直线的切线与直线本身重合,故 $\Delta\alpha = 0$,所以 $\bar{k} = 0$,即直线不弯曲.

例 2 求半径为 R 的圆弧的平均曲率.

解 如图 3-16 所示,在圆上任取一段弧 Δs,因为弧 Δs 切线的转角 $\Delta\alpha$ 等于弧 Δs 所对的圆心角,所以 $\Delta s = R\Delta\alpha$,于是

$$\bar{k} = \left|\frac{\Delta\alpha}{\Delta s}\right| = \frac{1}{R}.$$

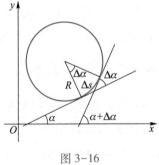

图 3-16

① 若函数 $y = f(x)$ 在区间 $[a,b]$ 上具有连续的导数,则 $y = f(x)$ 在区间 $[a,b]$ 上对应的曲线称为光滑曲线.

因此圆上任意一段弧的平均曲率都相等(即弯曲程度一样),都等于半径的倒数.

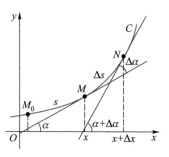

图 3-17

平均曲率只能描述一段弧的平均弯曲程度,不能描述曲线在一点处的弯曲程度. 但是,不难发现,如果弧越短,平均曲率就越能近似描述弧上某一点的弯曲程度. 在图 3-17 中,$M_0(x_0, y_0)$ 为曲线 C 上度量弧长的基准点,$M(x, y)$ 为曲线 C 上的任意一点,对应的弧函数为 s,在 x 处给自变量 x 一个增量 Δx 时,曲线 C 上对应点为 N,点

M 处的切线对 x 轴的倾角为 α,曲线弧 $\overset{\frown}{MN}$ 上切线的转角为 $\Delta\alpha$,曲线弧 $\overset{\frown}{MN}$ 的长度为 Δs,当 N 沿曲线趋于 M 时,就可以用 $\lim\limits_{N \to M}\left|\dfrac{\Delta\alpha}{\Delta s}\right|$ 来描述曲线在点 M 的弯曲程度.

定义 2　如果曲线 C 上点 M 处的平均曲率的极限 $\lim\limits_{\Delta s \to 0}\left|\dfrac{\Delta\alpha}{\Delta s}\right|$

曲率及其计算公式

存在,那么称此极限为曲线在点 M 处的**曲率**(curvature),记为 k,即

$$k = \lim\limits_{\Delta s \to 0}\left|\frac{\Delta\alpha}{\Delta s}\right| = \left|\frac{\mathrm{d}\alpha}{\mathrm{d}s}\right|.$$

现在推导**曲率的计算公式**.

设曲线 C 的方程为 $y = y(x)$,求在点 M 处的曲率. 由导数的几何意义可知

$$\tan\alpha = y', \quad \alpha = \arctan y', \quad \mathrm{d}\alpha = \frac{y''}{1 + y'^2}\mathrm{d}x,$$

又因为 $\mathrm{d}s = \sqrt{1 + y'^2}\,\mathrm{d}x$,所以

$$k = \left|\frac{\mathrm{d}\alpha}{\mathrm{d}s}\right| = \frac{|y''|}{(1 + y'^2)^{3/2}}. \tag{3-8}$$

如果曲线方程由参数方程

$$\begin{cases} x = \varphi(t), \\ y = \psi(t) \end{cases}$$

给出,则根据参数方程所表示的函数的求导法,求出

$$\frac{\mathrm{d}y}{\mathrm{d}x}=\frac{\psi'(t)}{\varphi'(t)}, \quad \frac{\mathrm{d}^2y}{\mathrm{d}x^2}=\frac{\varphi'(t)\psi''(t)-\varphi''(t)\psi'(t)}{\varphi'^3(t)},$$

代入式(3-8)得

$$k=\frac{|\varphi'(t)\psi''(t)-\varphi''(t)\psi'(t)|}{[\varphi'^2(t)+\psi'^2(t)]^{3/2}}.$$

例 3　抛物线 $y=ax^2+bx+c$ 上哪一点弯曲程度最大.

解　将 $y'=2ax+b$,$y''=2a$ 代入式(3-8)得

$$k=\frac{2|a|}{[1+(2ax+b)^2]^{3/2}}.$$

因为分子是常数,显然分母最小时,即 $x=-\dfrac{b}{2a}$ 时,k 最大. 这就是说在抛物线的顶点处曲率最大,即弯曲程度最大.

例 4　求摆线 $\begin{cases} x=a(t-\sin t), \\ y=a(1-\cos t) \end{cases}$ $(a>0)$ 上在 $t=\pi$ 对应点处的曲率.

解　$x'(t)=a(1-\cos t)$,　$x''(t)=a\sin t$,　$y'(t)=a\sin t$,　$y''(t)=a\cos t$,
将上式代入式(3-8)得

$$k=\frac{|a(1-\cos t)\cdot a\cos t-a\sin t\cdot a\sin t|}{[a^2(1-\cos t)^2+a^2\cdot\sin^2 t]^{3/2}}=\frac{1}{4a\left|\sin\dfrac{t}{2}\right|}.$$

将 $t=\pi$ 代入上式得所求对应点处的曲率为 $k=\dfrac{1}{4a}$.

例 5　设一段铁路线如图 3-18 所示,线路须由

O 点拐弯到图中的 $M(1,2)$,问曲线 $\overset{\frown}{OM}$ 应怎样选取,才能使火车所受的向心力在原点不产生突变?

解　设 $\overset{\frown}{OM}$ 的方程为 $y=y(x)$. 要使火车所受的向心力在原点不产生突变,曲线应满足以下 4 个条件:

　　(1) 过原点,即 $y(0)=0$;

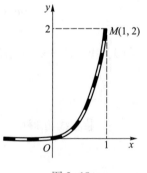

图 3-18

（2）在原点与 x 轴相切，即 $y'(0)=0$；

（3）在原点的曲率应与直线的曲率相等，即为 0，由曲率公式知 $y''(0)=0$；

（4）过点 $M(1,2)$，即 $y(1)=2$.

因此，曲线的方程应有 4 个待定常数，最简单的有 4 个待定常数的函数是 3 次多项式，于是设所求曲线的方程为

$$y=ax^3+bx^2+cx+d.$$

由 $y(0)=0,y'(0)=0,y''(0)=0$ 及 $y(1)=2$ 依次求得 $d=0,c=0,b=0,a=2$，故所求曲线的方程为

$$y=2x^3.$$

三、曲率圆与曲率半径

曲率从数量上刻画了曲线的弯曲程度，能否根据曲率的大小从直观上感知曲线到底弯曲到什么程度呢？ 例如，抛物线 $y=x^2$ 在原点处的弯曲程度与半径为 $\dfrac{1}{2}$ 的圆的弯曲程度是一样的，这样就产生了曲率圆的概念.

设曲线 $y=f(x)$ 在 $M(x,y)$ 处的曲率为 $k(k\neq0)$，如图 3-19 所示，过 M 作曲线的法线，在凹的一侧法线上取点 D，使

$$|DM|=\frac{1}{k}=\rho.$$

以 D 为圆心，ρ 为半径作圆，称这个圆为曲线在点 M 的**曲率圆**（circle of curvature），D 称为曲线在点 M 处的**曲率中心**（center of curvature），ρ 称为**曲率半径**（radius of curvature）.

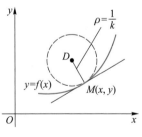

图 3-19

由于曲率圆与曲线在 M 处相切，且具有相同的曲率和凹向，可以说，在经过 M 的一切圆中，曲率圆在 M 点附近和曲线最接近. 因此，在一点附近讨论有关曲线曲率、凹向时，可用曲率圆代替曲线，以使问题简化.

　　例 6　设工件内表面的截线为 $y=0.4x^2$，现在要用砂轮磨削它的内表面，问选用直径多大的砂轮才比较适宜？

解 如图 3-20 所示, 显然, 选用的砂轮半径应小于工件表面截线上各点处的曲率半径的最小值, 不然, 就会磨掉工件不应磨去的部分. 由例 3 知, 抛物线在顶点处曲率半径最小, 在 $(0,0)$ 处, $y'(0)=0$, $y''(0)=0.8$, 故 $k=0.8$. 于是 $\rho=\dfrac{1}{k}=\dfrac{1}{0.8}=1.25$, 即砂轮直径应不超过 2.5 单位长.

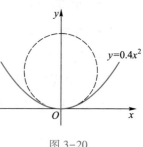

图 3-20

习题 3-6

1. 求下列各曲线在指定点处的曲率.

(1) $y=x^3$, $x=1$, $x=-\dfrac{1}{2}$;

(2) $y=\sin x$, $x=\dfrac{\pi}{2}$, $x=0$;

(3) $y=a\cosh\dfrac{x}{a}$ $(a>0)$, 最低点;

(4) $\begin{cases} x=a\cos t, \\ y=b\sin t, \end{cases}$ $(a,0)$, $(0,b)$.

2. 求解下列各题.

(1) 求曲线 $y=\ln(x+\sqrt{1+x^2})$ 在原点处的曲率.

(2) 曲线 $y=\sin x$ $(0<x<\pi)$ 上哪一点的曲率半径最小? 并求出该点处的曲率半径.

(3) 求曲线 $e^{xy}-y\sin(x-1)=\cos 2(x-1)$ 在 $x=1$ 处的曲率.

3. 求曲线 $y^2=2x^3$ 上点 $(2,4)$ 处的曲率半径.

4. 证明等轴双曲线上 (x_0,y_0) 处的曲率半径为 $\dfrac{(x_0^2+y_0^2)^{\frac{3}{2}}}{a^2}$.

5. P 为抛物线 $y=ax^2+bx$ 上 $x=1$ 的点, 如果 P 点处的切线倾角为 $30°$, 又 P 点处的曲率半径为 2 个单位, 求 a 与 b 的值.

6. 验证: $y=xe^{-x}$ 在 $x=2$ 处的曲率为 0.

7. 工件截口曲线是椭圆上短轴的一端附近的一段弧, 椭圆的长半轴为 50 mm,

短半轴为 40 mm. 应选用直径多大的圆铣刀,才能使加工后的工件近似于这段弧?

8. 高速公路上有一座拱形桥,桥顶附近有极短的一段修成了平面. 问这座桥修得好不好? 为什么?

*第七节   方程的近似解

在工程技术中,常遇到高次方程或超越方程求根的问题,而这些方程的精确解往往不易求得,因而须求方程的近似解. 本节介绍求方程近似解的 3 种简单方法.

一、二分法

设 $y=f(x)$ 在 $[a,b]$ 上连续、单调,且 $f(a)f(b)<0$(不妨设 $f(a)>0$),则在 (a,b) 内方程 $f(x)=0$ 存在唯一解. 先求 $x_1=\dfrac{a+b}{2}$ 处的函数值,若 $f(x_1)>0$,则解必在 (x_1,b) 内,再求 $x_2=\dfrac{x_1+b}{2}$ 处的函数值,若 $f(x_2)<0$,则解必在 (x_1,x_2) 内,如此下去,这样解的存在范围就越来越小,即可得到近似解. 这种方法称为**二分法**(或对分法).

例 1 已知方程 $x^3-2x^2+3x-5=0$ 在 $(1,2)$ 内有唯一根,试求其近似解,并给出误差估计.

解 用二分法. 设 $f(x)=x^3-2x^2+3x-5$,由于 $f(1)=-3<0$, $f(2)=1>0$,取 $[1,2]$ 的中点 $x_1=1.5$,算出 $f(x_1)=-1.625<0$,故根必在 $(1.5,2)$ 内;再取其中点 $x_2=1.75$,为计算简单,考虑取 1.8,算出 $f(1.8)=-0.248<0$,故根必在 $(1.8,2)$ 内;再取其中点 $x_3=1.9$,算出 $f(1.9)=0.339>0$,故根必在 $(1.8,1.9)$ 内. 如果不再算下去,则根介于 1.8 与 1.9 之间. 如取 $[1.8,1.9]$ 的中点 1.85 作为根的近似值,则误差不超过 $\dfrac{1.9-1.8}{2}=0.05$.

二、弦位法

设连续函数 $y=f(x)$ 的图形如图 3-21 所示,其特征是:$f(a)<0$, $f(b)>0$, $f'(x)>0$, $f''(x)>0$. 即函数 $f(x)$ 在 $[a,b]$ 上单调增加,没有垂直切线,曲线在 (a,b) 上为凹的.

易知,弦 AB 的方程为

$$\frac{y-f(a)}{f(b)-f(a)}=\frac{x-a}{b-a}.$$

令 $y=0$,得弦与 x 轴的交点,即得根 ξ 的第一个近似值为

$$x_1=a-\frac{(b-a)f(a)}{f(b)-f(a)}.$$

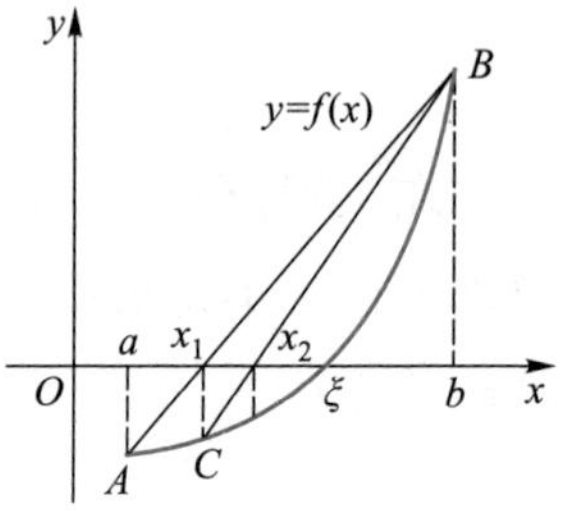

过 x_1 作垂直于 x 轴的直线,交曲线于 C 点,在弦 BC 的方程中令 $y=0$,得根 ξ 的第二个近似值为

$$x_2=x_1-\frac{(b-x_1)f(x_1)}{f(b)-f(x_1)}.$$

如此下去,可得迭代公式为

$$x_n=x_{n-1}-\frac{(b-x_{n-1})f(x_{n-1})}{f(b)-f(x_{n-1})}.$$

可以看出,用上述公式计算 ξ 的近似值时,随着次数的增加,可以达到任意的准确度. 其误差可用下式估计,有

$$|x_n-\xi|\leqslant\frac{|f(x_n)|}{m},$$

其中 m 是 $|f'(x)|$ 在 $[a,b]$ 上的最小值. 事实上,由于

$$f(x_n)=f(x_n)-f(\xi)=f'(c)(x_n-\xi)\quad(x_n<c<\xi),$$

于是

$$|x_n-\xi|=\frac{|f(x_n)|}{|f'(c)|}\leqslant\frac{|f(x_n)|}{m}.$$

图 3-21

其他图形的情形类似上述建立方法.

例2　重复 3 次应用弦位法,求方程

$$f(x)=x^3-2x^2-4x-7=0$$

在区间 $[3,4]$ 上根的近似值,并估计误差.

解　　　　　$f'(x)=3x^2-4x-4,\quad f''(x)=6x-4.$

容易验证在区间 $[3,4]$ 上有 $f'(x)>0,f''(x)>0.$

由迭代公式,逐次算得

$$x_1=3-\frac{f(3)}{f(4)-f(3)}\approx 3.53,$$

$$x_2=3.52-\frac{0.47\times f(3.53)}{f(4)-f(3.53)}\approx 3.62,$$

$$x_3=3.62-\frac{0.38\times f(3.62)}{f(4)-f(3.62)}\approx 3.63.$$

由于 $f''(x)>0$,从而 $f'(x)$ 单调递增,因此 $f'(x)$ 的最小值 $m=f'(3)=11$,故近似值取为 3.63 时,其误差为

$$|x_3-\xi|\leqslant\frac{f(x_3)}{m}\leqslant\frac{0.041}{11}<0.004.$$

三、牛顿切线法

设 $y=f(x)$ 的图形如图 3-22 所示.

记 $x_0=b$,过 $B(x_0,f(x_0))$ 作 $y=f(x)$ 的切线交 x 轴于 x_1,因为切线方程是 $y-f(x_0)=f'(x_0)(x-x_0)$,所以得

$$x_1=x_0-\frac{f(x_0)}{f'(x_0)}.$$

它比 x_0 更接近方程的根 ξ,得 x_1 后,再过 $(x_1,f(x_1))$ 作 $y=f(x)$ 的切线交 x 轴于 x_2,则有

$$x_2=x_1-\frac{f(x_1)}{f'(x_1)},$$

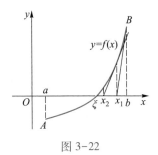

图 3-22

它比 x_1 更接近 ξ. 以此作下去,可得一个迭代公式

$$x_{n+1}=x_n-\frac{f(x_n)}{f'(x_n)}.$$

用上述公式可逐次计算根的近似值,且随着次数的增加,也可达到任意的准确度. 其误差仍可用弦位法中的误差公式来估计.

其他图形的情形类似上述建立方法.

例 3 重复两次用切线法,求方程

$$f(x)=x^3-2x^2-4x-7$$

在 $[3,4]$ 上根的近似值,并估计误差.

解 应用迭代公式,逐次算得

$$x_1=4-\frac{f(4)}{f'(4)}\approx 3.68,$$

$$x_2=3.68-\frac{f(3.68)}{f'(3.68)}\approx 3.63,$$

其误差

$$|x_2-\xi|\leqslant \frac{f(3.63)}{m}<0.004.$$

比较例 2 与例 3,显然可见切线法的效果比弦位法好.

在实际应用中,为缩短计算,更迅速地求出近似值,常把切线法与弦位法混合使用(这种方法称为**混合法**),即一方面作弦,求得 x_1;另一方面作切线,求得 x_2,逐次下去,可迅速地达到所要求的准确度.

习题 3-7

1. 对下列方程,判断所指出的区间是否为其根的隔离区间.

(1) $2x^3+x+1=0$,$[-1,0]$;   (2) $x^3-3x^2+6x-1=0$,$\left[0,\frac{1}{4}\right]$;

(3) $x-0.1\sin x=2$,$[2,3]$.

2. 求方程 $x\ln x-1=0$ 在 $[1,2]$ 内的近似解（精确到小数点后 6 位）.

3. 用牛顿切线法求 $x^3-2x^2+3x-5=0$ 在 $[1,2]$ 上的根.

4. 用切线法求方程 $f(x)=x^3-x-4=0$ 的正根，已知根在 $[1,2]$ 上，要求前、后两次近似根的误差 $|x_n-x_{n+1}|<10^{-3}$.

第三章总习题

1. 填空题.

（1）函数 $f(x)=x\sqrt{3-x}$ 在 $[0,3]$ 上满足罗尔定理的 $\xi=$ _____；

（2）曲线 $y=\ln\dfrac{x+3}{x}-3$ 的水平渐近线为 _____；

（3）抛物线 $y=4x-x^2$ 在顶点处的曲率半径是 _____；

（4）函数 $y=x-\dfrac{3}{2}x^{\frac{2}{3}}+1$ 的极大值为 _____；

（5）函数 $y=\sin x-x$ 在区间 $[0,\pi]$ 上的最大值是 _____；

（6）曲线 $y=e^{-x^2}$ 的拐点为 _____，凸区间是 _____.

2. 思考题.

（1）罗尔定理、拉格朗日中值定理、柯西中值定理以及泰勒中值定理之间有什么样的联系?

（2）试总结用导数研究函数性态的主要方法.

（3）$f(x)$ 在 $x=0$ 处可导，且 $f(0)=1$，求 $\lim\limits_{x\to0}\dfrac{f(x)-\cos x}{x}$ 时能用洛必达法则吗?

3. 设 $f(x)\in C[a,b]$，$f(x)\in D(a,b)$，且 $f(a)<f(b)$. 证明在 (a,b) 内至少存在一点 ξ，使不等式 $f'(\xi)>0$ 成立.

4. 设 $f(x)$ 在 $[1,2]$ 上具有二阶导数 $f''(x)$，且 $f(1)=f(2)=0$，若 $F(x)=(x-1)f(x)$，证明：至少存在一点 $\xi\in(1,2)$，使 $F''(\xi)=0$.

5. 证明：$\arctan x-\dfrac{1}{2}\arccos\dfrac{2x}{1+x^2}=\dfrac{\pi}{4}$ $(x\geqslant1)$.

6. 求下列函数的极限.

(1) $\lim\limits_{x\to 1}\dfrac{x^2-1}{x\ln x}$;

(2) $\lim\limits_{x\to 0}\dfrac{1-\cos^2 x}{x(1-e^x)}$;

(3) $\lim\limits_{x\to 0}\left(\dfrac{1}{x}-\dfrac{1}{e^x-1}\right)$;

(4) $\lim\limits_{x\to +\infty}\left(x+\sqrt{1+x^2}\right)^{\frac{1}{x}}$;

(5) $\lim\limits_{x\to \infty}x\left(\left(1+\dfrac{1}{x}\right)^x-e\right)$;

(6) $\lim\limits_{x\to e}(\ln x)^{\frac{1}{1-\ln x}}$;

(7) $\lim\limits_{x\to +\infty}\left(\dfrac{\pi}{2}-\arctan x\right)^{\frac{1}{\ln x}}$;

(8) $\lim\limits_{x\to 0}\dfrac{\cos x-e^{-\frac{x^2}{2}}}{x^2[x+\ln(1-x)]}$.

7. 设 $f(x)=\begin{cases}x^{2x}, & x>0,\\ x+2, & x\leqslant 0,\end{cases}$ 求 $f(x)$ 的极值.

8. 已知函数 $f(x)=x^3+3ax^2+3bx+c$ 在 $x=-1$ 处取得极大值,点 $(0,3)$ 是曲线 $y=f(x)$ 的拐点,求常数 a,b,c 的值.

9. 当 $x>0$ 时,证明不等式:

(1) $1+\dfrac{1}{2}x>\sqrt{1+x}$;

(2) $1+x\ln(x+\sqrt{1+x^2})>\sqrt{1+x^2}$.

10. 写出 $f(x)=\ln x$ 在 $x=2$ 处的 n 阶泰勒公式($n>3$).

11. 若抛物线 $y=ax^2+bx+c$ 在点 $x=0$ 处与曲线 $y=e^x$ 相切且具有相同的曲率半径,试确定系数 a,b,c.

12. 在椭圆 $\dfrac{x^2}{a^2}+\dfrac{y^2}{b^2}=1$ 内作一个内接矩形,使其边平行于椭圆的对称轴,问矩形的长和宽各是多少时面积最大?

13. 求作函数 $y=\dfrac{(x+1)^3}{(x-1)^2}$ 的图形.

14. 某商品的需求函数为 $Q=2\,500-40P$,其中 P 是商品单价,Q 是需求量,又成本函数为 $C=1\,000+30Q$,每单位商品国家征税 0.5 元,求商品单价定为多少时,利润最大? 最大利润是多少?

15. 设某厂每年需某种零件 8 000 件,分批进货,每次进货费为 40 元,假定工厂对此种零件的需求量是均匀的,每次进货前库存为 0,且每个零件每年的库存保管费为 4 元,求最优批量.

第四章 不定积分

前面介绍了一元函数微分学及其应用,下面两章将讨论一元函数积分学及其应用. 一元函数积分学主要包括不定积分和定积分两部分内容,本章先介绍微分学的逆问题——不定积分.

第一节 不定积分的概念和性质

一、原函数与不定积分

在微分学中,一类基本问题是已知一个函数求其导数或微分,但在实际问题中,往往会遇到相反的问题. 例如,物体做变速直线运动,速度函数是 $v=v(t)$,运动方程(位置函数)是 $s=s(t)$,这两个函数的关系式为 $s'(t)=v(t)$. 已知 $s(t)$,求 $v(t)$ 就是导数(微分)问题;而已知 $v(t)$,求 $s(t)$ 就是导数(微分)的逆问题. 推广到一般情形,即寻求一个可导函数,使其导数恰好等于已知函数,由此就产生了原函数与不定积分的概念.

1. 原函数

定义 1 设函数 $f(x)$ 在区间 I 上有定义,如果存在可导函数 $F(x)$,使得 $\forall x \in I$,有

$$F'(x)=f(x) \quad 或 \quad \mathrm{d}F(x)=f(x)\mathrm{d}x,$$

则称 $F(x)$ 是函数 $f(x)$ 在区间 I 上的一个**原函数**(primitive function).

例如,因为 $\forall x \in (-\infty, +\infty)$, $(\sin x)' = \cos x$,所以 $\sin x$ 就是 $\cos x$ 在 $(-\infty, +\infty)$ 上的一个原函数;

又如,因为 $\forall x \in (-1, 1)$, $(\arcsin x)' = \dfrac{1}{\sqrt{1-x^2}}$,所以 $\arcsin x$ 是 $\dfrac{1}{\sqrt{1-x^2}}$ 在 $(-1, 1)$ 内的一个原函数.

在上述直线运动中,速度函数是位置函数的导数,按照这个定义,也可以表述为位置函数 $s(t)$ 是速度函数 $v(t)$ 的原函数.

关于原函数,首先要问,一个函数需具备什么条件,它的原函数一定存在? 这里先介绍一个结论. 其证明将在下一章定积分中给出.

原函数存在定理   如果函数 $f(x)$ 在区间 I 上连续,则 $f(x)$ 在区间 I 上的原函数一定存在.

简单地说就是,**连续函数一定有原函数**.

注 (1) 如果一个函数的原函数存在,那么原函数就不是唯一的,而是有无穷多个.

事实上,如果 $F(x)$ 是 $f(x)$ 在区间 I 上的一个原函数,对于任意常数 C,显然有 $[F(x)+C]' = F'(x) = f(x)$,所以 $F(x)+C$ 也是 $f(x)$ 的原函数. 由于 C 是任意常数,故 $f(x)$ 有无穷多个原函数 $F(x)+C$.

(2) 连续函数虽然有无穷多个原函数,但任何两个原函数之间只相差一个常数.

事实上,设 $F(x)$,$G(x)$ 都是 $f(x)$ 在区间 I 上的原函数,则有
$$[G(x)-F(x)]' = G'(x) - F'(x) = f(x) - f(x) = 0.$$
根据微分学知,在一个区间上导数恒为零的函数必为常数,所以 $G(x) - F(x) = C$(C 为常数),即
$$G(x) = F(x) + C.$$
上式表明,$f(x)$ 在 I 上的任意一个原函数可表示为 $F(x)+C$.

2. 不定积分

现在引入不定积分的概念.

定义 2   函数 $f(x)$ 在区间 I 上的带有任意常数的原函数,称为 $f(x)$ 在区

间 I 上的**不定积分**(indefinite integral)，记作 $\int f(x)\,\mathrm{d}x$，其中记号 $\int$ 称为**积分号**(integral sign)，$f(x)$ 称为**被积函数**(integrand)，$f(x)\,\mathrm{d}x$ 称为**被积表达式**，x 称为**积分变量**(integral variable)．

如果函数 $F(x)$ 是 $f(x)$ 在区间 I 上的一个原函数，则 $F(x)+C$ 就是 $f(x)$ 在区间 I 上的原函数，且带有任意常数．按定义 2，$F(x)+C$ 就是 $f(x)$ 在区间 I 上的不定积分，即

$$\int f(x)\,\mathrm{d}x = F(x)+C,$$

其中 C 称为积分常数．由此可以清晰地看到，要求一个函数 $f(x)$ 的不定积分，只要求出它的任意一个原函数 $F(x)$，再加上积分常数 C 就可以了．

例 1　求 $\int x^2\,\mathrm{d}x$．

解　因为 $\left(\dfrac{x^3}{3}\right)' = x^2$，所以 $\dfrac{x^3}{3}$ 是 x^2 的一个原函数，故

$$\int x^2\,\mathrm{d}x = \frac{x^3}{3}+C.$$

例 2　求 $\int \dfrac{1}{x}\,\mathrm{d}x$．

解　函数 $f(x)=\dfrac{1}{x}$ 的定义域为 $(-\infty,0)\cup(0,+\infty)$．

因为 $\forall x\in(0,+\infty)$，$(\ln x)'=\dfrac{1}{x}$，所以 $\ln x$ 是 $\dfrac{1}{x}$ 在 $(0,+\infty)$ 内的一个原函数；而 $\forall x\in(-\infty,0)$，$[\ln(-x)]'=\dfrac{1}{x}$，所以 $\ln(-x)$ 是 $\dfrac{1}{x}$ 在 $(-\infty,0)$ 内的一个原函数．合并起来，得 $\ln|x|$ 是 $\dfrac{1}{x}$ 在定义域内的原函数，故

$$\int \frac{1}{x}\,\mathrm{d}x = \ln|x|+C.$$

3. 不定积分的几何意义

设 $\int f(x)\,\mathrm{d}x = F(x)+C$，在几何上 $y=F(x)$ 表示平面上的一条曲线，称之

为 $f(x)$ 的一条**积分曲线**(integral curve). 将这条积分曲线沿 y 轴方向上下平移,就得到无穷多条积分曲线 $y = F(x)+C$,它们构成了一个曲线族,叫做 $f(x)$ 的**积分曲线族**. 在这个意义下,不定积分的几何意义就是一个积分曲线族. 其特征是,积分曲线上横坐标相同的点处,切线是相互平行的(见图 4-1).

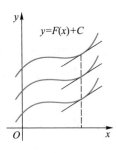

图 4-1

例 3 设曲线 $y = f(x)$ 过点 $(0,1)$,其上任一点 (x,y) 处的切线斜率为 $2x$,求 $f(x)$ 的表达式.

解 由导数的几何意义,知

$$f'(x) = 2x,$$

即 $f(x)$ 是 $2x$ 的一个原函数,从而

$$f(x) = \int 2x \mathrm{d}x = x^2 + C.$$

由曲线过点 $(0,1)$,得 $C = 1$,所以

$$f(x) = x^2 + 1,$$

图形如图 4-2 所示.

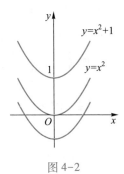

图 4-2

二、基本积分公式

因为积分运算是微分运算的逆运算,所以很自然地可以从导数公式得到相应的积分公式. 为了便于记忆和运用,现在把一些基本的积分公式列举出来:

(1) $\displaystyle\int k\mathrm{d}x = kx + C$ (k 是常数);

(2) $\displaystyle\int x^{\alpha}\mathrm{d}x = \frac{x^{\alpha+1}}{\alpha+1} + C$ ($\alpha \neq -1$);

(3) $\displaystyle\int \frac{\mathrm{d}x}{x} = \ln|x| + C$;

(4) $\displaystyle\int \frac{\mathrm{d}x}{1+x^2} = \arctan x + C$;

(5) $\displaystyle\int \frac{\mathrm{d}x}{\sqrt{1-x^2}} = \arcsin x + C$;

(6) $\displaystyle\int \cos x \mathrm{d}x = \sin x + C$;

(7) $\displaystyle\int \sin x \mathrm{d}x = -\cos x + C$;

(8) $\displaystyle\int \sec^2 x \mathrm{d}x = \int \frac{\mathrm{d}x}{\cos^2 x} = \tan x + C$;

（9）$\int \csc^2 x \mathrm{d}x = \int \dfrac{\mathrm{d}x}{\sin^2 x} = -\cot x + C$；　　（10）$\int \sec x \tan x \mathrm{d}x = \sec x + C$；

（11）$\int \csc x \cot x \mathrm{d}x = -\csc x + C$；　　（12）$\int \mathrm{e}^x \mathrm{d}x = \mathrm{e}^x + C$；

（13）$\int a^x \mathrm{d}x = \dfrac{a^x}{\ln a} + C \quad (a>0, a \neq 1)$；　（14）$\int \sinh x \mathrm{d}x = \cosh x + C$；

（15）$\int \cosh x \mathrm{d}x = \sinh x + C$.

以上 15 个基本积分公式,是求不定积分的基础,请读者务必熟记.

例 4　求 $\int \dfrac{\mathrm{d}x}{x^3}$.

解　$\int \dfrac{\mathrm{d}x}{x^3} = \int x^{-3} \mathrm{d}x = \dfrac{1}{-3+1} x^{-3+1} + C = -\dfrac{1}{2x^2} + C$.

注　当计算不定积分时,在求得原函数后,可以利用对其求导的方法来验证所得的结果是否正确. 如果原函数的导数等于被积函数,则结果正确;否则,错误. 这里

$$\left(-\dfrac{1}{2x^2}+C\right)' = \left(-\dfrac{1}{2}x^{-2}\right)' + 0 = -\dfrac{1}{2}(-2)x^{-2-1} = x^{-3} = \dfrac{1}{x^3},$$

故结果正确.

例 5　求 $\int \dfrac{\sqrt{x}}{x\sqrt[3]{x}} \mathrm{d}x$.

解　$\int \dfrac{\sqrt{x}}{x\sqrt[3]{x}} \mathrm{d}x = \int x^{\frac{1}{2}} x^{-1} x^{-\frac{1}{3}} \mathrm{d}x = \int x^{-\frac{5}{6}} \mathrm{d}x = \dfrac{x^{-\frac{5}{6}+1}}{-\dfrac{5}{6}+1} + C = 6\sqrt[6]{x} + C$.

例 6　求 $\int 2^x \mathrm{e}^x \mathrm{d}x$.

解　$\int 2^x \mathrm{e}^x \mathrm{d}x = \int (2\mathrm{e})^x \mathrm{d}x = \dfrac{(2\mathrm{e})^x}{\ln(2\mathrm{e})} + C = \dfrac{2^x \mathrm{e}^x}{1+\ln 2} + C$.

三、不定积分的性质

根据不定积分的定义,可以得到不定积分的一些性质. 假定下列性质中

涉及的函数,其不定积分都是存在的.

性质1   不定积分与微分互为逆运算.

(1) $\left[\int f(x)\,\mathrm{d}x\right]' = f(x)$ 或 $\mathrm{d}\left[\int f(x)\,\mathrm{d}x\right] = f(x)\,\mathrm{d}x$;

(2) $\int F'(x)\,\mathrm{d}x = F(x)+C$ 或 $\int \mathrm{d}F(x) = F(x)+C$.

即两个运算连在一起时,$\mathrm{d}\int$ 完全抵消,$\int \mathrm{d}$ 抵消后相差一个常数.

性质2   两个函数的和(差)的不定积分等于它们各自不定积分之和(差),即

$$\int \left[f(x)\pm g(x)\right]\mathrm{d}x = \int f(x)\,\mathrm{d}x \pm \int g(x)\,\mathrm{d}x$$

证明   由两个函数和(差)的求导法则,可得

$$\left[\int f(x)\,\mathrm{d}x \pm \int g(x)\,\mathrm{d}x\right]' = \left[\int f(x)\,\mathrm{d}x\right]' \pm \left[\int g(x)\,\mathrm{d}x\right]' = f(x)\pm g(x),$$

所以

$$\int \left[f(x)\pm g(x)\right]\mathrm{d}x = \int f(x)\,\mathrm{d}x \pm \int g(x)\,\mathrm{d}x.$$

这个性质可以推广到有限个函数之和(差)的情形.

性质3   被积函数中的常数因子可以提到积分号外面,即

$$\int kf(x)\,\mathrm{d}x = k\int f(x)\,\mathrm{d}x \quad (k\neq 0).$$

例7   求 $\int (2a^x - 3\cos x)\,\mathrm{d}x$.

解 $\int (2a^x - 3\cos x)\,\mathrm{d}x = 2\int a^x\,\mathrm{d}x - 3\int \cos x\,\mathrm{d}x = \dfrac{2}{\ln a}a^x - 3\sin x + C.$

例8   求 $\int \dfrac{(x-1)^3}{x^2}\,\mathrm{d}x$.

解
$$\int \frac{(x-1)^3}{x^2}\,\mathrm{d}x = \int \frac{x^3 - 3x^2 + 3x - 1}{x^2}\,\mathrm{d}x = \int \left(x - 3 + \frac{3}{x} - \frac{1}{x^2}\right)\mathrm{d}x$$

$$= \int x\,\mathrm{d}x - 3\int \mathrm{d}x + 3\int \frac{\mathrm{d}x}{x} - \int \frac{\mathrm{d}x}{x^2}$$

$$= \frac{1}{2}x^2 - 3x + 3\ln|x| + \frac{1}{x} + C.$$

例 9 求 $\int \dfrac{1+x+x^2}{x(1+x^2)}dx$.

解 $\int \dfrac{1+x+x^2}{x(1+x^2)}dx = \int \dfrac{x+(1+x^2)}{x(1+x^2)}dx = \int \left(\dfrac{1}{1+x^2}+\dfrac{1}{x}\right)dx$

$$= \int \dfrac{dx}{1+x^2} + \int \dfrac{dx}{x} = \arctan x + \ln|x| + C.$$

例 10 求 $\int \dfrac{x^4}{1+x^2}dx$.

解 $\int \dfrac{x^4}{1+x^2}dx = \int \dfrac{(x^4-1)+1}{1+x^2}dx = \int \dfrac{(x^2-1)(x^2+1)+1}{1+x^2}dx$

$$= \int \left(x^2-1+\dfrac{1}{1+x^2}\right)dx = \int x^2 dx - \int dx + \int \dfrac{1}{1+x^2}dx$$

$$= \dfrac{1}{3}x^3 - x + \arctan x + C.$$

例 11 求 $\int \left(\sin^2 \dfrac{x}{2}+\tan^2 x\right)dx$.

解 $\int \left(\sin^2 \dfrac{x}{2}+\tan^2 x\right)dx = \int \sin^2 \dfrac{x}{2}dx + \int \tan^2 x dx$

$$= \int \dfrac{1}{2}(1-\cos x)dx + \int (\sec^2 x - 1)dx$$

$$= \dfrac{1}{2}\left(\int dx - \int \cos x dx\right) + \int \sec^2 x dx - \int dx$$

$$= \dfrac{1}{2}(x-\sin x) + \tan x - x + C$$

$$= \tan x - \dfrac{1}{2}\sin x - \dfrac{1}{2}x + C.$$

例 12 求 $\int \dfrac{1}{\sin^2 x\cos^2 x}dx$.

解 $\int \dfrac{1}{\sin^2 x\cos^2 x}dx = \int \dfrac{\sin^2 x+\cos^2 x}{\sin^2 x\cos^2 x}dx = \int \dfrac{1}{\cos^2 x}dx + \int \dfrac{1}{\sin^2 x}dx$

$$= \int \sec^2 x dx + \int \csc^2 x dx = \tan x - \cot x + C.$$

例 13   求 $\int \tan x(\sec x - 2\tan x)\,dx$.

解 $\int \tan x(\sec x - 2\tan x)\,dx$

$$= \int (\tan x\sec x - 2\tan^2 x)\,dx = \int (\tan x\sec x - 2\sec^2 x + 2)\,dx$$

$$= \int \tan x\sec x\,dx - 2\int \sec^2 x\,dx + 2\int dx = \sec x - 2\tan x + 2x + C.$$

通过以上例题可以看出,在求一个不定积分时,经常要对被积函数进行一定的化简、整理或变形,化为能够利用不定积分的性质和基本公式求出的不定积分,这是求不定积分的基本方法,请读者熟练掌握.

例 14   设 $f(x)=\begin{cases} x^2, & x\leqslant 0, \\ \sin x, & x>0, \end{cases}$ 求 $\int f(x)\,dx$.

解   当 $x\leqslant 0$ 时,$\int f(x)\,dx = \int x^2\,dx = \dfrac{x^3}{3} + C_1$;

当 $x>0$ 时,$\int f(x)\,dx = \int \sin x\,dx = -\cos x + C_2$.

记 $F(x) = \int f(x)\,dx$,因为原函数是可导函数,所以 $F(x)$ 在点 $x=0$ 处连续,于是由

$$\lim_{x\to 0^-} F(x) = \lim_{x\to 0^+} F(x) = F(0)$$

得 $C_1 = -1 + C_2$,取 $C_2 = C$,故得

$$\int f(x)\,dx = \begin{cases} \dfrac{x^3}{3} - 1 + C, & x\leqslant 0, \\ -\cos x + C, & x>0. \end{cases}$$

习题 4-1

1. 设过原点的曲线 $y=f(x)$ 上任一点 (x,y) 处的切线斜率为 $x+1$,求 $f(x)$ 的表达式.

2. 证明：$\ln|ax|$ 与 $\ln|x|$ 是同一函数的原函数（a 是不等于零的常数）.

3. 求下列不定积分.

(1) $\displaystyle\int \sqrt{x\sqrt{x}}\,\mathrm{d}x$;

(2) $\displaystyle\int \frac{\mathrm{d}x}{x^2}$;

(3) $\displaystyle\int x^3\sqrt[3]{x}\,\mathrm{d}x$;

(4) $\displaystyle\int \sqrt[m]{x^n}\,\mathrm{d}x$;

(5) $\displaystyle\int (x-2)^2\,\mathrm{d}x$;

(6) $\displaystyle\int \frac{x+1}{\sqrt{x}}\,\mathrm{d}x$;

(7) $\displaystyle\int \frac{\cos 2x}{\sin^2 2x}\,\mathrm{d}x$;

(8) $\displaystyle\int \frac{1+2x^2}{x^2(1+x^2)}\,\mathrm{d}x$;

(9) $\displaystyle\int \frac{\mathrm{e}^{2t}-1}{\mathrm{e}^t-1}\,\mathrm{d}t$;

(10) $\displaystyle\int (2^x+3^x)^2\,\mathrm{d}x$;

(11) $\displaystyle\int \cos^2\frac{x}{2}\,\mathrm{d}x$;

(12) $\displaystyle\int \sec x(\sec x-\tan x)\,\mathrm{d}x$;

(13) $\displaystyle\int \frac{\mathrm{d}x}{1+\cos 2x}$;

(14) $\displaystyle\int \frac{\cos 2x}{\cos x-\sin x}\,\mathrm{d}x$;

(15) $\displaystyle\int \left(\frac{3}{1+x^2}-\frac{2}{\sqrt{1-x^2}}\right)\mathrm{d}x$;

(16) $\displaystyle\int (\sqrt{x}+1)(x-\sqrt{x}+1)\,\mathrm{d}x$.

4. 一物体由静止开始运动，经 t s 后的速度（单位：m/s）是 $3t^2$，问

(1) 在 3 s 后物体离开出发点的距离是多少？

(2) 物体走完 360 m 需要多少时间？

5. 设 $f'(x)=\dfrac{1}{\sqrt{x}}$, $x>0$, 求 $f(x)$.

第二节　换元积分法

利用基本积分公式与不定积分的性质，所能计算的不定积分是非常有限的，因此，有必要进一步来研究求不定积分的方法. 本节把复合函数的微分法反过来用于求不定积分，得到一种基本的积分方法——换元积分法（简称换

元法). 利用这种方法(通过适当的变量代换)可以把某些不定积分化为基本积分公式中所列的积分, 从而求得积分结果. 换元法通常分成两类: 第一类换元法和第二类换元法, 首先介绍第一类换元法.

一、第一类换元法(凑微分法)

设 $f(u)$ 具有原函数 $F(u)$, 即 $F'(u) = f(u)$, 则有

$$\int f(u)\,\mathrm{d}u = F(u) + C.$$

如果函数 $u = \varphi(x)$ 可导, 那么 $F(u) = F[\varphi(x)]$ 可导, 根据复合函数求导法则, 有

$$\frac{\mathrm{d}F[\varphi(x)]}{\mathrm{d}x} = \frac{\mathrm{d}F(u)}{\mathrm{d}u}\frac{\mathrm{d}u}{\mathrm{d}x} = F'(u)\varphi'(x) = f(u)\varphi'(x) = f[\varphi(x)]\varphi'(x).$$

可见, $F[\varphi(x)]$ 就是 $f[\varphi(x)]\varphi'(x)$ 的一个原函数, 由不定积分的定义, 得

$$\int f[\varphi(x)]\varphi'(x)\,\mathrm{d}x = \left[\int f(u)\,\mathrm{d}u\right]_{u=\varphi(x)} = F[\varphi(x)] + C.$$

于是有下述定理.

定理 1   设 $f(u)$ 的原函数为 $F(u)$, 且 $u = \varphi(x)$ 可导, 则 $F[\varphi(x)]$ 是 $f[\varphi(x)]\varphi'(x)$ 的原函数, 即有换元公式

$$\int f[\varphi(x)]\varphi'(x)\,\mathrm{d}x = \left[\int f(u)\,\mathrm{d}u\right]_{u=\varphi(x)} = F[\varphi(x)] + C.$$

第一换元法

定理 1 提供的积分方法叫做**第一类换元法**(the first kind of integration by substitution). 在求不定积分 $\int g(x)\,\mathrm{d}x$ 时, 如果被积函数 $g(x)$ 可变形为

$$g(x) = f[\varphi(x)]\varphi'(x),$$

那么

$$\int g(x)\,\mathrm{d}x = \int f[\varphi(x)]\varphi'(x)\,\mathrm{d}x = \int f[\varphi(x)]\,\mathrm{d}\varphi(x) \xlongequal{u=\varphi(x)} \int f(u)\,\mathrm{d}u.$$

如果 $f(u)$ 的原函数容易求得, 设为 $F(u)$, 则有

$$\int f(u)\,\mathrm{d}u = F(u) + C,$$

于是

$$\int g(x)\mathrm{d}x = \int f[\varphi(x)]\varphi'(x)\mathrm{d}x \xlongequal{u=\varphi(x)} \int f(u)\mathrm{d}u = F[\varphi(x)]+C.$$

这就是第一类换元法的一般过程,其中 $\varphi'(x)\mathrm{d}x$ 写成 $\mathrm{d}\varphi(x)$ 的过程称为**凑微分**,是第一类换元法的核心,所以第一类换元法也称为**凑微分法**. 下面通过一些具体的例子来说明第一类换元法的应用.

例 1 求 $\int 2\cos 2x\mathrm{d}x$.

解 设 $u=2x$,于是 $\mathrm{d}u=2\mathrm{d}x$,则

$$\int 2\cos 2x\mathrm{d}x = \int \cos 2x\mathrm{d}(2x) = \int \cos u\mathrm{d}u = \sin u+C = \sin 2x+C.$$

例 2 求 $\int \dfrac{1}{3+2x}\mathrm{d}x$.

解 设 $u=3+2x$,于是 $\mathrm{d}u=2\mathrm{d}x$,即 $\mathrm{d}x=\dfrac{1}{2}\mathrm{d}u$,则

$$\int \frac{1}{3+2x}\mathrm{d}x = \int \frac{1}{u}\frac{1}{2}\mathrm{d}u = \frac{1}{2}\int \frac{\mathrm{d}u}{u} = \frac{1}{2}\ln|u|+C = \frac{1}{2}\ln|3+2x|+C.$$

一般地,对于积分 $\int f(ax+b)\mathrm{d}x$, $a\neq 0$,总可以作变换 $u=ax+b$,把它化为

$$\int f(ax+b)\mathrm{d}x = \int \frac{1}{a}f(ax+b)\mathrm{d}(ax+b) = \frac{1}{a}\left[\int f(u)\mathrm{d}u\right]_{u=ax+b}.$$

例 3 求 $\int x\sqrt{1-x^2}\mathrm{d}x$.

解 设 $u=1-x^2$,于是 $\mathrm{d}u=-2x\mathrm{d}x$,即 $x\mathrm{d}x=-\dfrac{1}{2}\mathrm{d}u$,则

$$\int x\sqrt{1-x^2}\mathrm{d}x = \int u^{\frac{1}{2}}\left(-\frac{1}{2}\right)\mathrm{d}u = -\frac{1}{2}\times\frac{2}{3}u^{\frac{3}{2}}+C$$

$$= -\frac{1}{3}u^{\frac{3}{2}}+C = -\frac{1}{3}(1-x^2)^{\frac{3}{2}}+C.$$

在对变量代换比较熟练以后,可不设出中间变量,使书写简化.

例 4 求 $\int x^2\mathrm{e}^{x^3}\mathrm{d}x$.

解　$\int x^2 \mathrm{e}^{x^3}\mathrm{d}x = \dfrac{1}{3}\int \mathrm{e}^{x^3}(x^3)'\mathrm{d}x = \dfrac{1}{3}\int \mathrm{e}^{x^3}\mathrm{d}(x^3) = \dfrac{1}{3}\mathrm{e}^{x^3}+C.$

本例实际上已经用了变量代换 $u=x^3$，并在求出积分 $\dfrac{1}{3}\int \mathrm{e}^u\mathrm{d}u$ 之后，代回原积分变量 x，只是没有把这些步骤明显地写出来而已.

例 5　求 $\int \tan x\mathrm{d}x$.

解　$\int \tan x\mathrm{d}x = \int \dfrac{\sin x}{\cos x}\mathrm{d}x = -\int \dfrac{\mathrm{d}(\cos x)}{\cos x} = -\ln|\cos x|+C$

$\qquad\qquad = \ln\dfrac{1}{|\cos x|}+C = \ln|\sec x|+C.$

例 6　求 $\int \dfrac{\mathrm{d}x}{a^2+x^2}$　$(a>0)$.

解　$\int \dfrac{1}{a^2+x^2}\mathrm{d}x = \int \dfrac{1}{a^2}\dfrac{1}{1+\left(\dfrac{x}{a}\right)^2}\mathrm{d}x = \dfrac{1}{a}\int \dfrac{1}{1+\left(\dfrac{x}{a}\right)^2}\mathrm{d}\left(\dfrac{x}{a}\right) = \dfrac{1}{a}\arctan\dfrac{x}{a}+C.$

例 7　求 $\int \dfrac{1}{x^2-a^2}\mathrm{d}x$　$(a\neq 0)$.

解　因为 $\dfrac{1}{x^2-a^2} = \dfrac{1}{2a}\left(\dfrac{1}{x-a}-\dfrac{1}{x+a}\right)$，所以

$\int \dfrac{1}{x^2-a^2}\mathrm{d}x = \dfrac{1}{2a}\int \left(\dfrac{1}{x-a}-\dfrac{1}{x+a}\right)\mathrm{d}x = \dfrac{1}{2a}\left[\int \dfrac{\mathrm{d}(x-a)}{x-a}-\int \dfrac{\mathrm{d}(x+a)}{x+a}\right]$

$\qquad\qquad = \dfrac{1}{2a}(\ln|x-a|-\ln|x+a|)+C = \dfrac{1}{2a}\ln\left|\dfrac{x-a}{x+a}\right|+C.$

例 8　求 $\int \dfrac{\mathrm{d}x}{\sqrt{a^2-x^2}}$　$(a>0)$.

解　$\int \dfrac{\mathrm{d}x}{\sqrt{a^2-x^2}} = \int \dfrac{1}{a}\dfrac{\mathrm{d}x}{\sqrt{1-\left(\dfrac{x}{a}\right)^2}} = \int \dfrac{\mathrm{d}\left(\dfrac{x}{a}\right)}{\sqrt{1-\left(\dfrac{x}{a}\right)^2}} = \arcsin\dfrac{x}{a}+C.$

例 9　求 $\int \dfrac{\mathrm{e}^x}{\mathrm{e}^x+1}\mathrm{d}x$.

解 $\displaystyle\int\frac{e^x}{e^x+1}dx=\int\frac{1}{e^x+1}d(e^x+1)=\ln(e^x+1)+C.$

例 10 求 $\displaystyle\int\sin^3xdx.$

解
$$\int\sin^3xdx=\int\sin^2x\sin xdx=-\int(1-\cos^2x)d(\cos x)$$
$$=-\int d(\cos x)+\int\cos^2xd(\cos x)$$
$$=-\cos x+\frac{1}{3}\cos^3x+C.$$

例 11 求 $\displaystyle\int\sec xdx.$

解
$$\int\sec xdx=\int\frac{dx}{\cos x}=\int\frac{\cos x}{\cos^2x}dx=\int\frac{d(\sin x)}{1-\sin^2x}=\frac{1}{2}\ln\left|\frac{1+\sin x}{1-\sin x}\right|+C.$$

注 利用三角公式和对数的性质，可以把这个结果变形. 因为
$$\frac{1}{2}\ln\left|\frac{1+\sin x}{1-\sin x}\right|=\frac{1}{2}\ln\left|\frac{(1+\sin x)^2}{1-\sin^2x}\right|=\frac{1}{2}\ln\left|\frac{1+\sin x}{\cos x}\right|^2$$
$$=\ln\left|\frac{1}{\cos x}+\frac{\sin x}{\cos x}\right|=\ln|\sec x+\tan x|,$$

所以，有
$$\int\sec xdx=\ln|\sec x+\tan x|+C.$$

用类似的方法可得
$$\int\csc xdx=\ln|\csc x-\cot x|+C.$$

积分 $\displaystyle\int\sec xdx$ 也可以用以下方法计算：
$$\int\sec xdx=\int\frac{\sec x(\sec x+\tan x)}{\sec x+\tan x}dx=\int\frac{(\sec x+\tan x)'}{\sec x+\tan x}dx$$
$$=\int\frac{1}{\sec x+\tan x}d(\sec x+\tan x)$$
$$=\ln|\sec x+\tan x|+C.$$

例 12 求 $\displaystyle\int\tan^3xdx.$

解 $\displaystyle\int \tan^3 x \mathrm{d}x = \int \tan x \tan^2 x \mathrm{d}x = \int \tan x(\sec^2 x - 1)\mathrm{d}x$

$\displaystyle\qquad = \int \sec x \sec x \tan x \mathrm{d}x - \int \tan x \mathrm{d}x$

$\displaystyle\qquad = \int \sec x \mathrm{d}(\sec x) - \ln|\sec x|$

$\displaystyle\qquad = \frac{1}{2}\sec^2 x - \ln|\sec x| + C.$

例 13 求 $\displaystyle\int \sin^2 x \mathrm{d}x.$

解 $\displaystyle\int \sin^2 x \mathrm{d}x = \frac{1}{2}\int (1 - \cos 2x)\mathrm{d}x = \frac{1}{2}\left(\int \mathrm{d}x - \int \cos 2x \mathrm{d}x\right)$

$\displaystyle\qquad = \frac{1}{2}\int \mathrm{d}x - \frac{1}{2}\int \cos 2x \mathrm{d}x = \frac{1}{2}\int \mathrm{d}x - \frac{1}{4}\int \cos 2x \mathrm{d}(2x)$

$\displaystyle\qquad = \frac{x}{2} - \frac{1}{4}\sin 2x + C.$

例 14 求 $\displaystyle\int \sin^2 x \cos^3 x \mathrm{d}x.$

解 $\displaystyle\int \sin^2 x \cos^2 x \cos x \mathrm{d}x = \int \sin^2 x(1 - \sin^2 x)\mathrm{d}(\sin x)$

$\displaystyle\qquad = \int (\sin^2 x - \sin^4 x)\mathrm{d}(\sin x)$

$\displaystyle\qquad = \frac{1}{3}\sin^3 x - \frac{1}{5}\sin^5 x + C.$

例 15 求 $\displaystyle\int \tan^3 x \sec^3 x \mathrm{d}x.$

解 $\displaystyle\int \tan^3 x \sec^3 x \mathrm{d}x = \int \tan^2 x \sec^2 x \sec x \tan x \mathrm{d}x$

$\displaystyle\qquad = \int (\sec^2 x - 1)\sec^2 x \mathrm{d}(\sec x)$

$\displaystyle\qquad = \int (\sec^4 x - \sec^2 x)\mathrm{d}(\sec x)$

$\displaystyle\qquad = \frac{1}{5}\sec^5 x - \frac{1}{3}\sec^3 x + C.$

例 16 求 $\int \sec^4 x \mathrm{d}x.$

解
$$\int \sec^4 x \mathrm{d}x = \int \sec^2 x \sec^2 x \mathrm{d}x = \int (1+\tan^2 x)\,\mathrm{d}(\tan x)$$
$$= \tan x + \frac{1}{3}\tan^3 x + C.$$

例 17 求 $\int \sin 3x \sin 2x \mathrm{d}x.$

解 由三角函数积化和差公式
$$\sin A \sin B = \frac{1}{2}\left[\cos(A-B)-\cos(A+B)\right]$$
得
$$\sin 3x \sin 2x = \frac{1}{2}\left[\cos(3x-2x)-\cos(3x+2x)\right] = \frac{1}{2}(\cos x - \cos 5x),$$
从而
$$\int \sin 3x \sin 2x \mathrm{d}x = \frac{1}{2}\int (\cos x - \cos 5x)\,\mathrm{d}x$$
$$= \frac{1}{2}\left[\int \cos x \mathrm{d}x - \frac{1}{5}\int \cos 5x \mathrm{d}(5x)\right]$$
$$= \frac{1}{2}\sin x - \frac{1}{10}\sin 5x + C.$$

上述列举了一些用第一类换元法（凑微分法）求不定积分的例子，通过这些例子可以看出，凑微分的方法比较灵活，有许多技巧. 希望读者一方面牢记基本公式，另一方面多做练习，注意积累总结常用凑微分的形式，以便更好地掌握第一类换元法.

二、第二类换元法

第一类换元法是通过变量代换 $u = \varphi(x)$，将积分 $\int f[\varphi(x)]\varphi'(x)\mathrm{d}x$ 化为 $\int f(u)\mathrm{d}u$ 来求解，即

$$\int f[\varphi(x)]\varphi'(x)\mathrm{d}x \xrightarrow{\text{令}u=\varphi(x)} \int f(u)\mathrm{d}u.$$

上式从左向右使用是第一类换元法,如果从右向左使用就是所谓的第二类换元法了. 也就是说,积分 $\int f(x)\mathrm{d}x$ 不易求得时,可以选择适当的变量代换 $x=\psi(t)$,将积分 $\int f(x)\mathrm{d}x$ 化为 $\int f[\psi(t)]\psi'(t)\mathrm{d}t$ 的形式. 当然代换要满足一定条件,于是给出下面的定理:

定理2   设 $x=\psi(t)$ 是单调、可导的函数,且 $\psi'(t)\neq0$. 又设 $f[\psi(t)]\psi'(t)$ 具有原函数 $\Phi(t)$,则有换元公式

第二换元法

$$\int f(x)\mathrm{d}x = \int f[\psi(t)]\psi'(t)\mathrm{d}t = \Phi(t)+C = \Phi[\psi^{-1}(x)]+C,$$

其中 $t=\psi^{-1}(x)$ 是 $x=\psi(t)$ 的反函数.

证明   令 $F(x)=\Phi[\psi^{-1}(x)]$,利用复合函数的求导法则及反函数的求导公式,得

$$F'(x)=\frac{\mathrm{d}\Phi}{\mathrm{d}t}\frac{\mathrm{d}t}{\mathrm{d}x}=f[\psi(t)]\psi'(t)\frac{1}{\psi'(t)}=f[\psi(t)]=f(x),$$

即 $F(x)$ 是 $f(x)$ 的原函数,定理得证.

例18   求 $\int\dfrac{1}{1+\sqrt{x}}\mathrm{d}x$.

本题的困难在于被积函数是无理式,如果令 $\sqrt{x}=t$,即 $x=t^2(t>0)$ 就可以将无理式的积分化为有理式的积分.

解   令 $\sqrt{x}=t$,即 $x=t^2(t>0)$,有 $\mathrm{d}x=2t\mathrm{d}t$,则

$$\int\frac{1}{1+\sqrt{x}}\mathrm{d}x = \int\frac{2t}{1+t}\mathrm{d}t = 2\int\left(1-\frac{1}{1+t}\right)\mathrm{d}t = 2[t-\ln(1+t)]+C,$$

变量还原,得

$$\int\frac{\mathrm{d}x}{1+\sqrt{x}} = 2[\sqrt{x}-\ln(1+\sqrt{x})]+C.$$

例19   求 $\int\dfrac{1}{\sqrt{x}+\sqrt[3]{x}}\mathrm{d}x$.

受上例的启发,如果令 $x=t^6$,就可以同时去掉二次根号和 3 次根号,积分就可以化为简单的有理分式的积分.

解　令 $x=t^6$,有 $\mathrm{d}x=6t^5\mathrm{d}t$,则

$$\int\frac{1}{\sqrt{x}+\sqrt[3]{x}}\mathrm{d}x = \int\frac{6t^5}{t^2+t^3}\mathrm{d}t = 6\int\frac{t^3}{1+t}\mathrm{d}t = 6\int\frac{(t^3+1)-1}{1+t}\mathrm{d}t$$

$$=6\int\left(t^2-t+1-\frac{1}{t+1}\right)\mathrm{d}t$$

$$=6\left(\frac{t^3}{3}-\frac{t^2}{2}+t-\ln|t+1|\right)+C$$

$$=2\sqrt{x}-3\sqrt[3]{x}+6\sqrt[6]{x}-6\ln(\sqrt[6]{x}+1)+C.$$

一般而言,有理式的积分相对容易些,如果被积函数中含有 $\sqrt[n]{ax+b}$,则可利用代换 $t=\sqrt[n]{ax+b}$,将无理式的积分化为有理式的积分.

例 20　求 $\displaystyle\int\sqrt{a^2-x^2}\,\mathrm{d}x$　$(a>0)$.

这个积分的困难在于被积函数的根式 $\sqrt{a^2-x^2}$,要设法消去根式. 如果仿照例 18 和例 19 的方法,令 $\sqrt{a^2-x^2}=t$,虽然被积函数的根式化去了,但 $\mathrm{d}x=-\dfrac{t\mathrm{d}t}{\sqrt{a^2-t^2}}$,又产生了新的根式,因此要消去根式,就得考虑其他的代换. 利用熟知的三角公式 $\sin^2t+\cos^2t=1$,如果令 $x=a\sin t$,就能把这个积分化为三角有理式的积分. 这是一个典型的三角代换,称为正弦代换. 三角代换中除了正弦代换外,还有正切代换、正割代换等.

解　设 $x=a\sin t\left(-\dfrac{\pi}{2}<t<\dfrac{\pi}{2}\right)$,$x=a\sin t$ 在 $\left(-\dfrac{\pi}{2},\dfrac{\pi}{2}\right)$ 内满足换元法的条件,于是 $\sqrt{a^2-x^2}=\sqrt{a^2-a^2\sin^2t}=a\cos t,\mathrm{d}x=a\cos t\mathrm{d}t$,则

$$\int\sqrt{a^2-x^2}\,\mathrm{d}x = \int a\cos t\cdot a\cos t\mathrm{d}t = a^2\int\cos^2t\mathrm{d}t$$

$$=a^2\int\frac{1+\cos 2t}{2}\mathrm{d}t=\frac{a^2}{2}\left[\int\mathrm{d}t+\frac{1}{2}\int\cos 2t\mathrm{d}(2t)\right]$$

$$=\frac{a^2}{2}\left(t+\frac{1}{2}\sin 2t\right)+C=\frac{a^2}{2}(t+\sin t\cos t)+C.$$

因为所作的代换为

$$x = a\sin t \quad \left(-\frac{\pi}{2} < t < \frac{\pi}{2}\right),$$

所以

$$t = \arcsin\frac{x}{a}, \quad \sin t = \frac{x}{a}, \quad \cos t = \sqrt{1 - \frac{x^2}{a^2}} = \frac{\sqrt{a^2 - x^2}}{a},$$

代入即得

$$\int \sqrt{a^2 - x^2}\,\mathrm{d}x = \frac{a^2}{2}\arcsin\frac{x}{a} + \frac{x}{2}\sqrt{a^2 - x^2} + C.$$

在利用三角代换求不定积分过程中,常用辅助三角形进行变量还原. 这里所作的代换是 $x = a\sin t$,即 $\sin t = \frac{x}{a}$,作一个以 t 为锐角的直角三角形(见图4-3),使得 t 的对边长为 x,斜边长为 a,则邻边长为 $\sqrt{a^2 - x^2}$,由这个辅助三角形就可以得到 $\cos t = \frac{\sqrt{a^2 - x^2}}{a}$.

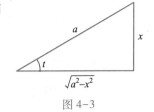

图 4-3

例 21　求 $\displaystyle\int \frac{\mathrm{d}x}{\sqrt{x^2 + a^2}}$　$(a > 0)$.

解　利用三角公式 $1 + \tan^2 t = \sec^2 t$ 化去被积函数中的根号.

设 $x = a\tan t\left(-\frac{\pi}{2} < t < \frac{\pi}{2}\right)$,则

$$\sqrt{x^2 + a^2} = \sqrt{a^2\tan^2 t + a^2} = a\sec t, \quad \mathrm{d}x = a\sec^2 t\,\mathrm{d}t,$$

于是

$$\int \frac{\mathrm{d}x}{\sqrt{x^2 + a^2}} = \int \frac{a\sec^2 t}{a\sec t}\,\mathrm{d}t = \int \sec t\,\mathrm{d}t = \ln|\sec t + \tan t| + C_1.$$

利用辅助三角形进行变量还原. 根据所作的代换 $\tan t = \frac{x}{a}$,作一个以 t 为锐角,x 为 t 的对边,a 为 t 的邻边的直角三角形(见图4-4),就可以得到

$$\sec t = \frac{\sqrt{x^2 + a^2}}{a},$$

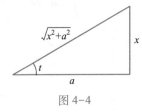

图 4-4

故

$$\int \frac{\mathrm{d}x}{\sqrt{x^2+a^2}} = \ln\left(\frac{x}{a}+\frac{\sqrt{x^2+a^2}}{a}\right) = \ln\left(x+\sqrt{x^2+a^2}\right) + C,$$

其中 $C = C_1 - \ln a$.

例 22 求 $\int \dfrac{\mathrm{d}x}{\sqrt{x^2-a^2}}$ $(a>0)$.

解 被积函数的定义域为 $x>a$ 或 $x<-a$.

当 $x>a$ 时,设 $x = a\sec t\left(0<t<\dfrac{\pi}{2}\right)$,于是

$$\sqrt{x^2-a^2} = a\tan t, \quad \mathrm{d}x = a\sec t\tan t\mathrm{d}t,$$

则

$$\int \frac{\mathrm{d}x}{\sqrt{x^2-a^2}} = \int \frac{a\sec t\tan t}{a\tan t}\mathrm{d}t = \int \sec t\mathrm{d}t$$

$$= \ln|\sec t+\tan t| + C_1 = \ln\left(x+\sqrt{x^2-a^2}\right) + C.$$

当 $x<-a$ 时,令 $u=-x$,则 $u>a$, $\mathrm{d}u=-\mathrm{d}x$,于是

$$\int \frac{\mathrm{d}x}{\sqrt{x^2-a^2}} = -\int \frac{\mathrm{d}u}{\sqrt{u^2-a^2}} = -\ln\left(u+\sqrt{u^2-a^2}\right) + C_1$$

$$= \ln\left[-\left(x+\sqrt{x^2-a^2}\right)\right] + C \quad (C=C_1-\ln a^2).$$

综上所述,得

$$\int \frac{\mathrm{d}x}{\sqrt{x^2-a^2}} = \ln\left|x+\sqrt{x^2-a^2}\right| + C.$$

注 用变量代换消去根式的一般规律如下:

(1) 如果被积函数中含 $\sqrt{a^2-x^2}$,可作代换 $x=a\sin t$, $t\in\left(-\dfrac{\pi}{2},\dfrac{\pi}{2}\right)$;

(2) 如果被积函数中含 $\sqrt{x^2+a^2}$,可作代换 $x=a\tan t$, $t\in\left(-\dfrac{\pi}{2},\dfrac{\pi}{2}\right)$ 或 $x=a\sinh t$(双曲代换);

(3) 如果被积函数中含 $\sqrt{x^2-a^2}$,可作代换 $x=\pm a\sec t$, $t\in\left(0,\dfrac{\pi}{2}\right)$.

当被积函数是有理分式且分母中的多项式次数较高时,可以利用所谓的倒代换:$x = \dfrac{1}{t}$的方法求不定积分.

例 23 求 $\displaystyle\int \dfrac{1}{x(x^5+3)}\mathrm{d}x$.

解 用倒代换的方法. 令 $x = \dfrac{1}{t}$,则 $\mathrm{d}x = -\dfrac{1}{t^2}\mathrm{d}t$,于是

$$\int \frac{1}{x(x^5+3)}\mathrm{d}x = \int \frac{1}{\dfrac{1}{t}\left(\dfrac{1}{t^5}+3\right)}\left(-\frac{1}{t^2}\right)\mathrm{d}t$$

$$= -\int \frac{t^4}{1+3t^5}\mathrm{d}t = -\frac{1}{15}\int \frac{1}{1+3t^5}\mathrm{d}(1+3t^5)$$

$$= -\frac{1}{15}\ln|1+3t^5| + C = -\frac{1}{15}\ln\left|1+\frac{3}{x^5}\right| + C$$

$$= -\frac{1}{15}\ln|x^5+3| + \frac{1}{3}\ln|x| + C.$$

除本节例题中的几个积分以外,还有几个积分是以后会经常遇到的,现一并列出,它们可以当作公式使用(其中常数 $a>0$):

(1) $\displaystyle\int \tan x\,\mathrm{d}x = -\ln|\cos x| + C$;　　(2) $\displaystyle\int \cot x\,\mathrm{d}x = \ln|\sin x| + C$;

(3) $\displaystyle\int \sec x\,\mathrm{d}x = \ln|\sec x + \tan x| + C$;　　(4) $\displaystyle\int \csc x\,\mathrm{d}x = \ln|\csc x - \cot x| + C$;

(5) $\displaystyle\int \dfrac{\mathrm{d}x}{a^2+x^2} = \dfrac{1}{a}\arctan\dfrac{x}{a} + C$;　　(6) $\displaystyle\int \dfrac{\mathrm{d}x}{x^2-a^2} = \dfrac{1}{2a}\ln\left|\dfrac{x-a}{x+a}\right| + C$;

(7) $\displaystyle\int \dfrac{\mathrm{d}x}{\sqrt{a^2-x^2}} = \arcsin\dfrac{x}{a} + C$;　　(8) $\displaystyle\int \dfrac{\mathrm{d}x}{\sqrt{x^2+a^2}} = \ln\left(x+\sqrt{x^2+a^2}\right) + C$;

(9) $\displaystyle\int \dfrac{\mathrm{d}x}{\sqrt{x^2-a^2}} = \ln\left|x+\sqrt{x^2-a^2}\right| + C$.

作为积分公式应用的代表,下面举 3 个例子:

例 24 求 $\displaystyle\int \dfrac{\mathrm{d}x}{\sqrt{1-2x-x^2}}$.

解　$\displaystyle\int\frac{\mathrm{d}x}{\sqrt{1-2x-x^2}}=\int\frac{1}{\sqrt{(\sqrt2)^2-(x+1)^2}}\mathrm{d}(x+1)=\arcsin\frac{x+1}{\sqrt2}+C.$

例25　求 $\displaystyle\int\frac{\mathrm{d}x}{x^2+2x+3}.$

解　$\displaystyle\int\frac{\mathrm{d}x}{x^2+2x+3}=\int\frac{1}{(x+1)^2+(\sqrt2)^2}\mathrm{d}(x+1)=\frac{1}{\sqrt2}\arctan\frac{x+1}{\sqrt2}+C.$

例26　求 $\displaystyle\int\frac{\mathrm{d}x}{\sqrt{4x^2+9}}.$

解　$\displaystyle\int\frac{\mathrm{d}x}{\sqrt{4x^2+9}}=\int\frac{\mathrm{d}x}{\sqrt{(2x)^2+3^2}}=\frac12\int\frac{1}{\sqrt{(2x)^2+3^2}}\mathrm{d}(2x)$

$$=\frac12\ln(2x+\sqrt{4x^2+9})+C.$$

注　换元积分法的方法十分灵活,技巧性强,其目标都是将被积函数向基本积分公式或容易积分的形式转化,读者应掌握这种思想方法,灵活运用.

例27　求 $\displaystyle\int x(x+1)^{10}\mathrm{d}x.$

解　设 $x+1=t$,于是 $x=t-1,\mathrm{d}x=\mathrm{d}t$,则

$$\int x(x+1)^{10}\mathrm{d}x=\int(t-1)t^{10}\mathrm{d}t=\int(t^{11}-t^{10})\mathrm{d}t$$

$$=\frac{1}{12}t^{12}-\frac{1}{11}t^{11}+C$$

$$=\frac{1}{12}(x+1)^{12}-\frac{1}{11}(x+1)^{11}+C.$$

此题也可用凑微分法计算

$$\int x(x+1)^{10}\mathrm{d}x=\int[(x+1)(x+1)^{10}-(x+1)^{10}]\mathrm{d}x$$

$$=\int[(x+1)^{11}-(x+1)^{10}]\mathrm{d}x$$

$$=\int(x+1)^{11}\mathrm{d}(x+1)-\int(x+1)^{10}\mathrm{d}(x+1)$$

$$=\frac{1}{12}(x+1)^{12}-\frac{1}{11}(x+1)^{11}+C.$$

习题 4-2

1. 对于积分 $I = \int \sin 2x \mathrm{d}x$,得到以下结果:

$$I = 2 \int \sin x \cos x \mathrm{d}x = \sin^2 x + C,$$

$$I = 2 \int \cos x \sin x \mathrm{d}x = -\cos^2 x + C,$$

$$I = \frac{1}{2} \int \sin 2x \mathrm{d}(2x) = -\frac{1}{2} \cos 2x + C,$$

这是否有矛盾? 如何解释?

2. 在下列各式等号右端的空白处填入适当的系数,使得等式成立.

(1) $\mathrm{d}x = $ ___ $\mathrm{d}(ax)$;

(2) $\mathrm{d}x = $ ___ $\mathrm{d}(7x-3)$;

(3) $x\mathrm{d}x = $ ___ $\mathrm{d}(2x^2+1)$;

(4) $\dfrac{\mathrm{d}x}{\sqrt{x}} = $ ___ $\mathrm{d}(\sqrt{x})$;

(5) $\dfrac{\mathrm{d}x}{x^2} = $ ___ $\mathrm{d}\left(\dfrac{1}{x}\right)$;

(6) $x^3 \mathrm{d}x = $ ___ $\mathrm{d}(3x^4-2)$;

(7) $\sin \dfrac{3}{2}x\mathrm{d}x = $ ___ $\mathrm{d}\left(\cos \dfrac{3}{2}x\right)$;

(8) $\mathrm{e}^{-\frac{x}{2}}\mathrm{d}x = $ ___ $\mathrm{d}(1+\mathrm{e}^{-\frac{x}{2}})$;

(9) $\dfrac{\mathrm{d}x}{x} = $ ___ $\mathrm{d}(3-5\ln |x|)$;

(10) $\dfrac{\mathrm{d}x}{1+9x^2} = $ ___ $\mathrm{d}(\arctan 3x)$;

(11) $\dfrac{\mathrm{d}x}{\sqrt{1-4x^2}} = $ ___ $\mathrm{d}(\arcsin 2x)$;

(12) $\dfrac{x\mathrm{d}x}{\sqrt{1-x^2}} = $ ___ $\mathrm{d}(\sqrt{1-x^2})$.

3. 求下列不定积分.

(1) $\int \sqrt{1-2x}\, \mathrm{d}x$;

(2) $\int (3x-2)^{-\frac{2}{3}} \mathrm{d}x$;

(3) $\int \sin\left(\dfrac{2\pi x}{T} + \phi\right) \mathrm{d}x$;

(4) $\int \mathrm{e}^{2x+3} \mathrm{d}x$;

（5）$\int xe^{-x^2}dx$；

（6）$\int \dfrac{xdx}{\sqrt{1+x^2}}$；

（7）$\int \dfrac{e^x-1}{e^x+1}dx$；

（8）$\int \dfrac{\sec^2\sqrt{x}\,dx}{\sqrt{x}}$；

（9）$\int \dfrac{x^3}{1+x^8}dx$；

（10）$\int \tan^3 x\sec x\,dx$；

（11）$\int e^x\cos e^x dx$；

（12）$\int \dfrac{\ln^2 x}{x}dx$；

（13）$\int \dfrac{dx}{x(1+2\ln x)}$；

（14）$\int \dfrac{1}{x\ln x\ln(\ln x)}dx$；

（15）$\int \dfrac{\sec^2 x}{1+\tan x}dx$；

（16）$\int \dfrac{\sin x+\cos x}{\sqrt[3]{\sin x-\cos x}}dx$

（17）$\int \dfrac{\arctan x}{1+x^2}dx$；

（18）$\int \dfrac{\arcsin x}{\sqrt{1-x^2}}dx$；

（19）$\int \dfrac{1+\ln x}{(x\ln x)^2}dx$；

（20）$\int \left(1-\dfrac{1}{x^2}\right)e^{x+\frac{1}{x}}dx$；

（21）$\int \dfrac{\arctan\sqrt{x}}{\sqrt{x}(1+x)}dx$；

（22）$\int \dfrac{1-\sin x}{1+\sin x}dx$；

（23）$\int \dfrac{2x-1}{\sqrt{1-x^2}}dx$；

（24）$\int e^{\arctan f(x)}\dfrac{f'(x)\,dx}{1+f^2(x)}$.

4. 求下列不定积分.

（1）$\int \dfrac{x^2 dx}{\sqrt{a^2-x^2}}(a>0)$；

（2）$\int \dfrac{dx}{x\sqrt{x^2-1}}$；

（3）$\int \dfrac{dx}{\sqrt{(x^2+1)^3}}$；

（4）$\int \dfrac{\sqrt{x^2-9}}{x}dx$；

（5）$\int \dfrac{dx}{1+\sqrt{2x}}$；

（6）$\int \dfrac{x^2}{(x-2)^{100}}dx$；

（7）$\int \dfrac{dx}{(1+x^2)^2}$；

（8）$\int \dfrac{dx}{x+\sqrt{1-x^2}}$；

(9) $\displaystyle\int \frac{\mathrm{d}x}{\sqrt{2x-1}-\sqrt[4]{2x-1}}$;

(10) $\displaystyle\int \frac{\mathrm{d}x}{\sqrt{\mathrm{e}^x+2}}$.

(11) $\displaystyle\int \frac{1}{x+\sqrt{x}}\mathrm{d}x$;

(12) $\displaystyle\int \frac{1}{x(x^8-2)}\mathrm{d}x$.

第三节   分部积分法

第二节中由复合函数的微分法出发,建立了不定积分的换元积分法. 但是,当被积函数为两个不同类型函数的乘积时,换元积分法往往不适用,例如 $\displaystyle\int x\sin x\mathrm{d}x$, $\displaystyle\int x\ln x\mathrm{d}x$, $\displaystyle\int \mathrm{e}^x\sin x\mathrm{d}x$ 等.

分部积分法

本节将介绍另一种求不定积分的方法——**分部积分法**,它可以解决这类问题.

设函数 $u=u(x)$ 及 $v=v(x)$ 具有连续的导数,则由两个函数乘积的求导法则,得

$$(uv)'=u'v+uv',$$

移项,得

$$uv'=(uv)'-u'v,$$

两边积分,得

$$\int u\mathrm{d}v=uv-\int v\mathrm{d}u$$

或

$$\int uv'\mathrm{d}x=uv-\int u'v\mathrm{d}x,$$

这两个公式称为**分部积分公式**. 下面举例说明分部积分公式的应用.

例 1   求 $\displaystyle\int x\cos x\mathrm{d}x$.

解   取 $u=x$, $\mathrm{d}v=\cos x\mathrm{d}x$,则 $\mathrm{d}u=\mathrm{d}x$, $v=\sin x$,由分部积分公式得

$$\int x\cos x\mathrm{d}x=\int x\mathrm{d}(\sin x)=x\sin x-\int \sin x\mathrm{d}x=x\sin x+\cos x+C.$$

在上例中,若取 $u=\cos x, dv=x dx$, 于是 $du=-\sin x dx, v=\dfrac{1}{2}x^2$, 由分部积分公式得

$$\int x\cos x dx = \frac{1}{2}x^2\cos x + \int \frac{1}{2}x^2\sin x dx.$$

上式右端的不定积分比原积分更不容易求出. 这说明用分部积分法求不定积分时, 恰当选取 u 和 dv 是一个关键. 一般而言, 选取 u 和 dv 原则是:

（1）v 要容易求出;

（2）$\int v du$ 要比 $\int u dv$ 容易计算.

例 2 求 $\int x e^x dx$.

解 取 $u=x, dv=e^x dx$, 则 $du=dx, v=e^x$, 由分部积分公式得

$$\int x e^x dx = \int x d(e^x) = x e^x - \int e^x dx = x e^x - e^x + C.$$

应用分部积分公式时, 也可不必设出 u, v, 这样能使书写简化. 例如本例可以直接写成

$$\int x e^x dx = \int x d(e^x) = x e^x - \int e^x dx = x e^x - e^x + C.$$

分部积分公式 $\int u dv = uv - \int v du$ 可理解为: $u dv$ 的积分, 等于 d 前、后两个函数的乘积, 减去 d 前、后两个函数交换位置以后的积分.

利用分部积分公式可得如下递推公式:

$$I_n = \int x^n e^x dx = \int x^n d(e^x) = x^n e^x - \int n x^{n-1} e^x dx = x^n e^x - n I_{n-1},$$

再结合例 2 的结果就可以求得 $I_n = \int x^n e^x dx$.

例 3 求 $\int x^2 e^{-x} dx$.

解
$$\int x^2 e^{-x} dx = -\int x^2 d(e^{-x}) = -x^2 e^{-x} + 2\int x e^{-x} dx$$
$$= -x^2 e^{-x} - 2\int x d(e^{-x}) = -x^2 e^{-x} - 2x e^{-x} + 2\int e^{-x} dx$$
$$= -x^2 e^{-x} - 2x e^{-x} - 2 e^{-x} + C = -e^{-x}(x^2 + 2x + 2) + C.$$

通过这几个例题可以看出，形如 $\int x^n \cos \alpha x \mathrm{d}x$，$\int x^n \sin \alpha x \mathrm{d}x$ 和 $\int x^n e^{\beta x} \mathrm{d}x$（其中 n 是正整数）的不定积分都可以用分部积分法来求，只要取 $u = x^n$ 就行了. 当然分部积分公式可以多次使用，而每用一次分部积分公式，幂函数的次数就降低一次，使用 n 次分部积分公式就可得到结果.

例 4 求 $\int x \ln x \mathrm{d}x$.

在本例中，$\ln x$ 的原函数不易求得，取 $u = \ln x$，$\mathrm{d}v = x \mathrm{d}x$，用一次分部积分公式后，就化成了幂函数的不定积分.

解 $\displaystyle \int x \ln x \mathrm{d}x = \frac{1}{2} \int \ln x \mathrm{d}(x^2) = \frac{1}{2} x^2 \ln x - \frac{1}{2} \int x \mathrm{d}x = \frac{1}{2} x^2 \ln x - \frac{1}{4} x^2 + C.$

例 5 求 $\int \arccos x \mathrm{d}x$.

解
$$\begin{aligned}
\int \arccos x \mathrm{d}x &= x \arccos x + \int \frac{x}{\sqrt{1-x^2}} \mathrm{d}x \\
&= x \arccos x - \frac{1}{2} \int (1-x^2)^{-\frac{1}{2}} \mathrm{d}(1-x^2) \\
&= x \arccos x - \frac{1}{2} \frac{1}{-\frac{1}{2}+1} (1-x^2)^{-\frac{1}{2}+1} + C \\
&= x \arccos x - \sqrt{1-x^2} + C.
\end{aligned}$$

例 6 求 $\int x \arctan x \mathrm{d}x$.

解
$$\begin{aligned}
\int x \arctan x \mathrm{d}x &= \frac{1}{2} \int \arctan x \mathrm{d}(x^2) \\
&= \frac{1}{2} x^2 \arctan x - \frac{1}{2} \int \frac{x^2}{1+x^2} \mathrm{d}x \\
&= \frac{1}{2} x^2 \arctan x - \frac{1}{2} \int \frac{x^2+1-1}{1+x^2} \mathrm{d}x \\
&= \frac{1}{2} x^2 \arctan x - \frac{1}{2} \int \left(1 - \frac{1}{1+x^2}\right) \mathrm{d}x \\
&= \frac{1}{2} (x^2+1) \arctan x - \frac{1}{2} x + C.
\end{aligned}$$

通过上面的例子可以看到,如果被积函数是幂函数和对数函数的乘积 $x^n \ln x$ 或幂函数和反三角函数的乘积 $x^n \arcsin mx$, $x^n \arccos mx$, $x^n \arctan mx$, 则可以考虑用分部积分法,并取对数函数或反三角函数为 u 即可求出不定积分.

例 7　求 $\int e^x \sin x \mathrm{d}x$.

解　$\int e^x \sin x \mathrm{d}x = \int e^x \mathrm{d}(-\cos x) = -e^x \cos x + \int e^x \cos x \mathrm{d}x$

$$= -e^x \cos x + \int e^x \mathrm{d}(\sin x)$$

$$= -e^x \cos x + e^x \sin x - \int e^x \sin x \mathrm{d}x,$$

移项整理,得

$$\int e^x \sin x \mathrm{d}x = \frac{1}{2} e^x (\sin x - \cos x) + C.$$

需要指出的是,有些不定积分的计算可能要用到多种积分方法.

例 8　求 $\int \sec^3 x \mathrm{d}x$.

解　$\int \sec^3 x \mathrm{d}x = \int \sec x \sec^2 x \mathrm{d}x = \int \sec x \mathrm{d}(\tan x)$

$$= \sec x \tan x - \int \sec x \tan^2 x \mathrm{d}x$$

$$= \sec x \tan x - \int \sec x (\sec^2 x - 1) \mathrm{d}x$$

$$= \sec x \tan x - \int \sec^3 x \mathrm{d}x + \int \sec x \mathrm{d}x$$

$$= \sec x \tan x + \ln|\sec x + \tan x| - \int \sec^3 x \mathrm{d}x,$$

移项整理,得

$$\int \sec^3 x \mathrm{d}x = \frac{1}{2}(\sec x \tan x + \ln|\sec x + \tan x|) + C.$$

例 9　求 $I_n = \int \dfrac{\mathrm{d}x}{(x^2 + a^2)^n}, \quad n \in \mathbf{N}_+.$

解   当 $n=1$ 时，$I_1 = \int \dfrac{\mathrm{d}x}{x^2+a^2} = \dfrac{1}{a}\arctan\dfrac{x}{a}+C$；

当 $n>1$ 时，由分部积分公式得

$$I_{n-1} = \int \frac{\mathrm{d}x}{(x^2+a^2)^{n-1}}$$

$$= \frac{x}{(x^2+a^2)^{n-1}} + 2(n-1)\int \frac{x^2}{(x^2+a^2)^n}\mathrm{d}x$$

$$= \frac{x}{(x^2+a^2)^{n-1}} + 2(n-1)\int \left[\frac{1}{(x^2+a^2)^{n-1}} - \frac{a^2}{(x^2+a^2)^n}\right]\mathrm{d}x,$$

即

$$I_{n-1} = \frac{x}{(x^2+a^2)^{n-1}} + 2(n-1)(I_{n-1}-a^2 I_n),$$

故

$$I_n = \frac{1}{2a^2(n-1)}\left[\frac{x}{(x^2+a^2)^{n-1}} + (2n-3)I_{n-1}\right].$$

由此递推公式和 I_1，可计算得 I_n.

例 10   求 $\int \mathrm{e}^{\sqrt{x}}\mathrm{d}x$.

解   设 $t=\sqrt{x}$，则 $x=t^2$，$\mathrm{d}x=2t\mathrm{d}t$，于是

$$\int \mathrm{e}^{\sqrt{x}}\mathrm{d}x = 2\int t\mathrm{e}^t \mathrm{d}t = 2(t-1)\mathrm{e}^t + C = 2(\sqrt{x}-1)\mathrm{e}^{\sqrt{x}}+C.$$

在本例积分计算中，用到了换元积分法与分部积分法.

习题 4-3

1. 求下列不定积分.

(1) $\int x\sin x\mathrm{d}x$；   (2) $\int x\cos 2x\mathrm{d}x$；   (3) $\int x\mathrm{e}^{-x}\mathrm{d}x$；

(4) $\int \ln x \mathrm{d}x$;　　　　(5) $\int \arcsin x \mathrm{d}x$;　　　　(6) $\int x^2 \arctan x \mathrm{d}x$;

(7) $\int \mathrm{e}^{-x} \cos x \mathrm{d}x$;　　　　(8) $\int x \tan^2 x \mathrm{d}x$;　　　　(9) $\int \dfrac{x \cos x}{\sin^3 x} \mathrm{d}x$;

(10) $\int \mathrm{e}^{\sqrt[3]{x}} \mathrm{d}x$;　　　　(11) $\int \dfrac{\ln(\ln x)}{x} \mathrm{d}x$;　　　　(12) $\int \cos \sqrt{x} \mathrm{d}x$;

(13) $\int \mathrm{e}^x \sin^2 x \mathrm{d}x$;　　　　(14) $\int (1-2x^2) \mathrm{e}^{-x^2} \mathrm{d}x$;　　　　(15) $\int \dfrac{x \arcsin x}{\sqrt{1-x^2}} \mathrm{d}x$;

(16) $\int x \sin x \cos x \mathrm{d}x$;　　　　(17) $\int \dfrac{\ln x}{x^2} \mathrm{d}x$;　　　　(18) $\int \dfrac{\ln(1+x)}{\sqrt{x}} \mathrm{d}x$;

(19) $\int x^5 \ln x \mathrm{d}x$;　　　　(20) $\int x^2 \mathrm{e}^{3x} \mathrm{d}x$;　　　　(21) $\int x \ln \dfrac{1+x}{x} \mathrm{d}x$.

2. 已知 $f(x)$ 的一个原函数为 $(1+\sin x) \ln x$, 求 $\int x f'(x) \mathrm{d}x$.

3. 设 $f(x)$ 具有二阶连续导数, 求 $\int x f''(x) \mathrm{d}x$.

第四节　有理函数的积分

在第二节和第三节中已经介绍了求不定积分的基本方法——换元积分法和分部积分法. 现在讨论有理函数的积分及两类可化为有理函数的积分.

一、有理函数的积分

1. 有理函数

所谓**有理函数**(rational function)是指由两个多项式的商所表示的函数, 即

$$\frac{P_n(x)}{Q_m(x)} = \frac{a_0 x^n + a_1 x^{n-1} + \cdots + a_{n-1} x + a_n}{b_0 x^m + b_1 x^{m-1} + \cdots + b_{m-1} x + b_m} \overset{\mathrm{def}}{=\!=\!=} R(x),$$

这里 n 和 m 都是非负整数，$a_0 \neq 0$，$b_0 \neq 0$，$P_n(x)$ 和 $Q_m(x)$ 分别是实系数的 n 次和 m 次多项式.

当 $n < m$ 时，称 $R(x)$ 为**有理真分式**；当 $n \geqslant m$ 时，称 $R(x)$ 为**有理假分式**. 对于一个假分式，可用综合除法把它化为一个多项式与一个真分式之和，如

$$\frac{x^3}{x^2+x+1} = x - 1 + \frac{1}{x^2+x+1}.$$

2. 有理函数的分解

定理 设真分式 $\dfrac{P_n(x)}{Q_m(x)}$ 中，$Q_m(x)$ 可因式分解为

$$Q_m(x) = b_0(x-a)^\alpha \cdots (x-b)^\beta (x^2+px+q)^\lambda \cdots (x^2+rx+s)^\mu,$$

其中 $p^2 - 4q < 0, \cdots, r^2 - 4s < 0$，则 $\dfrac{P_n(x)}{Q_m(x)}$ 可以分解为如下部分分式之和：

$$\frac{P_n(x)}{Q_m(x)} = \frac{A_1}{x-a} + \frac{A_2}{(x-a)^2} + \cdots + \frac{A_\alpha}{(x-a)^\alpha} + \cdots +$$

$$\frac{B_1}{x-b} + \frac{B_2}{(x-b)^2} + \cdots + \frac{B_\beta}{(x-b)^\beta} + \cdots +$$

$$\frac{M_1 x + N_1}{x^2+px+q} + \frac{M_2 x + N_2}{(x^2+px+q)^2} + \cdots + \frac{M_\lambda x + N_\lambda}{(x^2+px+q)^\lambda} + \cdots +$$

$$\frac{R_1 x + S_1}{x^2+rx+s} + \frac{R_2 x + S_2}{(x^2+rx+s)^2} + \cdots + \frac{R_\mu x + S_\mu}{(x^2+rx+s)^\mu}.$$

其部分分式的特点：

(1) 分母 $Q_m(x)$ 中如果有因式 $(x-a)^\alpha$，那么分解后对应有下列 α 个部分分式之和

$$\frac{A_1}{x-a} + \frac{A_2}{(x-a)^2} + \cdots + \frac{A_\alpha}{(x-a)^\alpha},$$

其中 $A_1, A_2, \cdots, A_\alpha$ 都是常数.

(2) 分母 $Q_m(x)$ 中如果有因式 $(x^2+px+q)^\lambda$，其中 $p^2 - 4q < 0$，那么分解后对应有下列 λ 个部分分式之和

$$\frac{M_1 x + N_1}{x^2+px+q} + \frac{M_2 x + N_2}{(x^2+px+q)^2} + \cdots + \frac{M_\lambda x + N_\lambda}{(x^2+px+q)^\lambda},$$

其中 $M_i, N_i(i=1,2,\cdots,\lambda)$ 都是常数.

例如,真分式 $\dfrac{x+3}{x^2-5x+6}=\dfrac{x+3}{(x-2)(x-3)}$ 可以分解成

$$\frac{x+3}{(x-2)(x-3)}=\frac{A}{x-2}+\frac{B}{x-3},$$

其中 A,B 为待定常数,可以用下述的方法求出待定常数.

方法一　比较系数法:等式两端去分母后得

$$x+3=A(x-3)+B(x-2), \qquad\qquad (4-1)$$

即

$$x+3=(A+B)x-(3A+2B).$$

其为恒等式,等式两端 x 的同次幂系数相等,于是有

$$\begin{cases} A+B=1, \\ -(3A+2B)=3, \end{cases}$$

解得 $A=-5, B=6$.

方法二　赋值法:在恒等式(4-1)中代入特殊的 x 值,求出待定常数. 令 $x=2$,得 $A=-5$;令 $x=3$,得 $B=6$. 故

$$\frac{x+3}{x^2-5x+6}=\frac{-5}{x-2}+\frac{6}{x-3}.$$

例1　将真分式 $\dfrac{1}{x(x-1)^2}$ 分解成部分分式之和.

解　根据定理,得

$$\frac{1}{x(x-1)^2}=\frac{A}{x}+\frac{B}{x-1}+\frac{C}{(x-1)^2},$$

其中 A,B,C 为待定常数. 两端去分母后,得

$$1=A(x-1)^2+Bx(x-1)+Cx.$$

在上式中,令 $x=0$,得 $A=1$;令 $x=1$,得 $C=1$;令 $x=2$,得 $B=-1$. 于是

$$\frac{1}{x(x-1)^2}=\frac{1}{x}+\frac{-1}{x-1}+\frac{1}{(x-1)^2}.$$

例2　将真分式 $\dfrac{1}{(1+2x)(1+x^2)}$ 分解成部分分式之和.

解   根据定理,得

$$\frac{1}{(1+2x)(1+x^2)}=\frac{A}{1+2x}+\frac{Bx+C}{1+x^2},$$

其中 A,B,C 为待定常数. 两端去分母后,得

$$1=A(1+x^2)+(Bx+C)(1+2x),$$

即

$$1=(A+2B)x^2+(B+2C)x+C+A.$$

比较上式两端 x 的同次幂的系数及常数项,有

$$\begin{cases} A+2B=0, \\ B+2C=0, \\ A+C=1, \end{cases}$$

解之,得

$$A=\frac{4}{5}, \quad B=-\frac{2}{5}, \quad C=\frac{1}{5},$$

于是

$$\frac{1}{(1+2x)(1+x^2)}=\frac{\dfrac{4}{5}}{1+2x}+\frac{-\dfrac{2}{5}x+\dfrac{1}{5}}{1+x^2}.$$

3. 4 种简单真分式的积分

由真分式的分解式可以看到有理真分式的积分,实际上划归为以下 4 种简单真分式的积分.

(1) $\displaystyle\int\frac{A}{x-a}\mathrm{d}x=A\ln|x-a|+C$;

(2) $\displaystyle\int\frac{A}{(x-a)^n}\mathrm{d}x=\frac{A}{1-n}(x-a)^{-n+1}+C \quad (n=2,3,\cdots)$;

(3) $\displaystyle\int\frac{Mx+N}{x^2+px+q}\mathrm{d}x$

$$=\int\frac{\dfrac{M}{2}(x^2+px+q)'+N-\dfrac{Mp}{2}}{x^2+px+q}\mathrm{d}x$$

$$= \frac{M}{2} \int \frac{2x+p}{x^2+px+q} \mathrm{d}x + \int \frac{N-\frac{Mp}{2}}{x^2+px+q} \mathrm{d}x$$

$$= \frac{M}{2} \int \frac{\mathrm{d}(x^2+px+q)}{x^2+px+q} + \left(N-\frac{Mp}{2}\right) \int \frac{\mathrm{d}x}{\left(x+\frac{p}{2}\right)^2 + \left(\frac{\sqrt{4q-p^2}}{2}\right)^2}$$

$$= \frac{M}{2} \ln(x^2+px+q) + \frac{2N-Mp}{\sqrt{4q-p^2}} \arctan \frac{2x+p}{\sqrt{4q-p^2}} + C;$$

$(4)\ \displaystyle\int \frac{Mx+N}{(x^2+px+q)^n} \mathrm{d}x$

$$= \int \frac{\frac{M}{2}(x^2+px+q)' + N - \frac{Mp}{2}}{(x^2+px+q)^n} \mathrm{d}x$$

$$= \frac{M}{2} \int \frac{\mathrm{d}(x^2+px+q)}{(x^2+px+q)^n} + \left(N-\frac{Mp}{2}\right) \int \frac{\mathrm{d}x}{\left[\left(x+\frac{p}{2}\right)^2 + \left(\frac{\sqrt{4q-p^2}}{2}\right)^2\right]^n}$$

$$= \frac{M}{2(1-n)} \frac{1}{(x^2+px+q)^{n-1}} + \left(N-\frac{Mp}{2}\right) \int \frac{1}{(t^2+a^2)^n} \mathrm{d}t \quad (n=2,3,\cdots,p^2-4q<0),$$

其中 $t = x + \dfrac{p}{2}$，$a = \dfrac{1}{2}\sqrt{4q-p^2}$，关于积分 $I_n = \displaystyle\int \frac{1}{(t^2+a^2)^n} \mathrm{d}t$ 的计算见本章第三节中的例 9.

4. 有理函数的积分举例

例 3　求 $\displaystyle\int \frac{x+3}{x^2-5x+6} \mathrm{d}x$.

解　因为

$$\frac{x+3}{x^2-5x+6} = \frac{-5}{x-2} + \frac{6}{x-3},$$

所以

$$\int \frac{x+3}{x^2-5x+6} \mathrm{d}x = -5 \int \frac{\mathrm{d}x}{x-2} + 6 \int \frac{\mathrm{d}x}{x-3}$$

$$= -5\ln|x-2| + 6\ln|x-3| + C.$$

例 4 求 $\int \dfrac{\mathrm{d}x}{x(x-1)^2}$.

解 因为

$$\frac{1}{x(x-1)^2} = \frac{1}{x} - \frac{1}{x-1} + \frac{1}{(x-1)^2},$$

所以

$$\int \frac{\mathrm{d}x}{x(x-1)^2} = \int \frac{\mathrm{d}x}{x} - \int \frac{\mathrm{d}x}{x-1} + \int \frac{\mathrm{d}x}{(x-1)^2}$$

$$= \ln|x| - \ln|x-1| - \frac{1}{x-1} + C.$$

例 5 求 $\int \dfrac{\mathrm{d}x}{(1+2x)(1+x^2)}$.

解 因为

$$\frac{1}{(1+2x)(1+x^2)} = \frac{\dfrac{4}{5}}{1+2x} + \frac{-\dfrac{2}{5}x + \dfrac{1}{5}}{1+x^2},$$

所以

$$\int \frac{\mathrm{d}x}{(1+2x)(1+x^2)} = \frac{4}{5} \int \frac{\mathrm{d}x}{1+2x} + \frac{1}{5} \int \frac{-2x+1}{1+x^2}\mathrm{d}x$$

$$= \frac{2}{5} \int \frac{\mathrm{d}(1+2x)}{1+2x} - \frac{1}{5} \int \frac{\mathrm{d}(1+x^2)}{1+x^2} + \frac{1}{5} \int \frac{\mathrm{d}x}{1+x^2}$$

$$= \frac{2}{5}\ln|1+2x| - \frac{1}{5}\ln(1+x^2) + \frac{1}{5}\arctan x + C.$$

例 6 求 $\int \dfrac{2x^4 - x^3 - x + 1}{x^3 - 1}\mathrm{d}x$.

解 被积函数为假分式,用综合除法将其化为多项式与真分式之和,得

$$\frac{2x^4 - x^3 - x + 1}{x^3 - 1} = 2x - 1 + \frac{x}{x^3 - 1},$$

$$\frac{x}{x^3 - 1} = \frac{x}{(x-1)(x^2+x+1)} = \frac{A}{x-1} + \frac{Bx+C}{x^2+x+1},$$

其中 A, B, C 为待定常数. 由待定系数法得

$$A = \frac{1}{3}, \quad B = -\frac{1}{3}, \quad C = \frac{1}{3},$$

于是

$$\int \frac{2x^4 - x^3 - x + 1}{x^3 - 1} dx$$

$$= \int (2x - 1) dx + \frac{1}{3} \int \frac{dx}{x - 1} - \frac{1}{3} \int \frac{x - 1}{x^2 + x + 1} dx$$

$$= x^2 - x + \frac{1}{3} \ln |x - 1| - \frac{1}{3} \int \frac{x \, dx}{x^2 + x + 1} + \frac{1}{3} \int \frac{1}{x^2 + x + 1} dx$$

$$= x^2 - x + \frac{1}{3} \ln |x - 1| - \frac{1}{6} \int \frac{d(x^2 + x + 1)}{x^2 + x + 1} + \frac{1}{2} \int \frac{d\left(x + \frac{1}{2}\right)}{\left(x + \frac{1}{2}\right)^2 + \left(\frac{\sqrt{3}}{2}\right)^2}$$

$$= x^2 - x + \frac{1}{3} \ln |x - 1| - \frac{1}{6} \ln |x^2 + x + 1| + \frac{1}{\sqrt{3}} \arctan \frac{2x + 1}{\sqrt{3}} + C.$$

例 7 求 $\int \frac{x^2}{(x-1)^{100}} dx$.

解 设 $x - 1 = t$, 即 $x = t + 1$, 于是 $dx = dt$, 则

$$\int \frac{x^2}{(x-1)^{100}} dx = \int \frac{(t+1)^2}{t^{100}} dt = \int \frac{dt}{t^{98}} + 2 \int \frac{dt}{t^{99}} + \int \frac{dt}{t^{100}}$$

$$= -\frac{1}{97} \frac{1}{t^{97}} - \frac{1}{49} \frac{1}{t^{98}} - \frac{1}{99} \frac{1}{t^{99}} + C$$

$$= -\frac{1}{97(x-1)^{97}} - \frac{1}{49(x-1)^{98}} - \frac{1}{99(x-1)^{99}} + C.$$

由前面的讨论可知, 有理函数的原函数都是初等函数, 因而有理函数的积分也都可以通过上述方法来计算. 不过对于有些特殊的有理函数积分, 可以用其他方法简单地求得. 例如,

(1) $\int \frac{x^3 dx}{x^4 + 2} = \frac{1}{4} \int \frac{d(x^4 + 2)}{x^4 + 2} = \frac{1}{4} \ln(x^4 + 2) + C$;

(2) $\int \frac{x dx}{1 + x^4} = \frac{1}{2} \int \frac{dx^2}{1 + (x^2)^2} = \frac{1}{2} \arctan x^2 + C.$

二、三角函数有理式的积分

所谓三角函数有理式是指由三角函数和常数经过有限次四则运算所构成的函数. 因为三角函数的公式较多, 所以三角函数有理式的积分方法通常十分灵活. 但有些三角函数有理式的积分, 用三角公式不容易得到时, 可以用所谓的"万能代换"来计算, 具体方法说明如下.

众所周知, 三角函数都可表示为 $\tan\dfrac{x}{2}$ 的表达式, 即有万能公式:

$$\sin x = \frac{2\tan\dfrac{x}{2}}{1+\tan^2\dfrac{x}{2}}, \quad \cos x = \frac{1-\tan^2\dfrac{x}{2}}{1+\tan^2\dfrac{x}{2}}, \quad \tan x = \frac{2\tan\dfrac{x}{2}}{1-\tan^2\dfrac{x}{2}}.$$

如果作代换 $t = \tan\dfrac{x}{2}$, 则 $x = 2\arctan t$, $\mathrm{d}x = \dfrac{2}{1+t^2}\mathrm{d}t$, 就有

$$\sin x = \frac{2t}{1+t^2}, \quad \cos x = \frac{1-t^2}{1+t^2}, \quad \tan x = \frac{2t}{1-t^2}.$$

由上述讨论可以看出, 通过万能代换就可以把三角函数有理式的积分化为有理函数的积分.

例 8　求 $\displaystyle\int \frac{1+\sin x}{\sin x(1+\cos x)}\mathrm{d}x$.

解　用万能代换 $t = \tan\dfrac{x}{2}$, 则有

$$\int \frac{1+\sin x}{\sin x(1+\cos x)}\mathrm{d}x = \int \frac{1+\dfrac{2t}{1+t^2}}{\dfrac{2t}{1+t^2}\left(1+\dfrac{1-t^2}{1+t^2}\right)} \cdot \frac{2}{1+t^2}\mathrm{d}t$$

$$= \frac{1}{2}\int\left(\frac{1}{t}+2+t\right)\mathrm{d}t = \frac{1}{2}\left(\ln|t|+2t+\frac{1}{2}t^2\right)+C$$

$$= \frac{1}{2}\ln\left|\tan\frac{x}{2}\right| + \tan\frac{x}{2} + \frac{1}{4}\tan^2\frac{x}{2} + C.$$

用万能代换能将三角函数有理式的积分化为有理函数的积分,但一般比较麻烦,对于有些积分,通过三角公式就可以简单解决. 例如 $\int \sin^2 x \mathrm{d}x$, $\int \sin^3 x \mathrm{d}x$ 等. 下面再举一个例子.

例 9 求 $\int \dfrac{\mathrm{d}x}{1+\cos x}$.

解法一

$$\int \frac{\mathrm{d}x}{1+\cos x} = \int \frac{1-\cos x}{1-\cos^2 x}\mathrm{d}x = \int \frac{1-\cos x}{\sin^2 x}\mathrm{d}x$$

$$= \int \left(\csc^2 x - \cot x \csc x \right) \mathrm{d}x = -\cot x + \csc x + C.$$

解法二 因为 $1+\cos x = 2\cos^2 \dfrac{x}{2}$,所以

$$\int \frac{\mathrm{d}x}{1+\cos x} = \int \frac{1}{2\cos^2 \dfrac{x}{2}}\mathrm{d}x = \int \sec^2 \frac{x}{2}\mathrm{d}\left(\frac{x}{2}\right) = \tan \frac{x}{2} + C.$$

利用三角公式,可得

$$\tan \frac{x}{2} = \frac{\sin \dfrac{x}{2}}{\cos \dfrac{x}{2}} = \frac{2\sin^2 \dfrac{x}{2}}{2\sin \dfrac{x}{2}\cos \dfrac{x}{2}} = \frac{1-\cos x}{\sin x} = \csc x - \cot x.$$

可见,两个解法的结果是相同的.

函数 $f(x)$ 的不定积分可以表示为 $f(x)$ 的任意一个原函数再加上积分常数,而求不定积分的方法较多,不同的方法可能得到不同的原函数,所以结果的外观形式可能不同,但这些形式是可以互化的,也可以通过对不定积分的结果求导数加以验证. 设用不同的方法求得不定积分 $\int f(x)\mathrm{d}x$ 结果的两种不同形式为

$$\int f(x)\mathrm{d}x = F_1(x) + C, \qquad \int f(x)\mathrm{d}x = F_2(x) + C.$$

$F_1(x) + C$ 和 $F_2(x) + C$ 可以互化,并不表示 $F_1(x)$ 一定等于 $F_2(x)$,这一点请

读者注意. 例如, $\int (x+1)\,\mathrm{d}x=\dfrac{1}{2}x^2+x+C$, 也可用凑微分法得

$$\int (x+1)\,\mathrm{d}x=\int (x+1)\,\mathrm{d}(x+1)=\frac{1}{2}(x+1)^2+C.$$

这里 $F_1(x)=\dfrac{1}{2}x^2+x$ 与 $F_2(x)=\dfrac{1}{2}(x+1)^2$ 相差一个常数.

　　本章介绍了原函数与不定积分的概念及性质, 介绍了不定积分的计算方法. 虽然不定积分是微分的逆问题, 但积分的计算要比微分的计算复杂得多, 方法也更灵活. 读者必须通过做大量的练习, 领会方法的本质, 注意总结积累, 才能够举一反三. 另外, 在实际应用中, 人们为了方便起见, 往往把常用的积分公式汇集成积分表. 积分表是按照被积函数的类型来排列的. 求积分时, 可根据被积函数的类型直接或经过简单的变形后, 从表中查得所需的结果.

　　例 10　求 $\displaystyle\int \dfrac{\mathrm{d}x}{x^2(3x+2)}$.

　　解　查附录中的积分表见公式 6, 有

$$\int \frac{\mathrm{d}x}{x^2(ax+b)}=-\frac{1}{bx}+\frac{a}{b^2}\ln\left|\frac{ax+b}{x}\right|+C.$$

现在 $a=3,b=2$, 于是有

$$\int \frac{\mathrm{d}x}{x^2(3x+2)}=-\frac{1}{2x}+\frac{3}{4}\ln\left|\frac{3x+2}{x}\right|+C.$$

　　例 11　求 $\displaystyle\int \dfrac{\mathrm{d}x}{x\sqrt{4x^2+9}}$.

　　解　这个积分不能在积分表中直接查到, 需要先进行变量代换.

令 $2x=t$, 则 $\sqrt{4x^2+9}=\sqrt{t^2+3^2}$, $x=\dfrac{t}{2}$, $\mathrm{d}x=\dfrac{1}{2}\mathrm{d}t$. 于是, 有

$$\int \frac{\mathrm{d}x}{x\sqrt{4x^2+9}}=\int \frac{\dfrac{1}{2}\mathrm{d}t}{\dfrac{t}{2}\sqrt{t^2+3^2}}=\int \frac{\mathrm{d}t}{t\sqrt{t^2+3^2}}.$$

查附录中的积分表见公式 37, 有

$$\int \frac{\mathrm{d}x}{x\sqrt{x^2+a^2}} = \frac{1}{a}\ln\frac{\sqrt{x^2+a^2}-a}{|x|}+C.$$

现在 $a=3,x$ 相当于 t,于是,有

$$\int \frac{\mathrm{d}t}{t\sqrt{t^2+3^2}} = \frac{1}{3}\ln\frac{\sqrt{t^2+3^2}-3}{|t|}+C.$$

再把 $t=2x$ 代入,最后得到

$$\int \frac{\mathrm{d}x}{x\sqrt{4x^2+9}} = \int \frac{\mathrm{d}t}{t\sqrt{t^2+3^2}} = \frac{1}{3}\ln\frac{\sqrt{t^2+3^2}-3}{|t|}+C$$

$$= \frac{1}{3}\ln\frac{\sqrt{4x^2+9}-3}{2|x|}+C.$$

最后指出,对初等函数来说,在其定义区间上,它的原函数一定存在,但初等函数的原函数不一定都是初等函数,或者说不能用有限个初等函数表示. 例如,

$$\int e^{-x^2}\mathrm{d}x,\quad \int \frac{\mathrm{d}x}{\ln x},\quad \int \frac{\sin x}{x}\mathrm{d}x,\quad \int \sin x^2\mathrm{d}x,\quad \int \frac{\mathrm{d}x}{\sqrt{1+x^4}},$$

$$\int \frac{\mathrm{d}x}{\sqrt{1-k^2\sin^2 x}},\quad \int \sqrt{1-k^2\sin^2 x}\,\mathrm{d}x\quad (0<k<1)$$

都是不能用初等函数表达(即在初等函数范围内不可积)的一些典型例子.

习题 4-4

1. 求下列不定积分.

(1) $\int \frac{\mathrm{d}x}{x^2+x-2}$;

(2) $\int \frac{2x+3}{x^2+3x-10}\mathrm{d}x$;

(3) $\int \frac{x^3}{x+3}\mathrm{d}x$;

(4) $\int \frac{\mathrm{d}x}{x(x^2+1)}$;

(5) $\int \dfrac{x^2+1}{(x+1)^2(x-1)}dx$;

(6) $\int \dfrac{dx}{(x^2+1)(x^2+x+1)}$;

(7) $\int \dfrac{dx}{x^4+1}$;

(8) $\int \dfrac{-x^2-2}{(x^2+x+1)^2}dx$;

(9) $\int \dfrac{x^5+x^4-8}{x^3-x}dx$;

(10) $\int \dfrac{dx}{(x^2+1)(x^2+x)}$.

2. 求下列不定积分.

(1) $\int \dfrac{dx}{2+\sin x}$;

(2) $\int \dfrac{dx}{2\sin x-\cos x+5}$;

(3) $\int \dfrac{dx}{\sin x+\cos x}$;

(4) $\int \dfrac{dx}{1+\sin x+\cos x}$;

(5) $\int \dfrac{dx}{3+\sin^2 x}$;

(6) $\int \dfrac{\sin x\cos x}{1+\sin^2 x}dx$.

第四章总习题

1. 设可微函数 $f(x)$ 的一个原函数是 $\ln x$,求 $f'(x)$.

2. 设 $\ln(x+\sqrt{1+x^2})$ 为 $f(x)$ 的一个原函数,求不定积分 $\int xf'(x)\,dx$.

3. 求下列不定积分.

(1) $\int (1+2x)^{\sqrt{2}}dx$;

(2) $\int \dfrac{dx}{x(1+\ln x)^n}$ (n 为正整数);

(3) $\int \dfrac{dx}{e^x-e^{-x}}$;

(4) $\int \dfrac{xdx}{(1-x)^3}$;

(5) $\int \dfrac{x^2}{a^6-x^6}dx$;

(6) $\int \sin^6 xdx$;

(7) $\int \dfrac{\sin^2 x}{\cos^3 x}dx$;

(8) $\int \dfrac{\sin x\cos x}{1+\sin^4 x}dx$;

(9) $\int \dfrac{dx}{(4-x^2)\sqrt{4-x^2}}$;

(10) $\int (\tan^2 x+\tan^4 x)\,dx$;

(11) $\displaystyle\int \frac{\ln(\ln x)}{x}\mathrm{d}x$；

(12) $\displaystyle\int \sqrt{x}\sin\sqrt{x}\,\mathrm{d}x$；

(13) $\displaystyle\int \ln(1+x^2)\,\mathrm{d}x$；

(14) $\displaystyle\int \frac{x+\sin x}{1+\cos x}\mathrm{d}x$；

(15) $\displaystyle\int \frac{\mathrm{d}x}{x^4\sqrt{1+x^2}}$；

(16) $\displaystyle\int \frac{x^3\,\mathrm{d}x}{(1+x^8)^2}$；

(17) $\displaystyle\int \frac{\mathrm{d}x}{16-x^4}$；

(18) $\displaystyle\int \frac{\sin x}{1+\sin x}\mathrm{d}x$；

(19) $\displaystyle\int \frac{\sqrt[3]{x}\,\mathrm{d}x}{x(\sqrt{x}+\sqrt[3]{x})}$；

(20) $\displaystyle\int \frac{\mathrm{d}x}{(1+\mathrm{e}^x)^2}$；

(21) $\displaystyle\int \frac{\cot x\,\mathrm{d}x}{1+\sin x}$；

(22) $\displaystyle\int \max\{1,x\}\,\mathrm{d}x.$

第五章 定积分及其应用

作为积分学的一个基本问题,不定积分只不过是微分学的逆问题.从这个意义上来讲,不定积分还属于微分学的范畴.自然科学和实际应用中的诸多问题,例如,平面区域的面积、曲线的弧长、直线运动的路程、变力沿直线做功等,其求解过程中都会遇到一种特殊形式的极限,从而产生了积分学的另一个基本问题——定积分.历史上,定积分概念的产生与不定积分是无关的,而定积分才是积分学的真正开端.17 世纪,牛顿和莱布尼茨各自发现了定积分和不定积分之间的联系(事实上建立了微分学与积分学的联系),极大地简化了定积分的计算,从而有力地推动了微积分学的发展,也为自然科学和实际问题提供了极其重要的数学工具.可以说,定积分是高等数学的华丽篇章.本章主要介绍定积分的概念、性质、计算、反常积分以及定积分的简单应用.

第一节 定积分的概念及性质

一、定积分问题举例

1. 曲边梯形的面积

曲线 $y=f(x)$,直线 $x=a$,$x=b$ 以及 x 轴所围成的图形称为曲边梯形(见

图 5-1），在 x 轴上区间 $[a,b]$ 对应的线段称为曲边梯形的底边. 为方便起见，设 $f(x)$ 非负、连续，现求该曲边梯形的面积 A.

我们知道

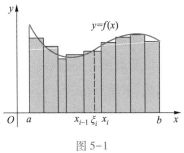

图 5-1

矩形的面积 = 长×宽，

这是求图形面积的基本工具. 但曲边梯形底边上各点处对应的高是不同的（形象地称为变高），不能直接用矩形的面积公式去求其面积. 直观上，当一个曲边梯形的底边很小时，就可以近似地看成一个矩形. 这一点用连续函数的性质不难解释. 连续函数有一个重要的特征，就是当自变量变化很小时，函数值的变化也很小，因此，当一个曲边梯形的底边很小时，各点处对应的函数值（变高）尽管不相同，但也相差无几. 这样就得到了一个简单的结论："底边很小的曲边梯形可以近似地看成一个矩形". 如果将一个大的曲边梯形分割成若干个小的曲边梯形，就可以按这个方法求其面积的近似值了，考虑到分割得越细，精确度就越高，用极限就可以求得曲边梯形的面积. 具体步骤：

（1）分割区间 $[a,b]$. 在 a,b 之间插入 $n-1$ 个分点

$$a = x_0 < x_1 < x_2 < \cdots < x_{n-1} < x_n = b,$$

将 $[a,b]$ 分为 n 个小区间 $[x_{i-1},x_i]$ $(i=1,2,\cdots,n)$，用 $\Delta x_i = x_i - x_{i-1}$ 表示第 i 个小区间的长度.

（2）近似替代. 直线 $x=x_i$ 把曲边梯形分成了 n 个小曲边梯形. 设任一小区间 $[x_{i-1},x_i]$ 上对应的小曲边梯形的面积为 ΔA_i，在 $[x_{i-1},x_i]$ 上任取一点 ξ_i，则以 Δx_i 为底，$f(\xi_i)$ 为高的小矩形的面积为 $f(\xi_i)\Delta x_i$，用它来近似替代 ΔA_i，即

$$\Delta A_i \approx f(\xi_i)\Delta x_i.$$

（3）求和. 将所有小曲边梯形的面积的近似值相加，就得到 A 的近似值，即

$$A = \sum_{i=1}^{n} \Delta A_i \approx \sum_{i=1}^{n} f(\xi_i)\Delta x_i.$$

（4）取极限. 用 λ 表示所有小区间长度的最大值，令 $\lambda \to 0$，取上述和式

的极限,即得曲边梯形的面积为

$$A = \lim_{\lambda \to 0} \sum_{i=1}^{n} f(\xi_i) \Delta x_i.$$

2. 变速直线运动的路程

设质点做直线运动,已知其速度 $v = v(t)$ 是时间区间 $[T_1, T_2]$ 上的非负连续函数,求质点在 $[T_1, T_2]$ 时间段内所走过的路程.

如果运动是匀速的,那么

路程 = 速度×走完这段路程所用的时间.

而变速直线运动的路程就不能直接用这个规律. 不过,在很短的时间间隔上,将变速直线运动近似地看作匀速直线运动,上个问题的解决方案就可以借鉴.

(1) 分割区间 $[T_1, T_2]$. 在 T_1, T_2 之间插入 $n-1$ 个分点

$$T_1 = t_0 < t_1 < t_2 < \cdots < t_{n-1} < t_n = T_2,$$

将 $[T_1, T_2]$ 分为 n 个小区间 $[t_{i-1}, t_i] (i = 1, 2, \cdots, n)$,用 $\Delta t_i = t_i - t_{i-1}$ 表示第 i 个小区间的长度.

(2) 近似替代. 因为速度函数连续,所以在很短的时间间隔内的运动可近似地看作匀速运动. 在每一个时间间隔 $[t_{i-1}, t_i]$ 上任取一时刻 τ_i,用这一时刻的速度 $v(\tau_i)$ 作为这个时间间隔内质点运动速度的近似值,则 $[t_{i-1}, t_i]$ 上质点所走过的路程 Δs_i 的近似值为

$$\Delta s_i \approx v(\tau_i) \Delta t_i.$$

(3) 求和. 将所有时间间隔内的路程相加,就得到总路程 s 的近似值,即

$$s = \sum_{i=1}^{n} \Delta s_i \approx \sum_{i=1}^{n} v(\tau_i) \Delta t_i.$$

(4) 取极限. 用 λ 表示所有 Δt_i 的最大值,令 $\lambda \to 0$,取上述和式的极限,即得质点所走过的路程为

$$s = \lim_{\lambda \to 0} \sum_{i=1}^{n} v(\tau_i) \Delta t_i.$$

上面两个实例表面上有着完全不同的实际意义,但解决问题的方法却有着相似之处,或者说,其数学模型是完全相同的. 各个领域中还有大量的问题,如变力做功、液体压力、平面曲线弧的长度等许多的实际问题,都可以用

这样的方法求解. 数学上,抛开问题的具体背景,将这一处理问题的方法加以概括,就得到了定积分的定义.

二、定积分定义

1. 定积分的定义

定义　设函数 $f(x)$ 在 $[a,b]$ 上有界,在 $[a,b]$ 中任意插入若干个分点,即

$$a=x_0<x_1<x_2<\cdots<x_{n-1}<x_n=b,$$

把区间 $[a,b]$ 分成 n 个小区间为

$$[x_0,x_1],[x_1,x_2],\cdots,[x_{n-1},x_n],$$

各个小区间的长度依次为

$$\Delta x_1=x_1-x_0,\Delta x_2=x_2-x_1,\cdots,\Delta x_n=x_n-x_{n-1}.$$

在每个小区间 $[x_{i-1},x_i]$ 上任取一点 $\xi_i(x_{i-1}\leqslant\xi_i\leqslant x_i)$,作乘积 $f(\xi_i)\Delta x_i(i=1,2,\cdots,n)$,并求和,即

$$\sum_{i=1}^{n}f(\xi_i)\Delta x_i.$$

记 $\lambda=\max\limits_{1\leqslant i\leqslant n}\{\Delta x_i\}$,如果不论对 $[a,b]$ 怎样的分法,也不论在小区间 $[x_{i-1},x_i]$ 上点 ξ_i 怎样的取法,极限 $\lim\limits_{\lambda\to 0}\sum\limits_{i=1}^{n}f(\xi_i)\Delta x_i$ 总存在,那么称此极限为函数 $f(x)$ 在区间 $[a,b]$ 上的**定积分**(definite integral),记作 $\int_a^b f(x)\mathrm{d}x$,即

$$\int_a^b f(x)\mathrm{d}x=\lim_{\lambda\to 0}\sum_{i=1}^{n}f(\xi_i)\Delta x_i,$$

其中 $f(x)$ 叫做**被积函数**, $f(x)\mathrm{d}x$ 叫做**被积表达式**, x 叫做积分变量, a 叫做**积分下限**, b 叫做**积分上限**, $[a,b]$ 叫做**积分区间**, $\sum\limits_{i=1}^{n}f(\xi_i)\Delta x_i$ 叫做函数 $f(x)$ 的**积分和**.

按照这个定义,本节一开始的两个问题就可以用定积分来表示. 问题 1 中曲边梯形的面积 $A=\int_a^b f(x)\mathrm{d}x$,问题 2 中变速直线运动的路程 $s=\int_{T_1}^{T_2}v(t)\mathrm{d}t$.

关于定积分,再作以下几点说明.

（1）定积分的定义表明，定积分就是一个和式的极限．因此，如果定积分 $\int_a^b f(x)\mathrm{d}x$ 存在（这时称 $f(x)$ 在 $[a,b]$ 上可积），则其结果就是一个数值，这一数值仅与被积函数 f 及积分区间 $[a,b]$ 有关，与积分变量用什么字母表示无关，则有

$$\int_a^b f(x)\mathrm{d}x = \int_a^b f(t)\mathrm{d}t = \int_a^b f(u)\mathrm{d}u.$$

（2）关于可积性的问题，这里不加证明地给出下述重要定理．

定理 1   如果函数 $f(x)$ 在区间 $[a,b]$ 上连续，那么 $\int_a^b f(x)\mathrm{d}x$ 存在．

定理 2   如果函数 $f(x)$ 在区间 $[a,b]$ 上有界，且只有有限个间断点，那么 $\int_a^b f(x)\mathrm{d}x$ 存在．

（3）定义中的极限过程 $\lambda \to 0$ 时就有 $n \to \infty$，反之不然．事实上，$\lambda \to 0$ 表示无限细分，而 $n \to \infty$ 则表示分点无限增加，两者的区别是明显的．不过，如果采用的分法是等分积分区间，则 $\lambda \to 0$ 与 $n \to \infty$ 就是等价的．

（4）在定积分的定义中，实际上要求了 $a < b$，为了以后应用的方便，作如下补充规定：

当 $a = b$ 时，$\int_a^a f(x)\mathrm{d}x = 0$；

当 $a > b$ 时，$\int_a^b f(x)\mathrm{d}x = -\int_b^a f(x)\mathrm{d}x$．

例 1   用定积分的定义求 $\int_0^1 x^2 \mathrm{d}x$．

解   由于被积函数 x^2 在区间 $[0,1]$ 上连续，由定理 1 可知该定积分存在，从而积分与区间的分法以及任意点的取法无关．为计算方便，n 等分区间 $[0,1]$，则 $\Delta x_i = \dfrac{1}{n}$．在 $\left[\dfrac{i-1}{n}, \dfrac{i}{n}\right]$ $(i = 1, 2, \cdots, n)$ 上取 $\xi_i = \dfrac{i}{n}$，由定积分的定义，有

$$\int_0^1 x^2 \mathrm{d}x = \lim_{\lambda \to 0} \sum_{i=1}^n \left(\frac{i}{n}\right)^2 \frac{1}{n} = \lim_{\lambda \to 0} \frac{1}{n^3} \sum_{i=1}^n i^2.$$

用连续自然数平方和的公式

$$\sum_{i=1}^{n} i^2 = \frac{n(n+1)(2n+1)}{6},$$

可得

$$\int_0^1 x^2 \mathrm{d}x = \lim_{\lambda \to 0} \frac{n(n+1)(2n+1)}{6n^3} = \frac{1}{3}.$$

2. 定积分的几何意义

结合曲边梯形面积问题的求解过程和定积分的定义,定积分的几何意义可以作以下表述:

(1) 若在 $[a,b]$ 上恒有 $f(x) \geqslant 0$ 时,则 $\int_a^b f(x)\mathrm{d}x$ 在几何上表示由曲线 $y = f(x)$,直线 $x=a, x=b$ 与 x 轴所围成的曲边梯形的面积.

(2) 若在 $[a,b]$ 上恒有 $f(x) \leqslant 0$ 时,则 $\int_a^b f(x)\mathrm{d}x$ 在几何上表示由曲线 $y = f(x)$,直线 $x=a, x=b$ 与 x 轴围成曲边梯形(在 x 轴下方)面积的相反数.

(3) 若在 $[a,b]$ 上 $f(x)$ 既能取得正值又能取得负值,则定积分 $\int_a^b f(x)\mathrm{d}x$ 的几何意义是,由 x 轴、曲线 $y=f(x)$ 及直线 $x=a, x=b$ 所围成的图形,位于 x 轴上方图形面积减去位于 x 轴下方图形面积. 譬如,对于图 5-2 中的函数 $f(x)$,就有

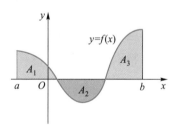

图 5-2

$$\int_a^b f(x)\mathrm{d}x = A_1 - A_2 + A_3.$$

有了定积分的几何意义,有些定积分的值就可以用几何意义得到. 例如,定积分 $\int_{-R}^{R} \sqrt{R^2-x^2}\,\mathrm{d}x$ 在几何上表示半径为 R 的上半圆的面积,故得

$$\int_{-R}^{R} \sqrt{R^2-x^2}\,\mathrm{d}x = \frac{1}{2}\pi R^2.$$

三、定积分的性质

现在介绍定积分的基本性质. 假定以下论述中涉及的函数在相应的区间

上都是可积的.

性质 1　设 α, β 为常数,则有

$$\int_a^b \left[\alpha f(x) + \beta g(x) \right] \mathrm{d}x = \alpha \int_a^b f(x)\,\mathrm{d}x + \beta \int_a^b g(x)\,\mathrm{d}x.$$

证明　在 a, b 之间插入 $n-1$ 个分点,即

$$a = x_0 < x_1 < x_2 < \cdots < x_{n-1} < x_n = b,$$

把区间 $[a, b]$ 分成 n 个小区间 $[x_{i-1}, x_i]$ $(i = 1, 2, \cdots, n)$,在每一小区间 $[x_{i-1}, x_i]$ 上任取一点 ξ_i,由定积分的定义可知

$$\int_a^b \left[\alpha f(x) + \beta g(x) \right] \mathrm{d}x = \lim_{\lambda \to 0} \sum_{i=1}^n \left[\alpha f(\xi_i) + \beta g(\xi_i) \right] \Delta x_i,$$

$$\int_a^b f(x)\,\mathrm{d}x = \lim_{\lambda \to 0} \sum_{i=1}^n f(\xi_i) \Delta x_i, \quad \int_a^b g(x)\,\mathrm{d}x = \lim_{\lambda \to 0} \sum_{i=1}^n g(\xi_i) \Delta x_i.$$

结合极限的性质,有

$$\int_a^b \left[\alpha f(x) + \beta g(x) \right] \mathrm{d}x = \alpha \int_a^b f(x)\,\mathrm{d}x + \beta \int_a^b g(x)\,\mathrm{d}x.$$

这样就证明了性质 1.

特别地,当 $\alpha = 1, \beta = \pm 1$ 时,有

$$\int_a^b \left[f(x) \pm g(x) \right] \mathrm{d}x = \int_a^b f(x)\,\mathrm{d}x \pm \int_a^b g(x)\,\mathrm{d}x.$$

而当 $\beta = 0$ 时,有 $\int_a^b \alpha f(x)\,\mathrm{d}x = \alpha \int_a^b f(x)\,\mathrm{d}x$.

性质 1 叫做定积分的**线性性质**[①]. 线性性质可以推广到有限个函数的情形,简单地说就是"有限个函数和、差的积分等于积分的和、差,被积函数的常数因子可以提到积分号的外边."

性质 2　设 $a < c < b$,则有

$$\int_a^b f(x)\,\mathrm{d}x = \int_a^c f(x)\,\mathrm{d}x + \int_c^b f(x)\,\mathrm{d}x.$$

在定积分的补充规定下,对于 3 点 a, b, c 的其他位置关系,这个性质也

---

①　数学上,称加法运算和数乘运算为线性运算. 例如,若 $k_1, k_2, \cdots, k_n$ 是常数,则 $k_1 f_1(x) + k_2 f_2(x) + \cdots + k_n f_n(x)$ 就是函数 $f_1(x), f_2(x), \cdots, f_n(x)$ 的线性运算,叫做 $f_1(x), f_2(x), \cdots, f_n(x)$ 的一个线性组合. 性质 1 也可以说成是有限个函数线性组合的积分等于积分的线性组合.

是成立的. 譬如当 $a<b<c$ 时,由性质 2 可得

$$\int_a^c f(x)\,\mathrm{d}x = \int_a^b f(x)\,\mathrm{d}x + \int_b^c f(x)\,\mathrm{d}x = \int_a^b f(x)\,\mathrm{d}x - \int_c^b f(x)\,\mathrm{d}x,$$

移项即可证明性质 2 仍然成立.

性质 2 表明定积分关于积分区间具有**可加性**.

性质 3 $\displaystyle\int_a^b 1\,\mathrm{d}x = \int_a^b \mathrm{d}x = b-a.$

性质 3 的几何意义是,高为 1 的矩形面积在数值上就等于底边的长度.

性质 4 若 $f(x) \geqslant g(x)$ 在区间 $[a,b]$ 上恒成立,则

$$\int_a^b f(x)\,\mathrm{d}x \geqslant \int_a^b g(x)\,\mathrm{d}x.$$

性质 2、性质 3 和性质 4 都可以用定积分的定义来证明,请读者自行完成. 下面给出性质 4 的几个常用推论.

推论 1 若在 $[a,b]$ 上, $f(x) \geqslant 0$,则 $\displaystyle\int_a^b f(x)\,\mathrm{d}x \geqslant 0.$

推论 2 设 M,m 分别是 $f(x)$ 在区间 $[a,b]$ 上的最大值和最小值,则有

$$m(b-a) \leqslant \int_a^b f(x)\,\mathrm{d}x \leqslant M(b-a).$$

该推论被称为定积分的**估值性质**.

推论 3 $\displaystyle\left| \int_a^b f(x)\,\mathrm{d}x \right| \leqslant \int_a^b |f(x)|\,\mathrm{d}x \quad (a<b).$

例 2 估计定积分 $\displaystyle\int_{-1}^1 \mathrm{e}^{-x^2}\,\mathrm{d}x$ 的值.

解 先求被积函数 $f(x) = \mathrm{e}^{-x^2}$ 在区间 $[-1,1]$ 上的最大值和最小值.

因为 $f'(x) = -2x\mathrm{e}^{-x^2}$,令 $f'(x) = 0$ 得驻点 $x=0$. 比较 $f(0), f(-1), f(1)$ 可得被积函数的最大值 $M=1$,最小值 $m=\dfrac{1}{\mathrm{e}}$. 由估值性质,得

$$\frac{2}{\mathrm{e}} \leqslant \int_{-1}^1 \mathrm{e}^{-x^2}\,\mathrm{d}x \leqslant 2.$$

例 3 设函数 $f(x)$ 在区间 $[a,b]$ 上非负连续,且在 $[a,b]$ 上的某一点 x_0 处 $f(x_0)>0$,试证明 $\displaystyle\int_a^b f(x)\,\mathrm{d}x>0.$

证明   首先,因为 $f(x)$ 在区间 $[a,b]$ 上连续,所以 $f(x)$ 在区间 $[a,b]$ 上可积,并在区间 $[a,b]$ 的任一子区间上可积.

当 x_0 不取在端点时,因为 $f(x)$ 连续且 $f(x_0)>0$,所以

$$\lim_{x \to x_0} f(x) = f(x_0) > 0.$$

由 $f(x)$ 在 x_0 处连续及极限的定义可知,对于 $\varepsilon = \dfrac{1}{2}f(x_0)$,存在 $\delta > 0$,使当 $x \in U(x_0, \delta) \subseteq [a,b]$ 时,有

$$\left| f(x) - f(x_0) \right| \le \frac{1}{2} f(x_0),$$

即

$$\frac{1}{2} f(x_0) \le |f(x)| \le \frac{3}{2} f(x_0)$$

成立. 取 $[c,d] \subseteq U(x_0, \delta)$,在 $[c,d]$ 上就有 $f(x) \ge \dfrac{1}{2} f(x_0)$,故

$$\int_a^b f(x) \, dx \ge \int_c^d f(x) \, dx \ge \frac{1}{2} f(x_0) \int_c^d dx = \frac{d-c}{2} f(x_0) > 0.$$

当 x_0 取在端点时,只要将 $U(x_0, \delta)$ 改成相应的左(右)邻域就行了.

由例 3 的结论可知,如果 $f(x)$,$g(x)$ 在区间 $[a,b]$ 上连续,$f(x) \ge g(x)$ 在 $[a,b]$ 上成立,只要在 $[a,b]$ 上的某一点 x_0 处 $f(x_0) > g(x_0)$,就有不等式 $\int_a^b f(x) \, dx > \int_a^b g(x) \, dx$ 成立. 例如,在 $[1, e]$ 上,因为 $\ln x \ge \ln^2 x$,而在相应的开区间 $(1, e)$ 内,$\ln x > \ln^2 x$,故 $\int_1^e \ln x \, dx > \int_1^e \ln^2 x \, dx$.

性质 5(积分中值定理)   如果函数 $f(x)$ 在 $[a,b]$ 上连续,那么在 $[a,b]$ 上至少存在一点 ξ,使得

$$\int_a^b f(x) \, dx = f(\xi)(b-a)$$

或

$$f(\xi) = \frac{1}{b-a} \int_a^b f(x) \, dx \quad (a \le \xi \le b).$$

证明   因为 $f(x)$ 在 $[a,b]$ 上连续,由最值定理可知,$f(x)$ 在 $[a,b]$ 上的

最大值 M 和最小值 m 存在,由定积分的估值性质可得

$$m(b-a)\leqslant\int_a^b f(x)\,\mathrm{d}x\leqslant M(b-a),$$

即

$$m\leqslant\frac{1}{b-a}\int_a^b f(x)\,\mathrm{d}x\leqslant M.$$

记 $C=\dfrac{1}{b-a}\displaystyle\int_a^b f(x)\,\mathrm{d}x$,从而 $m\leqslant C\leqslant M$,根据闭区间上连续函数的介值定理,在 $[a,b]$ 上至少存在一点 ξ,使得 $f(\xi)=C$,即

$$f(\xi)=\frac{1}{b-a}\int_a^b f(x)\,\mathrm{d}x,$$

故

$$\int_a^b f(x)\,\mathrm{d}x=f(\xi)(b-a)\quad(a\leqslant\xi\leqslant b).$$

积分中值定理中的等式叫做**积分中值公式**.积分中值公式有着明显的几何意义,即在区间 $[a,b]$ 上至少存在一点 ξ,使得以 $[a,b]$ 为底边,以连续曲线 $y=f(x)$ 为曲边的曲边梯形的面积,等于同一底边,而高为 $f(\xi)$ 的矩形的面积(见图5-3),而这个高一定介于 M 和 m 之间.

通常称 $\dfrac{1}{b-a}\displaystyle\int_a^b f(x)\,\mathrm{d}x$ 为连续函数 $f(x)$ 在区间 $[a,b]$ 上的**平均值**,它是有限个数的算术平均值的推广.

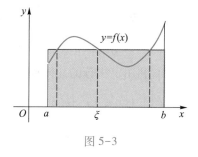

图 5-3

事实上,n 个数 $a_1,a_2,\cdots,a_n$ 的平均值为 $\dfrac{1}{n}\displaystyle\sum_{i=1}^n a_i$. 如果函数 $f(x)$ 在区间 $[a,b]$ 上连续,将 $[a,b]$ 等分为 n 个小区间,在每个小区间上任取一点 ξ_i,这个小区间上的函数值近似认为就是 $f(\xi_i)$,故平均值的近似值为

$$\frac{1}{n}\sum_{i=1}^n f(\xi_i).$$

令 $n\to\infty$,取上式的极限,就有 $f(x)$ 在区间 $[a,b]$ 上的平均值为

$$\lim_{n\to\infty}\frac{1}{n}\sum_{i=1}^{n}f(\xi_i)=\frac{1}{b-a}\lim_{n\to\infty}\sum_{i=1}^{n}f(\xi_i)\frac{b-a}{n}=\frac{1}{b-a}\int_a^b f(x)\,\mathrm{d}x.$$

例 4 求极限 $\lim\limits_{n\to\infty}\int_n^{n+1}\dfrac{\sin^2 x}{x}\mathrm{d}x$.

解 函数 $\dfrac{\sin^2 x}{x}$ 在区间 $[n,n+1]$ 上连续,根据积分中值定理,在 $[n,n+1]$ 上至少存在一点 ξ,使得 $\int_n^{n+1}\dfrac{\sin^2 x}{x}\mathrm{d}x=\dfrac{\sin^2\xi}{\xi}$ 成立.

因为 $n\leqslant\xi\leqslant n+1$,所以当 $n\to\infty$ 时, $\xi\to\infty$,则有

$$\lim_{n\to\infty}\int_n^{n+1}\frac{\sin^2 x}{x}\mathrm{d}x=\lim_{\xi\to\infty}\frac{\sin^2\xi}{\xi}=0.$$

习题 5-1

1. 利用定积分的定义计算 $\int_0^1(2x+1)\mathrm{d}x$.

2. (1) 利用定积分计算由直线 $x=0,x=1$,曲线 $y=2^x$ 以及 x 轴所围成的曲边梯形的面积;

(2) 自由落体运动的速度为 $v=gt$,用定积分表示前 3 s 内下落的距离.

3. 利用定积分的几何意义求下列定积分的值.

(1) $\int_0^a\sqrt{a^2-x^2}\,\mathrm{d}x\,(a>0)$; 　　　　(2) $\int_{-\pi}^{\pi}x\sin x^2\mathrm{d}x$.

4. 利用定积分的性质,比较下列各对积分的大小.

(1) $\int_0^{\frac{\pi}{2}}x\mathrm{d}x$ 与 $\int_0^{\frac{\pi}{2}}\sin x\mathrm{d}x$; 　　(2) $\int_e^3\ln x\mathrm{d}x$ 与 $\int_e^3\ln^2 x\mathrm{d}x$;

(3) $\int_0^{-2}\mathrm{e}^x\mathrm{d}x$ 与 $\int_0^{-2}x\mathrm{d}x$; 　　(4) $\int_0^1 x\mathrm{d}x$ 与 $\int_0^1\ln(1+x)\mathrm{d}x$.

5. 证明下列不等式.

(1) $\dfrac{2}{5}<\int_1^2\dfrac{x}{1+x^2}\mathrm{d}x<\dfrac{1}{2}$; 　　(2) $\dfrac{\pi}{2}<\int_0^{\frac{\pi}{2}}\mathrm{e}^{\sin x}\mathrm{d}x<\dfrac{\pi}{2}\mathrm{e}$;

（3）$\dfrac{\pi}{21}<\displaystyle\int_{\frac{\pi}{4}}^{\frac{\pi}{3}}\dfrac{\mathrm{d}x}{1+\sin^2 x}<\dfrac{\pi}{18}$；　　　　　　　（4）$\dfrac{3}{\mathrm{e}^4}<\displaystyle\int_{-1}^{2}\mathrm{e}^{-x^2}\mathrm{d}x<3$.

6. 用定积分表示下列极限.

（1）$\displaystyle\lim_{n\to\infty}\dfrac{1}{n}\left(\sin\dfrac{1}{n}+\sin\dfrac{2}{n}+\sin\dfrac{3}{n}+\cdots+\sin\dfrac{n}{n}\right)$；

（2）$\displaystyle\lim_{n\to\infty}\left(\dfrac{n}{n^2+1^2}+\dfrac{n}{n^2+2^2}+\dfrac{n}{n^2+3^2}+\cdots+\dfrac{n}{n^2+n^2}\right)$.

7. 证明：如果 $f(x)$ 在 $[0,1]$ 上连续，则 $\displaystyle\int_{0}^{1}f^2(x)\mathrm{d}x\geqslant\left[\displaystyle\int_{0}^{1}f(x)\mathrm{d}x\right]^2$.

8. 设 $f(x)$ 在区间 $[a,b]$ 上连续，证明 $\displaystyle\int_{a}^{b}f^2(x)\mathrm{d}x=0$ 的充要条件是 $f(x)=0$ 在 $[a,b]$ 上恒成立.

9. 用定积分的定义证明定积分的性质 3 和性质 4.

第二节　微积分基本定理

　　定积分的定义给出了定积分的一个计算方法. 但是用定义的方法去计算定积分是相当困难的, 有时甚至不可能得到定积分的精确值. 下面就通过实际问题来寻求定积分计算的简便方法.

　　在变速直线运动路程的问题中, 设质点的运动方程为 $s=s(t)$, 速度为 $v=v(t)$. 由上一节的讨论可知, 质点在 $[T_1,T_2]$ 时间间隔内走过的路程可用定积分 $\displaystyle\int_{T_1}^{T_2}v(t)\mathrm{d}t$ 来表示；同时, 路程又可表示成位置函数 $s(t)$ 在 $[T_1,T_2]$ 上的增量 $s(T_2)-s(T_1)$, 则有

$$\int_{T_1}^{T_2}v(t)\mathrm{d}t=s(T_2)-s(T_1).$$

　　由微分学的知识可知, 位置函数的导数就等于速度函数, 即 $s'(t)=v(t)$. 或者说, $s(t)$ 是 $v(t)$ 的原函数, 这就表明速度函数 $v(t)$ 在区间 $[T_1,T_2]$ 上的定积分等于它的原函数 $s=s(t)$ 在该区间上的增量. 那么, 这个结论是否具有普

遍性呢？回答是肯定的. 下面从积分上限函数出发来揭示这个结论.

一、积分上限函数及其导数

假定函数 $f(x)$ 在 $[a,b]$ 上可积, 那么对于区间 $[a,b]$ 上的任意一个给定的点 x, $f(x)$ 在区间 $[a,x]$ 上的积分 $\int_a^x f(x)\,\mathrm{d}x$ 就是一个与上限 x 有关的数. 这个表达式中, 积分上限 x 和积分变量 x 的意义是不同的, 考虑到定积分的值与表示积分变量的字母无关, 为了避免混淆, 将它改写成 $\int_a^x f(t)\,\mathrm{d}t$. 于是, 对于 $[a,b]$ 上任意一点 x, 就有唯一确定的数 $\int_a^x f(t)\,\mathrm{d}t$ 与 x 对应. 由此可见, $\int_a^x f(t)\,\mathrm{d}t$ 是 x 的(定义在 $[a,b]$ 上的)函数, 记为 $\varPhi(x)$, 即

$$\varPhi(x) = \int_a^x f(t)\,\mathrm{d}t, \quad x \in [a,b].$$

因为这个函数的自变量是积分上限, 所以称之为 **积分上限函数**, 也叫做**变上限的定积分**. 现在就来讨论积分上限函数的一些性质.

定理 1　如果函数 $f(x)$ 在区间 $[a,b]$ 上连续, 那么积分上限函数

$$\varPhi(x) = \int_a^x f(t)\,\mathrm{d}t$$

在 $[a,b]$ 上可导, 且有

$$\varPhi'(x) = \frac{\mathrm{d}}{\mathrm{d}x}\left(\int_a^x f(t)\,\mathrm{d}t\right) = f(x) \quad (a \leqslant x \leqslant b).$$

证明　先证明 x 不取在区间端点时的情形. 当 $x \in (a,b)$ 时, 令 x 在 $[a,b]$ 内获得增量 Δx(即 $x+\Delta x \in [a,b]$)(见图 5-4), 因为

$$\varPhi(x+\Delta x) = \int_a^{x+\Delta x} f(t)\,\mathrm{d}t$$

$$= \int_a^x f(t)\,\mathrm{d}t + \int_x^{x+\Delta x} f(t)\,\mathrm{d}t,$$

而 $\varPhi(x) = \int_a^x f(t)\,\mathrm{d}t$, 所以 $\varPhi(x)$ 的增量为

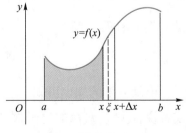

图 5-4

$$\Delta\Phi=\Phi(x+\Delta x)-\Phi(x)=\int_{x}^{x+\Delta x}f(t)\,\mathrm{d}t.$$

又因为 $f(t)$ 连续,由积分中值定理可知,存在介于 x 与 $x+\Delta x$ 之间的 ξ,使得

$$\Delta\Phi=\int_{x}^{x+\Delta x}f(t)\,\mathrm{d}t=f(\xi)\Delta x,$$

因此,

$$\frac{\Delta\Phi}{\Delta x}=f(\xi),$$

且 ξ 在 x 与 $x+\Delta x$ 之间,则当 $\Delta x\to 0$ 时,$\xi\to x$,结合函数 $f(x)$ 的连续性,有

$$\lim_{\Delta x\to 0}\frac{\Delta\Phi}{\Delta x}=\lim_{\xi\to x}f(\xi)=f(x).$$

这就证明了当 $x\in(a,b)$ 时,$\Phi(x)$ 可导,且 $\Phi'(x)=f(x)$.

当 $x=a$ 时,取 $\Delta x>0$,用同样的方法可得 $\Phi'_{+}(a)=f(a)$;当 $x=b$ 时,取 $\Delta x<0$,即有 $\Phi'_{-}(b)=f(b)$. 合并起来就是

$$\Phi'(x)=\frac{\mathrm{d}}{\mathrm{d}x}\Big[\int_{a}^{x}f(t)\,\mathrm{d}t\Big]=f(x)\quad(a\leqslant x\leqslant b).$$

这个定理表明,如果函数 $f(x)$ 在某区间 I 上连续,那么

$$\Phi(x)=\int_{a}^{x}f(t)\,\mathrm{d}t\quad(x\in I,a\text{ 是 }I\text{ 内的一个定值})$$

就是 $f(x)$ 的一个原函数. 也就证明了不定积分中提出的原函数存在定理.

现在通过几个例题来熟悉一下积分上限函数的求导问题.

例1 求下列函数的导数.

(1) $\displaystyle\int_{a}^{x}t^2\cos t\,\mathrm{d}t$;　　(2) $\displaystyle\int_{x}^{1}\arctan t^2\,\mathrm{d}t$.

解 (1) $\displaystyle\frac{\mathrm{d}}{\mathrm{d}x}\int_{a}^{x}t^2\cos t\,\mathrm{d}t=x^2\cos x.$

(2) 先将 $\displaystyle\int_{x}^{1}\arctan t^2\,\mathrm{d}t$ 化为积分上限函数 $-\displaystyle\int_{1}^{x}\arctan t^2\,\mathrm{d}t$,则有

$$\frac{\mathrm{d}}{\mathrm{d}x}\int_{x}^{1}\arctan t^2\,\mathrm{d}t=-\frac{\mathrm{d}}{\mathrm{d}x}\int_{1}^{x}\arctan t^2\,\mathrm{d}t=-\arctan x^2.$$

例2 求导数 $\dfrac{\mathrm{d}}{\mathrm{d}x}\displaystyle\int_0^{x^2}\sqrt{1+t^2}\,\mathrm{d}t$.

解 设 $\varPhi(u)=\displaystyle\int_0^u\sqrt{1+t^2}\,\mathrm{d}t$,则函数 $\displaystyle\int_0^{x^2}\sqrt{1+t^2}\,\mathrm{d}t$ 就可以看成是由 $y=\varPhi(u)$
与 $u=x^2$ 复合而成的函数. 由复合函数求导法则, 可得

$$\frac{\mathrm{d}}{\mathrm{d}x}\int_0^{x^2}\sqrt{1+t^2}\,\mathrm{d}t=\frac{\mathrm{d}\varPhi(u)}{\mathrm{d}u}\frac{\mathrm{d}u}{\mathrm{d}x}=2x\sqrt{1+x^4}.$$

一般地, 设 $f(x)$ 连续, $\varphi(x)$ 与 $\psi(x)$ 可导, 则有

$$\frac{\mathrm{d}}{\mathrm{d}x}\int_{\psi(x)}^{\varphi(x)}f(t)\,\mathrm{d}t=f[\varphi(x)]\varphi'(x)-f[\psi(x)]\psi'(x).$$

其证明由读者自己完成.

例3 求极限 $\lim\limits_{x\to 0}\dfrac{\displaystyle\int_0^x\ln(1+t^2)\,\mathrm{d}t}{x^3}$.

解 由于 $\lim\limits_{x\to 0}\displaystyle\int_0^x\ln(1+t^2)\,\mathrm{d}t=0,\dfrac{\mathrm{d}}{\mathrm{d}x}\displaystyle\int_0^x\ln(1+t^2)\,\mathrm{d}t=\ln(1+x^2)$, 应用洛必达法
则可得

$$\lim_{x\to 0}\frac{\displaystyle\int_0^x\ln(1+t^2)\,\mathrm{d}t}{x^3}=\lim_{x\to 0}\frac{\ln(1+x^2)}{3x^2}=\frac{1}{3}.$$

二、微积分基本定理

定理2 设 $f(x)$ 在区间 $[a,b]$ 上连续, $F(x)$ 是 $f(x)$ 在区间
$[a,b]$ 上的一个原函数, 则

$$\int_a^b f(x)\,\mathrm{d}x=F(b)-F(a). \tag{5-1}$$

微积分基本公
式

证明 由定理1可知, $\varPhi(x)=\displaystyle\int_a^x f(t)\,\mathrm{d}t$ 是 $f(x)$ 的一个原函数, 又因为
$F(x)$ 也是 $f(x)$ 的一个原函数, 所以

$$F(x)-\varPhi(x)=C,\quad x\in[a,b].$$

在上式中令 $x=a$, 得 $F(a) = \Phi(a) + C$, 而 $\Phi(a) = 0$, 所以 $F(a) = C$, 故

$$\Phi(x) = \int_a^x f(t)\,\mathrm{d}t = F(x) - F(a).$$

在 $\Phi(x)$ 中取 $x=b$, 就有

$$\int_a^b f(t)\,\mathrm{d}t = F(b) - F(a),$$

即

$$\int_a^b f(x)\,\mathrm{d}x = F(b) - F(a).$$

因为原函数问题只是微分的逆问题, 而这个定理揭示了定积分和原函数的关系, 从而也就揭示了定积分与微分的关系. 牛顿和莱布尼茨发现的这个定理, 也就被称为**微积分基本定理**, 式(5-1)称为**微积分基本公式**, 也叫做**牛顿-莱布尼茨公式**. 式(5-1)表明一个连续函数在区间 $[a,b]$ 上的定积分, 等于它的任一个原函数 $F(x)$ 在区间 $[a,b]$ 上的增量 $F(b) - F(a)$. 这一定理, 是数学史上的里程碑, 阐明了微分学与积分学之间的联系, 有效地解决了定积分的计算. 它不仅有力地推动了积分学的发展, 事实上, 也推动了微分学的发展. 定积分的计算, 包括以后的重积分、曲线积分、曲面积分的计算都主要依靠牛顿-莱布尼茨公式来实现.

有了牛顿-莱布尼茨公式, 计算一个函数在某区间上的定积分, 就可以先求一个原函数(不定积分问题), 再求原函数在积分区间上的增量. 在应用上, 为了方便, 把 $F(b) - F(a)$ 常记为 $F(x)\Big|_a^b$ 或 $[F(x)]_a^b$. 这样牛顿-莱布尼茨公式就可以表示为

$$\int_a^b f(x)\,\mathrm{d}x = \left[F(x)\right]_a^b.$$

例 4　计算 $\int_0^{\frac{\pi}{3}} \sec^2 x\,\mathrm{d}x$.

解　因为 $\tan x$ 是 $\sec^2 x$ 的一个原函数, 所以根据牛顿-莱布尼茨公式, 得

$$\int_0^{\frac{\pi}{3}} \sec^2 x\,\mathrm{d}x = \left[\tan x\right]_0^{\frac{\pi}{3}} = \tan\frac{\pi}{3} - \tan 0 = \sqrt{3}.$$

例 5　计算 $\int_{-1}^1 \dfrac{\mathrm{d}x}{1+x^2}$.

解 因为 $\arctan x$ 是 $\dfrac{1}{1+x^2}$ 的一个原函数,所以

$$\int_{-1}^{1}\frac{\mathrm{d}x}{1+x^2}=\left[\arctan x\right]_{-1}^{1}=\arctan 1-\arctan(-1)=\frac{\pi}{2}.$$

例 6 设 $f(x)=\begin{cases}2x, & 0\leqslant x\leqslant 1,\\ \dfrac{1}{x}, & 1<x\leqslant 2,\end{cases}$ 计算 $\displaystyle\int_{0}^{2}f(x)\,\mathrm{d}x.$

这个函数在积分区间上不连续,不能直接用牛顿-莱布尼茨公式. 但是由上节的知识可知,$f(x)$ 在 $[0,2]$ 上是可积的,用分段点 $x=1$ 把积分区间 $[0,2]$ 分为 $[0,1]$ 和 $[1,2]$ 两部分,$\displaystyle\int_{0}^{1}f(x)\,\mathrm{d}x$ 及 $\displaystyle\int_{1}^{2}f(x)\,\mathrm{d}x$ 都可以用牛顿-莱布尼茨公式来计算,再用可加性即可.

解 由定积分的可加性,得

$$\int_{0}^{2}f(x)\,\mathrm{d}x=\int_{0}^{1}f(x)\,\mathrm{d}x+\int_{1}^{2}f(x)\,\mathrm{d}x$$

$$=\int_{0}^{1}2x\mathrm{d}x+\int_{1}^{2}\frac{1}{x}\mathrm{d}x=\left[x^2\right]_{0}^{1}+\left[\ln x\right]_{1}^{2}=1+\ln 2.$$

例 7 计算 $\displaystyle\int_{0}^{\pi}|\cos x|\,\mathrm{d}x.$

解 $\displaystyle\int_{0}^{\pi}|\cos x|\,\mathrm{d}x=\int_{0}^{\frac{\pi}{2}}\cos x\mathrm{d}x-\int_{\frac{\pi}{2}}^{\pi}\cos x\mathrm{d}x=\left[\sin x\right]_{0}^{\frac{\pi}{2}}-\left[\sin x\right]_{\frac{\pi}{2}}^{\pi}=2.$

例 8 设函数 $f(x)$ 在闭区间 $[a,b]$ 上连续,证明在相应的开区间 (a,b) 内至少存在一点 ξ,使

$$\int_{a}^{b}f(x)\,\mathrm{d}x=f(\xi)(b-a).$$

证明 因为函数 $f(x)$ 在区间 $[a,b]$ 上连续,所以在 $[a,b]$ 上的原函数存在. 设 $F(x)$ 是 $f(x)$ 在区间 $[a,b]$ 上的一个原函数,即 $F'(x)=f(x)$ 在区间 $[a,b]$ 上成立,由牛顿-莱布尼茨公式得

$$\int_{a}^{b}f(x)\,\mathrm{d}x=F(b)-F(a).$$

而函数 $F(x)$ 在 $[a,b]$ 上满足拉格朗日中值定理的条件,故在 (a,b) 内至

少存在一点 ξ，使得

$$F(b)-F(a)=F'(\xi)(b-a)=f(\xi)(b-a)，$$

即

$$\int_a^b f(x)\,\mathrm{d}x=f(\xi)(b-a)，\quad \xi\in(a,b).$$

在上一节中，定积分的性质 5（积分中值定理）指出，使得积分中值公式成立的 ξ 是在闭区间 $[a,b]$ 上取得的，这个例题进一步说明 ξ 一定能够在开区间 (a,b) 内取得，同时也反映了微分中值定理与积分中值定理之间的关系.

习题 5-2

1. 填空题.

（1）$\dfrac{\mathrm{d}}{\mathrm{d}x}\displaystyle\int_0^x \arctan t\,\mathrm{d}t=$ ＿＿＿＿＿＿＿＿＿；

（2）$\dfrac{\mathrm{d}}{\mathrm{d}x}\displaystyle\int_0^{\cos x} \sqrt{1+t^2}\,\mathrm{d}t=$ ＿＿＿＿＿＿＿＿；

（3）$\dfrac{\mathrm{d}}{\mathrm{d}x}\displaystyle\int_{\sqrt{x}}^{x^2} t\mathrm{e}^t\,\mathrm{d}t=$ ＿＿＿＿＿＿＿＿.

2. 求由方程 $\displaystyle\int_0^y \mathrm{e}^t\,\mathrm{d}t-\int_x^0 \cos t\,\mathrm{d}t=0$ 所确定的隐函数 y 的导数 $\dfrac{\mathrm{d}y}{\mathrm{d}x}$.

3. 利用牛顿-莱布尼茨公式，计算下列定积分.

（1）$\displaystyle\int_0^1 (2x^2-x-1)\,\mathrm{d}x$；

（2）$\displaystyle\int_1^2 \left(\dfrac{1}{x}+\dfrac{1}{x^4}\right)\,\mathrm{d}x$；

（3）$\displaystyle\int_{\frac{1}{\sqrt{3}}}^{\sqrt{3}} \dfrac{\mathrm{d}x}{1+x^2}$；

（4）$\displaystyle\int_{-\frac{1}{2}}^{\frac{1}{2}} \dfrac{\mathrm{d}x}{\sqrt{1-x^2}}$；

（5）$\displaystyle\int_0^{\frac{\pi}{4}} \tan^2 x\,\mathrm{d}x$；

（6）$\displaystyle\int_{-3}^{-2} \dfrac{\mathrm{d}x}{1+x}$；

（7）$\displaystyle\int_0^{2\pi} |\sin x|\,\mathrm{d}x$；

（8）$\displaystyle\int_0^2 |3x^2-4x+1|\,\mathrm{d}x$.

4. 设 $f(x)=\begin{cases} 2^x, & 0\leqslant x<1, \\ 100, & x=1, \\ x+1, & 1<x\leqslant 3, \end{cases}$ 计算 $\int_0^2 f(x)\mathrm{d}x$.

5. 用洛必达法则求下列极限.

(1) $\displaystyle\lim_{x\to 0}\frac{\displaystyle\int_0^x \sin x^3\mathrm{d}x}{x^4}$;

(2) $\displaystyle\lim_{x\to 0}\frac{\left(\displaystyle\int_0^x \mathrm{e}^{t^2}\mathrm{d}t\right)^2}{\displaystyle\int_0^x t\mathrm{e}^{2t^2}\mathrm{d}t}$.

6. 用定积分求极限

$$\lim_{n\to\infty}\frac{1}{n}\left(\sin\frac{\pi}{n}+\sin\frac{2\pi}{n}+\cdots+\sin\frac{n-1}{n}\pi\right).$$

7. 设 $f(x)$ 具有连续的导数且 $f(1)-f(0)=1$, 证明 $\int_0^1 [f'(x)]^2\mathrm{d}x\geqslant 1$.

提示: 利用 $\int_0^1 [f'(x)-1]^2\mathrm{d}x\geqslant 0$, 或习题 5-1 第 7 题结论.

第三节　定积分的计算

　　定积分的计算主要是通过牛顿–莱布尼茨公式实现的. 要计算一个连续函数在某区间上的定积分, 只要找出被积函数的一个原函数, 再求原函数在积分区间上的增量就可以了. 这样不定积分的积分法原则上就可以用到定积分的计算上来. 但是把定积分的计算截然分成求原函数和求增量两个步骤, 会给计算和书写带来一些麻烦, 因此从求不定积分的基本方法——换元积分法和分部积分法出发, 结合定积分的特点, 介绍定积分的换元积分法和分部积分法.

一、定积分的换元积分法

　　定理　设函数 $f(x)$ 在区间 $[a,b]$ 上连续, 而 $x=\varphi(t)$ 满足条件:

定积分的换元法

（1）在区间 $[\alpha,\beta]$（或 $[\beta,\alpha]$）上有连续导数；

（2）当 t 在 $[\alpha,\beta]$（或 $[\beta,\alpha]$）上变化时，x 在 $[a,b]$ 上变化，且 $\varphi(\alpha)=a$，$\varphi(\beta)=b$，则有换元积分公式

$$\int_a^b f(x)\,\mathrm{d}x = \int_\alpha^\beta f[\varphi(t)]\varphi'(t)\,\mathrm{d}t.$$

证明　由定理条件可知 $f(x)$，$f[\varphi(t)]\varphi'(t)$ 连续，故其原函数都存在. 设 $F(x)$ 是 $f(x)$ 的一个原函数，则

$$\int_a^b f(x)\,\mathrm{d}x = F(b)-F(a).$$

又因为

$$\frac{\mathrm{d}}{\mathrm{d}t}F[\varphi(t)] = \frac{\mathrm{d}F(x)}{\mathrm{d}x}\cdot\frac{\mathrm{d}x}{\mathrm{d}t} = f(x)\varphi'(t) = f[\varphi(t)]\varphi'(t),$$

所以 $F[\varphi(t)]$ 是 $f[\varphi(t)]\varphi'(t)$ 的一个原函数，再用牛顿-莱布尼茨公式有

$$\int_\alpha^\beta f[\varphi(t)]\varphi'(t)\,\mathrm{d}t = F[\varphi(\beta)]-F[\varphi(\alpha)] = F(b)-F(a),$$

故

$$\int_a^b f(x)\,\mathrm{d}x = \int_\alpha^\beta f[\varphi(t)]\varphi'(t)\,\mathrm{d}t.$$

这样就证明了定理. 当应用换元积分公式时，除了注意定理条件外，还应当特别注意以下两点：

（1）用 $x=\varphi(t)$ 把原来的变量 x 代换成新的变量 t 时，积分限也要换成相应于新变量 t 的积分限，即换元必换限. 并注意上、下限的对应，即换元后的积分下限 $t=\alpha$ 对应换元前的积分下限 $x=a$，换元后的积分上限 $t=\beta$ 对应换元前的积分上限 $x=b$. 特别注意当 $a<b$ 时未必 $\alpha<\beta$.

（2）求出 $f[\varphi(t)]\varphi'(t)$ 的一个原函数后，不必像求不定积分那样再把变量还原，而只要在新的积分限下求增量就行了.

例 1　计算 $\displaystyle\int_0^a \sqrt{a^2-x^2}\,\mathrm{d}x\quad(a>0)$.

解　用正弦代换. 令 $x=a\sin t$，于是 $\mathrm{d}x=a\cos t\,\mathrm{d}t$，且当 $x=0$ 时，$t=0$；当 $x=a$ 时，$t=\dfrac{\pi}{2}$，由换元积分公式可得

$$\int_0^a \sqrt{a^2-x^2}\,\mathrm{d}x = a^2 \int_0^{\frac{\pi}{2}} \cos^2 t\,\mathrm{d}t = \frac{a^2}{2}\int_0^{\frac{\pi}{2}}(1+\cos 2t)\,\mathrm{d}t$$

$$= \frac{a^2}{2}\left[t+\frac{1}{2}\sin 2t\right]_0^{\frac{\pi}{2}} = \frac{\pi a^2}{4}.$$

应当指出,换元法中并不要求 $x=\varphi(t)$ 单调. 譬如这个例题中,当 $x=0$ 时,取 $t=0$;当 $x=a$ 时,取 $t=\dfrac{5\pi}{2}$,则有

$$\int_0^a \sqrt{a^2-x^2}\,\mathrm{d}x = a^2 \int_0^{\frac{5\pi}{2}} |\cos t|\cos t\,\mathrm{d}t = \frac{\pi a^2}{4}.$$

结果是相同的,只是计算要复杂些.

例 2　计算 $\displaystyle\int_0^4 \frac{1}{1+\sqrt{x}}\mathrm{d}x$.

解　令 $t=\sqrt{x}$,即 $x=t^2$,这时 $\mathrm{d}x=2t\mathrm{d}t$. 且当 $x=0$ 时,$t=0$;当 $x=4$ 时,$t=2$,于是

$$\int_0^4 \frac{1}{1+\sqrt{x}}\mathrm{d}x = \int_0^2 \frac{2t}{1+t}\mathrm{d}t = 2\int_0^2\left(1-\frac{1}{1+t}\right)\mathrm{d}t$$

$$= 2[t-\ln|1+t|]_0^2 = 4-2\ln 3.$$

例 3　计算 $\displaystyle\int_0^{\ln 2} \sqrt{\mathrm{e}^x-1}\,\mathrm{d}x$.

解　设 $t=\sqrt{\mathrm{e}^x-1}$,则 $x=\ln(t^2+1)$,$\mathrm{d}x=\dfrac{2t\mathrm{d}t}{t^2+1}$. 当 $x=0$ 时,$t=0$;当 $x=\ln 2$ 时,$t=1$. 于是

$$\int_0^{\ln 2} \sqrt{\mathrm{e}^x-1}\,\mathrm{d}x = \int_0^1 \frac{2t^2\mathrm{d}t}{t^2+1} = 2\int_0^1\left(1-\frac{1}{t^2+1}\right)\mathrm{d}t = 2[t-\arctan t]_0^1 = 2-\frac{\pi}{2}.$$

有些积分如果在求原函数时用的是凑微分法,而并没有明显地引入新的变量,则上、下限就没有必要(当然也不能)变了. 例如求定积分 $\displaystyle\int_0^1 x\sqrt{1+x^2}\,\mathrm{d}x$,请读者比较下面两种方法:

解法一　$\displaystyle\int_0^1 x\sqrt{1+x^2}\,\mathrm{d}x = \frac{1}{2}\int_0^1 (1+x^2)^{\frac{1}{2}}\mathrm{d}(1+x^2)$

$$= \frac{1}{3} \left[(1+x^2)^{\frac{3}{2}} \right]_0^1 = \frac{1}{3}(2\sqrt{2}-1).$$

解法二　$\displaystyle\int_0^1 x\sqrt{1+x^2}\,\mathrm{d}x \xupplus{t=1+x^2} \frac{1}{2}\int_1^2 t^{\frac{1}{2}}\,\mathrm{d}t = \frac{1}{3}\left[t^{\frac{3}{2}}\right]_1^2 = \frac{1}{3}(2\sqrt{2}-1).$

例 4　设函数 $f(x)$ 在对称区间 $[-l,l]$ 上连续,证明:

$$\int_{-l}^{l} f(x)\,\mathrm{d}x = \begin{cases} 2\displaystyle\int_0^l f(x)\,\mathrm{d}x, & f(x)\text{为偶函数}, \\[2mm] 0, & f(x)\text{为奇函数}. \end{cases}$$

证明　由定积分的可加性知

$$\int_{-l}^{l} f(x)\,\mathrm{d}x = \int_{-l}^{0} f(x)\,\mathrm{d}x + \int_{0}^{l} f(x)\,\mathrm{d}x.$$

对积分 $\displaystyle\int_{-l}^{0} f(x)\,\mathrm{d}x$ 作代换 $x=-t$,则有

$$\int_{-l}^{0} f(x)\,\mathrm{d}x = -\int_{l}^{0} f(-t)\,\mathrm{d}t = \int_{0}^{l} f(-t)\,\mathrm{d}t = \int_{0}^{l} f(-x)\,\mathrm{d}x,$$

那么

$$\int_{-l}^{l} f(x)\,\mathrm{d}x = \int_{0}^{l} f(-x)\,\mathrm{d}x + \int_{0}^{l} f(x)\,\mathrm{d}x = \int_{0}^{l} [f(-x)+f(x)]\,\mathrm{d}x.$$

(1) 若 $f(x)$ 为偶函数,则 $f(-x)+f(x)=2f(x)$,故

$$\int_{-l}^{l} f(x)\,\mathrm{d}x = 2\int_{0}^{l} f(x)\,\mathrm{d}x.$$

(2) 若 $f(x)$ 为奇函数,则 $f(-x)+f(x)=0$,故

$$\int_{-l}^{l} f(x)\,\mathrm{d}x = 0.$$

对称区间上奇、偶函数的积分常可用这个结论进行简化计算. 例如

$$\int_{-1}^{1} \left(\frac{\sin^3 x}{1+x^2}+x^2\right)\mathrm{d}x = 2\int_{0}^{1} x^2\,\mathrm{d}x = \frac{2}{3},$$

$$\int_{-1}^{2} x\sqrt{|x|}\,\mathrm{d}x = \int_{-1}^{1} x\sqrt{|x|}\,\mathrm{d}x + \int_{1}^{2} x\sqrt{|x|}\,\mathrm{d}x = \int_{1}^{2} x^{\frac{3}{2}}\,\mathrm{d}x.$$

例 5　若 $f(x)$ 在 $[0,1]$ 上连续,证明:

(1) $\displaystyle\int_{0}^{\frac{\pi}{2}} f(\sin x)\,\mathrm{d}x = \int_{0}^{\frac{\pi}{2}} f(\cos x)\,\mathrm{d}x$;

(2) $\displaystyle\int_0^\pi xf(\sin x)\,\mathrm{d}x=\frac{\pi}{2}\int_0^\pi f(\sin x)\,\mathrm{d}x$，并计算 $\displaystyle\int_0^\pi x\sin^3 x\,\mathrm{d}x$.

证明 （1）用诱导公式可以将 $\sin x$ 换为 $\cos x$. 设 $x=\dfrac{\pi}{2}-t$，于是 $\mathrm{d}x=-\mathrm{d}t$，

且当 $x=0$ 时，$t=\dfrac{\pi}{2}$；当 $x=\dfrac{\pi}{2}$ 时，$t=0$. 于是有

$$\int_0^{\frac{\pi}{2}} f(\sin x)\,\mathrm{d}x=-\int_{\frac{\pi}{2}}^0 f\left[\sin\left(\frac{\pi}{2}-t\right)\right]\mathrm{d}t=\int_0^{\frac{\pi}{2}} f(\cos t)\,\mathrm{d}t=\int_0^{\frac{\pi}{2}} f(\cos x)\,\mathrm{d}x.$$

（2）设 $x=\pi-t$，则 $\mathrm{d}x=-\mathrm{d}t$，当 $x=0$ 时，$t=\pi$；$x=\pi$ 时，$t=0$. 于是有

$$\begin{aligned}
\int_0^\pi xf(\sin x)\,\mathrm{d}x &=-\int_\pi^0 (\pi-t)f\left[\sin(\pi-t)\right]\mathrm{d}t\\
&=\int_0^\pi (\pi-t)f(\sin t)\,\mathrm{d}t\\
&=\pi\int_0^\pi f(\sin t)\,\mathrm{d}t-\int_0^\pi tf(\sin t)\,\mathrm{d}t\\
&=\pi\int_0^\pi f(\sin x)\,\mathrm{d}x-\int_0^\pi xf(\sin x)\,\mathrm{d}x,
\end{aligned}$$

移项并整理即得

$$\int_0^\pi xf(\sin x)\,\mathrm{d}x=\frac{\pi}{2}\int_0^\pi f(\sin x)\,\mathrm{d}x.$$

利用这个结论，有

$$\begin{aligned}
\int_0^\pi x\sin^3 x\,\mathrm{d}x &=\frac{\pi}{2}\int_0^\pi \sin^3 x\,\mathrm{d}x=-\frac{\pi}{2}\int_0^\pi \sin^2 x\,\mathrm{d}(\cos x)\\
&=\frac{\pi}{2}\int_0^\pi (\cos^2 x-1)\,\mathrm{d}(\cos x)=\frac{\pi}{2}\left[\frac{\cos^3 x}{3}-\cos x\right]_0^\pi=\frac{2\pi}{3}.
\end{aligned}$$

例6 设 $f(x)$ 是以 $T(T\neq 0)$ 为周期的周期函数，且在 $(-\infty,+\infty)$ 上连续，试证明对于任意实数 a，有

$$\int_a^{a+T} f(x)\,\mathrm{d}x=\int_0^T f(x)\,\mathrm{d}x.$$

证明 因为 $f(x)$ 在 $(-\infty,+\infty)$ 上连续，从而在任意有限区间上可积. 由定积分关于积分区间的可加性可得

$$\int_a^{a+T} f(x)\,\mathrm{d}x = \int_a^0 f(x)\,\mathrm{d}x + \int_0^T f(x)\,\mathrm{d}x + \int_T^{a+T} f(x)\,\mathrm{d}x.$$

对积分 $\int_T^{a+T} f(x)\,\mathrm{d}x$ 用换元积分法,令 $x = t+T$,则

$$\int_T^{a+T} f(x)\,\mathrm{d}x = \int_0^a f(t+T)\,\mathrm{d}t = \int_0^a f(t)\,\mathrm{d}t = \int_0^a f(x)\,\mathrm{d}x,$$

从而有

$$\int_a^{a+T} f(x)\,\mathrm{d}x = \int_a^0 f(x)\,\mathrm{d}x + \int_0^T f(x)\,\mathrm{d}x + \int_0^a f(x)\,\mathrm{d}x = \int_0^T f(x)\,\mathrm{d}x.$$

这个例题的结论说明,可积的周期函数在任意一个周期区间 $[a, a+T]$ 上的积分是相同的. 如果记 $G(a) = \int_a^{a+T} f(x)\,\mathrm{d}x$,例 6 的结论就表明 $G(a)$ 是一个以 a 为自变量的常函数. 因此这个结论也可以用下面方法证明.

因为 $\dfrac{\mathrm{d}}{\mathrm{d}a} G(a) = \dfrac{\mathrm{d}}{\mathrm{d}a}\int_a^{a+T} f(x)\,\mathrm{d}x = f(a+T) - f(a) = 0$ 在 $(-\infty, +\infty)$ 内成立,所以 $G(a)$ 是 $(-\infty, +\infty)$ 上的常函数,所以 $G(a) = G(0)$.

二、定积分的分部积分法

由不定积分的分部积分法即可得到定积分的分部积分公式:

$$\int_a^b u(x)v'(x)\,\mathrm{d}x = \left[uv\right]_a^b - \int_a^b u'(x)v(x)\,\mathrm{d}x$$

或

$$\int_a^b u\,\mathrm{d}v = \left[uv\right]_a^b - \int_a^b v\,\mathrm{d}u.$$

定积分分部积分法

要注意的是,在上述公式中,uv 是原函数的一部分,因此也应当计算增量.

例 7 计算 $\displaystyle\int_0^{\frac{\pi}{2}} x\cos x\,\mathrm{d}x$.

解 $\displaystyle\int_0^{\frac{\pi}{2}} x\cos x\,\mathrm{d}x = \int_0^{\frac{\pi}{2}} x\,\mathrm{d}(\sin x) = \left[x\sin x\right]_0^{\frac{\pi}{2}} - \int_0^{\frac{\pi}{2}} \sin x\,\mathrm{d}x = \dfrac{\pi}{2} - 1.$

例 8 计算 $\displaystyle\int_{e^{-1}}^e |\ln x|\,\mathrm{d}x$.

分析 本题中被积函数含有绝对值号,去掉绝对值号是问题的关键. 因为当 $x \in [e^{-1}, 1]$ 时,$\ln x \leqslant 0$;当 $x \in [1, e]$ 时,$\ln x \geqslant 0$,所以

$$\int_{e^{-1}}^{e} |\ln x| \, dx = -\int_{e^{-1}}^{1} \ln x \, dx + \int_{1}^{e} \ln x \, dx.$$

考虑到两个积分被积函数相同,为避免求原函数重复,先求不定积分 $\int \ln x \, dx$,再用牛顿-莱布尼茨公式求定积分.

解 因为 $\int \ln x \, dx = x \ln x - \int x \, d(\ln x) = x \ln x - x + C$,所以 $x \ln x - x$ 是 $\ln x$ 的一个原函数,故得

$$\int_{e^{-1}}^{e} |\ln x| \, dx = -\int_{e^{-1}}^{1} \ln x \, dx + \int_{1}^{e} \ln x \, dx$$

$$= -[x \ln x - x]_{e^{-1}}^{1} + [x \ln x - x]_{1}^{e} = 2(1 - e^{-1}).$$

例 9 证明定积分公式

$$I_n = \int_0^{\frac{\pi}{2}} \sin^n x \, dx \quad \left(= \int_0^{\frac{\pi}{2}} \cos^n x \, dx \right)$$

$$= \begin{cases} \dfrac{n-1}{n} \times \dfrac{n-3}{n-2} \times \cdots \times \dfrac{3}{4} \times \dfrac{1}{2} \times \dfrac{\pi}{2}, & n \text{ 为正偶数}, \\[3mm] \dfrac{n-1}{n} \times \dfrac{n-3}{n-2} \times \cdots \times \dfrac{4}{5} \times \dfrac{2}{3} \times 1, & n \text{ 为大于 1 的正奇数}. \end{cases}$$

证明 由本节例 5 可知 $\int_0^{\frac{\pi}{2}} \sin^n x \, dx = \int_0^{\frac{\pi}{2}} \cos^n x \, dx.$

这里只讨论 $I_n = \int_0^{\frac{\pi}{2}} \sin^n x \, dx$. 设 $u = \sin^{n-1} x, dv = \sin x \, dx$,则

$$du = (n-1) \sin^{n-2} x \cos x \, dx, \quad v = -\cos x.$$

于是,由分部积分公式,得

$$I_n = [-\cos x \sin^{n-1} x]_0^{\frac{\pi}{2}} + (n-1) \int_0^{\frac{\pi}{2}} \sin^{n-2} x \cos^2 x \, dx$$

$$= (n-1) \int_0^{\frac{\pi}{2}} \sin^{n-2} x \, dx - (n-1) \int_0^{\frac{\pi}{2}} \sin^n x \, dx$$

$$= (n-1) I_{n-2} - (n-1) I_n,$$

由此得积分 I_n 关于下标的递推公式为

$$I_n = \frac{n-1}{n} I_{n-2}.$$

如果把 n 换成 $n-2$,则得

$$I_{n-2} = \frac{n-3}{n-2} I_{n-4}.$$

依次进行下去,直到 I_n 的下标递减到 0 或 1 为止. 当 $n=2m$ 和 $n=2m+1$ 时,分别有

$$I_{2m} = \frac{2m-1}{2m} \times \frac{2m-3}{2m-2} \times \frac{2m-5}{2m-4} \times \cdots \times \frac{5}{6} \times \frac{3}{4} \times \frac{1}{2} \times I_0 \, (m=1,2,\cdots),$$

$$I_{2m+1} = \frac{2m}{2m+1} \times \frac{2m-2}{2m-1} \times \frac{2m-4}{2m-3} \times \cdots \times \frac{6}{7} \times \frac{4}{5} \times \frac{2}{3} \times I_1 \, (m=1,2,\cdots),$$

而 $I_0 = \int_0^{\frac{\pi}{2}} \mathrm{d}x = \frac{\pi}{2}, I_1 = \int_0^{\frac{\pi}{2}} \sin x\mathrm{d}x = 1$,故

$$I_n = \begin{cases} \dfrac{n-1}{n} \times \dfrac{n-3}{n-2} \times \cdots \times \dfrac{3}{4} \times \dfrac{1}{2} \times \dfrac{\pi}{2}, & n=2,4,6,\cdots, \\ \dfrac{n-1}{n} \times \dfrac{n-3}{n-2} \times \cdots \times \dfrac{4}{5} \times \dfrac{2}{3} \times 1, & n=3,5,7,\cdots. \end{cases}$$

这个公式称为**沃利斯**(Wallis)**公式**,可以直接用该公式计算定积分,如

$$\int_0^{\frac{\pi}{2}} \sin^5 x\mathrm{d}x = \frac{4}{5} \times \frac{2}{3} = \frac{8}{15}, \quad \int_0^{\frac{\pi}{2}} \cos^6 x\mathrm{d}x = \frac{5}{6} \times \frac{3}{4} \times \frac{1}{2} \times \frac{\pi}{2} = \frac{5\pi}{32}.$$

例 10　设函数 $f(x)$ 在 $[-1,1]$ 上具有连续的导数,试求积分

$$\int_0^{\pi} [f(\cos x)\cos x - f'(\cos x)\sin^2 x]\mathrm{d}x.$$

解　首先

$$\int_0^{\pi} [f(\cos x)\cos x - f'(\cos x)\sin^2 x]\mathrm{d}x$$

$$= \int_0^{\pi} f(\cos x)\cos x\mathrm{d}x - \int_0^{\pi} f'(\cos x)\sin^2 x\mathrm{d}x,$$

对上式的第一个积分用分部积分公式,

$$\int_0^\pi f(\cos x)\cos x\mathrm{d}x = \int_0^\pi f(\cos x)\mathrm{d}(\sin x)$$

$$= \left[\sin xf(\cos x)\right]_0^\pi - \int_0^\pi f'(\cos x)\sin x\mathrm{d}(\cos x)$$

$$= \int_0^\pi f'(\cos x)\sin^2 x\mathrm{d}x,$$

故得

$$\int_0^\pi \left[f(\cos x)\cos x - f'(\cos x)\sin^2 x\right]\mathrm{d}x = 0.$$

前文介绍了定积分计算的常用方法,有时定积分的计算会用到一些技巧,最后再举两个这方面的例子.

例 11 计算定积分 $\displaystyle\int_0^{\frac{\pi}{2}} \frac{\cos x - \sin x}{1 + \sin x\cos x}\mathrm{d}x.$

解 被积函数连续,故定积分存在. 作代换 $x = \dfrac{\pi}{2} - t$,则有

$$\int_0^{\frac{\pi}{2}} \frac{\cos x - \sin x}{1 + \sin x\cos x}\mathrm{d}x = \int_{\frac{\pi}{2}}^0 \frac{\sin t - \cos t}{1 + \cos t\sin t}(-1)\mathrm{d}t = -\int_0^{\frac{\pi}{2}} \frac{\cos x - \sin x}{1 + \sin x\cos x}\mathrm{d}x,$$

故

$$\int_0^{\frac{\pi}{2}} \frac{\cos x - \sin x}{1 + \sin x\cos x}\mathrm{d}x = 0.$$

例 12 计算 $\displaystyle\int_{-\frac{\pi}{4}}^{\frac{\pi}{4}} \frac{\sin^2 x}{1 + \mathrm{e}^{-x}}\mathrm{d}x.$

解 由可加性知

$$\int_{-\frac{\pi}{4}}^{\frac{\pi}{4}} \frac{\sin^2 x}{1 + \mathrm{e}^{-x}}\mathrm{d}x = \int_{-\frac{\pi}{4}}^0 \frac{\sin^2 x}{1 + \mathrm{e}^{-x}}\mathrm{d}x + \int_0^{\frac{\pi}{4}} \frac{\sin^2 x}{1 + \mathrm{e}^{-x}}\mathrm{d}x,$$

而

$$\int_{-\frac{\pi}{4}}^0 \frac{\sin^2 x}{1 + \mathrm{e}^{-x}}\mathrm{d}x \xlongequal{x=-t} -\int_{\frac{\pi}{4}}^0 \frac{\sin^2 t}{1 + \mathrm{e}^t}\mathrm{d}t = \int_0^{\frac{\pi}{4}} \frac{\sin^2 x}{1 + \mathrm{e}^x}\mathrm{d}x,$$

故

$$\int_{-\frac{\pi}{4}}^{\frac{\pi}{4}} \frac{\sin^2 x}{1 + \mathrm{e}^{-x}}\mathrm{d}x = \int_0^{\frac{\pi}{4}} \left(\frac{\sin^2 x}{1 + \mathrm{e}^x} + \frac{\sin^2 x}{1 + \mathrm{e}^{-x}}\right)\mathrm{d}x = \int_0^{\frac{\pi}{4}} \sin^2 x\mathrm{d}x = \frac{\pi - 2}{8}.$$

习题 5-3

1. 计算下列定积分.

（1）$\int_{-2}^{1}\sqrt{3x+7}\,dx$；

（2）$\int_{0}^{\frac{\pi}{2}}\sin x\cos^{3}x\,dx$；

（3）$\int_{0}^{\pi}(1-\sin^{3}\theta)\,d\theta$；

（4）$\int_{-1}^{1}\frac{x\,dx}{\sqrt{5-4x}}$；

（5）$\int_{1}^{4}\frac{dx}{1+\sqrt{x}}$；

（6）$\int_{0}^{a}x^{2}\sqrt{a^{2}-x^{2}}\,dx\quad(a>0)$；

（7）$\int_{0}^{1}\frac{dx}{(1+x^{2})\sqrt{1+x^{2}}}$；

（8）$\int_{\ln 3}^{\ln 8}\frac{dx}{\sqrt{e^{x}+1}}$；

（9）$\int_{0}^{1}x\sqrt[3]{1-x}\,dx$；

（10）$\int_{1}^{2}\frac{\sqrt{x^{2}-1}}{x}\,dx$；

（11）$\int_{-1}^{1}f(x+1)\,dx$，其中 $f(x)=\begin{cases}x+2,&0\le x<1,\\x^{2}+2,&1\le x\le 2.\end{cases}$

2. 利用函数的奇偶性计算下列定积分.

（1）$\int_{-a}^{a}x(a^{2}-x^{2})^{\frac{5}{2}}\,dx$；

（2）$\int_{-5}^{5}\frac{x^{3}\sin^{2}x}{x^{4}+2x^{2}+1}\,dx$；

（3）$\int_{-\frac{\pi}{2}}^{\frac{\pi}{2}}4\cos^{4}\theta\,d\theta$；

（4）$\int_{-l}^{l}(x^{3}+x^{2})\cos\frac{n\pi}{l}x\,dx$；

（5）$\int_{-\frac{1}{2}}^{\frac{1}{2}}\frac{x^{2}\arcsin x}{\sqrt{1-x^{2}}}\,dx$；

（6）$\int_{0}^{2a}x\sqrt{a^{2}-(x-a)^{2}}\,dx$.

3. 设 $f(x)$ 在 $[a,b]$ 上连续,证明:
$$\int_{a}^{b}f(x)\,dx=\int_{a}^{b}f(a+b-x)\,dx.$$

4. 设 $f(x)$ 在 $[a,b]$ 上连续,证明:
$$\int_{a}^{b}f(x)\,dx=(b-a)\int_{0}^{1}f[a+(b-a)x]\,dx.$$

5. 证明：$\int_x^1 \dfrac{dx}{1+x^2} = \int_1^{\frac{1}{x}} \dfrac{dx}{1+x^2}\ (x>0)$.

6. 证明：(1) 若 $f(x)$ 是连续的奇函数，则 $\int_0^x f(t)\,dt$ 是偶函数；

(2) 若 $f(x)$ 是连续的偶函数，则 $\int_0^x f(t)\,dt$ 是奇函数.

7. 计算下列定积分.

(1) $\displaystyle\int_0^1 \arccos x\,dx$;

(2) $\displaystyle\int_0^{\ln 2} x\mathrm{e}^{-x}\,dx$;

(3) $\displaystyle\int_{\frac{\pi}{4}}^{\frac{\pi}{3}} \dfrac{x}{\sin^2 x}\,dx$;

(4) $\displaystyle\int_0^1 x\arctan x\,dx$;

(5) $\displaystyle\int_0^{\frac{\pi}{2}} \mathrm{e}^{2x}\cos x\,dx$;

(6) $\displaystyle\int_1^2 x\log_2 x\,dx$;

(7) $\displaystyle\int_1^e \sin(\ln x)\,dx$;

(8) $\displaystyle\int_0^{\frac{1}{2}} (\arcsin x)^2\,dx$;

(9) $\displaystyle\int_0^{\frac{\pi}{2}} \dfrac{\sin x}{\sin x+\cos x}\,dx$;

(10) $\displaystyle\int_0^1 x^6\sqrt{1-x^2}\,dx$.

8. 设函数 $f(x)$ 具有连续的二阶导数，试证明：

$$\int_0^1 x(1-x)f''(x)\,dx = f(1)+f(0)-2\int_0^1 f(x)\,dx.$$

第四节　反 常 积 分

　　定积分的定义中有两点基本要求：其一，积分区间是有限区间；其二，被积函数在积分区间上有界. 在实际中遇到的问题常常会突破这两点限制. 这时，将定积分的定义推广，就可以得到无穷区间上的积分和无界函数的积分. 这两类积分都叫做**反常积分**（improper integral）**（也称广义积分）**. 在这个意义下，前面所讨论的定积分就是常义积分. 本节就在常义积分的基础上来介绍这两类反常积分的初步概念.

一、无穷限的反常积分

设函数 $f(x)$ 在区间 $[a,+\infty)$ 上连续,对于任意的 $b>a$, $\int_a^b f(x)\,\mathrm{d}x$ 总存在.令 $b\to+\infty$,用极限的思想就可以把 $f(x)$ 在 $[a,+\infty)$ 上的积分和定积分联系起来.

定义 1　设函数 $f(x)$ 在区间 $[a,+\infty)$ 上连续,任取 $b>a$,如果极限

$$\lim_{b\to+\infty}\int_a^b f(x)\,\mathrm{d}x$$

存在,那么称此极限为函数 $f(x)$ 在无穷区间 $[a,+\infty)$ 上的**反常积分**,记作 $\int_a^{+\infty} f(x)\,\mathrm{d}x$,即

$$\int_a^{+\infty} f(x)\,\mathrm{d}x=\lim_{b\to+\infty}\int_a^b f(x)\,\mathrm{d}x.$$

这时也称反常积分 $\int_a^{+\infty} f(x)\,\mathrm{d}x$ 收敛;若上述极限不存在,则称反常积分 $\int_a^{+\infty} f(x)\,\mathrm{d}x$ 发散,这时 $\int_a^{+\infty} f(x)\,\mathrm{d}x$ 只是一个形式上的记号,不表示数值.

如果 $f(x)$ 在 $(-\infty,b]$ 上连续,可类似地定义反常积分

$$\int_{-\infty}^b f(x)\,\mathrm{d}x=\lim_{a\to-\infty}\int_a^b f(x)\,\mathrm{d}x.$$

如果 $f(x)$ 在 $(-\infty,+\infty)$ 上连续,当且仅当 $\int_{-\infty}^c f(x)\,\mathrm{d}x$ 与 $\int_c^{+\infty} f(x)\,\mathrm{d}x$ 都收敛时,称 $\int_{-\infty}^{+\infty} f(x)\,\mathrm{d}x$ 收敛,且收敛时有

$$\int_{-\infty}^{+\infty} f(x)\,\mathrm{d}x=\int_{-\infty}^c f(x)\,\mathrm{d}x+\int_c^{+\infty} f(x)\,\mathrm{d}x.$$

否则,就称反常积分 $\int_{-\infty}^{+\infty} f(x)\,\mathrm{d}x$ 是发散的.

前面介绍的这几个反常积分都叫做无穷限的反常积分,无穷限反常积分有时也简称为**无穷积分**.

例1 计算反常积分 $\int_0^{+\infty} \dfrac{\mathrm{d}x}{1+x^2}$.

解 因为

$$\lim_{b\to+\infty}\int_0^b \frac{\mathrm{d}x}{1+x^2}=\lim_{b\to+\infty}\left[\arctan x\right]_0^b=\lim_{b\to+\infty}\arctan b=\frac{\pi}{2},$$

所以

$$\int_0^{+\infty}\frac{\mathrm{d}x}{1+x^2}=\frac{\pi}{2}.$$

一般地,如果 $F(x)$ 是 $f(x)$ 在 $[a,+\infty)$ 上的一个原函数,按本节定义1,有

$$\int_a^{+\infty}f(x)\mathrm{d}x=\lim_{b\to+\infty}\int_a^b f(x)\mathrm{d}x=\lim_{b\to+\infty}F(b)-F(a)=\lim_{x\to+\infty}F(x)-F(a).$$

为了方便起见,常把 $\lim\limits_{b\to+\infty}F(b)-F(a)$ 记为 $F(+\infty)-F(a)$,这样一来,无穷积分的计算过程就可以和定积分一样,用牛顿-莱布尼茨公式去计算,格式为

$$\int_a^{+\infty}f(x)\mathrm{d}x=F(+\infty)-F(a),$$

$$\int_{-\infty}^b f(x)\mathrm{d}x=F(b)-F(-\infty),$$

$$\int_{-\infty}^{+\infty}f(x)\mathrm{d}x=F(+\infty)-F(-\infty),$$

其中 $F(x)$ 是 $f(x)$ 的一个原函数,而 $F(+\infty),F(-\infty)$ 分别理解为 $\lim\limits_{x\to+\infty}F(x)$ 和 $\lim\limits_{x\to-\infty}F(x)$. 特别指出,$F(+\infty)$ 和 $F(-\infty)$ 只要有一个不存在,积分 $\int_{-\infty}^{+\infty}f(x)\mathrm{d}x$ 就是发散的.

例2 计算 $\int_0^{+\infty}x\mathrm{e}^{-x}\mathrm{d}x$.

解 $\int_0^{+\infty}x\mathrm{e}^{-x}\mathrm{d}x=\int_0^{+\infty}x\mathrm{d}(-\mathrm{e}^{-x})=\left[-x\mathrm{e}^{-x}\right]_0^{+\infty}+\int_0^{+\infty}\mathrm{e}^{-x}\mathrm{d}x$

$\qquad\qquad =-\lim\limits_{x\to+\infty}x\mathrm{e}^{-x}-\left[\mathrm{e}^{-x}\right]_0^{+\infty}=1-\lim\limits_{x\to+\infty}\mathrm{e}^{-x}=1.$

注 求解过程中极限 $\lim\limits_{x\to+\infty}x\mathrm{e}^{-x}$ 的计算用到了洛必达法则.

例3 证明反常积分 $\int_a^{+\infty}\dfrac{\mathrm{d}x}{x^p}$ $(a>0)$ 当 $p>1$ 时收敛;当 $p\leqslant 1$ 时发散.

证明　当 $p=1$ 时,有

$$\int_a^{+\infty} \frac{dx}{x^p} = \int_a^{+\infty} \frac{dx}{x} = \left[\ln x \right]_a^{+\infty} = \lim_{x \to +\infty} \ln x - \ln a = +\infty ;$$

当 $p \neq 1$ 时,有

$$\int_a^{+\infty} \frac{dx}{x^p} = \left[\frac{1}{1-p} x^{1-p} \right]_a^{+\infty} = \begin{cases} +\infty , & p<1, \\ \dfrac{a^{1-p}}{p-1}, & p>1. \end{cases}$$

因此,该反常积分当 $p>1$ 时收敛于 $\dfrac{a^{1-p}}{p-1}$;当 $p \leqslant 1$ 时发散.

从无穷积分的定义可以看出,无穷积分 $\int_a^{+\infty} f(x)\,dx$ 实际上就是积分上限

函数 $F(t) = \int_a^t f(x)\,dx$ 当 $t \to +\infty$ 时的极限,结合极限的性质不难得到无穷限

反常积分的以下性质.

性质 1　$\int_a^{+\infty} f(x)\,dx$ 与 $\int_b^{+\infty} f(x)\,dx$ 具有相同的敛散性,其中 $f(x)$ 在以 a,b

为端点的区间上可积.

性质 2　设 k 是非零常数,则 $\int_a^{+\infty} f(x)\,dx$ 与 $\int_a^{+\infty} kf(x)\,dx$ 具有相同的敛散

性,且收敛时,

$$\int_a^{+\infty} kf(x)\,dx = k \int_a^{+\infty} f(x)\,dx.$$

性质 3　若 $\int_a^{+\infty} f(x)\,dx$ 与 $\int_a^{+\infty} g(x)\,dx$ 均收敛,则 $\int_a^{+\infty} [f(x) \pm g(x)]\,dx$ 也收

敛,且

$$\int_a^{+\infty} [f(x) \pm g(x)]\,dx = \int_a^{+\infty} f(x)\,dx \pm \int_a^{+\infty} g(x)\,dx.$$

二、无界函数的反常积分

定义 2　设函数 $f(x)$ 在 $(a,b]$ 上连续,而 $\lim\limits_{x \to a^+} f(x) = \infty$ (点 a 称为 $f(x)$ 的

瑕点),取 $\varepsilon > 0$,如果极限

$$\lim_{\varepsilon \to 0^+} \int_{a+\varepsilon}^b f(x)\,\mathrm{d}x$$

存在,则称此极限为无界函数 $f(x)$ 在 $(a,b]$ 上的反常积分,也称为**瑕积分**,仍记作 $\int_a^b f(x)\,\mathrm{d}x$,即

$$\int_a^b f(x)\,\mathrm{d}x = \lim_{\varepsilon \to 0^+} \int_{a+\varepsilon}^b f(x)\,\mathrm{d}x.$$

这时也称反常积分 $\int_a^b f(x)\,\mathrm{d}x$ 收敛. 否则,称反常积分 $\int_a^b f(x)\,\mathrm{d}x$ 发散.

类似地,可定义函数的瑕点在积分区间的右端点时的反常积分,这时

$$\int_a^b f(x)\,\mathrm{d}x = \lim_{\varepsilon \to 0^+} \int_a^{b-\varepsilon} f(x)\,\mathrm{d}x.$$

当被积函数的瑕点 c 取在 $[a,b]$ 的内部时,$\int_a^b f(x)\,\mathrm{d}x$ 也是反常积分. 用瑕点 c 将积分区间分为 $[a,c)$ 及 $(c,b]$,当且仅当反常积分 $\int_a^c f(x)\,\mathrm{d}x$ 和 $\int_b^c f(x)\,\mathrm{d}x$ 都收敛时,才称反常积分 $\int_a^b f(x)\,\mathrm{d}x$ 收敛,否则,就称反常积分 $\int_a^b f(x)\,\mathrm{d}x$ 发散.

例 4   计算 $\int_0^a \dfrac{\mathrm{d}x}{\sqrt{a^2-x^2}}$ $(a>0)$.

解   注意到 $\lim\limits_{x \to a^-} \dfrac{1}{\sqrt{a^2-x^2}} = +\infty$,这是一个瑕积分,故可按定义 2 计算,有

$$\int_0^a \frac{\mathrm{d}x}{\sqrt{a^2-x^2}} = \lim_{\varepsilon \to 0^+} \int_0^{a-\varepsilon} \frac{\mathrm{d}x}{\sqrt{a^2-x^2}} = \lim_{\varepsilon \to 0^+}\left[\arcsin\frac{x}{a}\right]_0^{a-\varepsilon} = \frac{\pi}{2}.$$

几何上,该积分表示了位于曲线 $y = \dfrac{1}{\sqrt{a^2-x^2}}$ 之下,x 轴之上,直线 $x=0$ 与 $x=a$ 之间的无界图形的面积(见图 5-5).

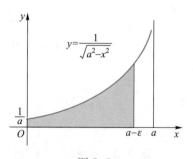

瑕积分的计算,也可以用牛顿-莱布尼茨公式. 如果 $f(x)$ 在 (a,b) 内连续,a 或 b 为瑕点,则形式上瑕积分也可以写成

图 5-5

$$\int_a^b f(x)\,dx = \left[F(x) \right]_a^b = F(b) - F(a),$$

其中 $F(x)$ 是 $f(x)$ 在 (a,b) 内的原函数，$F(b)$ 理解为 $F(b^-)$，$F(a)$ 理解为 $F(a^+)$.

例 5 计算 $\int_0^1 \ln x\,dx$.

解 因为 $\lim\limits_{x\to 0^+}\ln x = -\infty$，所以这是一个瑕积分，而被积函数在 $(0,1]$ 上连续，故

$$\int_0^1 \ln x\,dx = \left[x\ln x - x \right]_0^1 = -1 - \lim\limits_{x\to 0^+}(x\ln x - x) = -1.$$

例 6 设 $q>0$，讨论 $\int_0^1 \dfrac{dx}{x^q}$ 当 q 取何值时收敛，取何值时发散.

解 当 $q=1$ 时，$\int_0^1 \dfrac{dx}{x} = \left[\ln x \right]_0^1 = +\infty$，即这时积分发散；

当 $q>0, q\neq 1$ 时，

$$\int_0^1 \frac{dx}{x^q} = \left[\frac{1}{1-q}x^{1-q} \right]_0^1 = \begin{cases} \dfrac{1}{1-q}, & 0<q<1, \\ +\infty, & q>1. \end{cases}$$

故该积分当 $0<q<1$ 时收敛，当 $q\geq 1$ 时发散.

例 7 讨论反常积分 $\int_{-1}^1 \dfrac{dx}{x^2}$ 的收敛性.

解 被积函数在区间 $[-1,1]$ 上除 $x=0$ 外连续，且 $\lim\limits_{x\to 0}\dfrac{1}{x^2} = +\infty$. 因此，这是一个瑕积分. 由例 6 可知，$\int_0^1 \dfrac{1}{x^2}dx$ 发散，故瑕积分 $\int_{-1}^1 \dfrac{dx}{x^2}$ 发散.

通常无穷区间上的反常积分特征比较明显，而瑕积分与定积分容易混淆. 如果例 7 中疏忽了 $\dfrac{1}{x^2}$ 在 $x=0$ 处无界而按定积分计算，则有错误结果：

$$\int_{-1}^1 \frac{dx}{x^2} = -\frac{1}{x}\bigg|_{-1}^1 = -1 - 1 = -2.$$

另外，对于无穷积分和瑕点仅在区间端点的瑕积分，为了书写方便，借用了牛顿-莱布尼茨公式的形式，但在其他情况下，计算方法与性质，不能随意

地直接应用到反常积分中,否则会出错.譬如,例 7 中的瑕点位于积分区间内部,不能直接用牛顿-莱布尼茨公式;再如 $\int_{-\infty}^{+\infty}\dfrac{x}{1+x^2}\mathrm{d}x$ 是发散的,如果看作是对称区间上奇函数的积分,就会得出此积分为零的错误结果.

在本节的最后还要指出,对于反常积分,也可以用换元积分法.设函数 $f(x)$ 在区间 (a,b) 内连续,a,b 可以是 $\pm\infty$,也可以是函数 $f(x)$ 的瑕点,这样的积分就可以像定积分一样用换元积分法去计算,只是要注意,所做的代换 $x=\varphi(t)$ 应该是单调函数.

例 8 计算积分 $\int_0^{+\infty}\dfrac{1}{(1+x^2)^2}\mathrm{d}x$.

解 令 $x=\tan t$,则有 $\mathrm{d}x=\sec^2 t\mathrm{d}t$,而当 $x\to+\infty$ 时,$t\to\dfrac{\pi}{2}$,故

$$\int_0^{+\infty}\dfrac{1}{(1+x^2)^2}\mathrm{d}x=\int_0^{\frac{\pi}{2}}\cos^2 t\mathrm{d}t=\dfrac{1}{2}\times\dfrac{\pi}{2}=\dfrac{\pi}{4}.$$

习题 5-4

1. 判别下列反常积分的收敛性,若收敛,求其值.

(1) $\int_0^{+\infty}\mathrm{e}^{-ax}\mathrm{d}x\,(a>0)$;

(2) $\int_{-\infty}^{+\infty}\dfrac{\mathrm{d}x}{x^2+2x+2}$;

(3) $\int_0^1 x\ln x\mathrm{d}x$;

(4) $\int_0^1\dfrac{x}{\sqrt{1-x^2}}\mathrm{d}x$;

(5) $\int_1^2\dfrac{x}{\sqrt{x-1}}\mathrm{d}x$;

(6) $\int_1^e\dfrac{\mathrm{d}x}{x\sqrt{1-\ln^2 x}}$;

(7) $\int_{-\frac{\pi}{4}}^{\frac{3\pi}{4}}\dfrac{\mathrm{d}x}{\cos^2 x}$;

(8) $\int_0^{+\infty}\mathrm{e}^{-pt}\sin\omega t\mathrm{d}t\,(p>0,\omega>0)$.

2. 利用本节例 3 和例 6 的结论,指出下列反常积分的敛散性.

(1) $\int_1^{+\infty}\dfrac{\mathrm{d}x}{x^4}$;
(2) $\int_2^{+\infty}\dfrac{\mathrm{d}x}{\sqrt{x}}$;
(3) $\int_0^1\dfrac{\mathrm{d}x}{\sqrt[3]{x}}$;
(4) $\int_1^3\dfrac{\mathrm{d}x}{(x-1)^2}$.

*第五节　反常积分敛散性的判别法、Γ 函数

用反常积分的定义就可以判别一些反常积分的敛散性,但有些反常积分的敛散性不容易用定义的方法判断.本节就来介绍判别反常积分敛散性的几个简单方法.

一、无穷积分敛散性的判别法

先来讨论 $f(x)\geqslant 0$ 的情形.

设函数 $f(x)$ 在区间 $[a,+\infty)$ 上非负连续,这时积分上限函数 $F(t)=\int_a^t f(x)\mathrm{d}x$ 是 $[a,+\infty)$ 上的非减函数[①],若 $F(t)$ 有界,则 $\lim\limits_{t\to+\infty}F(t)$ 存在,从而反常积分 $\int_a^{+\infty}f(x)\mathrm{d}x$ 收敛. 于是有下列定理.

定理 1　设函数 $f(x)$ 在区间 $[a,+\infty)$ 上非负连续,如果 $F(t)=\int_a^t f(x)\mathrm{d}x$ 在 $[a,+\infty)$ 上有界,则反常积分 $\int_a^{+\infty}f(x)\mathrm{d}x$ 收敛.

利用这个定理就可以得到下面的判别法.

定理 2(比较判别法)　设函数 $f(x),g(x)$ 在区间 $[a,+\infty)$ 上连续,且对于任意的 $x\geqslant a$ 有不等式 $0\leqslant f(x)\leqslant g(x)$ 成立,那么

(1) 若 $\int_a^{+\infty}g(x)\mathrm{d}x$ 收敛,则 $\int_a^{+\infty}f(x)\mathrm{d}x$ 收敛;

(2) 若 $\int_a^{+\infty}f(x)\mathrm{d}x$ 发散,则 $\int_a^{+\infty}g(x)\mathrm{d}x$ 发散.

证明　当 $\int_a^{+\infty}g(x)\mathrm{d}x$ 收敛时,由 $0\leqslant\int_a^t f(x)\mathrm{d}x\leqslant\int_a^t g(x)\mathrm{d}x\leqslant\int_a^{+\infty}g(x)\mathrm{d}x$

---

① 这里的非减函数指的是非严格单调增加的函数,即对于任意的 $t_1<t_2$,有 $F(t_1)\leqslant F(t_2)$.

可知，$\int_a^t f(x)\,\mathrm{d}x$ 有界，由定理 1 可知 $\int_a^{+\infty} f(x)\,\mathrm{d}x$ 收敛. 定理中的（2）是（1）的逆否命题，只要用反证法即可证明.

例 1   判别积分 $\displaystyle\int_1^{+\infty} \frac{\mathrm{d}x}{(x+1)\sqrt{x+2}}$ 的敛散性.

解   因为当 $x \geqslant 1$ 时，有

$$0 < \frac{\mathrm{d}x}{(x+1)\sqrt{x+2}} < \frac{1}{x^{3/2}},$$

而积分 $\displaystyle\int_1^{+\infty} \frac{\mathrm{d}x}{x^{3/2}}$ 收敛，由比较判别法知，积分 $\displaystyle\int_1^{+\infty} \frac{\mathrm{d}x}{(x+1)\sqrt{x+2}}$ 是收敛的.

定理 3（比较判别法的极限形式）   设 $f(x)$，$g(x)$ 在区间 $[a, +\infty]$ 上非负连续，且 $\displaystyle\lim_{x\to+\infty} \frac{f(x)}{g(x)} = l$，那么

（1）当 $0 < l < +\infty$ 时，$\displaystyle\int_a^{+\infty} f(x)\,\mathrm{d}x$ 与 $\displaystyle\int_a^{+\infty} g(x)\,\mathrm{d}x$ 具有相同的敛散性；

（2）当 $l = 0$ 时，若 $\displaystyle\int_a^{+\infty} g(x)\,\mathrm{d}x$ 收敛，则 $\displaystyle\int_a^{+\infty} f(x)\,\mathrm{d}x$ 收敛；若 $\displaystyle\int_a^{+\infty} f(x)\,\mathrm{d}x$ 发散，则 $\displaystyle\int_a^{+\infty} g(x)\,\mathrm{d}x$ 发散.

如果定理 3 中取 $g(x) = \dfrac{1}{x^p}$，就有下面的极限判别法.

定理 4   设 $f(x)$ 在区间 $[a, +\infty)$ 上非负连续，那么

（1）若存在 $p > 1$，使得 $\displaystyle\lim_{x\to+\infty} x^p f(x)$ 存在，则 $\displaystyle\int_a^{+\infty} f(x)\,\mathrm{d}x$ 收敛；

（2）若存在 $p \leqslant 1$，使得 $\displaystyle\lim_{x\to+\infty} x^p f(x) > 0$（或为 ∞），则 $\displaystyle\int_a^{+\infty} f(x)\,\mathrm{d}x$ 发散.

当函数 $f(x) \leqslant 0$ 时，因为 $\displaystyle\int_a^{+\infty} f(x)\,\mathrm{d}x$ 与 $\displaystyle\int_a^{+\infty} |f(x)|\,\mathrm{d}x$ 敛散性相同，可用前边的方法判别其敛散性. 当函数 $f(x)$ 在区间 $[a, +\infty]$ 上不保持恒定符号时，这里不加证明地给出下面结论.

定理 5   设 $f(x)$ 在区间 $[a, +\infty)$ 上连续，若积分 $\displaystyle\int_a^{+\infty} |f(x)|\,\mathrm{d}x$ 收敛，则积

分 $\int_a^{+\infty} f(x)\,\mathrm{d}x$ 也收敛.

若积分 $\int_a^{+\infty} |f(x)|\,\mathrm{d}x$ 收敛,则称积分 $\int_a^{+\infty} f(x)\,\mathrm{d}x$ **绝对收敛**. 应当注意,当 $\int_a^{+\infty} f(x)\,\mathrm{d}x$ 收敛时, $\int_a^{+\infty} |f(x)|\,\mathrm{d}x$ 未必收敛. 即绝对值收敛的积分一定是收敛的,而收敛的积分不一定绝对收敛.

例 2　证明积分 $\int_0^{+\infty} \dfrac{\sin x}{x}\,\mathrm{d}x$ 是收敛的.

证明　因为 $\lim\limits_{x\to 0} \dfrac{\sin x}{x}=1$,所以 $x=0$ 是被积函数 $f(x)=\dfrac{\sin x}{x}$ 的可去间断点(只要令 $f(0)=0$ 即可). 故可以认为被积函数在 $[0,+\infty)$ 上是连续的. 因此 $\int_0^{+\infty} \dfrac{\sin x}{x}\,\mathrm{d}x$ 与 $\int_{\frac{\pi}{2}}^{+\infty} \dfrac{\sin x}{x}\,\mathrm{d}x$ 具有相同的敛散性. 对于任意的 $t>\dfrac{\pi}{2}$,有

$$\int_{\frac{\pi}{2}}^{t} \frac{\sin x}{x}\,\mathrm{d}x = -\int_{\frac{\pi}{2}}^{t} \frac{1}{x}\,\mathrm{d}(\cos x) = -\left[\frac{\cos x}{x}\right]_{\frac{\pi}{2}}^{t} - \int_{\frac{\pi}{2}}^{t} \frac{\cos x}{x^2}\,\mathrm{d}x = -\frac{\cos t}{t} - \int_{\frac{\pi}{2}}^{t} \frac{\cos x}{x^2}\,\mathrm{d}x.$$

因为 $\lim\limits_{t\to+\infty} \dfrac{\cos t}{t}=0$,所以 $\int_{\frac{\pi}{2}}^{+\infty} \dfrac{\sin x}{x}\,\mathrm{d}x$ 与 $\int_{\frac{\pi}{2}}^{+\infty} \dfrac{\cos x}{x^2}\,\mathrm{d}x$ 具有相同的敛散性. 因为 $\left|\dfrac{\cos x}{x^2}\right| \leqslant \dfrac{1}{x^2}$,由比较判别法可得 $\int_{\frac{\pi}{2}}^{+\infty} \dfrac{\cos x}{x^2}\,\mathrm{d}x$ 绝对收敛,所以 $\int_{\frac{\pi}{2}}^{+\infty} \dfrac{\sin x}{x}\,\mathrm{d}x$ 收敛,从而 $\int_0^{+\infty} \dfrac{\sin x}{x}\,\mathrm{d}x$ 是收敛的.

无穷积分 $\int_0^{+\infty} \dfrac{\sin x}{x}\,\mathrm{d}x$ 就是著名的狄利克雷积分,用其他的方法可得

$$\int_0^{+\infty} \frac{\sin x}{x}\,\mathrm{d}x = \frac{\pi}{2}.$$

二、瑕积分敛散性的判别法

与无穷积分类似,瑕积分有相应的敛散性判别法.

定理 6　设函数 $f(x),g(x)$ 在区间 $(a,b]$ 上连续,a 是 $f(x),g(x)$ 的瑕

点,如果不等式 $0 \leqslant f(x) \leqslant g(x)$ 在 $(a, b]$ 上成立,那么

(1) 若 $\int_a^b g(x)\,\mathrm{d}x$ 收敛,则 $\int_a^b f(x)\,\mathrm{d}x$ 收敛;

(2) 若 $\int_a^b f(x)\,\mathrm{d}x$ 发散,则 $\int_a^b g(x)\,\mathrm{d}x$ 发散.

定理 7 设函数 $f(x), g(x)$ 在区间 $(a, b]$ 上非负连续, a 是 $f(x), g(x)$ 的瑕点,且 $\lim\limits_{x \to a^+} \dfrac{f(x)}{g(x)} = l$,那么

(1) 当 $0 < l < +\infty$ 时,$\int_a^b g(x)\,\mathrm{d}x$ 与 $\int_a^b f(x)\,\mathrm{d}x$ 具有相同的敛散性;

(2) 当 $l = 0$ 时,若 $\int_a^b g(x)\,\mathrm{d}x$ 收敛,则 $\int_a^b f(x)\,\mathrm{d}x$ 收敛.

例 3 判别积分 $\int_0^1 x^{r-1}\mathrm{e}^{-x}\,\mathrm{d}x$ 的敛散性.

解 当 $r \geqslant 1$ 时是常义积分. 而当 $r < 1$ 时,$x = 0$ 是被积函数的瑕点. 因为

$$\lim_{x \to 0^+} \frac{x^{r-1}\mathrm{e}^{-x}}{1/x^{1-r}} = 1,$$

所以 $\int_0^1 x^{(r-1)}\mathrm{e}^{-x}\,\mathrm{d}x$ 与 $\int_0^1 \dfrac{\mathrm{d}x}{x^{1-r}} = \int_0^1 x^{r-1}\,\mathrm{d}x$ 具有相同的敛散性. 故当 $r > 0$ 时,积分 $\int_0^1 x^{r-1}\mathrm{e}^{-x}\,\mathrm{d}x$ 收敛;当 $r \leqslant 0$ 时,积分 $\int_0^1 x^{r-1}\mathrm{e}^{-x}\,\mathrm{d}x$ 发散.

定理 8 设 $f(x)$ 在区间 $(a, b]$ 上非负连续,a 为瑕点,那么

(1) 若存在 $q < 1$,使 $\lim\limits_{x \to a^+}(x-a)^q f(x)$ 存在,则 $\int_a^b f(x)\,\mathrm{d}x$ 收敛;

(2) 若存在 $q \geqslant 1$,使 $\lim\limits_{x \to a^+}(x-a)^q f(x) > 0$(或 $= +\infty$),则 $\int_a^b f(x)\,\mathrm{d}x$ 发散.

三、Γ 函数简介

如果函数 $f(x)$ 在区间 $(a, +\infty)$ 内连续,a 是 $f(x)$ 的瑕点,那么积分 $\int_a^{+\infty} f(x)\,\mathrm{d}x$ 既是瑕积分,又是无穷积分. 取 $c > a$,当且仅当 $\int_c^{+\infty} f(x)\,\mathrm{d}x$ 与 $\int_a^c f(x)\,\mathrm{d}x$

都收敛时,才称 $\int_a^{+\infty} f(x)\,\mathrm{d}x$ 收敛,且收敛时,有

$$\int_a^{+\infty} f(x)\,\mathrm{d}x = \int_c^{+\infty} f(x)\,\mathrm{d}x + \int_a^c f(x)\,\mathrm{d}x.$$

现考虑反常积分 $\int_0^{+\infty} \mathrm{e}^{-x} x^{r-1}\,\mathrm{d}x$. 当 $r \geqslant 1$ 时,这是一个无穷积分,而当 $r<1$ 时,同时还是一个瑕积分. 由比较判别法结合本节例 3 可知,这个积分当 $r>0$ 时是收敛的,此时其值是 r 的函数,称这个函数为 Γ 函数,记作

$$\Gamma(r) = \int_0^{+\infty} \mathrm{e}^{-x} x^{r-1}\,\mathrm{d}x \quad (r>0).$$

Γ 函数在理论上和应用上都具有重要意义,现在介绍该函数的几个简单性质.

1. 递推公式　$\Gamma(r+1) = r\Gamma(r) \quad (r>0)$.

其证明只要用分部积分法就可以了,具体过程请读者自己完成.

容易知道,$\Gamma(1) = 1$,对于正整数 n,反复使用递推公式,就可以得到

$$\Gamma(n+1) = n!$$

因此 Γ 函数也可以看成是阶乘的推广.

2. 余元公式　$\Gamma(r)\Gamma(1-r) = \dfrac{\pi}{\sin\pi r} \quad (0<r<1)$.

在余元公式中,如果令 $r = \dfrac{1}{2}$,即得 $\left[\Gamma\left(\dfrac{1}{2}\right)\right]^2 = \pi$,因为 $\Gamma\left(\dfrac{1}{2}\right) > 0$,所以 $\Gamma\left(\dfrac{1}{2}\right) = \sqrt{\pi}$,这是实际中常用的一个 Γ 函数值.

例如,结合递推公式,可得

$$\Gamma\left(\frac{5}{2}\right) = \Gamma\left(\frac{3}{2}+1\right) = \frac{3}{2}\Gamma\left(\frac{3}{2}\right) = \frac{3\times 1}{2^2}\Gamma\left(\frac{1}{2}\right) = \frac{3\times 1}{2^2}\sqrt{\pi}.$$

更一般地,有

$$\Gamma\left(\frac{2n+1}{2}\right) = \frac{(2n-1)\times(2n-3)\times\cdots\times 3\times 1}{2^n}\sqrt{\pi}.$$

3. Γ 函数的其他形式

在 Γ 函数中,令 $x = t^2$,即有

$$\Gamma(r) = 2 \int_0^{+\infty} e^{-t^2} t^{2r-1} dt.$$

若记 $2r-1=s$，则 $r=\dfrac{s+1}{2}$，将上式改写成

$$\int_0^{+\infty} e^{-t^2} t^s dt = \frac{1}{2} \Gamma\left(\frac{s+1}{2}\right) \quad (s>-1).$$

这时取 $s=0$，即有

$$\int_0^{+\infty} e^{-t^2} dt = \frac{\sqrt{\pi}}{2}.$$

概率论中常用的一个积分 $\displaystyle\int_{-\infty}^{+\infty} e^{-\frac{t^2}{2}} dt = \sqrt{2\pi}$ 就可以用这个结果获得.

习题 5-5

1. 判别下列反常积分的敛散性.

(1) $\displaystyle\int_0^{+\infty} \frac{x^3+1}{x^5+3x^2+1} dx$；

(2) $\displaystyle\int_1^{+\infty} \frac{\ln x}{x\sqrt{x}} dx$；

(3) $\displaystyle\int_1^{+\infty} \frac{\ln(1+x^2)}{x} dx$；

(4) $\displaystyle\int_0^{+\infty} \frac{\arctan x}{(x+1)(x+2)} dx$；

(5) $\displaystyle\int_0^1 \frac{1-\cos x}{x^q} dx$；

(6) $\displaystyle\int_0^1 x^p(1-x)^q dx$.

2. 利用狄利克雷积分 $\displaystyle\int_0^{+\infty} \frac{\sin x}{x} dx = \frac{\pi}{2}$，计算 $\displaystyle\int_0^{+\infty} \frac{\sin tx}{x} dx$，其中 t 为常数.

3. 证明下列各式（n 为正整数）.

(1) $2^n \Gamma(n+1) = 2\times4\times6\times\cdots\times2n$；

(2) $\dfrac{\Gamma(2n)}{2^{n-1}\Gamma(n)} = 1\times3\times5\times\cdots\times(2n-1)$；

(3) $\displaystyle\int_{-\infty}^{+\infty} e^{-x^2} dx = \sqrt{\pi}$.

第六节　定积分在几何上的应用

有了牛顿-莱布尼茨公式,就解决了定积分的计算问题. 因此应用定积分解决实际问题,其重点就是把实际问题转化为定积分. 人们对定积分解决问题的过程进行归纳总结,提炼出了应用上比较简单的方法——**元素法**. 现在就先来介绍定积分的元素法.

一、定积分的元素法

先来回顾 $y=f(x)$, $x=a$, $x=b$ 和 x 轴围成的曲边梯形面积的计算过程.

（1）分割. 在 a,b 之间插入 $n-1$ 个分点,即

$$a=x_0<x_1<x_2<\cdots<x_{n-1}<x_n=b,$$

将 $[a,b]$ 分为 n 个小区间 $[x_{i-1},x_i]$ $(i=1,2,\cdots,n)$,用 $\Delta x_i=x_i-x_{i-1}$ 表示第 i 个小区间的长度;

（2）近似替代. $x=x_i$ 就把曲边梯形分成了 n 个小曲边梯形. 设任一小区间 $[x_{i-1},x_i]$ 上对应的小曲边梯形的面积为 ΔA_i,在 $[x_{i-1},x_i]$ 上任取一点 ξ_i,则以 Δx_i 为底, $f(\xi_i)$ 为高的小矩形的面积为 $f(\xi_i)\Delta x_i$,用它来近似替代 ΔA_i,即

$$\Delta A_i\approx f(\xi_i)\Delta x_i.$$

（3）求和. 将所有小曲边梯形的面积的近似值相加,就得到 A 的近似值为

$$A=\sum_{i=1}^n \Delta A_i\approx\sum_{i=1}^n f(\xi_i)\Delta x_i.$$

（4）取极限. 用 λ 表示所有小区间长度的最大值,令 $\lambda\to 0$,取上述和式的极限,即得曲边梯形的面积为

$$A = \lim_{\lambda \to 0} \sum_{i=1}^{n} f(\xi_i) \Delta x_i = \int_a^b f(x) \, \mathrm{d}x.$$

由这个过程可以看到,用定积分来计算的量 U 一般都具有下述特征.

(1) U 是与某一个变量(如 x)的变化区间 $[a,b]$ 有关的量,且 U 对于区间 $[a,b]$ 具有可加性. 也就是说,U 是区间 $[a,b]$ 上的整体量,如果把区间 $[a,b]$ 分成许多部分区间,那么把整体量 U 相应地分成许多部分量,而整体量等于所有部分量之和.

(2) 量 U 非均匀地分布在区间 $[a,b]$ 上,即分布密度不是常数. 例如,在曲边梯形中,底边上各点对应的高不同,从而单位长度的底对应的面积不同,因此可以理解成面积是不均匀地分布在区间 $[a,b]$ 上.

如果一个整体量 U 不均匀地分布在区间 $[a,b]$ 上,那么整体量可以用下面步骤来计算.

(1) 分割. 分割区间 $[a,b]$,从而将整体量 U 分为部分量 ΔU_i 之和,即

$$U = \sum_{i=1}^{n} \Delta U_i.$$

(2) 近似替代. 求各个部分量的近似值 $\Delta U_i \approx f(\xi_i) \Delta x_i (i = 1, 2, \cdots, n)$.

(3) 求和. 求出整体量的近似值 $U = \sum_{i=1}^{n} \Delta U_i \approx \sum_{i=1}^{n} f(\xi_i) \Delta x_i$.

(4) 取极限. 记 $\lambda = \max\{\Delta x_i\}$,并令 $\lambda \to 0$ 求极限,即得

$$U = \lim_{\lambda \to 0} \sum_{i=1}^{n} f(\xi_i) \Delta x_i.$$

在上述 4 个步骤中,最关键的应该是第(2)步,这是因为 ΔU_i 的近似值 $f(\xi_i) \Delta x_i$ 就确定了被积表达式. 第(3)和第(4)步只是求和、取极限的过程. 比较定积分的定义式 $\int_a^b f(x) \, \mathrm{d}x = \lim_{\lambda \to 0} \sum_{i=1}^{n} f(\xi_i) \Delta x_i$ 两边的记号可以看出,积分号象征了求和取极限的过程,被积表达式 $f(x) \, \mathrm{d}x$ 象征了 $f(\xi_i) \Delta x_i$,或者说,将 $f(\xi_i) \Delta x_i$ 中的 ξ_i 换为 x,Δx_i 换为 $\mathrm{d}x$ 就得到了被积表达式.

为了应用方便起见,人们将定积分问题的步骤简化为以下几步:

第一步　根据问题选取恰当的积分变量 x,并确定它的变化区间 $[a,b]$.

第二步 设想把区间 $[a,b]$ 分成若干个小区间,任取其中一个微小区间 $[x,x+dx]$,求出相应于这个小区间的部分量 ΔU 的近似值 $f(x)dx$.

第三步 以 $f(x)dx$ 为被积表达式,在 $[a,b]$ 上作定积分,即得整体量 U 的积分表达式为

$$U=\int_a^b f(x)dx,$$

其中部分量 ΔU 与其近似值 $f(x)dx$ 应满足条件

$$\Delta U-f(x)dx=o(\Delta x).$$

于是可以清楚地看到,$f(x)dx$ 其实就是所求的整体量 U 的微分 dU. 表达式 $dU=f(x)dx$ 常称为量 U 的元素(或微元),因此这个方法也被称为定积分的 **元素法**(element method),也称为 **微元法**.

二、平面图形的面积

1. 直角坐标的情形

按照定积分的几何意义,曲线 $y=f(x)$(非负连续),$x=a$, $x=b$ 和 x 轴围成的曲边梯形面积 $A=\int_a^b f(x)dx$. 为了更好地理解定积分的元素法,再用元素法来求解.

平面图形的面积

取 x 为积分变量,则 $x\in[a,b]$,设想将区间 $[a,b]$ 分为若干个小区间,在任一微小区间 $[x,x+dx]$ 上,设对应的小曲边梯形的面积为 ΔA,用以 dx 为底, $f(x)$ 为高的矩形面积来近似替代 ΔA,即面积元素 $dA=f(x)dx$(见图 5-6(a)),故曲边梯形的面积为

$$A=\int_a^b dA=\int_a^b f(x)dx.$$

对于由曲线 $x=\varphi(y)$,$y=c$,$y=d$ 和 y 轴所围成的曲边梯形,因为底边在 y 轴上,可以选 y 为积分变量,则 $y\in[c,d]$,设想将区间 $[c,d]$ 分为若干个小区间,在任一微小区间 $[y,y+dy]$ 上,设对应的小曲边梯形的面积为 ΔA,用以 dy 为底,$\varphi(y)$ 为高的矩形面积来近似替代 ΔA,即面积元素 $dA=\varphi(y)dy$(见

图 5-6(b)),故曲边梯形的面积为

$$A = \int_c^d \mathrm{d}A = \int_c^d \varphi(y)\,\mathrm{d}y.$$

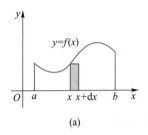 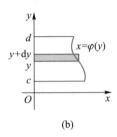

(a)   (b)

图 5-6

一般地,设平面图形是由曲线 $y=f(x)$,$y=g(x)$ 和直线 $x=a,x=b(a<b)$ 所围成(见图 5-7)的,选取 x 作为积分变量,它的变化区间为 $[a,b]$,在 $[a,b]$ 上任取一个微小区间 $[x,x+\mathrm{d}x]$,相应于这个小区间上的窄条面积近似于高为 $|f(x)-g(x)|$,底为 $\mathrm{d}x$ 的矩形面积,故面积元素为

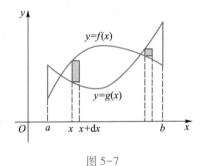

图 5-7

$$\mathrm{d}A = |f(x)-g(x)|\,\mathrm{d}x.$$

以面积元素 $\mathrm{d}A = |f(x)-g(x)|\,\mathrm{d}x$ 为被积表达式,在 $[a,b]$ 上作定积分,得该图形的面积为

$$A = \int_a^b |f(x)-g(x)|\,\mathrm{d}x. \qquad (5-2)$$

当然,这个公式也可以用定积分的几何意义去推导,请读者自己试试. 现在举例说明平面图形面积的计算问题.

例 1   求正弦曲线 $y=\sin x$ 在区间 $[0,2\pi]$ 上的一段弧与 x 轴围成的平面图形的面积(见图 5-8).

解   根据式(5-2),这里 $f(x)=\sin x$,$g(x)=0$(即 x 轴),所求面积为

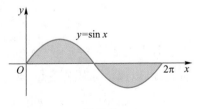

图 5-8

$$A = \int_0^{2\pi} |\sin x| \, dx$$

$$= \int_0^{\pi} \sin x \, dx - \int_\pi^{2\pi} \sin x \, dx = -[\cos x]_0^{\pi} + [\cos x]_\pi^{2\pi} = 4.$$

例2 计算抛物线 $y^2 = 2x$ 与直线 $y = x - 4$ 所围成的平面图形的面积.

解 为了确定图形范围,先求出所给抛物线与直线的交点. 解方程组

$$\begin{cases} y^2 = 2x, \\ y = x - 4, \end{cases}$$

即得交点坐标 $(2, -2)$ 和 $(8, 4)$,如图 5-9 所示.

选取 y 作为积分变量,它的变化区间为 $[-2, 4]$,相应于 $[-2, 4]$ 上任一微小区间 $[y, y + dy]$ 上的面积元素为

$$dA = \left(y + 4 - \frac{1}{2} y^2 \right) dy.$$

在 $[-2, 4]$ 上积分,得所求面积为

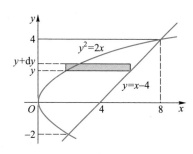

图 5-9

$$A = \int_{-2}^4 \left(y + 4 - \frac{1}{2} y^2 \right) dy = \left[\frac{1}{2} y^2 + 4y - \frac{1}{6} y^3 \right]_{-2}^4 = 18.$$

本例如果选用 x 为积分变量,计算就会变得烦琐一些. 因此,在用定积分解决实际问题时,积分变量选取适当,就可以使计算变得简便.

例3 求平面图形 $\dfrac{x^2}{a^2} + \dfrac{y^2}{b^2} \leqslant 1$ 的面积(其中 $a, b > 0$).

解 图形由椭圆 $\dfrac{x^2}{a^2} + \dfrac{y^2}{b^2} = 1$ 围成(见图 5-10). 由对称性可知,其面积 A 是位于第一象限内面积 A_1 的 4 倍,即 $A = 4A_1$,有

$$A = 4 \int_0^a y \, dx = 4 \int_0^a \frac{b}{a} \sqrt{a^2 - x^2} \, dx.$$

可以直接用正弦代换计算这个定积分. 这里利用椭圆的参数方程 $x = a\cos t, y = b\sin t (0 \leqslant t \leqslant 2\pi)$ 来计算(实际上也是换元法). 第一象限内相应于 $0 \leqslant t \leqslant \dfrac{\pi}{2}$. 当 $x = 0$ 时,$t = \dfrac{\pi}{2}$;当

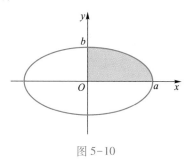

图 5-10

$x=a$ 时,$t=0$. 故

$$A=4\int_0^a y\mathrm{d}x=4\int_{\frac{\pi}{2}}^0 b\sin t\mathrm{d}(a\cos t)=4ab\int_0^{\frac{\pi}{2}}\sin^2 t\mathrm{d}t=\pi ab.$$

这就说明,长、短半轴分别为 a,b 的椭圆的面积为 πab,而当 $a=b$ 时就得到了圆的面积公式 $A=\pi a^2$.

2. 极坐标的情形

有些平面图形的边界曲线方程用极坐标表示比较方便,下面介绍极坐标下平面图形面积的计算方法.

设曲线 $\rho=\varphi(\theta)$ 及射线 $\theta=\alpha,\theta=\beta$ 围成一图形(称为曲边扇形,见图 5-11),现在要计算它的面积,这里 $\varphi(\theta)$ 在 $[\alpha,\beta]$ 上连续,且 $\varphi(\theta)\geqslant0$.

读者知道,圆扇形面积公式为 $A=\dfrac{1}{2}R^2\theta$,而这里不能直接用圆扇形面积公式,现用元素法计算.

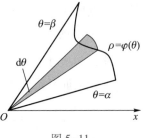

图 5-11

取极角 θ 为积分变量,它的变化范围为 $[\alpha,\beta]$,用半径为 $\rho=\varphi(\theta)$,圆心角为 $\mathrm{d}\theta$ 的圆扇形面积来近似代替相应于小区间 $[\theta,\theta+\mathrm{d}\theta]$ 的小曲边扇形的面积,即有曲边扇形的面积元素为

$$\mathrm{d}A=\frac{1}{2}[\varphi(\theta)]^2\mathrm{d}\theta.$$

以 $\mathrm{d}A$ 为被积表达式,在区间 $[\alpha,\beta]$ 上作定积分,就得到曲边扇形的面积为

$$A=\frac{1}{2}\int_\alpha^\beta[\varphi(\theta)]^2\mathrm{d}\theta.$$

例 4 计算双纽线 $\rho^2=a^2\cos 2\theta(a>0)$ 围成图形的面积 A.

解 双纽线 $\rho^2=a^2\cos 2\theta$ 如图 5-12 所示. 利用图形的对称性可知,所求图形的面积 A 为第一象限部分图形面积 A_1 的 4 倍. 先确定第一象限图形对应的 θ 的变化范围. 在 $(a,0)$ 点处,$\theta=0$;而在极点处,$\rho=0$,由 $\cos 2\theta=0$ 在一个周期内解得 $\theta=\dfrac{\pi}{4}$,得 θ 的变化范围为 $\left[0,\dfrac{\pi}{4}\right]$,故

$$A=4A_1=2\int_0^{\frac{\pi}{4}}a^2\cos 2\theta\mathrm{d}\theta=a^2[\sin 2\theta]_0^{\frac{\pi}{4}}=a^2.$$

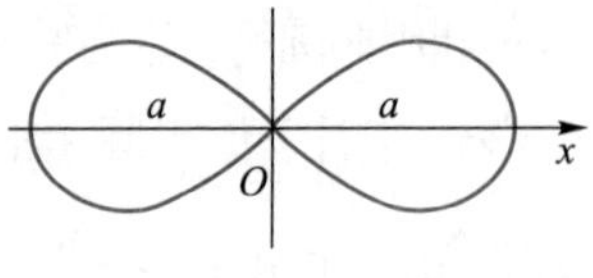

图 5-12

例 5 计算心形线 $\rho = a(1+\cos\theta)$ 围成图形的面积 A(其中 $a>0$).

解 利用图形的对称性(见图 5-13),所求图形的面积 A 为极轴以上部分图形面积 A_1 的 2 倍. 而 A_1 部分 θ 的变化区间为 $[0,\pi]$,于是

$$A = 2A_1 = 2\int_0^\pi \frac{1}{2}\left[a(1+\cos\theta)\right]^2 \mathrm{d}\theta$$

$$= a^2\int_0^\pi (1+2\cos\theta+\cos^2\theta)\,\mathrm{d}\theta$$

$$= a^2\int_0^\pi \left(\frac{3}{2}+2\cos\theta+\frac{1}{2}\cos 2\theta\right)\mathrm{d}\theta = \frac{3\pi}{2}a^2.$$

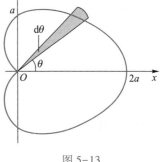

图 5-13

三、立体的体积

立体的体积

1. 旋转体的体积

所谓旋转体,是指由一个平面图形绕该平面内的一条直线旋转一周而成的立体. 这条直线称为旋转轴.

现在讨论曲边梯形绕底边旋转而成的旋转体体积的计算问题. 曲线 $y=f(x)$,直线 $x=a$,$x=b(a<b)$ 及 x 轴就围成了一个曲边梯形,现求这个曲边梯形绕 x 轴旋转一周而成的旋转体的体积(见图 5-14). 这个体积可用定积分的元素法来计算.

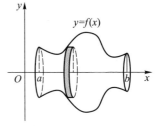

图 5-14

取 x 作为积分变量,它的变化区间为 $[a,b]$,相应于 $[a,b]$ 上的任一小区间 $[x,x+\mathrm{d}x]$,对应了一个小曲边梯形. 这个小曲边梯形绕 x 轴旋转就形成了一个旋转体薄片,它的体积近似于以 $f(x)$ 为底圆半径,$\mathrm{d}x$ 为高的小圆柱体的体积,即有体积元素

$$\mathrm{d}V = \pi[f(x)]^2\mathrm{d}x.$$

以该体积元素 $\mathrm{d}V$ 为被积表达式在 $[a,b]$ 上作定积分,便得所求旋转体的体积为

$$V_x = \int_a^b \pi [f(x)]^2 \mathrm{d}x.$$

同理,由曲线 $x = \varphi(y)$ 直线 $y = c, y = d$ 及 y 轴所围成的曲边梯形绕 y 轴旋转所成的旋转体体积(见图 5-15)为

$$V_y = \int_c^d \pi [\varphi(y)]^2 \mathrm{d}y.$$

例 6 计算由椭圆 $\dfrac{x^2}{a^2} + \dfrac{y^2}{b^2} = 1$ 所围成图形绕 x 轴旋转而成的旋转体(旋转椭球体)的体积(见图 5-16).

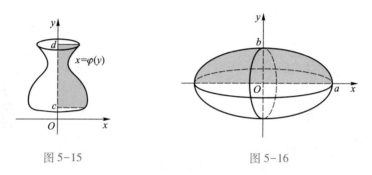

图 5-15　　　　　　　　　　　图 5-16

解 该旋转体可以看作是由上半椭圆 $y = \dfrac{b}{a}\sqrt{a^2 - x^2}$ 及 x 轴围成的平面图形绕 x 轴旋转而成.

取 x 为积分变量,它的变化区间为 $[-a, a]$,所求旋转体的体积为

$$V = \int_{-a}^a \pi \left(\frac{b}{a}\sqrt{a^2 - x^2} \right)^2 \mathrm{d}x = \pi \frac{b^2}{a^2} \int_{-a}^a (a^2 - x^2)\, \mathrm{d}x = \frac{4}{3}\pi ab^2.$$

当 $a = b$ 时,就得到半径为 a 的球体的体积为 $V = \dfrac{4}{3}\pi a^3$.

例 7 求由曲线 $y = x^2, y^2 = x$ 所围成平面图形绕 x 轴旋转而生成的旋转体的体积.

解 如图 5-17 所示,取 x 作为积分变量,它的变化区间为 $[0, 1]$,相应于 $[0, 1]$ 上任一小区间 $[x, x + \mathrm{d}x]$ 上对应的旋转体,可以近似地看成是以 $\sqrt{x}$ 为外半径,以 x^2 为内半径的同心圆环为底面,高为

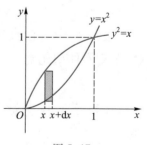

图 5-17

$\mathrm{d}x$ 的柱体,因此体积元素为

$$\mathrm{d}V = \pi\left[(\sqrt{x})^2 - (x^2)^2\right]\mathrm{d}x.$$

在 $[0,1]$ 上作定积分,便得所求旋转体的体积为

$$V = \pi\int_0^1(x - x^4)\mathrm{d}x = \left[\pi\left(\frac{1}{2}x^2 - \frac{1}{5}x^5\right)\right]_0^1 = \frac{3}{10}\pi.$$

例 8　求 $y = \sin x$ 相应于 $0 \leqslant x \leqslant \pi$ 上的一段弧与 x 轴所围成的平面图形绕 y 轴旋转而成的旋转体的体积.

解　设 D_1 是由 $x = \pi - \arcsin y, y = 1$, x 轴及 y 轴围成的平面图形,D_2 是由 $x = \arcsin y, y = 1$ 及 y 轴围成的平面图形(见图 5-18),则所求立体的体积 V 等于 D_1, D_2 绕 y 轴旋转而成的旋转体的体积之差. 故

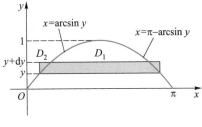

图 5-18

$$V = \pi\int_0^1\left[(\pi - \arcsin y)^2 - (\arcsin y)^2\right]\mathrm{d}y = \pi^3 - 2\pi^2\int_0^1\arcsin y\,\mathrm{d}y$$

$$= \pi^3 - 2\pi^2\left[\left[y\arcsin y\right]_0^1 - \int_0^1\frac{y\,\mathrm{d}y}{\sqrt{1-y^2}}\right] = -2\pi^2\left[\sqrt{1-y^2}\right]_0^1 = 2\pi^2.$$

注　$y = \sin x$ 在 $\left[\dfrac{\pi}{2}, \pi\right]$ 上的反函数是 $x = \pi - \arcsin y$.

由 $y = f(x), x = a, x = b$ 和 x 轴所围成的曲边梯形绕 y 轴旋转而成的旋转体的体积,也可以用所谓的**柱壳法**来求解. 具体方法如下.

分割区间 $[a,b]$ 为若干个小区间,每个小区间对应了一个小曲边梯形,将这些小曲边梯形近似地看作小矩形,绕 y 轴旋转就形成了一系列的"柱壳"(见图 5-19),把任意一个小区间 $[x, x+\mathrm{d}x]$ 对应的"柱壳"沿母线剪开,就可以近似地展成一个长为 $2\pi x$,宽为 $f(x)$,高为 $\mathrm{d}x$ 的长方体(注意,因为柱壳的内、外周长不同,所以并不能展成长方体),因此体积元素为

$$\mathrm{d}V = 2\pi x f(x)\mathrm{d}x,$$

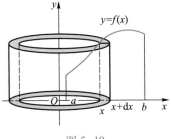

图 5-19

故有

$$V = 2\pi \int_a^b xf(x)\,\mathrm{d}x.$$

例 8 用这个方法即有

$$V = 2\pi \int_0^\pi x\sin x\,\mathrm{d}x = 2\pi\left[\sin x - x\cos x\right]_0^\pi = 2\pi^2.$$

2. 平行截面面积为已知的立体的体积

用垂直于一定轴的平面去截一个立体,在立体上就得到了一系列的平行截面,如果这些平行截面的面积已知(这样的立体称为平行截面面积已知的立体),那么,这个立体的体积也可以用定积分来计算.

如图 5-20 所示,取上述定轴为 x 轴,并设立体位于过点 $x=a,x=b(a<b)$ 且垂直于 x 轴的两个平面之间. 对于区间 $[a,b]$ 上任意一点 x,过 x 作垂直于 x 轴的平面,设该平面与立体的截面面积为 $A(x)$,假定 $A(x)$ 为 x 的已知的连续函数. 现求立体体积.

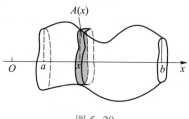

图 5-20

取 x 为积分变量,它的变化区间为 $[a,b]$,分割区间 $[a,b]$,任一微小区间 $[x,x+\mathrm{d}x]$ 上对应的立体可以近似地看作以 $A(x)$ 为底面积,$\mathrm{d}x$ 为高的柱体,故体积元素为

$$\mathrm{d}V = A(x)\,\mathrm{d}x.$$

在 $[a,b]$ 上作定积分,得所求立体的体积为

$$V = \int_a^b A(x)\,\mathrm{d}x.$$

例 9 一平面经过半径为 R 的圆柱体的底圆中心,并与底面交成角 α,计算这平面截圆柱体所得立体的体积.

解 以圆柱体底圆的圆心为坐标原点,在底圆所在的平面上建立平面直角坐标系(见图 5-21),则底圆的方程为 $x^2+y^2=R^2$. 取 x 作为积分变量,它的变化区间为 $[-R,R]$,过

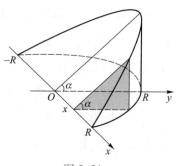

图 5-21

$[-R,R]$ 上任一点 x 且垂直于 x 轴的截面是一个直角三角形,其面积为

$$A(x)=\frac{1}{2}y^2\tan\alpha=\frac{1}{2}(R^2-x^2)\tan\alpha,$$

故所求立体体积为

$$V=\int_{-R}^{R}\frac{1}{2}(R^2-x^2)\tan\alpha\,\mathrm{d}x=\frac{1}{2}\tan\alpha\left[R^2x-\frac{1}{3}x^3\right]_{-R}^{R}=\frac{2}{3}R^3\tan\alpha.$$

本题也可取 y 为积分变量,其平行截面是垂直于 y 轴的矩形,请读者自行完成.

四、平面曲线的弧长

在微分学部分曾经指出,如果函数 $y=f(x)$ 在区间 $[a,b]$ 上具有连续的导数,那么 $y=f(x)$ 在区间 $[a,b]$ 上对应的曲线是光滑曲线,可以证明光滑曲线是可求长的. 下面就用定积分来计算这条光滑曲线的弧长.

取 x 为积分变量,则 $x\in[a,b]$,分割区间 $[a,b]$,任一小区间 $[x,x+\mathrm{d}x]$ 上对应的弧长为 Δs,由弧微分的知识可知,弧长元素就是弧微分,即

$$\mathrm{d}s=\sqrt{1+y'^2}\,\mathrm{d}x.$$

在区间 $[a,b]$ 上求定积分,得弧长为

$$s=\int_a^b\sqrt{1+y'^2}\,\mathrm{d}x.$$

如果曲线由参数方程 $\begin{cases}x=\varphi(t),\\ y=\psi(t)\end{cases}$ $(\alpha\leqslant t\leqslant\beta)$ 给出,其中 $\varphi(t),\psi(t)$ 具有连续的导数且 $\varphi'(t),\psi'(t)$ 不同时为零,那么弧长为

$$s=\int_\alpha^\beta\sqrt{\varphi'^2(t)+\psi'^2(t)}\,\mathrm{d}t.$$

如果曲线由极坐标方程 $\rho=\rho(\theta)$ $(\alpha\leqslant\theta\leqslant\beta)$ 给出,由 $x=\rho(\theta)\cos\theta$,$y=\rho(\theta)\sin\theta$ 易知 $\mathrm{d}s=\sqrt{\rho'^2(\theta)+\rho^2(\theta)}\,\mathrm{d}\theta$,故弧长为

$$s=\int_\alpha^\beta\sqrt{\rho'^2(\theta)+\rho^2(\theta)}\,\mathrm{d}\theta.$$

例 10　求曲线 $y = \int_0^x \tan t \, \mathrm{d}t$ 上相应于 $0 \leqslant x \leqslant \dfrac{\pi}{4}$ 的一段弧长.

解　$\mathrm{d}s = \sqrt{1 + y'^2}\,\mathrm{d}x = \sec x \, \mathrm{d}x$，由弧长公式得所求弧长为

$$s = \int_0^{\frac{\pi}{4}} \sqrt{1 + y'^2}\,\mathrm{d}x = \int_0^{\frac{\pi}{4}} \sec x \, \mathrm{d}x = \Big[\ln|\sec x + \tan x|\Big]_0^{\frac{\pi}{4}}$$

$$= \ln(\sqrt{2} + 1).$$

例 11　求摆线 $x = a(t - \sin t), y = a(1 - \cos t)\,(a > 0)$ 一拱的长 s.

解　参数 t 从 0 到 2π 对应了摆线的一拱，这时

$$\mathrm{d}s = \sqrt{x'^2 + y'^2}\,\mathrm{d}t = a\sqrt{(1 - \cos t)^2 + \sin^2 t}\,\mathrm{d}t = 2a\sin\frac{t}{2}\,\mathrm{d}t,$$

故得

$$s = 2a\int_0^{2\pi} \sin\frac{t}{2}\,\mathrm{d}t = 8a.$$

*五、旋转曲面的面积

　　一条平面曲线绕该平面内的一条直线旋转就形成了**旋转曲面**. 设有光滑曲线弧 $y = f(x)\,(a \leqslant x \leqslant b)$，绕 x 轴旋转生成了旋转曲面（见图 5-22），现在用定积分的元素法来求这个曲面的面积.

　　取 x 作为积分变量，其变化区间为 $[a, b]$，相应于 $[a, b]$ 上任意一个小区间 $[x, x+\mathrm{d}x]$ 上面积微元为

$$\mathrm{d}A = 2\pi|f(x)|\,\mathrm{d}s$$

$$= 2\pi|f(x)|\sqrt{1 + f'^2(x)}\,\mathrm{d}x.$$

（注意：这里用的是弧微分 $\mathrm{d}s$，而不是 $\mathrm{d}x$，请读者考虑这是为什么.）

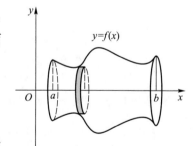

图 5-22

　　在 $[a, b]$ 上作定积分，得所求旋转曲面的面积为

$$A = 2\pi\int_a^b |f(x)|\sqrt{1 + f'^2(x)}\,\mathrm{d}x.$$

例 12 试求半径为 R 的球面的面积.

解 球面可看成是由上半圆 $y=\sqrt{R^2-x^2}$ 绕 x 轴旋转生成的,因此有

$$ds=\frac{R}{\sqrt{R^2-x^2}}dx,$$

由旋转曲面的面积公式可得

$$A=2\pi R\int_{-R}^{R}dx=4\pi R^2,$$

即球面的面积等于大圆面积的 4 倍.

习题 5-6

1. 计算由下列曲线所围成的平面图形的面积.

(1) 抛物线 $y=x^2$,直线 $x+y=2$;

(2) 曲线 $y=\ln x$,y 轴及直线 $y=\ln a$,$y=\ln b(b>a>0)$;

(3) 曲线 $y=\cos x\left(0\leqslant x\leqslant\dfrac{3}{2}\pi\right)$,直线 $x+y=\dfrac{3}{2}\pi$ 及 y 轴;

(4) 抛物线 $y=x^2-4x+4$,曲线 $y=x^3$ 及 x 轴;

(5) 双曲线 $xy=1$ 及直线 $y=x$,$y=2$;

(6) 星形线 $x=a\cos^3 t$,$y=a\sin^3 t(a>0)$;

(7) 曲线 $\rho=2a(2+\cos\theta)(a>0)$;

(8) 三叶玫瑰线 $\rho=a\sin 3\theta$.

2. 设平面图形 D 由 $y=1$ 与 $y=x^2$ 围成,求常数 c,使直线 $y=c$ 将 D 分为面积相等的两部分.

3. 求曲线 $y=xe^{-x}(x\geqslant 0)$ 与 x 轴之间的图形的面积.

4. 求下列平面图形绕指定轴旋转而成的旋转体的体积.

(1) $y=\dfrac{1}{x}$,$x=1$,$x=2$,$y=0$ 所围图形绕 x 轴;

(2) $x^2+(y-b)^2\leqslant a^2(0<a<b)$ 绕 x 轴;

(3) 星形线 $x=a\cos^3t, y=a\sin^3t(0\leqslant t\leqslant2\pi)$ 所围图形绕 x 轴, y 轴;

(4) 摆线 $x=a(t-\sin t), y=a(1-\cos t)$ 的一拱 $(0\leqslant t\leqslant2\pi)$ 与 $y=0$ 所围图形绕直线 $y=2a$;

(5) 抛物线 $y=\dfrac{1}{2}x^2$ 与直线 $y=1$ 所围平面图形绕 y 轴.

5. 有一立体,其底面是长半轴 $a=10$,短半轴 $b=5$ 的椭圆,而垂直于长轴的截面都是等边三角形,求其体积.

6. 求下列曲线的弧长.

(1) $y=2x\sqrt{x}, 0\leqslant x\leqslant1$;   (2) $y=\dfrac{4}{5}x^{\frac{5}{4}}, 0\leqslant x\leqslant1$;

(3) 星形线 $x^{\frac{2}{3}}+y^{\frac{2}{3}}=a^{\frac{2}{3}}$ 全长;   (4) $\rho=a(1-\cos\theta)$ 全长.

第七节   定积分在物理学上的应用举例

一、做功问题

物体在做直线运动的过程中,受到恒力(大小和方向都不变化的力) F 的作用,如果力 F 的方向与运动的方向一致,那么当物体有位移 s 时,力 F 对物体所做的功为

$$W=Fs.$$

变力沿直线所做的功和液体的侧压力

这是物理学中做功的最简单的情形. 但实际中经常会遇到变力做功问题. 下面举例说明变力做功的计算问题.

例1   已知把弹簧拉长所需的力与弹簧伸长量成正比,又知 9.8 N 的力能使弹簧伸长 1 cm,问把弹簧拉长 10 cm 至少要做多少功.

解   弹簧一端固定,平衡状态时,另一端的端点为坐标原点,建立如图 5-23 所示的坐标系. 当弹簧

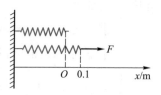

图 5-23

拉到 P 点时,设 $OP=x$,由胡克定律得,弹性恢复力 $f(x)=-kx$(负号表示力的方向与位移方向相反),由已知条件,当 $x=0.01$ m 时,$kx=9.8$ N,得 $k=980$,从而

$$f(x)=-980x.$$

取 x 作为积分变量,它的变化区间为 $[0,0.1]$,在 $[0,0.1]$ 上任一小区间 $[x,x+\mathrm{d}x]$ 上,弹性恢复力的近似值为 $f(x)=-980x$,弹性恢复力做功的近似值,即功元素为

$$\mathrm{d}W=f(x)\mathrm{d}x=-980x\mathrm{d}x.$$

因此弹性恢复力做功为

$$W=-\int_0^{0.1}980x\mathrm{d}x=-\left[490x^2\right]_0^{0.1}=-4.9(\mathrm{J}).$$

要把弹簧拉长 10 cm,至少要克服弹性恢复力,故至少要做 4.9 J 的功.

例 2 有一圆台形储水池(见图 5-24),上、下底圆半径分别为 r 和 R,高为 h,充满水. 欲将水全部抽出池外需做多少功?

解 以上底圆心 O 为原点,竖直向下为 x 轴正向建立坐标系,则位于 xOy 面上圆台母线方程为

$$y=\frac{R-r}{h}x+r.$$

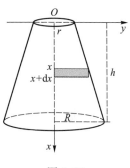

在 x 处取厚度为 $\mathrm{d}x$ 的薄层水,其体积元素为 $\mathrm{d}V=\pi y^2\mathrm{d}x$,重力的元素为 $\mathrm{d}F=g\rho_0\pi y^2\mathrm{d}x$($\rho_0$ 为水的密度,g 为重力加速度),将此薄层水抽出水池需做功(功的元素)为

图 5-24

$$\mathrm{d}W=x\mathrm{d}F=g\rho_0\pi xy^2\mathrm{d}x.$$

于是,将水全部抽出池外所需做功为

$$W=\int_0^h\mathrm{d}W=\int_0^h g\rho_0\pi x\left(\frac{R-r}{h}x+r\right)^2\mathrm{d}x$$

$$=g\rho_0\pi\left[\frac{(R-r)^2x^4}{4h^2}+\frac{2r(R-r)x^3}{3h}+\frac{r^2x^2}{2}\right]_0^h$$

$$=g\frac{\rho_0\pi h^2}{12}(3R^2+2Rr+r^2).$$

例 3   自地面垂直向上发射火箭,问初速度达到多大时,火箭才能超出地球的引力范围?

解   以地球表面发射点 O 为坐标原点,铅直向上的方向为正方向,建立坐标系(见图 5-25).设地球的质量为 M,火箭的质量为 m,当火箭离开地面 x km 到达 A 点处,它所受地球的引力为

$$F = \frac{GmM}{(R+x)^2}.$$

根据物理学知识,当 $x = 0$ 时,$F = mg$,从而

$$GM = R^2 g.$$

于是 $F = \dfrac{mR^2 g}{(R+x)^2}$,则功元素为

$$dW = F dx = \frac{mR^2 g}{(R+x)^2} dx.$$

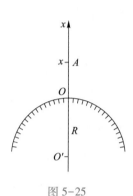

图 5-25

要将火箭推到点 A 处时,所做的功为

$$W_A = \int_0^A \frac{mgR^2}{(R+x)^2} dx = -mgR^2 \frac{1}{R+A} + Rmg.$$

要使火箭发射超出地球的引力范围,认为 A 为无穷远处,于是

$$W = \lim_{A \to +\infty} W_A = mgR.$$

所做的这些功,全部要由火箭的初始动能转化,即由初速度 v_0 转化而来,故要求 $\dfrac{1}{2} m v_0^2 \geqslant mgR$,亦即 $v_0 \geqslant \sqrt{2Rg}$,取地球的半径 $R = 6\,371$ km,取重力加速度 $g = 9.8$ m/s²,就有 $v_0 \geqslant 11.2$ km/s. $\sqrt{2Rg} = 11.2$ km/s 就是所谓的第二宇宙速度.

二、液体的压力

当压强 p 是一个常数时,作用在面积为 A 的平板上的压力为 $P = pA$. 但是当一个平板上各点处的压强不相同(即压强不是常数)时,这个公式就不能直接使用. 例如,物理学表明,在液体深为 h 处的压强为 $p = \rho g h$,这里 ρ 为液

体的密度,g 是重力加速度. 如果一个平板铅直地放置在液体中,由于深度不同处的压强 p 不相等,因此平板一侧所受的液体的压力就不能用上述方法计算. 这类问题通常可以用定积分来解决.

例 4 有一半圆形闸门,其半径为 R,液体与闸门平齐,求闸门一侧所受液体的压力(液体的密度为 ρ).

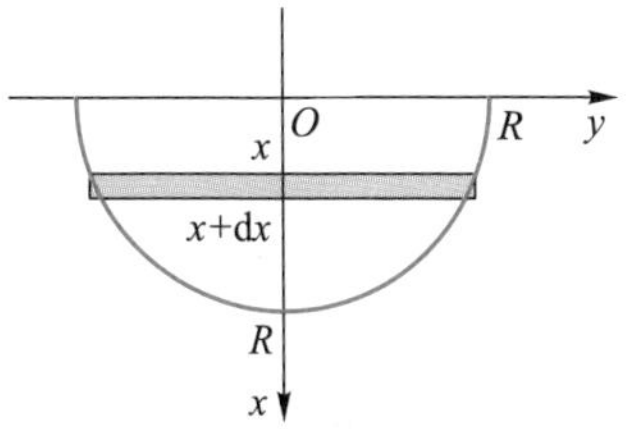

图 5-26

解 浸在液体下的闸门是一个半圆,建立如图 5-26 所示的坐标系,则下半圆的方程为

$$x^2 + y^2 = R^2 \quad (0 \leqslant x \leqslant R).$$

取深度 x 为积分变量,它的变化区间为 $[0, R]$,在 $[0, R]$ 上任一小区间 $[x, x+dx]$ 上对应的窄条曲边梯形的面积近似于 $2\sqrt{R^2-x^2}\,dx$,因为 dx 很小,所以这一窄条就可以近似地认为位于同一深度 x 处,因此压强 $p \approx \rho gx$. 故压力元素为

$$dP = \rho gx\left(2\sqrt{R^2-x^2}\,dx\right) = 2\rho gx\sqrt{R^2-x^2}\,dx,$$

闸门一侧所受液体的压力为

$$P = \int_0^R 2\rho gx\sqrt{R^2-x^2}\,dx = -\rho g\int_0^R \left(R^2-x^2\right)^{\frac{1}{2}}d\left(R^2-x^2\right)$$

$$= -\rho g\left[\frac{2}{3}\left(R^2-x^2\right)^{\frac{3}{2}}\right]_0^R = \frac{2\rho g}{3}R^3.$$

三、引力

从物理学知道,质量分别为 m_1, m_2,相距为 r 的两质点的引力的大小为

$$F = G\frac{m_1 m_2}{r^2},$$

其中 G 为引力常量,引力的方向沿着两质点的连线方向.

如果将其中一质点换为某一物体,而物体可视为质点构成,其上的各质点的距离不同,引力的方向也是变化的,则不能直接用上面的公式来计算引力. 当物体具有不同的几何形状时,就涉及不同的处理方法,这里就最简单情形举例说明引力的计算方法.

例 5　设有一长度为 l, 质量为 M 的均匀细直棒, 在其中垂线上距棒 a 单位处有一质量为 m 的质点 A, 试计算该棒对质点 A 的引力.

解　选取坐标系如图 5-27 所示, 取 x 为积分变量, 它的变化区间为 $\left[-\dfrac{l}{2},\right.$ $\left.\dfrac{l}{2}\right]$, 相应于 $\left[-\dfrac{l}{2},\dfrac{l}{2}\right]$ 上任一小区间 $[x, x+\mathrm{d}x]$ 上的一段细棒近似地看成质点, 其质量为 $\dfrac{M}{l}\mathrm{d}x$, 与 A 相距为 $r=\sqrt{a^2+x^2}$. 按照两点间的引力公式得这段细棒对质点 A 的引力 ΔF 的大小近似为

$$\Delta F \approx G\,\frac{m\dfrac{M}{l}\mathrm{d}x}{a^2+x^2},$$

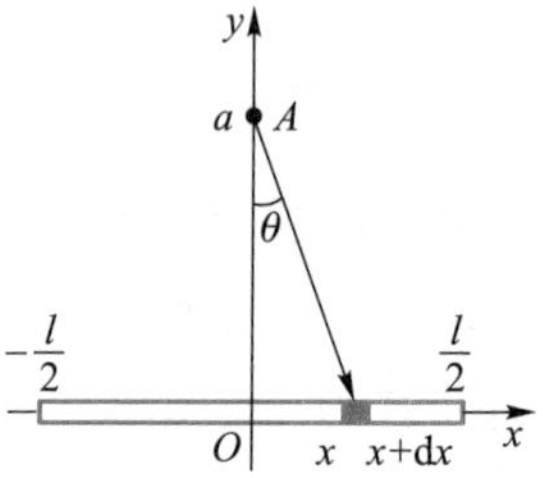

从而得到 ΔF 在铅直方向分力 ΔF_y, 在水平方向分力 ΔF_x, 于是引力微元为

图 5-27

$$\mathrm{d}F_y = -G\,\frac{am\dfrac{M}{l}\mathrm{d}x}{\left(a^2+x^2\right)^{\frac{3}{2}}}, \quad \mathrm{d}F_x = G\,\frac{m\dfrac{M}{l}x\mathrm{d}x}{\left(a^2+x^2\right)^{\frac{3}{2}}}.$$

故引力在铅直方向的分力及水平方向的分力分别为

$$F_y = -\int_{-\frac{l}{2}}^{\frac{l}{2}} G\,\frac{am\dfrac{M}{l}\mathrm{d}x}{\left(a^2+x^2\right)^{\frac{3}{2}}} = -\frac{2GmM}{a\sqrt{4a^2+l^2}},$$

$$F_x = \int_{-\frac{l}{2}}^{\frac{l}{2}} \frac{Gm\dfrac{M}{l}x\mathrm{d}x}{\left(a^2+x^2\right)^{\frac{3}{2}}} = 0,$$

从而

$$\boldsymbol{F} = \left(0, -\frac{2GmM}{a\sqrt{4a^2+l^2}}\right).$$

这里也可由对称性知, 引力在水平方向分力为 $F_x = 0$.

四、电学上的应用

在电机、电器上常会看到标有功率、电流、电压的数字,比如电机上标有功率 2.8 kW、电压 380 V,灯泡上标有 40 W、220 V 等. 这些数字表明交流电在单位时间内所做的功及交流电压. 但交流电流、电压的大小和方向都随时间作周期变化,怎样确定交流电的功率、电流、电压呢? 现在来讨论这些问题.

1. 交流电的平均功率

由电工学知,电流在单位时间内所做的功称为电流的功率 P,即 $P = \dfrac{W}{t}$.

直流电通过电阻 R,消耗在电阻 R 上的功率是 $P = I^2R$,其中 I 是直流电流,功率 P 是常数,则经过时间 t 消耗在电阻 R 上的功为 $W = Pt = I^2Rt$.

对应交流电来说,$i = i(t)$ 不是常数,因而通过电阻 R 所消耗的功率 $P = i^2(t)R$ 也随时间 t 而变化,在实用上常采用平均功率.

由积分中值定理计算函数平均值公式可得在一个周期 T 内交流电的平均功率为

$$\overline{P} = \frac{W}{T} = \frac{1}{T}\int_0^T Ri^2(t)\,\mathrm{d}t.$$

例 6　设交流电 $i(t) = I_m\sin\omega t$,其中 I_m 是电流最大值(也称为峰值),ω 为角频率,周期 $T = \dfrac{2\pi}{\omega}$,若电流通过纯电阻电路(这里电阻 R 为常数). 于是

$$\overline{P} = \frac{1}{T}\int_0^T Ri^2(t)\,\mathrm{d}t = \frac{\omega}{2\pi}\int_0^{\frac{2\pi}{\omega}} RI_m^2\sin^2\omega t\,\mathrm{d}t$$

$$= \frac{\omega RI_m^2}{2\pi}\int_0^{\frac{2\pi}{\omega}}\sin^2\omega t\,\mathrm{d}t = \frac{\omega RI_m^2}{4\pi}\int_0^{\frac{2\pi}{\omega}}(1-\cos 2\omega t)\,\mathrm{d}t$$

$$= \frac{\omega RI_m^2}{4\pi}\left[t - \frac{1}{2\omega}\sin 2\omega t\right]_0^{\frac{2\pi}{\omega}} = \frac{RI_m^2}{2} = \frac{I_mU_m}{2},$$

其中 $U_m = I_mR$ 为电压的峰值. 可见,纯电阻电路中正弦交流电的平均功率等

于电流、电压的峰值的乘积的一半. 通常交流电器上标明的功率就是平均功率.

2. 交流电的有效值

所谓交流电的有效值是指:当交流电流 $i(t)$ 在一个周期 T 内消耗在电阻 R 上的平均功率,等于直流电流 I 消耗在电阻 R 上的功率时,这个直流电流的数值 I 就叫做交流电流 $i(t)$ 的有效值.

对于交流电流 $i(t)$ 和电压 $u(t)$,根据上述概念,由

$$I^2 R = \frac{1}{T}\int_0^T R i^2(t)\,\mathrm{d}t$$

得

$$I = \sqrt{\frac{1}{T}\int_0^T i^2(t)\,\mathrm{d}t}\,,$$

从而有

$$U = \sqrt{\frac{1}{T}\int_0^T u^2(t)\,\mathrm{d}t}\,.$$

一般地,对于在 $[a,b]$ 上的连续函数 $f(x)$,把 $\sqrt{\dfrac{1}{b-a}\int_a^b f^2(x)\,\mathrm{d}t}$ 叫做函数 $f(x)$ 在 $[a,b]$ 上的均方根. 因此周期性的交流电流 $i(t)$、电压 $u(t)$ 的有效值,就是它在一个周期上的均方根.

例 7 求正弦交流电流 $i(t) = I_m \sin \omega t$ 的有效值.

解 因为周期 $T = \dfrac{2\pi}{\omega}$,由交流电流的有效值公式得

$$I = \sqrt{\frac{1}{T}\int_0^T i^2(t)\,\mathrm{d}t} = \sqrt{\frac{\omega}{2\pi}\int_0^{\frac{2\pi}{\omega}} I_m^2 \sin^2 \omega t\,\mathrm{d}t}$$

$$= \sqrt{\frac{I_m^2}{2\pi}\int_0^{\frac{2\pi}{\omega}} \sin^2 \omega t\,\mathrm{d}(\omega t)} = \sqrt{\frac{I_m^2}{4\pi}\int_0^{\frac{2\pi}{\omega}} (1-\cos 2\omega t)\,\mathrm{d}(\omega t)}$$

$$= I_m \sqrt{\frac{1}{4\pi}\left[\omega t - \frac{1}{2}\sin 2\omega t\right]_0^{\frac{2\pi}{\omega}}} = \frac{I_m}{\sqrt{2}}\,,$$

即正弦交流电的有效值等于它的峰值的 $\dfrac{1}{\sqrt{2}}$ 倍.

习题 5-7

1. 带电荷量为 $+q$ 的点电荷位于坐标系的坐标原点处,从而产生了一个电场. 一个单位正电荷在 x 轴上由 $x=a$ 运动到了 $x=b(a,b$ 同号$)$,试求电场力做了多少功.

2. 一人造地球卫星的质量为 173 kg,在高于地面 630 km 处进入轨道,问把这颗卫星从地面送到 630 km 的高空处,克服地球引力要做多少功(已知引力常量 $G=6.67\times10^{-11}\ \text{m}^3/(\text{s}^2\cdot\text{kg})$,地球质量 $M=5.97\times10^{24}$ kg,地球半径 $R=6\,371$ km)?

3. 用铁锤将一铁钉击入木板,设木板对铁钉的阻力与铁钉击入木板的深度成正比,在击第一次时,将铁钉击入木板 1 cm,如果铁钉每次击入所做的功相等,问锤击第二次时,铁钉又击入多少?

4. 设有一个铅直放置的矩形闸门,宽 3 m,深 5 m,水与闸门平齐,求水对闸门的总压力.

5. 洒水车上的水箱是一个横放的椭圆柱体,椭圆的长半轴为 1 m,短半轴为 0.75 m,当水箱装满水时,计算水箱的一个端面所受的压力.

6. 设有一长度为 l,线密度为 ρ 的均匀细直棒,在与棒的一端垂直距离为 a 单位处有一质量为 m 的质点 M,试求这个细棒对质点 M 的引力.

7. 某可控硅控制线路中,流过负载 R 的电流 $i(t)$ 如图 5-28 所示,它在 $\left[0,\dfrac{T}{2}\right]$ 上的表达式为

$$i(t)=\begin{cases}0, & 0\leqslant t\leqslant t_0,\\[2mm] 5\sin\omega t, & t_0<t\leqslant\dfrac{T}{2},\end{cases}$$

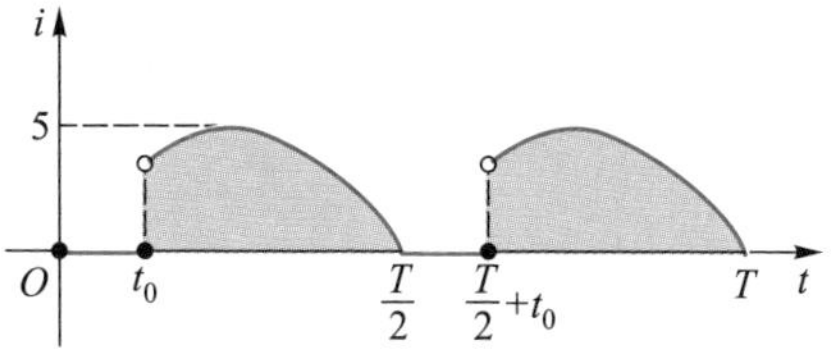

图 5-28

其中 t_0 称为触发时间,$T=0.02$ s$\left(\text{即}\ \omega=\dfrac{2\pi}{T}=100\pi\right)$. 回答下列问题:

（1）当触发时间 $t_0 = 0.002\ 5(\text{s})$ 时,求 $0 \leqslant t \leqslant \dfrac{T}{2}$ 内电流的平均值;

（2）当触发时间为 t_0 时,求 $\left[0, \dfrac{T}{2} \right]$ 内电流的平均值;

（3）要使 $i_{\text{平均}} = \dfrac{15}{2\pi}(\text{A})$ 和 $\dfrac{5}{3\pi}(\text{A})$,问相应的触发时间应为多少?

8. 计算正弦交流电流 $i = I_m \sin \omega t$ 经半波整流后得到的电流

$$i(t) = \begin{cases} I_m \sin \omega t, & 0 \leqslant t \leqslant \dfrac{\pi}{\omega}, \\ 0, & \pi < t \leqslant \dfrac{2\pi}{\omega} \end{cases}$$

的有效值.

9. 计算周期为 T 的矩形脉冲电流

$$i(t) = \begin{cases} a, & 0 \leqslant t \leqslant c, \\ 0, & c < t \leqslant T \end{cases}$$

的有效值.

*第八节   定积分的近似计算

牛顿-莱布尼茨公式实现了定积分的计算,但有时近似计算在实际中也是很常用的. 譬如,原函数不能用初等函数表示的情形,或者被积函数就是由图形或表格给出的. 这时就会用到近似计算的方法. 加之计算工具的发展,近似计算的方法就显得更加有用了. 本节介绍定积分近似计算的几种简单方法.

一、矩形法

矩形法就是把曲边梯形分成若干个窄曲边梯形,然后用窄矩形来近似代替窄曲边梯形,从而得到定积分的近似值.

　　用分点 $a=x_0,x_1,x_2,\cdots,x_n=b$ 把 $[a,b]n$ 等分,得到 n 个小区间,每个小区间的长度为 $\Delta x=\dfrac{b-a}{n}$.各分点对应的函数值 $y_i=f(x_i)$ ($i=0,1,\cdots,n$),用小矩形面积代替小曲边梯形面积(见图5-29)就可得到矩形法近似计算公式为

$$\int_a^b f(x)\,\mathrm{d}x \approx \sum_{i=0}^{n-1} y_i \Delta x = \frac{b-a}{n}(y_0+y_1+\cdots+y_{n-1})$$

或

$$\int_a^b f(x)\,\mathrm{d}x \approx \sum_{i=1}^{n} y_i \Delta x = \frac{b-a}{n}(y_1+y_2+\cdots+y_n).$$

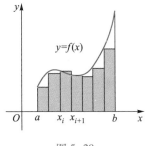

图 5-29

二、梯形法

　　与矩形法类似,如图5-30所示,在每个小区间上,以窄梯形的面积近似代替曲边梯形的面积,就得到梯形法公式为

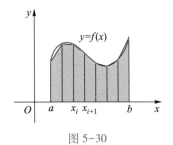

图 5-30

$$\int_a^b f(x)\,\mathrm{d}x \approx \frac{1}{2}(y_0+y_1)\Delta x + \frac{1}{2}(y_1+y_2)\Delta x + \cdots + \frac{1}{2}(y_{n-1}+y_n)\Delta x$$

$$= \frac{b-a}{n}\left[\frac{1}{2}(y_0+y_n)+y_1+\cdots+y_{n-1}\right].$$

三、抛物线法

　　前述两种方法,都是以"直"代"曲"的近似计算法.为了提高精度,可以考虑在小范围内用抛物线(二次曲线)来代替曲边梯形的曲边,从而算出定积分的近似值,这种方法叫做抛物线法.用分点 $a=x_0,x_1,x_2,\cdots,x_n=b$ 把 $[a,b]$ 区间 n(偶数)等分,得到 n 个小区间,分点对应的函数值为 $y_i=f(x_i)$ ($i=0,1,2,\cdots,n$),曲线 $y=f(x)$ 也相应地被分成 n 个小段.设曲线上对应的分点为

$$M_0, M_1, M_2, \cdots, M_n,$$

如图 5-31 所示. 因为过 3 点可确定一条抛物线

$$y = px^2 + qx + r,$$

所以, 在每个相邻的小区间上经过曲线上 3 个相应
分点作一条抛物线, 这样就得到一个以抛物线为曲
边的小曲边梯形. 把这些曲边梯形的面积加起来就
可得到所求定积分的近似值.

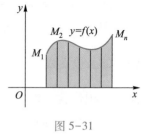

图 5-31

现在计算在 $[-h, h]$ 上以过点 $M'_0(-h, y_0)$,
$M'_1(0, y_1), M'_2(h, y_2)$ 的抛物线 $y = px^2 + qx + r$ 为曲边的
曲边梯形的面积(见图 5-32). 首先抛物线方程中的
p, q, r 可由下列方程组确定:

$$\begin{cases} y_0 = ph^2 - qh + r, \\ y_1 = r, \\ y_2 = ph^2 + qh + r. \end{cases}$$

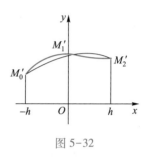

图 5-32

由此得 $2ph^2 = y_0 - 2y_1 + y_2$, 于是得相邻两小区间的面积为

$$A = \int_{-h}^{h} (px^2 + qx + r)\, dx = \left[\frac{1}{3}px^3 + \frac{1}{2}qx^2 + rx \right]_{-h}^{h}$$

$$= \frac{2}{3}ph^3 + 2rh = \frac{1}{3}h(y_0 - 2y_1 + y_2 + 6y_1)$$

$$= \frac{1}{3}h(y_0 + 4y_1 + y_2).$$

这两个曲边梯形的面积只与 M'_0, M'_1, M'_2 的纵坐标 y_0, y_1, y_2 及底边所在
的区间长 $2h$ 有关.

由上述结果可知, 过 M_0, M_1, M_2; 过 $M_2, M_3, M_4 \cdots\cdots$ 过 M_{n-2}, M_{n-1}, M_n 的抛
物线所对应的曲边梯形的面积依次为

$$A_1 = \frac{1}{3}h(y_0 + 4y_1 + y_2), \quad A_2 = \frac{1}{3}h(y_2 + 4y_3 + y_4), \cdots,$$

$$A_{\frac{n}{2}} = \frac{1}{3}h(y_{n-2} + 4y_{n-1} + y_n),$$

其中 $h = \dfrac{b-a}{n}$,把上面 $\dfrac{n}{2}$ 个曲边梯形的面积加起来,就得到

$$\int_a^b f(x)\,\mathrm{d}x \approx \frac{b-a}{3n}\big[\,(y_0+y_n)+2(y_2+y_4+\cdots+y_{n-2})+$$

$$4(y_1+y_3+\cdots+y_{n-1})\,\big].$$

这个公式叫做**抛物线法公式**,也叫**辛普森公式**.

例 利用矩形法、梯形法、抛物线法分别计算 $\displaystyle\int_0^1 \mathrm{e}^{-x^2}\,\mathrm{d}x$ 的近似值.

解 取 $n=10$ 来计算. 把区间 $[0,1]$ 作 10 等分,设分点为

$$0 = x_0, x_1, x_2, \cdots, x_9, x_{10} = 1,$$

相应的函数值为 $y_0, y_1, y_2, \cdots, y_9, y_{10}$,其中 $y_i = \mathrm{e}^{-x_i^2}\,(i=0,1,2,\cdots,10)$ 如下表所示(函数值 $y_i = \mathrm{e}^{-x_i^2}$ 可从指数函数表中查得).

i	0	1	2	3	4	5
x_i	0	0.1	0.2	0.3	0.4	0.5
y_i	1.000 00	0.990 05	0.960 79	0.913 93	0.852 14	0.778 80
i	6	7	8	9	10	
x_i	0.6	0.7	0.8	0.9	1	
y_i	0.697 68	0.612 63	0.527 29	0.444 86	0.367 88	

利用矩形法得

$$\int_0^1 \mathrm{e}^{-x^2}\,\mathrm{d}x \approx \frac{1-0}{10}(y_0+y_1+\cdots+y_9)$$

$$= 0.1 \times (1 + 0.990\,05 + 0.960\,79 +$$

$$0.913\,93 + 0.852\,14 + 0.778\,80 + 0.697\,68 +$$

$$0.612\,63 + 0.527\,29 + 0.444\,86)$$

$$= 0.1 \times 7.778\,17 = 0.777\,82$$

或

$$\int_0^1 e^{-x^2} dx \approx (0.990\ 05 + 0.960\ 79 + 0.913\ 93 +$$

$$0.852\ 14 + 0.778\ 80 + 0.697\ 68 + 0.612\ 63 +$$

$$0.527\ 29 + 0.444\ 86 + 0.367\ 88) \times 0.1$$

$$= 0.1 \times 7.146\ 05 = 0.714\ 61.$$

利用梯形法得

$$\int_0^1 e^{-x^2} dx \approx \frac{1}{2}(0.777\ 82 + 0.714\ 61) = \frac{1}{2} \times 1.492\ 43 = 0.746\ 21.$$

利用抛物线法得

$$\int_0^1 e^{-x^2} dx \approx \frac{1-0}{3 \times 10} \left[(y_0 + y_{10}) + 2(y_2 + y_4 + y_6 + y_8) + 4(y_1 + y_3 + y_5 + y_7 + y_9) \right]$$

$$= \frac{1}{30}(1.367\ 88 + 2 \times 3.037\ 90 + 4 \times 3.740\ 27)$$

$$= \frac{1}{30} \times 22.404\ 76 = 0.746\ 83.$$

第五章总习题

1. 填空题.

(1) 函数 $f(x)$ 在区间 $[a, b]$ 上连续是可积的 _____ 条件;

(2) 设函数 $f(t)$ 连续, $\varPhi(x) = \int_{e^x}^{x^2} f(t) \, dt$, 则 $\varPhi'(0) =$ _____;

(3) 电路中 t 时刻的电流强度为 $i(t)$, 那么 $\int_{T_1}^{T_2} i(t) \, dt$ 表示 _____.

2. 求下列极限.

(1) $\lim\limits_{n \to \infty} n \left[\dfrac{1}{(n+1)^2} + \dfrac{1}{(n+2)^2} + \cdots + \dfrac{1}{(n+n)^2} \right]$;

(2) $\lim\limits_{n \to \infty} \dfrac{1^p + 2^p + \cdots + n^p}{n^{p+1}} \quad (p > 0)$;

（3）$\lim\limits_{x\to\infty}\displaystyle\int_0^{\frac{1}{\sqrt[3]{x}}}\dfrac{t^2}{\sqrt{1+t^2}}\mathrm{d}t$；

（4）$\lim\limits_{x\to a}\dfrac{x}{x-a}\displaystyle\int_a^x f(t)\mathrm{d}t$，其中 $f(x)$ 连续.

3. 证明：（1）设函数 $f(x),g(x)$ 在 $[a,b]$ 上连续，则有

$$\int_a^b f^2(x)\mathrm{d}x\cdot\int_a^b g^2(x)\mathrm{d}x\geqslant\left[\int_a^b f(x)g(x)\mathrm{d}x\right]^2;$$

（2）设 $f(x)$ 是以 T 为周期的连续函数，则对于常数 a 和正整数 n，有

$$\int_a^{a+nT}f(x)\mathrm{d}x=n\int_0^T f(x)\mathrm{d}x.$$

4. 求连续函数 $f(x)$，使得 $\displaystyle\int_0^1 f(xt)\mathrm{d}t=f(x)+x\sin x$.

5. 记 $I_n=\displaystyle\int_0^\pi\dfrac{\sin(2n-1)x}{\sin x}\mathrm{d}x$　（n 为正整数），证明 $I_{n+1}=I_n$，并求 I_n 的值.

6. 计算下列积分.

（1）$\displaystyle\int_{-2}^2\max\{1,x^2\}\mathrm{d}x$；

（2）$\displaystyle\int_{-1}^2|x^2-x|\mathrm{d}x$；

（3）$\displaystyle\int_{-\frac{\pi}{2}}^{\frac{\pi}{2}}x(\sin x+\sqrt{1+x^4})\mathrm{d}x$；

（4）$\displaystyle\int_0^a\dfrac{\mathrm{d}x}{x+\sqrt{a^2-x^2}}$　（$a>0$）；

（5）$\displaystyle\int_0^{\frac{\pi}{2}}\dfrac{\mathrm{d}x}{1+\cos^2 x}$；

（6）$\displaystyle\int_0^{\frac{1}{2}}x\ln\dfrac{1+x}{1-x}\mathrm{d}x$；

（7）$\displaystyle\int_0^2\dfrac{\mathrm{d}x}{\sqrt{x+1}+\sqrt{(x+1)^3}}$；

（8）$\displaystyle\int_0^{100\pi}\sqrt{1-\cos 2x}\,\mathrm{d}x$；

（9）$\displaystyle\int_1^{+\infty}\dfrac{\mathrm{d}x}{x\sqrt{x^2-1}}$；

（10）$\displaystyle\int_0^1\dfrac{\mathrm{d}x}{\sqrt{x(1-x)}}$.

7. 求函数 $I(x)=\displaystyle\int_e^x\dfrac{\ln t}{t^2-2t+1}\mathrm{d}t$ 在区间 $[e,e^2]$ 上的最大值.

8. 已知 $\displaystyle\int_0^{+\infty}\dfrac{\sin x}{x}\mathrm{d}x=\dfrac{\pi}{2}$，计算 $\displaystyle\int_0^{+\infty}\dfrac{\sin^2 x}{x^2}\mathrm{d}x$.

9. 求曲线 $y=x^n\mathrm{e}^{-x}(x\geqslant 0,n\in\mathbf{N}_+)$ 与 x 轴所围成的平面图形的面积.

10. 一平面图形是由抛物线 $x=y^2+2$ 与过点 $(3,1)$ 处的法线及 x 轴，y 轴所围成.

（1）求此平面图形的面积 A；

（2）求该图形绕 x 轴旋转所成旋转体的体积 V.

11. 求下列曲线的弧长.

（1）$x = \dfrac{y^2}{4} - \dfrac{1}{2}\ln y$ 介于 $y = 1$ 与 $y = \mathrm{e}$ 的一段弧；

（2）$\rho = \left(\sin\dfrac{\theta}{3}\right)^3$ 相应于 $(0 \leqslant \theta \leqslant \pi)$ 的一段弧.

12. 将半径为 R 的球沉入水中，球的顶部与水面相切，球的密度与水相同，要将球从水中取出，问至少要做多少功？

13. 有一半径 R 的均匀半圆弧的质量为 m，试求它对位于圆心处的单位质点的引力.

14. 设某种产品的产量为 x 单位时的成本 $C = C(x)$（万元），已知边际成本 $C'(x) = 1$，边际收入为 $R'(x) = 5 - x$.

（1）问产量是多少单位时利润最大；

（2）在最大利润时产量的基础上，再多生产 1 个单位的产品，总利润有何变化，变化量是多少？

15. 设有函数 $f(x)$ 和 $g(x)$，如果 $\displaystyle\int_{-\infty}^{+\infty} f(u)g(x-u)\,\mathrm{d}u$ 存在，称之为 $f(x)$ 和 $g(x)$ 的**卷积**，记作 $f(x) * g(x)$，即

$$f(x) * g(x) = \int_{-\infty}^{+\infty} f(u)g(x-u)\,\mathrm{d}u.$$

（1）利用这个定义证明卷积具有下列性质：

交换律　$f(x) * g(x) = g(x) * f(x)$；

分配律　$f(x) * [g(x) + h(x)] = f(x) * g(x) + f(x) * h(x)$.

（2）设 $f(x) = \begin{cases} \mathrm{e}^{-x}, & x > 0, \\ 0, & x \leqslant 0, \end{cases}$　$g(x) = \begin{cases} 1, & 0 \leqslant x \leqslant 1, \\ 0, & \text{其他}, \end{cases}$　试求 $f(x) * g(x)$.

第六章　微分方程

方程对我们来说是熟知的,比如一元一次方程、一元二次方程等,这些只含有多项式的方程我们称为代数方程.一般地,含有三角函数的方程称为三角方程,含有对数函数的方程称为对数方程,这些都是以常量为未知量的方程.在实际问题中,也会遇到以函数为未知量的方程,即所谓的函数方程,本章要讨论的微分方程就是重要的函数方程.简单地说,所谓微分方程,就是含有未知函数导数或微分的方程.微分方程是微积分联系实际的重要途径之一,目前,它已广泛地应用于自然科学、工程技术、人口科学、经济学、医学等各个领域,已成为应用数学知识解决实际问题的一种重要手段.

本章主要介绍常微分方程的基本概念、求解方法以及简单应用,并对数学建模进行初步介绍.

第一节　微分方程的基本概念

首先通过两个例子来说明微分方程的几个基本概念.

例1　一条曲线 $y=f(x)$ 通过点 $(1,2)$,且在该曲线上任一点 $M(x,y)$ 处的切线的斜率为 $2x$,求这条曲线的方程.

解　根据导数的几何意义知

$$\frac{\mathrm{d}y}{\mathrm{d}x} = 2x,$$

两边积分,得

$$y = x^2 + C \quad (C \text{ 为任意常数}).$$

因为曲线 $y = f(x)$ 通过点 $(1,2)$,即 $y|_{x=1} = 2$,代入上式得 $C = 1$. 故所求曲线方程为

$$y = x^2 + 1.$$

例 2　列车在平直的线路上以 20 m/s(相当于 72 km/h)的速度行驶,当制动时列车获得加速度 -0.4 m/s^2. 问列车开始制动后多长时间列车才能停住? 并问在这段时间里列车行驶了多少路程?

解　设列车开始制动后 t s 时行驶了 s m,根据题意,反应制动阶段列车运动规律的函数 $s = s(t)$ 应满足关系式

$$\frac{\mathrm{d}^2 s}{\mathrm{d}t^2} = -0.4.$$

此外,未知函数 $s = s(t)$ 还应满足条件

$$s|_{t=0} = 0, v|_{t=0} = \frac{\mathrm{d}s}{\mathrm{d}t}\bigg|_{t=0} = 20.$$

对 $\dfrac{\mathrm{d}^2 s}{\mathrm{d}t^2} = -0.4$ 两端先积分一次,得

$$v = \frac{\mathrm{d}s}{\mathrm{d}t} = -0.4t + C_1,$$

再积分一次,得

$$s = -0.2t^2 + C_1 t + C_2,$$

这里 C_1, C_2 都是任意常数.

把条件 $v|_{t=0} = 20$ 代入 $v = \dfrac{\mathrm{d}s}{\mathrm{d}t} = -0.4t + C_1$,得 $C_1 = 20$;

把条件 $s|_{t=0} = 0$ 代入 $s = -0.2t^2 + C_1 t + C_2$,得 $C_2 = 0$.

把 C_1, C_2 的值代入上式,得

$$v = -0.4t + 20, \quad s = -0.2t^2 + 20t.$$

上式中令 $v=0$，得列车从开始制动到完全停住所需时间为

$$t=\frac{20}{0.4}=50(\mathrm{s}).$$

将 $t=50$ 代入上式中，得列车在制动阶段行驶的路程为

$$s=-0.2\times50^2+20\times50=500(\mathrm{m}).$$

上述两个例子中的方程

$$\frac{\mathrm{d}y}{\mathrm{d}x}=2x,$$

$$\frac{\mathrm{d}^2s}{\mathrm{d}t^2}=-0.4$$

都含有未知函数的导数. 一般地，把含有未知函数的导数或微分的方程称为**微分方程**(differential equation). 如 $y'+2xy^3=\mathrm{e}^x$, $y''+(y')^3=\cos x$ 等. 微分方程中导数的最高阶数称为**微分方程的阶**(ordinary differential equation). 如前一个微分方程是一阶微分方程，后一个是二阶微分方程. 二阶及二阶以上的微分方程统称为高阶微分方程.

把满足微分方程的函数称为**微分方程的解**. 这里所谓的"满足"是指将这个函数代入方程能使方程成为恒等式. 如例 1 中的

$$y=x^2+C,\quad y=x^2+1$$

是微分方程 $\dfrac{\mathrm{d}y}{\mathrm{d}x}=2x$ 的解，例 2 中的

$$s=-0.2t^2+C_1t+C_2\quad\text{及}\quad s=-0.2t^2+20t$$

是微分方程

$$\frac{\mathrm{d}^2s}{\mathrm{d}t^2}=-0.4$$

的解. 容易验证 $y=C_1\cos x+C_2\sin x$(C_1,C_2 为任意常数)，$y=3\cos x$ 都是微分方程 $y''+y=0$ 的解.

可以看出，微分方程的解中有些含有任意常数，有些不含. 把含有任意常数且独立的任意常数的个数等于微分方程阶数的解，称为**微分方程的通解**(general solution). 如 $y=x^2+C$ 是 $\dfrac{\mathrm{d}y}{\mathrm{d}x}=2x$ 的通解.

注意,这里所说的独立的任意常数是指相互独立的、不能合并的任意常数. 如对于微分方程 $y''+y=0$,容易验证 $y=C_1\cos x+C_2\cos x$ 是方程的解,表面上看 $y=C_1\cos x+C_2\cos x$ 中有两个常数,但由于

$$y=C_1\cos x+C_2\cos x=(C_1+C_2)\cos x,$$

即 C_1,C_2 可合并,实质上只有一个任意常数,因而 $y=C_1\cos x+C_2\cos x$ 不是二阶方程 $y''+y=0$ 的通解. 对于 $y=C_1\cos x+C_2\sin x$ 来说,由于 C_1,C_2 不能合并,是独立的,因而 $y=C_1\cos x+C_2\sin x$ 是方程 $y''+y=0$ 的通解. 由此也可看出 $C_1y_1+C_2y_2$ 中的 C_1 与 C_2 能否合并,主要是看 y_1,y_2 之比是否等于常数,若等于常数,则可合并,否则不能合并.

把不含任意常数的解称为**微分方程的特解**(particular solution),即在特定条件下的解. 如 $y=3\cos x$ 是微分方程 $y''+y=0$ 的特解. 把由通解求特解所附加的条件称为微分方程的**定解条件**或**初值条件**(initial condition),显然,微分方程

$$y''+y=0$$

的特解 $y=3\cos x$ 就是它的通解

$$y=C_1\cos x+C_2\sin x$$

由初值条件

$$y\mid_{x=0}=3,y'\mid_{x=0}=0$$

确定了任意常数 C_1,C_2 后所得到的.

一般地,n 阶微分方程的一般形式为

$$F(x,y,y',\cdots,y^{(n)})=0.$$

它的通解为带有 n 个相互独立的任意常数的函数

$$y=y(x,C_1,C_2,\cdots,C_n),$$

它的 n 个初值条件为

$$y(x_0)=y_0,y'(x_0)=y_1,\cdots,y^{(n-1)}(x_0)=y_{n-1}.$$

带有初值条件的微分方程称为**初值问题**(initial value problem). 于是一阶微分方程的初值问题为

$$\begin{cases}F(x,y,y')=0,\\ y\mid_{x=x_0}=y_0.\end{cases}$$

二阶微分方程的初值问题为

$$\begin{cases} F(x,y,y',y'') = 0, \\ y\big|_{x=x_0} = y_0, \\ y'\big|_{x=x_0} = y_1. \end{cases}$$

微分方程的解的图形称为微分方程的**积分曲线**. 微分方程的通解的图形是一簇积分曲线. 如例 1, $y = x^2 + C$(C 为任意常数)是微分方程 $\dfrac{\mathrm{d}y}{\mathrm{d}x} = 2x$ 的一簇积分曲线(见图 6-1),而 $y = x^2 + 1$ 是微分方程 $\dfrac{\mathrm{d}y}{\mathrm{d}x} = 2x$ 的一条积分曲线.

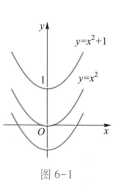

图 6-1

习题 6-1

1. 指出下列方程哪些是微分方程? 若是,指出其阶数.

(1) $y'' - 3y' + 2y = x$;

(2) $y^2 - 3y + 2 = x$;

(3) $y' = x + y + y^2 \cos x$;

(4) $\dfrac{\mathrm{d}^2 y}{\mathrm{d}x^2} = \cos x$;

(5) $3x = 2xy + 3y^2$;

(6) $x\mathrm{d}y + (y + y^3)\mathrm{d}x = 0$;

(7) $x(y')^2 - 2yy' + x = 1$;

(8) $x^4 y^{(4)} + 2y' + x^2 y = 0$.

2. 指出下列各题中的函数是否为所给微分方程的解,若是,是通解还是特解?

(1) $xy' = 2y, y = 5x^2$;

(2) $y'' + w^2 y = 0, y = 3\sin \omega x - 4\cos \omega x$;

(3) $y'' - 5y' + 6y = 0, y = C_1 e^{2x} + C_2 e^{3x}$;

(4) $y' = 3xy, y = C e^{\frac{3}{2}x^2}$.

3. 验证 $y = Cx^3$(C 为任意常数)是微分方程 $3y - xy' = 0$ 的通解,并求出满足初值条件 $y(1) = 1$ 的特解.

4. 写出由下列条件确定的曲线所满足的微分方程.

(1) 曲线在点 (x,y) 处的切线的斜率等于该点的横坐标的平方;

（2）曲线在点 $P(x,y)$ 处的法线与 x 轴的交点为 Q，且线段 PQ 被 y 轴平分；

（3）曲线在点 $P(x,y)$ 处的切线与 y 轴的交点为 Q，线段 PQ 的长度为 2，且曲线通过点 $(2,0)$；

（4）曲线上点 $M(x,y)$ 处的切线与 x 轴、y 轴的交点依次为 P 与 Q，线段 PM 被点 Q 平分，且曲线通过点 $(3,1)$.

5. 曲线上任意一点 (x,y) 处的切线与两坐标轴所围的三角形的面积等于常数 a^2，试写出曲线所满足的微分方程.

6. 用微分方程表示一物理命题：某种气体的气压 p 对于温度 T 的变化率与气压成正比，与温度的平方成反比.

第二节　可分离变量的微分方程

一、可分离变量的微分方程

形如

$$\frac{\mathrm{d}y}{\mathrm{d}x} = f(x)g(y) \tag{6-1}$$

的方程称为**可分离变量的微分方程**（variable separable differential equation）.

当 $g(y) \neq 0$ 时，式（6-1）又可以写成

$$\frac{\mathrm{d}y}{g(y)} = f(x)\,\mathrm{d}x \tag{6-2}$$

称式（6-2）为**变量已分离的微分方程**. 化式（6-1）为式（6-2）的过程称为**分离变量**.

对式（6-2）两边积分就可求得其通解为

$$\int \frac{\mathrm{d}y}{g(y)} = \int f(x)\,\mathrm{d}x.$$

设 $H(y)$ 和 $F(x)$ 分别是 $\dfrac{1}{g(y)}$ 和 $f(x)$ 的一个原函数，则有

$$H(y) = F(x) + C.$$

由于上式是隐函数形式,对上式两边求微分后可得式(6-2),且该式中含有一个任意常数 C,故该式是微分方程式(6-2)的通解,也称为隐式通解.

例 1　求微分方程 $y' = x(y^2+1)$ 的通解.

解　分离变量,得

$$\frac{\mathrm{d}y}{y^2+1} = x\mathrm{d}x,$$

两边积分,得

$$\int \frac{\mathrm{d}y}{y^2+1} = \int x\mathrm{d}x,$$

即

$$\arctan y = \frac{1}{2}x^2 + C,$$

故

$$y = \tan\left(\frac{1}{2}x^2 + C\right),$$

其中 C 为任意常数.

注　求解可分离变量的微分方程 $\dfrac{\mathrm{d}y}{\mathrm{d}x} = f(x)g(y)$ 时,两边同时除以 $g(y)$ 常会漏解,事实上,若 $g(y)$ 有零点 $y_1, y_2, \cdots, y_n$,则容易验证 $y = y_i (i = 1, 2, \cdots, n)$ 也是原方程的解,这些解称为平凡解. 在求解时,一般不考虑平凡解.

例 2　求微分方程 $(xy + x^3 y)\mathrm{d}y - (1+y^2)\mathrm{d}x = 0$ 的通解.

解　将原方程改写成

$$xy(1+x^2)\mathrm{d}y - (1+y^2)\mathrm{d}x = 0,$$

分离变量,得

$$\frac{\mathrm{d}x}{x(1+x^2)} = \frac{y}{1+y^2}\mathrm{d}y,$$

两边积分,得

$$\ln x^2 - \ln(1+x^2) + \ln|C| = \ln(1+y^2),$$

从而原方程的通解为

$$1+y^2 = \frac{Cx^2}{1+x^2} \quad (C \text{ 为任意非零常数}).$$

例 3   已知在较小的温度范围内, 物体冷却速度正比于该物体与环境温度的差值, 试建立温度随时间的变化规律.

解   设 t 时刻物体温度为 $T(t)$, 初值为 $T(0) = T_0 > C$, 由题设有

$$\frac{\mathrm{d}T}{\mathrm{d}t} = -k(T-C),$$

其中常数 $k>0$, C 为环境温度.

分离变量, 得

$$\frac{\mathrm{d}T}{T-C} = -k\mathrm{d}t,$$

两边积分, 得

$$\ln(T-C) = -kt + C_1 \quad (C_1 \text{ 为任意常数}).$$

考虑到 $T(0) = T_0$, 可得 $C_1 = \ln(T_0 - C)$, 从而物体随时间 t 的变化规律为

$$T(t) = (T_0 - C)\mathrm{e}^{-kt} + C.$$

例 4   飞行员驾驶飞机飞行, 通常是通过测量大气压强得出飞机高度的. 试建立等温条件下大气压强 P 随高度 h 的变化规律. 并推出计算高度 h 的公式 (设地平面处的气压为 P_0).

解   由物理学知, 大气压强数值上等于一块水平的单位面积上空的空气柱所受的重力.

取原点在地平面上, h 轴垂直向上 (见图 6-2), 这时气压 P 是高度 h 的函数. 在高为 h 处任取一小段 $\mathrm{d}h$, 设 $h+\mathrm{d}h$ 与 h 之间的压强差为 $\mathrm{d}P$, 它应等于在 h 与 $h+\mathrm{d}h$ 之间、底面积为单位面积的空气柱所受的重力. 因此, 如果用 ρ 表示高度 h 处空气的密度, 则在 $\mathrm{d}h$ 很小时, ρ 可以看作是相对不变的, 此时应有

$$\mathrm{d}P = -\rho g \mathrm{d}h.$$

式中, 取负号是由于高度升高时压强减小.

由气体状态方程知 $\rho = \dfrac{\mu P}{RT}$ (μ 是气体的分子量, R 是摩尔

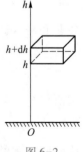

图 6-2

气体常数, T 是绝对温度), 故得

$$\mathrm{d}P = -\frac{\mu P}{RT} g \mathrm{d}h.$$

初值条件为 $P\big|_{h=0} = P_0$. 分离变量并考虑初值条件可得

$$P = P_0 \mathrm{e}^{-\frac{g\mu}{RT}h}.$$

这就是气压 P 随高度 h 的变化规律.

由上述公式得

$$\frac{P}{P_0} = \mathrm{e}^{-\frac{g\mu}{RT}h} \quad 或 \quad \ln\frac{P}{P_0} = -\frac{g\mu}{RT}h,$$

由此可得

$$h = \frac{RT}{g\mu}\ln\frac{P_0}{P}.$$

上式表明可通过测量气压得出飞机距地面的高度.

注　上述建立微分方程的方法称为微元分析法, 即利用"细分"将整体上变化的量转化为局部相对不变的量, 再利用微分概念及物理定律建立微分方程的一种方法. 它是工程实际中一种行之有效的方法.

二、齐次方程

如果一阶微分方程可写成

$$y' = f\left(\frac{y}{x}\right) \tag{6-3}$$

的形式, 那么就称该方程为**齐次方程**(homogeneous equation).

这类方程可经变换 $\frac{y}{x} = u$ 化为可分离变量的微分方程. 令

$$\frac{y}{x} = u$$

得 $y = ux$, 有

$$y' = u + xu'$$

代入式(6-3),并整理可得

$$\frac{du}{dx} = \frac{f(u)-u}{x}.$$

此式属可分离变量的微分方程,求得通解后将 u 用 $\frac{y}{x}$ 回代即可得原方程的通解.

例 5 求 $\frac{dy}{dx} = \frac{xy}{x^2-y^2}$ 在条件 $y\mid_{x=0} = 2$ 下的特解.

解 方程可化为 $y' = \dfrac{\dfrac{y}{x}}{1-\left(\dfrac{y}{x}\right)^2}$,是齐次方程.

令 $\dfrac{y}{x} = u$,代入得

$$u + xu' = \frac{u}{1-u^2}.$$

分离变量,两边积分有

$$\int \frac{1-u^2}{u^3} du = \int \frac{1}{x} dx,$$

即

$$ux = Ce^{-\frac{1}{2u^2}},$$

将 $u = \dfrac{y}{x}$ 回代得原方程的通解为

$$y = Ce^{-\frac{x^2}{2y^2}},$$

由 $y\mid_{x=0} = 2$ 得

$$C = 2,$$

故原方程的特解为

$$y = 2e^{-\frac{x^2}{2y^2}}.$$

例 6 求一曲线,使其上任一点 P 处的切线在 y 轴上的截距等于原点到 P 点的距离.

解　设 P 点的坐标为 (x,y)，所求曲线为 $y=y(x)$，则过点 P 的切线方程为

$$Y-y=\frac{\mathrm{d}y}{\mathrm{d}x}(X-x).$$

故在 y 轴上的截距为 $Y=y-x\dfrac{\mathrm{d}y}{\mathrm{d}x}$，由题意得

$$y-x\frac{\mathrm{d}y}{\mathrm{d}x}=\sqrt{x^2+y^2},$$

即

$$\frac{\mathrm{d}y}{\mathrm{d}x}=\frac{y}{x}-\sqrt{1+\left(\frac{y}{x}\right)^2}.$$

这是齐次方程，令 $\dfrac{y}{x}=u$，代入得

$$u+xu'=u-\sqrt{1+u^2},$$

分离变量，得

$$\frac{\mathrm{d}u}{\sqrt{1+u^2}}=-\frac{1}{x}\mathrm{d}x,$$

两边积分，得

$$\ln(u+\sqrt{1+u^2})=-\ln|x|+\ln|C|,$$

即

$$\sqrt{1+u^2}+u=\frac{C}{x},$$

从而

$$u=\frac{1}{2}\left(\frac{C}{x}-\frac{x}{C}\right).$$

于是，所求曲线的方程为

$$y=\frac{1}{2}\left(C-\frac{x^2}{C}\right).$$

***例 7**　求方程 $\dfrac{\mathrm{d}y}{\mathrm{d}x}=\dfrac{x-y-2}{x+y+4}$ 的通解.

解 这个方程不是齐次方程,但可用平移变换化为齐次方程. 解方程组

$$\begin{cases} x-y-2=0, \\ x+y+4=0 \end{cases}$$

可得 $x=-1, y=-3$. 令 $x=u-1, y=v-3$,代入原方程得

$$\frac{dv}{du} = \frac{u-v}{u+v} = \frac{1-\dfrac{v}{u}}{1+\dfrac{v}{u}}.$$

这是齐次方程,令 $\dfrac{v}{u}=t$,则 $v=tu$,两边对 u 求导得

$$\frac{dv}{du} = t+u\frac{dt}{du},$$

代入齐次方程得

$$t+u\frac{dt}{du} = \frac{1-t}{1+t},$$

分离变量,两边积分得

$$\frac{1}{2}\ln|t^2+2t-1| = -\ln|u|+C_1,$$

即

$$t^2+2t-1 = \frac{C}{u^2},$$

变量回代可得原方程的通解为

$$(y+3)^2+2(x+1)(y+3)-(x+1)^2=C.$$

习题 6-2

1. 求下列方程的解.

(1) $y'=\dfrac{x}{y}$;

(2) $xdy-y\ln ydx=0$;

（3）$y'+2xy=4x$；

（4）$y'=\dfrac{\sqrt{1-y^2}}{\sqrt{1-x^2}}$；

（5）$\dfrac{x}{1+y}\mathrm{d}x-\dfrac{y}{1+x}\mathrm{d}y=0$；

（6）$yy'=\mathrm{e}^x\sin x$；

（7）$y'=\mathrm{e}^{5x-2y}$；

（8）$y'\sin x=y\ln y$；

（9）$y\mathrm{e}^x\mathrm{d}x+2(\mathrm{e}^x-1)\mathrm{d}y=0$；

（10）$\cos x\sin y\mathrm{d}x+\sin x\cos y\mathrm{d}y=0$.

2. 求下列方程满足所给初值条件的特解.

（1）$xy'+\mathrm{e}^y=1,y\big|_{x=1}=-\ln 2$；

（2）$\sin x\mathrm{d}y-y\ln y\mathrm{d}x=0,y\left(\dfrac{\pi}{2}\right)=\mathrm{e}$；

（3）$y'(x^2-4)=2xy,y(0)=1$；

（4）$(1+\mathrm{e}^x)yy'=\mathrm{e}^x,y\big|_{x=1}=1$.

3. 求下列方程的解.

（1）$(2x^2-y^2)+3xy\dfrac{\mathrm{d}y}{\mathrm{d}x}=0$；

（2）$xy'=y\ln\dfrac{y}{x}$；

（3）$x^2y'=x^2+xy+y^2$；

（4）$(xy'-y)\cos^2\dfrac{y}{x}+x=0$.

*4. 化下列微分方程为齐次方程,并求出通解.

（1）$(2y-x-5)\mathrm{d}x-(2x-y+4)\mathrm{d}y=0$；

（2）$(2x-5y+3)\mathrm{d}x-(2x+4y-6)\mathrm{d}y=0$；

（3）$(x+y)\mathrm{d}x+(3x+3y-4)\mathrm{d}y=0$；

（4）$(y-x+1)\mathrm{d}x-(y+x+5)\mathrm{d}y=0$.

5. 若函数 $y=y(x)$ 连续,且满足

$$x\int_0^x y(t)\mathrm{d}t=(x+1)\int_0^x ty(t)\mathrm{d}t,$$

求函数 $y(x)$.

6. 试证用变换 $u=ax+by+c$,将

$$\dfrac{\mathrm{d}y}{\mathrm{d}x}=f(ax+by+c)$$

变为可分离变量的方程,并求方程

$$y'=\sin^2(x-y+1)$$

的通解.

7. 设曲线上各点的法线都通过坐标原点,证明此曲线为圆心在原点的圆.

8. 放射性物质不是固定不变的,它在不断地衰变. 已知放射性元素衰变速率与该时刻元素的存余量成正比,试建立放射性元素的衰变规律. 并用此规律解决如下问题:

20 世纪 70 年代中期考古学家从我国南方某地发掘的古墓中,测得古墓木制样品中 ^{14}C 含量是初始值的 78%,试估计该古墓的年代. 已知 ^{14}C 的衰变速率与 ^{14}C 的含量成正比,衰变系数 $\lambda = \dfrac{\ln 2}{T}$,$T$ 是 ^{14}C 的半衰期,其值为 5 730 年.

9. 某天晚上 23:00 时,在一住宅内发现一受害者的尸体,法医于 23:35 赶到现场,立即测量死者体温是 30.08 ℃,1 h 后再次测量体温是 29.1 ℃,法医还注意到当时室温是 28 ℃,试估计受害者的死亡时间(设人体正常体温为 37 ℃).

第三节　一阶线性微分方程

一、一阶线性微分方程

形如
$$y' + P(x)y = Q(x) \tag{6-4}$$
的方程称为**一阶线性微分方程**,其中 $P(x)$,$Q(x)$ 为已知函数.

如果 $Q(x) \equiv 0$,那么方程(6-4)变为
$$y' + P(x)y = 0, \tag{6-5}$$
称为**一阶齐次线性微分方程**.

如果 $Q(x) \not\equiv 0$,那么方程(6-4)称为**一阶非齐次线性微分方程**. 此时,方程(6-5)称为一阶非齐次线性微分方程(6-4)所对应(方程左边相同)的一阶齐次线性微分方程.

请读者注意,这里的一阶齐次线性微分方程(6-5)和上节的齐次方程(6-3)中的"齐次"的含义是不同的.

先求解一阶齐次线性微分方程 $y' + P(x)y = 0$.

分离变量,得

$$\frac{\mathrm{d}y}{y} = -P(x)\,\mathrm{d}x,$$

两边积分,得

$$\ln|y| = -\int P(x)\,\mathrm{d}x + C_1,$$

即

$$y = \pm\mathrm{e}^{C_1}\,\mathrm{e}^{-\int P(x)\mathrm{d}x} = C\mathrm{e}^{-\int P(x)\mathrm{d}x} \quad (C = \pm\mathrm{e}^{C_1}),$$

故一阶齐次线性微分方程的通解为

$$y = C\mathrm{e}^{-\int P(x)\mathrm{d}x}. \tag{6-6}$$

注意,这里的记号 $\int P(x)\,\mathrm{d}x$ 只表示 $P(x)$ 的一个原函数.

现在使用**常数变易法**来求一阶非齐次线性微分方程(6-4)的通解. 这种方法就是把它所对应的一阶齐次线性微分方程(6-5)的通解式(6-6)中的任意常数 C 换成 x 的未知函数 $C(x)$,即假定

$$y = C(x)\,\mathrm{e}^{-\int P(x)\mathrm{d}x}$$

为式(6-4)的通解,这样就把问题转化为求函数 $C(x)$.

为了确定 $C(x)$. 将

$$y = C(x)\mathrm{e}^{-\int P(x)\mathrm{d}x}, \qquad y' = C'(x)\mathrm{e}^{-\int P(x)\mathrm{d}x} - C(x)P(x)\mathrm{e}^{-\int P(x)\mathrm{d}x}$$

代入式(6-4)得

$$C'(x)\mathrm{e}^{-\int P(x)\mathrm{d}x} - C(x)P(x)\mathrm{e}^{-\int P(x)\mathrm{d}x} + P(x)C(x)\mathrm{e}^{-\int P(x)\mathrm{d}x} = Q(x),$$

即

$$C'(x) = Q(x)\mathrm{e}^{\int P(x)\mathrm{d}x},$$

积分,得

$$C(x) = \int Q(x)\mathrm{e}^{\int P(x)\mathrm{d}x}\,\mathrm{d}x + C,$$

于是式(6-4)的通解为

$$y = e^{-\int P(x)\,dx}\left(C + \int Q(x)\,e^{\int P(x)\,dx}\,dx\right).\qquad(6\text{-}7)$$

注 （1）利用式(6-7)求解微分方程(6-4)时,要注意公
式中记号的意义.特别是,式中的3个不定积分都只表示一个
原函数,不含任意常数.

一阶微分方程
求解举例

（2）利用常数变易法求解一阶非齐次线性微分方程(6-4)
的一般步骤:

1）求出对应的一阶齐次线性微分方程(6-5)的通解;

2）将对应的一阶齐次线性微分方程通解(6-6)中的常数 C "变易" 为函
数 $C(x)$,得到一阶非齐次线性微分方程(6-4)的形式解;

3）将上一步所得到的形式解代入非齐次方程,确定出 $C(x)$,即可得到
一阶非齐次线性微分方程(6-4)的通解.

（3）一阶非齐次线性微分方程解的结构:式(6-4)的通解式(6-7)还可
以写成以下形式

$$y = C e^{-\int P(x)\,dx} + e^{-\int P(x)\,dx}\int Q(x)\,e^{\int P(x)\,dx}\,dx = Y + y^{*}.$$

可以看出,非齐次线性方程的通解等于它所对应的齐次线性方程的通解 Y 加
原方程的一个特解 y^{*} .

例1 求方程 $xy' - y = x^{2}\cos x$ 的通解.

解 将方程化为标准形式为

$$y' - \frac{1}{x}y = x\cos x,$$

这里 $P(x) = -\dfrac{1}{x}, Q(x) = x\cos x$,由通解公式知,原方程的通解为

$$y = e^{\int \frac{1}{x}dx}\left(C + \int x\cos x\, e^{-\int \frac{1}{x}dx}\,dx\right)$$

$$= e^{\ln x}\left(C + \int x\cos x\, e^{-\ln x}\,dx\right)$$

$$= x\left(C + \int \cos x\,dx\right)$$

$$= x(C + \sin x).$$

例2　有连接 $A(0,1)$，$B(1,0)$ 两点的一条凸曲线,它位于弦 AB 的上方,$P(x,y)$ 为弧 AB 上任一点,已知弧 AP 与弦 AP 之间的面积为 x^3(见图6-3),求曲线的方程.

解　设所求曲线的方程为 $y=f(x)$,由题意知:曲边梯形 $APCO$ 的面积-梯形 $APCO$ 的面积$=x^3$,即

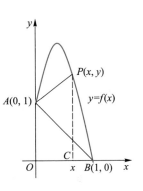

$$\int_0^x f(x)\,\mathrm{d}x - \frac{x\left[1+f(x)\right]}{2}=x^3,$$

两边对 x 求导,得

$$f(x)-\frac{1+f(x)}{2}-\frac{x}{2}f'(x)=3x^2,$$

即

$$y'-\frac{1}{x}y=-6x-\frac{1}{x},$$

图6-3

初值条件为 $y|_{x=1}=0$. 这是一阶非齐次线性微分方程,用公式可得通解为

$$y=\mathrm{e}^{\int\frac{1}{x}\mathrm{d}x}\left[C+\int\left(-6x-\frac{1}{x}\right)\mathrm{e}^{-\int\frac{1}{x}\mathrm{d}x}\,\mathrm{d}x\right]=-6x^2+Cx+1.$$

由 $y|_{x=1}=0$,得 $C=5$. 故所求曲线方程为

$$y=1+5x-6x^2.$$

二、伯努利方程

称方程

$$y'+P(x)y=Q(x)y^n \quad (n\neq 0,1) \tag{6-8}$$

为**伯努利**(Bernoulli)**方程**. 它可通过代换 $z=y^{1-n}$ 化为 z 关于 x 的一阶线性方程. 事实上,式(6-8)两边同乘 y^{-n},得

$$y^{-n}\frac{\mathrm{d}y}{\mathrm{d}x}+P(x)y^{1-n}=Q(x).$$

将 $z=y^{1-n}$ 及 $\dfrac{\mathrm{d}z}{\mathrm{d}x}=(1-n)y^{-n}\dfrac{\mathrm{d}y}{\mathrm{d}x}$ 代入上式,得

$$\frac{\mathrm{d}z}{\mathrm{d}x}+(1-n)P(x)z=(1-n)Q(x).$$

这是 z 关于 x 的一阶线性方程,求出通解回代即得原方程的通解.

例3 求 $y'+y=y^2(\cos x-\sin x)$ 的通解.

解 这是 $n=2$ 时的伯努利方程. 令 $z=y^{1-2}=y^{-1}$,则有

$$\frac{\mathrm{d}z}{\mathrm{d}x}=-y^{-2}\frac{\mathrm{d}y}{\mathrm{d}x},$$

将其代入原方程可得

$$\frac{\mathrm{d}z}{\mathrm{d}x}-z=\sin x-\cos x,$$

其通解为

$$z=\mathrm{e}^{-\int(-1)\mathrm{d}x}\left[C+\int(\sin x-\cos x)\,\mathrm{e}^{-\int\mathrm{d}x}\,\mathrm{d}x\right]$$

$$=\mathrm{e}^x\left[C+\int(\sin x-\cos x)\,\mathrm{e}^{-x}\mathrm{d}x\right]$$

$$=\mathrm{e}^x(-\mathrm{e}^{-x}\sin x+C)=C\mathrm{e}^x-\sin x.$$

回代可得原方程的通解为

$$y=\frac{1}{C\mathrm{e}^x-\sin x}.$$

注 有些一阶微分方程当未知函数看成 $x=x(y)$ 时,可化为一阶线性微分方程.

例4 求解方程 $y'=\dfrac{1}{(xy)^3+xy}$.

解 将上述方程变形为

$$\frac{\mathrm{d}x}{\mathrm{d}y}-yx=y^3x^3,$$

它是 $n=3$ 时的伯利努方程. 令 $z=x^{1-3}=x^{-2}$,代入上式有

$$\frac{\mathrm{d}z}{\mathrm{d}y}+2yz=-2y^3,$$

这是 z 关于 y 的一阶线性微分方程. 用通解公式可得

$$z = \mathrm{e}^{-\int 2y\,\mathrm{d}y}\left[C + \int (-2y^3)\,\mathrm{e}^{\int 2y\,\mathrm{d}y}\,\mathrm{d}y\right]$$

$$= \mathrm{e}^{-y^2}\left[C + \int (-2y^3)\,\mathrm{e}^{y^2}\,\mathrm{d}y\right]$$

$$= \mathrm{e}^{-y^2}\left[C - (y^2\mathrm{e}^{y^2} - \mathrm{e}^{y^2})\right]$$

$$= C\mathrm{e}^{-y^2} - y^2 + 1.$$

回代即得原方程的通解为

$$\frac{1}{x^2} = 1 - y^2 + C\mathrm{e}^{-y^2}.$$

例 5 放射性废料处理问题.

环境污染是人类面临的一大公害,放射性污染对人类生命安全和地球上的生物生存会造成严重的威胁. 随着原子能的广泛使用,核废料(放射性废料)的处理就显得非常重要.

过去一段时间,某国原子能委员会为了处理浓缩的放射性废料,会把废料装入密封的圆桶中,然后扔到水深 91.5 m 的海里. 一些生态学家为此表示担心:圆桶是否会在运输过程中破裂而造成放射性污染? 该国原子能委员会向他们保证"圆桶绝不会破裂". 然而又有几位工程师提出了如下问题:圆桶扔到海洋中是否会因与海底碰撞而发生破裂? 原子能委员会仍保证说"绝不会". 这几位工程师进行了大量的实验后发现:当圆桶的下落速度超过 12.2 m/s 时,就会因碰撞而破裂.

试就这一问题建立微分方程,论证装有放射性废料的圆桶投入海中是否会因与海底碰撞而破裂. 获得的数据有:原子能委员会使用的圆桶体积为 $V = 0.208\ \mathrm{m}^3$,装满放射性废料的圆桶所受重力为 $G = 239.44\ \mathrm{N}$,海水的密度 $\rho = 1\,026.52\ \mathrm{kg/m}^3$,且工程师通过大量实验测得,圆桶方位对于阻力影响甚小,其下落时的阻力与下落速度成正比,即 $f_{阻} = kv$,测得 $k = 0.119$(取重力加速度为 $g = 9.8\ \mathrm{m/s}^2$).

解 本问题的目的是计算圆桶到达海底的速度.

建立坐标系如图 6-4 所示,设 t 时刻物体的下落位移为 $y(t)$,速度为 $v(t)$,初值条件 $y(0) = 0, v(0) = 0$.

由牛顿第二定律知

$$F_{合} = G - f_{浮} - f_{阻} = m\frac{\mathrm{d}v}{\mathrm{d}t},$$

其中 $m = \dfrac{G}{g}$，从而有

$$\frac{\mathrm{d}v}{\mathrm{d}t} + \frac{kg}{G}v = \frac{g}{G}(G - \rho V),$$

这是一个 v 关于 t 的一阶非齐次线性微分方程. 利用一阶
线性微分方程的通解公式并考虑到 $v(0) = 0$，可得

$$v(t) = \frac{G - \rho V}{k}\left(1 - \mathrm{e}^{-\frac{kg}{G}t}\right).$$

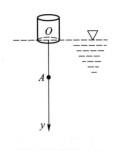

图 6-4

要求出物体到海底的速度，须测出物体到达海底的时间 t，由于海水深度
已知，故可考虑通过 y 与 t 的关系来求 t，为此，对上式两边积分并考虑到
$y(0) = 0$，便可求出：

$$y(t) = \int_0^t \frac{G - \rho V}{k}\left(1 - \mathrm{e}^{-\frac{kg}{G}t}\right)\mathrm{d}t = \frac{G - \rho V}{k}\left(t + \frac{G}{kg}\mathrm{e}^{-\frac{kg}{G}t} - \frac{G}{kg}\right).$$

将有关数据代入上式，并取 $y = 91.5$ 可求出 t，再将求得 t 的值及有关数
据代入得

$$v = 13.75 \text{ m/s} > 12.2 \text{ m/s}.$$

通过以上讨论可知，圆桶因与海底碰撞而发生破裂，会造成放射性污染，
这将危及海洋生物及人类生命安全. 这一数学模型科学地论证了工程师的说
法是正确的，该国原子能委员会过去处理核废料的方法是错误的. 现在该国政
府明文规定，禁止把核废料抛到海里，改为在一些废弃的煤矿中修建放置核废
料的深井. 这一结论为全世界其他国家处理核废料提供了经验教训.

习题 6-3

1. 求下列微分方程的通解.

（1）$y' - 2y = x + 2$；

（2）$y' + y = \mathrm{e}^{-x}$；

(3) $xy'-3y=x^4\mathrm{e}^x$；

(4) $xy'=x-y$；

(5) $(1+x^2)y'+2xy=4x^2$；

(6) $\cos^2x\cdot y'+y=\tan x$；

(7) $xy'-y=\dfrac{x}{\ln x}$；

(8) $y'+y\tan x=\cos x$；

(9) $(y^2-6x)y'+2y=0$；

(10) $y\mathrm{d}x+(xy+x-\mathrm{e}^y)\mathrm{d}y=0$.

2. 求下列伯努利方程的通解.

(1) $y'-3xy=xy^2$；

(2) $x^2y'+xy=y^2$；

(3) $y'+y=y^2\mathrm{e}^x$；

(4) $x^2y\mathrm{d}x-(x^3+y^4)\mathrm{d}y=0$；

(5) $3y'+y=(1-2x)y^4$；

(6) $xy'+y=x^2y^2\ln x$.

3. 求下列微分方程满足初值条件的特解.

(1) $2xy'=y-x^3,y\big|_{x=1}=0$；

(2) $(x^3+y^3)\mathrm{d}x-3xy^2\mathrm{d}y=0,y\big|_{x=1}=0$；

(3) $xyy'=x^2+y^2,y\big|_{x=1}=2$；

(4) $(x+2y)y'=y-2x,y\big|_{x=1}=1$.

4. 求下列微分方程的通解.

(1) $y'-x^2y^2=y$；

(2) $3y^2y'-y^3=x+1$；

(3) $y'=\dfrac{1}{\mathrm{e}^y+x}$；

(4) $yy'-y^2=x^2$；

(5) $y'=\dfrac{y}{2x+y^3}$；

(6) $y\mathrm{d}x+(ax^2y^n-2x)\mathrm{d}y=0$；

(7) $(x-y^2)y'=1$；

(8) $y'=\dfrac{1}{x\cos y+\sin 2y}$.

5. 若 $y(x)$ 为连续函数,且满足

$$\int_0^x\big[(x+1)t-x\big]y(t)\mathrm{d}t=7x,y(1)=2$$

求 $y(x)$.

6. 质量为 1 g 的质点受外力作用做直线运动,已知外力小大和时间成正比,和质点运动的速度成反比,在 $t=10\,\mathrm{s}$ 时,质点的运动速度等于 50 m/s,所受外力为 $4g\,\mathrm{cm/s}^2$,问运动开始到过了 1 min 后的速度是多少?

7. 一曲线通过点 $(2,3)$,且在任意点 (x,y) 处的切线位于两坐标轴间的线段被切点平分,求曲线的方程.

8. 没有前进速度的潜水艇,在下沉力 P(包括重力)的作用下向水底下沉,水

的阻力与下沉速度 v 成正比(比例系数为 $k>0$),如果时间 $t=0$ 时,$v=0$,求 v 与 t 的关系.

9. 在空气中自由落下的雨点(初始质量为 m_0 g)均匀地蒸发着,设每秒蒸发 m g,空气阻力和雨点速度成正比. 如果开始时雨点速度为零,试求雨点运动速度和时间的关系.

第四节　几种特殊的高阶方程

一般来说,随着方程阶数的增高,求解的难度也随之增大. 高阶方程通常用降阶法求解. 现在以二阶方程为例,介绍 4 种容易降阶的高阶方程.

1. $y''=f(x)$ 型

特点:不显含 y,y'.

解法:连续积分两次可得通解.

一般地,方程 $y^{(n)}=f(x)$ 可通过连续积分 n 次求得通解.

例 1　求方程 $y''=\sin x$ 的通解.

解　两边积分两次得
$$y'=-\cos x+C_1, \quad y=-\sin x+C_1x+C_2,$$
故所求方程的通解为
$$y=-\sin x+C_1x+C_2.$$

2. $y''=f(y)$ 型

特点:不显含 x,y'.

解法:用 $2y'\mathrm{d}x=2\mathrm{d}y$ 乘方程两边,即有
$$2y'y''\mathrm{d}x=2f(y)\mathrm{d}y,$$
即
$$\mathrm{d}(y'^2)=2f(y)\mathrm{d}y,$$
两边积分有

$$(y')^2 = 2\int f(y)\,\mathrm{d}y.$$

两边开方,然后分离变量再积分,便可得通解.

　　例 2　求方程 $y'' = a^2 y^{-3}$ 在条件 $y\,|_{x=0} = 1, y'\,|_{x=0} = 0$ 下的特解.

　　解　两边同乘 $2y'\mathrm{d}x$,得

$$2y'y''\mathrm{d}x = 2a^2 y^{-3} y'\mathrm{d}x,$$

即

$$\mathrm{d}(y')^2 = 2a^2 y^{-3}\mathrm{d}y,$$

积分,得

$$(y')^2 = -a^2 y^{-2} + C_1.$$

由初值条件可得,$C_1 = a^2$,故有

$$(y')^2 = a^2 \frac{y^2 - 1}{y^2},$$

即

$$\frac{\mathrm{d}y}{\mathrm{d}x} = \pm a \frac{\sqrt{y^2 - 1}}{y}.$$

分离变量,两边积分得

$$\sqrt{y^2 - 1} = \pm ax + C_2.$$

由 $y\,|_{x=0} = 1$ 得,$C_2 = 0$,故

$$y^2 - 1 = a^2 x^2 \quad \text{或} \quad y = \pm\sqrt{a^2 x^2 + 1}.$$

　　因为 $y\,|_{x=0} = 1$,所以上式中的负号应舍去,这样满足条件的特解为

$$y = \sqrt{a^2 x^2 + 1}.$$

　　3. $y'' = f(x, y')$ 型

　　特点:不显含 y.

　　解法:令 $y' = p$,则 $y'' = \dfrac{\mathrm{d}p}{\mathrm{d}x}$,于是原方程化为

$$\frac{\mathrm{d}p}{\mathrm{d}x} = f(x, p),$$

这是一阶微分方程.

例 3 求方程 $(1+x^2)y''=2xy'$ 满足条件 $y\big|_{x=0}=1$, $y'\big|_{x=0}=3$ 的特解.

解 令 $y'=p$,则 $y''=\dfrac{\mathrm{d}p}{\mathrm{d}x}$,代入方程并分离变量,有

$$\frac{\mathrm{d}p}{p}=\frac{2x}{1+x^2}\mathrm{d}x,$$

积分,得

$$\ln|p|=\ln(1+x^2)+\ln|C_1|,$$

即

$$p=y'=C_1(1+x^2).$$

由 $y'\big|_{x=0}=3$,得 $C_1=3$,因此

$$y'=3(1+x^2).$$

再积分,得

$$y=x^3+3x+C_2.$$

由 $y\big|_{x=0}=1$,得 $C_2=1$,故所求特解为

$$y=x^3+3x+1.$$

例 4 求曲率处处等于 1 的曲线方程.

解 由曲率的知识知,该曲线必是半径为 1 的圆. 现推证之.

设所求曲线的方程为 $y=y(x)$,则有

$$\frac{|y''|}{(1+y'^2)^{\frac{3}{2}}}=1,\quad 即\quad \frac{y''}{(1+y'^2)^{\frac{3}{2}}}=\pm 1.$$

令 $y'=p$,则 $y''=p'$,代入方程可得

$$\frac{p'}{(1+p^2)^{\frac{3}{2}}}=\pm 1\quad 或\quad \frac{\mathrm{d}p}{(1+p^2)^{\frac{3}{2}}}=\pm\mathrm{d}x,$$

两边积分得

$$\frac{p}{\sqrt{1+p^2}}=\pm(x+C_1)\quad 或\quad p^2=(x+C_1)^2(1+p^2).$$

于是

$$p = \pm \frac{x+C_1}{\sqrt{1-(x+C_1)^2}},$$

即

$$\frac{dy}{dx} = \pm \frac{x+C_1}{\sqrt{1-(x+C_1)^2}},$$

两边积分,可得

$$(x+C_1)^2 + (y+C_2)^2 = 1,$$

这就是所求曲线的方程.

注　若曲率等于 $\frac{1}{R}$,所求曲线的方程为

$$(x+C_1)^2 + (y+C_2)^2 = R^2.$$

4. $y''=f(y,y')$ 型

特点:不显含 x.

解法:令 $y'=p$,则 $y''=\dfrac{dp}{dx}=\dfrac{dp}{dy}p$,于是原方程可化为

$$p\frac{dp}{dy}=f(y,p),$$

这是一阶微分方程.

例5　求方程 $yy''-(y')^2=0$ 的通解.

解　令 $y'=p$,则 $y''=p\dfrac{dp}{dy}$,代入原方程并分离变量,得

$$\frac{dp}{p}=\frac{dy}{y} \quad (p\neq 0, y\neq 0),$$

积分,得

$$p=y'=C_1 y,$$

再分离变量并积分,得

$$y=C_2 e^{C_1 x}.$$

例6　在地面上以初速度 v_0 铅直向上发射一物体,设地球引力与物体到地心的距离平方成正比,求物体可能达到的最大高度(不计空气阻力,地球

半径 $R = 6\,371$ km,重力加速度取 $g = 9.8$ m/s^2).

解 建立坐标系如图 6-5 所示,由万有引力公式有

$$F = G\frac{mM}{(R+s)^2},$$

其中 s 是物体离地面的距离,m, M 分别为物体和地球的质量.

又当 $s = 0$ 时,$F = mg$,则有 $mg = G\dfrac{mM}{R^2}$,于是 $G = \dfrac{R^2 g}{M}$,得

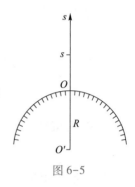

图 6-5

$$F = \frac{mgR^2}{(R+s)^2}.$$

由牛顿第二定律知

$$m\frac{\mathrm{d}^2 s}{\mathrm{d}t^2} = -\frac{mgR^2}{(R+s)^2},$$

即

$$\frac{\mathrm{d}^2 s}{\mathrm{d}t^2} = -\frac{gR^2}{(R+s)^2},$$

且 $s\,|_{t=0} = 0, v\,|_{t=0} = v_0$.

令 $\dfrac{\mathrm{d}s}{\mathrm{d}t} = v$,则有

$$v\frac{\mathrm{d}v}{\mathrm{d}s} = -\frac{gR^2}{(R+s)^2},$$

变量分离,两边积分,得

$$\frac{1}{2}v^2 = \frac{gR^2}{R+s} + C.$$

由 $s\,|_{t=0} = 0, v\,|_{t=0} = v_0$,得 $C = \dfrac{1}{2}v_0^2 - gR$,于是有

$$v_0^2 - v^2 = \frac{2gRs}{R+s}.$$

当物体达到最高点时，$v=0$，有 $v_0^2=\dfrac{2gRs}{R+s}$，故

$$s_{max}=\dfrac{v_0^2 R}{2gR-v_0^2}.$$

若要问使物体脱离地球引力范围，发射速度 v_0 应为多大？只需给上式取当 $s\to+\infty$ 时的极限，此时 $2gR-v_0^2\to0$，于是

$$v_0=\sqrt{2gR}\approx 11.2\ \text{km/s}.$$

这就是第二宇宙速度. 在定积分应用中已有推导，这里用不同的方法得到同一结果，这对拓宽读者思路是有益的.

习题 6-4

1. 求下列方程的通解.

（1）$y''=x+\sin x+1$；

（2）$y''=1+y'^2$；

（3）$y''=y'+x$；

（4）$1+y'^2=2yy''$；

（5）$(1+x^2)y''=1$；

（6）$x^2 y''=y'^2+2xy'$；

（7）$y''+\sqrt{1-y'^2}=0$；

（8）$(1-y)y''+2y'^2=0$；

（9）$y''+y'^2=2e^{-y}$.

2. 求下列各微分方程满足所给初值条件的特解.

（1）$y^3 y''+1=0,\ y\big|_{x=1}=1,\ y'\big|_{x=1}=0$；

（2）$y''-ay'^2=0,\ y\big|_{x=0}=0,\ y'\big|_{x=0}=-1$；

（3）$y'''=e^{ax},\ y\big|_{x=1}=y'\big|_{x=1}=y''\big|_{x=1}=0\,(a\neq0)$；

（4）$y''=e^{2y},\ y\big|_{x=0}=y'\big|_{x=0}=0$；

（5）$y''=3\sqrt{y},\ y\big|_{x=0}=1,\ y'\big|_{x=0}=2$；

（6）$y''+y'^2=1,\ y\big|_{x=0}=0,\ y'\big|_{x=0}=0$.

*3. 有一凹曲线 L 位于 xOy 面的上半平面内，L 上任一点 M 处的法线与 x 轴

相交,其交点记为 B. 如果点 M 处的曲率半径始终等于线段 MB 之长,并且 L 在点 (1,1) 处的切线与 y 轴垂直,试求 L 的方程.

4. 设子弹以 200 m/s 的速度射入厚为 0.1 m 的木板,受到的阻力大小与子弹的速度成正比,如果子弹穿出木板时的速度为 80 m/s,求子弹穿过木板的时间.

第五节 高阶线性微分方程解的结构

形如
$$y^{(n)}+p_1(x)y^{(n-1)}+p_2(x)y^{(n-2)}+\cdots+p_n(x)y=f(x)$$
的方程称为 n 阶线性微分方程,当 $n \geq 2$ 时,称为**高阶线性微分方程**.

当 $f(x) \equiv 0$ 时,方程变为
$$y^{(n)}+p_1(x)y^{(n-1)}+p_2(x)y^{(n-2)}+\cdots+p_n(x)y=0$$
称为 n 阶齐次线性微分方程;

当 $f(x) \not\equiv 0$ 时,方程称为 n 阶非齐次线性微分方程. 以二阶线性微分方程为主讨论线性微分方程解的结构理论.

一、齐次线性微分方程解的结构

对于二阶齐次线性微分方程
$$y''+p(x)y'+q(x)y=0, \tag{6-9}$$
它的解有以下性质.

定理 1 若函数 y_1, y_2 是方程 (6-9) 的解,则 $y=C_1y_1+C_2y_2$ 也是方程 (6-9) 的解,其中 C_1, C_2 为任意常数.

证明 将 $y=C_1y_1+C_2y_2$ 代入方程 (6-9) 的左端,并注意 y_1, y_2 是方程 (6-9) 的解,得

$$(C_1 y_1'' + C_2 y_2'') + p(x)(C_1 y_1' + C_2 y_2') + q(x)(C_1 y_1 + C_2 y_2)$$
$$= C_1(y_1'' + p(x)y_1' + q(x)y_1) + C_2(y_2'' + p(x)y_2' + q(x)y_2) = 0.$$

这个性质可推广到 n 阶齐次线性方程上去,它说明高阶齐次线性方程的解符合叠加原理.

现在,$y = C_1 y_1 + C_2 y_2$ 是方程(6-9)的解,其中含有两个任意常数,那么其是不是方程(6-9)的通解呢? 要解决这个问题,有必要引进函数线性相关与线性无关的概念.

设 n 个函数 $\varPhi_1(x), \varPhi_2(x), \cdots, \varPhi_n(x)$ 在区间 I 上有定义,若存在 n 个不全为零的常数 $k_1, k_2, \cdots, k_n$,使得当 $x \in I$ 时有恒等式

$$k_1 \varPhi_1(x) + k_2 \varPhi_2(x) + \cdots + k_n \varPhi_n(x) \equiv 0$$

成立,则称函数组 $\varPhi_1(x), \varPhi_2(x), \cdots, \varPhi_n(x)$ 在区间 I 上**线性相关**;否则,即只有当常数 $k_1, k_2, \cdots, k_n$ 全为零时,使得当 $x \in I$ 时,有

$$k_1 \varPhi_1(x) + k_2 \varPhi_2(x) + \cdots + k_n \varPhi_n(x) \equiv 0$$

成立,则称函数组 $\varPhi_1(x), \varPhi_2(x), \cdots, \varPhi_n(x)$ 在区间 I 上**线性无关**.

例如,函数组 $1, \cos^2 x, \sin^2 x$ 在区间 $(-\infty, +\infty)$ 内线性相关(因为 $1 + (-1)\cos^2 x + (-1)\sin^2 x \equiv 0$);而函数组 $1, \cos x, \sin x$ 在区间 $(-\infty, +\infty)$ 内线性无关,设有常数 k_1, k_2, k_3,使得当 $x \in (-\infty, +\infty)$ 时,有恒等式

$$k_1 + k_2 \cos x + k_3 \sin x \equiv 0.$$

在上式中分别取 $x = 0, \dfrac{\pi}{2}, \pi$ 得到方程组

$$\begin{cases} k_1 + k_2 = 0, \\ k_1 + k_3 = 0, \\ k_1 - k_2 = 0. \end{cases}$$

该方程组有唯一解 $k_1 = k_2 = k_3 = 0.$ 这就说明了函数组 $1, \cos x, \sin x$ 在区间 $(-\infty, +\infty)$ 内线性无关.

对于两个函数 y_1, y_2,若 $\dfrac{y_1}{y_2} = k$(常数),那么 y_1 与 y_2 线性相关;当 $\dfrac{y_1}{y_2} \neq k$(常数)时,即一个函数不是另一个函数的常数倍,那么 y_1 与 y_2 线性无关.

有了函数组线性相关、线性无关的概念,再结合微分方程通解的定义,就可以得到以下关于二阶齐次线性微分方程通解结构的定理.

定理 2　设 y_1 和 y_2 是方程(6-9)的两个线性无关的特解,则

$$y = C_1 y_1 + C_2 y_2$$

是方程(6-9)的通解.

例如,$y_1 = \sin x, y_2 = 2\sin x$ 是 $y'' + y = 0$ 的解,但 $y_1/y_2 = 1/2$(常数),即 y_1, y_2 线性相关,故

$$y = C_1 y_1 + C_2 y_2 = C_1 \sin x + 2C_2 \sin x = (C_1 + 2C_2)\sin x = C\sin x$$

是 $y'' + y = 0$ 的解,而非通解. 又如 $y_1 = e^x, y_2 = e^{-x}$ 是方程 $y'' - y = 0$ 的解,而 $y_1/y_2 = e^{2x}$(不恒为常数),即 y_1, y_2 线性无关,故

$$y = C_1 y_1 + C_2 y_2 = C_1 e^x + C_2 e^{-x}$$

是 $y'' - y = 0$ 的通解.

二、非齐次线性微分方程解的结构

对于二阶非齐次线性微分方程

$$y'' + p(x)y' + q(x)y = f(x), \tag{6-10}$$

它的通解具有怎样的结构呢?

定理 3　设 Y 是方程(6-10)所对应的齐次方程(6-9)的通解,y^* 是方程(6-10)的一个特解,则 $y = Y + y^*$ 是方程(6-10)的通解.

由已知条件容易验证 $y = Y + y^*$ 满足方程(6-10),即 $y = Y + y^*$ 是方程(6-10)的解,又 Y 含有两个独立的任意常数,从而 $Y + y^*$ 中含有两个独立的任意常数,故 $y = Y + y^*$ 是方程(6-10)的通解.

定理 4　设函数 y_1^* 和 y_2^* 分别是二阶非齐次线性方程

$$y'' + p(x)y' + q(x)y = f_1(x)$$

和

$$y'' + p(x)y' + q(x)y = f_2(x)$$

的特解,则 $y = y_1^* + y_2^*$ 是方程

$$y''+p(x)y'+q(x)y=f_1(x)+f_2(x)$$

的特解.

定理 2,3,4 同样可推广到 n 阶线性微分方程上去.

习题 6-5

1. 下列函数组在定义区间内哪些是线性无关的?

(1) $\cos^2 x-1,3\sin^2 x$;　　　　(2) e^x,e^{2x};

(3) $e^x\sin 2x,e^x\cos 2x$;　　　(4) $\ln x,\ln x^2$ 　 $(x>0)$.

2. 验证 $y_1=\dfrac{\sin x}{x},y_2=\dfrac{\cos x}{x}$ 是微分方程

$$y''+\frac{2}{x}y'+y=0$$

的两个解,并写出该方程的通解.

3. 验证下列函数都是所给微分方程的解,指出其中哪些是通解.

(1) $x^2y''-2xy'+2y=0,y=x(C_1+C_2x)$;

(2) $y''-2y'+2y=e^x,y=e^x(C_1\cos x+C_2\sin x+1)$;

(3) $y''-4xy'+(4x^2-2)y=0,y=(C_1+C_2x)e^{x^2}$;

(4) $y''-9y=9,y=C_1e^{-3x}+C_2e^{2-3x}-1$.

4. 验证 $y=C_1e^x+C_2x-(x^2+1)$ 是方程

$$y''+\frac{x}{1-x}y'-\frac{1}{1-x}y=x-1$$

的通解.

5. 设 y_1,y_2,y_3 是微分方程 $y''+p(x)y'+q(x)y=f(x)$ 的 3 个特解,且 $\dfrac{y_1-y_2}{y_1-y_3}\neq$ 常数,试写出微分方程的通解.

第六节　常系数齐次线性微分方程

在二阶线性微分方程

$$y''+p(x)y'+q(x)y=f(x)$$

中,当 $p(x),q(x)$ 为常数时,称为**二阶常系数线性微分方程**. 本节讨论它所对应的齐次线性微分方程的求解问题.

如果 $f(x)\equiv0$,方程变为

$$y''+py'+qy=0, \tag{6-11}$$

称为**二阶常系数齐次线性微分方程**.

要求方程(6-11)的通解,根据线性微分方程解的结构理论知,只需求出它的两个线性无关的特解 y_1,y_2 即可.

怎样的函数有可能是方程的解呢? 根据方程(6-11)的特点可以看出,满足方程的函数必须使得 y,y',y'' 的叠加(线性组合)为 0,这就要求 y,y',y'' 是同一类型的函数,最多只差一个常数,即 $y''=C_1y'=C_2y$,由 $y'=ry$ 可得 $y=Ce^{rx}$. 因此指数函数 $y=e^{rx}$ 最有可能是方程的解,只要适当选取 r 就行. 为了找到这样的 r,把函数 $y=e^{rx}$(此时 $y'=re^{rx},y''=r^2e^{rx}$)代入式(6-11),得

$$e^{rx}(r^2+pr+q)=0.$$

因 $e^{rx}\neq0$,故有 $r^2+pr+q=0$. 这说明:只要 r 是方程

$$r^2+pr+q=0 \tag{6-12}$$

的根,函数 $y=e^{rx}$ 就是方程(6-11)的解. 称方程(6-12)为方程(6-11)的**特征方程**(characteristic equation).

现在根据特征方程根的不同情况,讨论方程通解的求法.

(1) 当特征方程(6-12)有两个相异实根 r_1,r_2 时,方程(6-11)有两个特解 $y_1=e^{r_1x}$ 和 $y_2=e^{r_2x}$,因为 $\dfrac{y_1}{y_2}=e^{(r_1-r_2)x}\neq$ 常数,所以方程(6-11)的通解为

$$y = C_1 e^{r_1 x} + C_2 e^{r_2 x}.$$

（2）当特征方程(6-12)有两个相等实根 $r_1 = r_2$ 时,这时只能得到方程 (6-11)的一个特解 $y_1 = e^{r_1 x}$,还需找另一个与 y_1 之比不等于常数的特解 y_2. 为此,设 $\dfrac{y_2}{y_1} = u(x)$,将 $y_2 = u(x) y_1 (u(x)$ 为待定函数)代入方程(6-11)并整理 可得

$$u'' + (2r_1 + p) u' + (r_1^2 + pr_1 + q) u = 0.$$

因为 r_1 是特征方程的重根,所以

$$2r_1 + p = 0, \quad r_1^2 + pr_1 + q = 0$$

于是有

$$u'' = 0.$$

积分两次得

$$u(x) = C_1 x + C_2.$$

由于是要求一个特解,故取最简单的一个 $u(x) = x$（即取 $C_1 = 1, C_2 = 0$). 这 样,方程(6-11)的通解为

$$y = (C_1 + C_2 x) e^{r_1 x}.$$

（3）当特征方程(6-12)有一对共轭复根 $r_{1,2} = \alpha \pm i\beta$ 时,则方程(6-11)有 两个复数形式的特解

$$y_1 = e^{(\alpha + i\beta) x}, \quad y_2 = e^{(\alpha - i\beta) x}.$$

这两个解可用欧拉公式化成常用的实数解.

由于

$$y_1 = e^{\alpha x} e^{i\beta x} = e^{\alpha x} (\cos \beta x + i\sin \beta x),$$
$$y_2 = e^{\alpha x} e^{-i\beta x} = e^{\alpha x} (\cos \beta x - i\sin \beta x),$$

得

$$\overline{y_1} = \frac{1}{2} (y_1 + y_2) = e^{\alpha x} \cos \beta x,$$

$$\overline{y_2} = \frac{1}{2i} (y_1 - y_2) = e^{\alpha x} \sin \beta x.$$

由上节定理 1 知,$\overline{y_1}, \overline{y_2}$ 为方程(6-11)的解,又 $\overline{y_1}/\overline{y_2} = \cot \beta x \neq$ 常数,所以方

程(6-11)的实数通解为

$$y = e^{\alpha x}(C_1 \cos \beta x + C_2 \sin \beta x).$$

综上所述,求二阶常系数齐次线性微分方程(6-11)的通解可按以下步骤进行:

(1) 写出方程(6-11)的特征方程 $r^2 + pr + q = 0$;

(2) 求出特征方程的根 r_1, r_2;

(3) 根据特征方程的根的情况,写出方程(6-11)的通解:

常系数齐次线性微分方程的求解

当实根 $r_1 \neq r_2$ 时,通解为 $y = C_1 e^{r_1 x} + C_2 e^{r_2 x}$;

当实根 $r_1 = r_2$ 时,通解为 $y = (C_1 + C_2 x) e^{r_1 x}$;

当复根 $r_{1,2} = \alpha \pm i\beta$ 时,通解为 $y = e^{\alpha x}(C_1 \cos \beta x + C_2 \sin \beta x)$.

例1 求方程 $y'' - 2y' - 3y = 0$ 的通解.

解 特征方程为

$$r^2 - 2r - 3 = 0,$$

解之得 $r_1 = 3, r_2 = -1$,于是方程的通解为

$$y = C_1 e^{3x} + C_2 e^{-x}.$$

例2 求方程 $y'' + 2y' + y = 0$ 的通解.

解 特征方程为

$$r^2 + 2r + 1 = 0,$$

解之得 $r_1 = r_2 = -1$,于是方程的通解为

$$y = (C_1 + C_2 x) e^{-x}.$$

例3 求方程 $y'' + 4y' + 29y = 0$ 满足初值条件 $y(0) = 0, y'(0) = 15$ 的特解.

解 特征方程为

$$r^2 + 4r + 29 = 0,$$

解之得 $r_{1,2} = -2 \pm 5i$,于是方程的通解为

$$y = e^{-2x}(C_1 \cos 5x + C_2 \sin 5x).$$

将 $y(0) = 0$ 代入通解,得 $C_1 = 0$,于是

$$y = C_2 e^{-2x} \sin 5x,$$

$$y' = e^{-2x}(5C_2 \cos 5x - 2C_2 \sin 5x).$$

将 $y'(0)=15$ 代入上式,得 $C_2=3$,故满足初值条件的特解为

$$y=3\mathrm{e}^{-2x}\sin 5x.$$

二阶常系数齐次线性微分方程的解法可推广到 n 阶常系数齐次线性微分方程上去,即方程

$$y^{(n)}+p_1y^{(n-1)}+p_2y^{(n-2)}+\cdots+p_{n-1}y'+p_ny=0$$

的求解步骤为

（1）写出对应的特征方程为

$$r^n+p_1r^{n-1}+p_2r^{n-2}+\cdots+p_{n-1}r+p_n=0,$$

（2）求出特征方程的根;

（3）求出各特征方程的根在通解中的对应项,所有项之和即为所求通解:

1）单实根 r 在通解中的对应项为 $C\mathrm{e}^{rx}$;

2）k 重实根 r 在通解中的对应项为

$$\mathrm{e}^{rx}(C_1+C_2x+\cdots+C_kx^{k-1});$$

3）一对单复根 $r=\alpha\pm\mathrm{i}\beta$ 在通解中的对应项为

$$\mathrm{e}^{\alpha x}(C_1\cos\beta x+C_2\sin\beta x);$$

4）一对 k 重复根 $r=\alpha\pm\mathrm{i}\beta$ 在通解中的对应项为

$$\mathrm{e}^{\alpha x}[(C_1+C_2x+\cdots+C_kx^{k-1})\cos\beta x+(D_1+D_2x+\cdots+D_kx^{k-1})\sin\beta x].$$

例 4　求方程 $y'''-3y''+4y=0$ 的通解.

解　特征方程为

$$r^3-3r^2+4=0,$$

解之得 $r_1=-1,r_2=r_3=2$,故方程的通解为

$$y=C_1\mathrm{e}^{-x}+(C_2+C_3x)\mathrm{e}^{2x}.$$

例 5　求方程 $y^{(4)}+8y''+16y=0$ 的通解.

解　特征方程为

$$r^4+8r^2+16=0,$$

解之得 $r=\pm2\mathrm{i}$,为二重根,故方程的通解为

$$y=(C_1+C_2x)\cos 2x+(C_3+C_4x)\sin 2x$$

例 6 求方程 $y^{(4)}-2y'''+5y''=0$ 的通解.

解 特征方程为

$$r^4-2r^3+5r^2=0,$$

解之得 $r_1=r_2=0,r_{3,4}=1\pm 2i$，故方程的通解为

$$y=C_1+C_2x+e^x(C_3\cos 2x+C_4\sin 2x).$$

习题 6-6

1. 求下列微分方程的通解.

（1）$y''-2y'=0$；　　　　　（2）$y''-3y'+2y=0$；

（3）$y''+4y=0$；　　　　　（4）$y''-4y'+5y=0$；

（5）$y''-6y'+9y=0$；　　　（6）$y''+2y'+ay=0(a$ 为常数$)$；

（7）$y'''+6y''+10y'=0$；　　（8）$y^{(4)}-2y''+y=0$；

（9）$y^{(4)}+2y''+y=0$；　　　（10）$y^{(4)}+3y''-4y=0.$

2. 求下列初值问题的解.

（1）$y''+y'-2y=0,y\big|_{x=0}=0,y'\big|_{x=0}=3$；

（2）$y''+y'=0,y\big|_{x=0}=2,y'\big|_{x=0}=-1$；

（3）$y''+4y'+4y=0,y\big|_{x=0}=0,y'\big|_{x=0}=1$；

（4）$y''-y'+y=0,y\big|_{x=0}=0,y'\big|_{x=0}=2$；

（5）$y''+25y=0,y\big|_{x=0}=2,y'\big|_{x=0}=5$；

（6）$y'''+2y''+y'=0,y\big|_{x=0}=2,y'\big|_{x=0}=0,y''\big|_{x=0}=-1.$

3. 求微分方程 $y'''-y'=0$ 的一条积分曲线，使此积分曲线在原点处有拐点，且以直线 $y=2x$ 为切线.

第七节　常系数非齐次线性微分方程

对于二阶常系数非齐次线性微分方程

$$y''+py'+qy=f(x),\qquad(6\text{-}13)$$

根据解的结构理论知,它的通解为 $y=Y+y^*$,其中 Y 为它所对应的齐次线性微分方程的通解,其求解问题已经解决,于是求非齐次线性微分方程之通解的关键在于如何求出它的一个特解 y^*.

本节仅介绍当方程(6-13)中的 $f(x)$ 为下面两种常见形式时,求特解 y^* 的方法.

(1) $f(x)=P_m(x)e^{\lambda x}$,其中 λ 为常数,$P_m(x)$ 是 x 的一个 m 次多项式,即

$$P_m(x)=a_0+a_1x+a_2x^2+\cdots+a_mx^m;$$

(2) $f(x)=e^{\lambda x}[P_m(x)\cos\omega x+P_n(x)\sin\omega x]$,其中 $P_m(x)$,$P_n(x)$ 分别是 x 的 m,n 次多项式.

一、$f(x)=P_m(x)e^{\lambda x}$ 型

因多项式与 $e^{\lambda x}$ 之积的导数仍是多项式与 $e^{\lambda x}$ 之积,则可推测方程

$$y''+py'+qy=P_m(x)e^{\lambda x}\qquad(6\text{-}14)$$

自由项为指数函数与多项式之积的情形

应具有 x 的多项式与 $e^{\lambda x}$ 之积型的特解. 不妨设

$$y^*=Q(x)e^{\lambda x},$$

其中 $Q(x)$ 为 x 的待定多项式. 将 y^* 代入式(6-14)定出 $Q(x)$,即可求出 y^*. 将

$$y^{*\prime}=e^{\lambda x}[\lambda Q(x)+Q'(x)],$$

$$y^{*\prime\prime}=e^{\lambda x}[\lambda^2Q(x)+2\lambda Q'(x)+Q''(x)]$$

代入方程(6-14)并消去 $e^{\lambda x}$,得

$$Q''(x)+(2\lambda+p)Q'(x)+(\lambda^2+p\lambda+q)Q(x)=P_m(x).$$

上式右端是 x 的 m 次多项式,故左端也应是 x 的 m 次多项式.

(1) 当 λ 不是特征方程 $r^2+pr+q=0$ 的特征根时,即有

$$\lambda^2+p\lambda+q\neq0.$$

要使上式左端是 m 次多项式,则 $Q(x)$ 也应是 m 次多项式. 于是可设

$$Q(x)=Q_m(x)=b_0+b_1x+b_2x^2+\cdots+b_mx^m,$$

代入原方程确定系数 $b_i(i=0,1,2,\cdots,m)$，即可求得特解 y^*.

（2）当 λ 是特征方程 $r^2+pr+q=0$ 的单根时，即有

$$\lambda^2+p\lambda+q=0, \quad 2\lambda+p\neq 0.$$

此时 $Q'(x)$ 应是 m 次多项式，$Q(x)$ 应是 $m+1$ 次多项式. 于是可设

$$Q(x)=xQ_m(x).$$

（3）当 λ 是特征方程 $r^2+pr+q=0$ 的二重根时，即有

$$\lambda^2+p\lambda+q=0, \quad 2\lambda+p=0.$$

此时 $Q''(x)$ 应是 m 次多项式，$Q(x)$ 应是 $m+2$ 次多项式. 于是可设

$$Q(x)=x^2Q_m(x).$$

综上可得，对于方程

$$y''+py'+qy=P_m(x)\mathrm{e}^{\lambda x},$$

可设特解为

$$y^*=x^kQ_m(x)\mathrm{e}^{\lambda x},$$

其中 k 值按 λ 不是特征根、是单根、是二重根，依次取为 $0,1,2$. 将 y^* 代入原方程确定 $Q_m(x)$ 的系数即可求出特解 y^*.

上述结论可推广到 n 阶常系数非齐次线性微分方程上去.

例1　求方程 $y''+4y'+3y=x-2$ 的通解.

解　特征方程为

$$r^2+4r+3=0,$$

解之得 $r_1=-1, r_2=-3$，于是对应的齐次方程的通解为

$$Y=C_1\mathrm{e}^{-x}+C_2\mathrm{e}^{-3x}.$$

现在求 y^*.

由于 $f(x)=x-2=P_m(x)\mathrm{e}^{\lambda x}$，其中 $P_m(x)=x-2, \lambda=0$，且 $\lambda=0$ 不是特征方程的根，可设

$$y^*=x^0(b_0+b_1x)\mathrm{e}^{0\cdot x}=b_0+b_1x.$$

代入原方程，得

$$4b_1+(3b_0+3b_1x)=x-2,$$

两边比较系数，得

$$\begin{cases} 4b_1 + 3b_0 = -2, \\ 3b_1 = 1, \end{cases}$$

解之得

$$b_1 = \frac{1}{3}, \quad b_0 = -\frac{10}{9},$$

从而

$$y^* = -\frac{10}{9} + \frac{1}{3}x,$$

故原方程的通解为

$$y = C_1 \mathrm{e}^{-x} + C_2 \mathrm{e}^{-3x} + \frac{1}{3}x - \frac{10}{9}.$$

例 2 求方程 $y'' - 4y' + 4y = x\mathrm{e}^{2x}$ 的一个特解.

解 特征方程为

$$r^2 - 4r + 4 = 0,$$

解之得 $r_1 = r_2 = 2$.

$f(x)$ 属 $P_m(x)\mathrm{e}^{\lambda x}$ 型,且 $\lambda = 2$ 为特征方程的二重根,$P_m(x) = x$,故可设

$$y^* = x^2(b_0 + b_1 x)\mathrm{e}^{2x},$$

将其代入原方程,两边消去 e^{2x},并比较多项式同次幂的系数可得

$$b_0 = 0, \quad b_1 = \frac{1}{6},$$

故原方程的一个特解为

$$y^* = \frac{1}{6}x^3 \mathrm{e}^{2x}.$$

例 3 求方程 $y''' - y = \mathrm{e}^x$ 的一个特解.

解 特征方程为

$$r^3 - 1 = 0,$$

解之得 $r_1 = 1, r_{2,3} = \dfrac{-1 \pm \sqrt{3}\,\mathrm{i}}{2}$.

$f(x)$ 属 $P_m(x)\mathrm{e}^{\lambda x}$ 型,且 $\lambda = 1$ 是特征方程的单根,$P_m(x) = 1$,故可设

$$y^* = bx\mathrm{e}^x,$$

将其代入原方程可得 $b = \dfrac{1}{3}$，故原方程的一个特解为

$$y^* = \frac{1}{3}x\mathrm{e}^x.$$

二、$f(x) = \mathrm{e}^{\lambda x}\big[P_m(x)\cos \omega x + P_n(x)\sin \omega x \big]$ 型

因 $\mathrm{e}^{\lambda x}\big[Q(x)\cos \omega x + R(x)\sin \omega x \big]$ 对导数运算具有保型性. 故可设

$$y'' + py' + qy = \mathrm{e}^{\lambda x}\big[P_m(x)\cos \omega x + P_n(x)\sin \omega x \big]$$

的特解为

$$y^* = \mathrm{e}^{\lambda x}\big[Q(x)\cos \omega x + R(x)\sin \omega x \big],$$

其中 $Q(x)$ 和 $R(x)$ 为 x 的特定多项式.

将 y^* 代入原方程并考虑 $\lambda \pm \mathrm{i}\omega$ 是不是特征根的情况可得以下结论.

对于方程

$$y'' + py' + qy = \mathrm{e}^{\lambda x}\big[P_m(x)\cos \omega x + P_n(x)\sin \omega x \big],$$

可设特解为

$$y^* = x^k \mathrm{e}^{\lambda x}\big[Q_l(x)\cos \omega x + R_l(x)\sin \omega x \big],$$

其中 $Q_l(x)$，$R_l(x)$ 为 x 的 l 次多项式，$l = \max\{m,n\}$，k 值按 $\lambda \pm \mathrm{i}\omega$ 不是特征根，是特征根依次取 $0,1$.

该结论可推广到 n 阶常系数非齐次线性微分方程上去.

例 4 求方程 $y'' + y = \mathrm{e}^x(x\cos x + \sin x)$ 的一个特解.

解 特征方程为

$$r^2 + 1 = 0,$$

解之得 $r_{1,2} = \pm \mathrm{i}$.

$f(x)$ 属于 $\mathrm{e}^{\lambda x}\big[P_m(x)\cos \omega x + P_n(x)\sin \omega x \big]$ 型，且 $\lambda = 1$，$\omega = 1$，$P_m(x) = x$，$P_n(x) = 1$，显然 $\lambda \pm \mathrm{i}\omega$ 不是特征根，故可设

$$y^* = x^0 \mathrm{e}^x\big[(a_0 + a_1 x)\cos x + (b_0 + b_1 x)\sin x \big],$$

代入原方程并整理可得

$$\left[2(b_0+a_1+b_1)+a_0+(2b_1+a_1)x\right]\cos x+$$
$$\left[(b_0-2a_0-2a_1+2b_1)+(b_1-2a_1)x\right]\sin x$$
$$=x\cos x+\sin x,$$

两边比较系数得

$$\begin{cases}2(b_0+a_1+b_1)+a_0=0,\\a_1+2b_1=1,\\b_0-2a_0-2a_1+2b_1=1,\\b_1-2a_1=0,\end{cases}$$

解之得

$$a_0=-\frac{12}{25},\quad b_0=-\frac{9}{25},\quad a_1=\frac{1}{5},\quad b_1=\frac{2}{5},$$

故原方程的一个特解为

$$y^*=\mathrm{e}^x\left[\left(-\frac{12}{25}+\frac{1}{5}x\right)\cos x+\left(-\frac{9}{25}+\frac{2}{5}x\right)\sin x\right].$$

例 5　求方程 $y''+2y'+2y=\mathrm{e}^x+\mathrm{e}^{-x}\cos x$ 的一个特解.

解　由解的结构理论知,上述方程的特解 y^* 等于

$$y''+2y'+2y=\mathrm{e}^x$$

的特解 y_1^* 与

$$y''+2y'+2y=\mathrm{e}^{-x}\cos x$$

的特解 y_2^* 之和.

它们的特征方程为

$$r^2+2r+2=0,$$

解之得 $r_{1,2}=-1\pm\mathrm{i}$.

$\lambda=1$ 不是特征根,可设

$$y_1^*=x^0b_0\mathrm{e}^x=b_0\mathrm{e}^x,$$

代入可求得 $b_0=\frac{1}{5}$,从而 $y_1^*=\frac{1}{5}\mathrm{e}^x$.

$\lambda=-1,\omega=1,\lambda\pm\mathrm{i}\omega=-1\pm\mathrm{i}$ 是特征根,可设

$$y_2^*=x\mathrm{e}^{-x}(b_0\cos x+a_0\sin x),$$

代入可求得 $b_0=0, a_0=\dfrac{1}{2}$,故得

$$y_2^* = \frac{1}{2}x e^{-x}\sin x.$$

于是原方程的一个特解为

$$y^* = y_1^* + y_2^* = \frac{1}{5}e^x + \frac{1}{2}x e^{-x}\sin x.$$

*三、一类可化为二阶常系数线性方程的类型——欧拉方程

形如

$$x^2\frac{\mathrm{d}^2 y}{\mathrm{d}x^2} + p_1 x\frac{\mathrm{d}y}{\mathrm{d}x} + p_2 y = f(x) \quad (p_1, p_2 \text{ 为常数})$$

的方程称为**欧拉(Euler)方程**. 对于这类方程,可令 $x=\mathrm{e}^t$ 或 $\ln x = t$,再根据复合函数的求导法则,有

$$\frac{\mathrm{d}y}{\mathrm{d}x} = \frac{\mathrm{d}y}{\mathrm{d}t}\frac{\mathrm{d}t}{\mathrm{d}x} = \frac{\mathrm{d}y}{\mathrm{d}t}\frac{1}{x},$$

$$\frac{\mathrm{d}^2 y}{\mathrm{d}x^2} = \frac{\mathrm{d}}{\mathrm{d}x}\left(\frac{\mathrm{d}y}{\mathrm{d}x}\right) = \frac{\dfrac{\mathrm{d}^2 y}{\mathrm{d}t^2} - \dfrac{\mathrm{d}y}{\mathrm{d}t}}{x^2}.$$

于是原方程化为

$$\frac{\mathrm{d}^2 y}{\mathrm{d}t^2} + (p_1 - 1)\frac{\mathrm{d}y}{\mathrm{d}t} + p_2 y = f(\mathrm{e}^t),$$

这是二阶常系数线性微分方程,可以按前面的方法求解.

例6　求方程 $x^2 y'' - xy' + 4y = x\sin(\ln x)$ 的通解.

解　令 $x=\mathrm{e}^t$ 或 $\ln x = t$,则原方程化为

$$\frac{\mathrm{d}^2 y}{\mathrm{d}t^2} - 2\frac{\mathrm{d}y}{\mathrm{d}t} + 4y = \mathrm{e}^t\sin t,$$

其特征方程为

$$r^2 - 2r + 4 = 0,$$

解之得 $r_{1,2} = 1 \pm \sqrt{3}\,\mathrm{i}$,则齐次方程的通解为

$$Y = \mathrm{e}^t(C_1\cos\sqrt{3}\,t + C_2\sin\sqrt{3}\,t).$$

由于 $1 \pm \mathrm{i}$ 不是特征根,故可设

$$y^* = \mathrm{e}^t(a_0\cos t + b_0\sin t),$$

代入方程整理并比较系数可得 $a_0 = 0, b_0 = \dfrac{1}{2}$,从而得

$$y^* = \frac{1}{2}\mathrm{e}^t\sin t.$$

于是方程

$$\frac{\mathrm{d}^2 y}{\mathrm{d}t^2} - 2\frac{\mathrm{d}y}{\mathrm{d}t} + 4y = \mathrm{e}^t\sin t$$

的通解为

$$y = \mathrm{e}^t(C_1\cos\sqrt{3}\,t + C_2\sin\sqrt{3}\,t) + \frac{1}{2}\mathrm{e}^t\sin t,$$

变量回代可得原方程的通解为

$$y = x\left[\,C_1\cos(\sqrt{3}\ln x) + C_2\sin(\sqrt{3}\ln x)\,\right] + \frac{1}{2}x\sin(\ln x).$$

常数变易法　二阶非齐次线性方程(常系数或变系数),求其特解的一般方法是常数变易法,其方法与一阶线性方程的常数变易法相类似.

设二阶非齐次线性方程:

$$y'' + py' + qy = f(x),$$

其中 p, q 是常数或 x 的函数,对应的齐次方程的通解为 $y = C_1 y_1 + C_2 y_2$.

常数变易法就是设

$$y^* = C_1(x)y_1 + C_2(x)y_2$$

是原方程的特解,代入原方程定出待定函数 $C_1(x)$ 和 $C_2(x)$,就得到了特解 y^*.

求解方法:

求 $y^{*\prime}$ 和 $y^{*\prime\prime}$.

$$y^{*\prime} = C_1'(x)y_1 + C_2'(x)y_2 + C_1(x)y_1' + C_2(x)y_2'.$$

为了使求 y^* 的二阶导数时不出现 $C_1(x), C_2(x)$ 的二阶导数,令

$$C_1'(x)y_1 + C_2'(x)y_2 = 0, \tag{6-15}$$

于是有

$$y^{*\prime}=C_1(x)y_1'+C_2(x)y_2',$$

$$y^{*\prime\prime}=C_1'(x)y_1'+C_2'(x)y_2'+C_1(x)y_1''+C_2(x)y_2'',$$

将其代入原方程,并考虑到 y_1,y_2 是对应的齐次方程的解,可得

$$C_1'(x)y_1'+C_2'(x)y_2'=f(x).$$

联立式(6-15),可得

$$C_1'(x)=-\frac{y_2 f(x)}{y_1 y_2'-y_1' y_2}, \quad C_2'(x)=\frac{y_1 f(x)}{y_1 y_2'-y_1' y_2}.$$

积分便可求出 $C_1(x),C_2(x)$(因为是求方程的特解,故积分时取一个原函数),从而求得 y^*.

例 7 求方程 $y''+y=\tan x$ 的一个特解.

解 易知对应的齐次方程的通解为

$$Y=C_1\cos x+C_2\sin x.$$

设 $y^*=C_1(x)\cos x+C_2(x)\sin x$,求解方程组

$$\begin{cases} C_1'(x)\cos x+C_2'(x)\sin x=0, \\ -C_1'(x)\sin x+C_2'(x)\cos x=\tan x, \end{cases}$$

可得

$$C_1'(x)=-\frac{\sin^2 x}{\cos x}, \quad C_2'(x)=\sin x.$$

从而

$$C_1(x)=\sin x-\ln(\sec x+\tan x), \quad C_2(x)=-\cos x,$$

于是原方程的一个特解为

$$y^*=-\cos x\ln(\sec x+\tan x).$$

习题 6-7

1.求下列微分方程的特解.

(1) $y''+4y'=3x^2+2x+5$; 　　　　(2) $y''-5y'+4y=x^2-2x+1$;

（3）$y''+2y'-3y=\mathrm{e}^{-3x}$；

（4）$y''+3y'+2y=(x^2+1)\mathrm{e}^x$；

（5）$y''+a^2y=\sin x\,(a>0)$；

（6）$y''+y=x+\cos x$；

（7）$y''-y=\sin^2 x$；

（8）$y''-2y'+5y=\mathrm{e}^{2x}(3\cos x+2\sin x)$.

2. 求下列方程的通解.

（1）$2y''+3y'=x^2-3x+4$；

（2）$2y''+y'-y=(x+2)\mathrm{e}^x$；

（3）$y''-6y'+9y=(2x+1)\mathrm{e}^{3x}$；

（4）$y''-7y'+6y=\sin x$；

（5）$y''+7y'+10y=20x+18\mathrm{e}^x-3\mathrm{e}^{-5x}$.

3. 求下列初值问题的解.

（1）$y''-3y'+2y=1,y\big|_{x=0}=2,y'\big|_{x=0}=2$；

（2）$y''+y+\sin 2x=0,y\big|_{x=\pi}=1,y'\big|_{x=\pi}=1$；

（3）$y''-y'=2(1-x),y\big|_{x=0}=1,y'\big|_{x=0}=1$；

（4）$y''+y=\mathrm{e}^x+\cos x,y\big|_{x=0}=1,y'\big|_{x=0}=1$；

（5）$y''-y=4x\mathrm{e}^x,y\big|_{x=0}=1,y'\big|_{x=0}=1$；

（6）$y''+2y'+y=x\mathrm{e}^x,y\big|_{x=0}=0,y'\big|_{x=0}=0$.

4. 若 $f(0)=0$，且满足

$$f'(x)=1+\int_0^x\big[3\mathrm{e}^{-t}+f(t)\big]\mathrm{d}t,$$

求函数 $f(x)$.

5. 设函数 $\varphi(x)$ 连续，且满足

$$\varphi(x)=\mathrm{e}^x+\int_0^x t\varphi(t)\mathrm{d}t-x\int_0^x\varphi(t)\mathrm{d}t,$$

求 $\varphi(x)$.

*6. 求下列微分方程的通解.

（1）$x^2y''-3xy'+2y=0$；

（2）$y''-\dfrac{2}{x}y'+\dfrac{2}{x^2}y=8x$；

（3）$x^2y''-xy'+2y=(x+1)\sin(\ln x)$.

7. 火车沿水平道路运动，火车的质量是 m，机车牵引力是 f，运动的阻力为 $w=a+bv$，其中 a,b,m,f 均为常数. 而 v 是火车运动的速度，s 是走过的路程. 试求火车运动的规律，设 $t=0$ 时，$s=0,v=0$.

8. 位于坐标原点的我军某舰艇发现正东方向距离 a 处有一艘敌舰，立刻向

敌舰发射一枚制导鱼雷,设敌舰以速度 v_0 向正北方向逃窜,鱼雷以 $5v_0$ 的速度对准敌舰追踪,试求鱼雷的运动轨迹方程,问敌舰逃窜多远后被鱼雷击中.

9. 设圆柱形浮筒的直径为 0.5 m,将它铅直放入水中,当稍向下压后突然放开,浮筒在水中上下振动的周期为 2 s,求浮筒的质量.

10. 一链条悬挂在一钉子上,启动时一端离开钉子 8 m,另一端离开钉子 12 m,分别在以下两种情况下求链条滑下来后需要的时间:

(1) 若不计钉子对链条所产生的摩擦力;

(2) 若摩擦力为 1 m 长的链条所受的重力.

*第八节   常系数线性微分方程组

在实际问题中,不但经常遇到含有一个未知函数的微分方程,而且也常遇到含有几个未知函数的微分方程联立所构成的微分方程组. 本节介绍求解常系数线性微分方程组的 3 种基本方法.

一、消元法

解代数方程组的一个重要方法是消元法,对于微分方程组也一样,其方法是从微分方程组中消去一些未知函数及其各阶导数,得到只含有一个未知函数的高阶线性微分方程,然后求解.

例 1 设 $x(t),y(t)$ 是两个未知函数,满足

$$\begin{cases} \dfrac{dx}{dt}=2x+y+9, \\ \dfrac{dy}{dt}=5x-2y \end{cases}$$

和初值条件 $x\big|_{t=0}=0,y\big|_{t=0}=0$,求 $x(t),y(t)$.

解 从第一个方程中解出

$$y = \frac{\mathrm{d}x}{\mathrm{d}t} - 2x - 9,$$

代入第二个方程,得

$$\frac{\mathrm{d}}{\mathrm{d}t}\left(\frac{\mathrm{d}x}{\mathrm{d}t} - 2x - 9\right) - 5x + 2\left(\frac{\mathrm{d}x}{\mathrm{d}t} - 2x - 9\right) = 0,$$

化简得

$$\frac{\mathrm{d}^2 x}{\mathrm{d}t^2} - 9x = 18.$$

这是一个二阶常系数线性微分方程,可求得通解为

$$x = -2 + C_1 \mathrm{e}^{3t} + C_2 \mathrm{e}^{-3t},$$

将其代入第一个方程,可得

$$y = C_1 \mathrm{e}^{3t} - 5C_2 \mathrm{e}^{-3t} - 5.$$

于是微分方程组的通解为

$$\begin{cases} x = C_1 \mathrm{e}^{3t} + C_2 \mathrm{e}^{-3t} - 2, \\ y = C_1 \mathrm{e}^{3t} - 5C_2 \mathrm{e}^{-3t} - 5. \end{cases}$$

将初值条件代入,得

$$\begin{cases} C_1 + C_2 - 2 = 0, \\ C_1 - 5C_2 - 5 = 0, \end{cases}$$

解之得

$$C_1 = \frac{5}{2},\ C_2 = -\frac{1}{2},$$

故

$$\begin{cases} x(t) = \dfrac{5}{2} \mathrm{e}^{3t} - \dfrac{1}{2} \mathrm{e}^{-3t} - 2, \\[2mm] y(t) = \dfrac{5}{2} \mathrm{e}^{3t} + \dfrac{5}{2} \mathrm{e}^{-3t} - 5. \end{cases}$$

例 2 求微分方程组

$$\begin{cases} \dfrac{\mathrm{d}x}{\mathrm{d}t} + \dfrac{\mathrm{d}y}{\mathrm{d}t} = -x + y + 3, \\[2mm] \dfrac{\mathrm{d}x}{\mathrm{d}t} - \dfrac{\mathrm{d}y}{\mathrm{d}t} = x + y - 3 \end{cases}$$

的通解.

解　上两式分别相加,相减得

$$\begin{cases} \dfrac{\mathrm{d}x}{\mathrm{d}t}=y, \\[2mm] \dfrac{\mathrm{d}y}{\mathrm{d}t}=-x+3, \end{cases}$$

从而可得

$$\frac{\mathrm{d}}{\mathrm{d}t}\left(\frac{\mathrm{d}x}{\mathrm{d}t}\right)=-x+3,$$

即

$$\frac{\mathrm{d}^2 x}{\mathrm{d}t^2}+x=3.$$

这是二阶常系数线性微分方程,可求得通解为

$$x=C_1\cos t+C_2\sin t+3.$$

从而

$$y=\frac{\mathrm{d}x}{\mathrm{d}t}=-C_1\sin t+C_2\cos t,$$

故方程组的通解为

$$\begin{cases} x=C_1\cos t+C_2\sin t+3, \\[2mm] y=C_2\cos t-C_1\sin t. \end{cases}$$

二、待定系数法

常系数齐次线性方程组

$$\begin{cases} \dfrac{\mathrm{d}x}{\mathrm{d}t}=a_{11}x+a_{12}y, \\[2mm] \dfrac{\mathrm{d}y}{\mathrm{d}t}=a_{21}x+a_{22}y. \end{cases} \tag{6-16}$$

由一阶常系数齐次线性微分方程 $\dfrac{\mathrm{d}x}{\mathrm{d}t}=ax$ 的解 $x=C\mathrm{e}^{at}$ 得到启示,设想式

(6-16)也具有形式为

$$x = r_1 \mathrm{e}^{\lambda t}, \qquad y = r_2 \mathrm{e}^{\lambda t}$$

的解,其中 r_1, r_2 为待定常数. 将 x, y 代入式(6-16),消去 $\mathrm{e}^{\lambda t}$,有

$$\begin{cases} (a_{11}-\lambda)r_1 + a_{12}r_2 = 0, \\ a_{21}r_1 + (a_{22}-\lambda)r_2 = 0. \end{cases} \tag{6-17}$$

方程组(6-16)有非零解的充要条件是方程组(6-17)的系数行列式等于 0,即

$$\begin{vmatrix} a_{11}-\lambda & a_{12} \\ a_{21} & a_{22}-\lambda \end{vmatrix} = 0. \tag{6-18}$$

称式(6-18)为方程组(6-16)的**特征方程**,其根称为**特征根**. 这样,将求解方程组(6-16)转化为求解特征方程(6-17)的问题. 根据特征根的不同情形,有以下结论:

(1) 若特征根为单实根 $\lambda_1, \lambda_2 (\lambda_1 \neq \lambda_2)$,将 λ_1, λ_2 分别代入方程组(6-17),便可得到方程组(6-16)的两个线性无关的特解 $(x_1, y_1), (x_2, y_2)$,由解的结构理论知,原方程组的通解为

$$\begin{cases} x = C_1 x_1 + C_2 x_2, \\ y = C_1 y_1 + C_2 y_2, \end{cases}$$

其中 C_1, C_2 为任意常数.

(2) 若特征根为重根 λ,则其特解具有如下形式:

$$x = (at+b)\mathrm{e}^{\lambda t}, \qquad y = (ct+d)\mathrm{e}^{\lambda t}.$$

将其代入式(6-16),比较等式两端 t 的同次幂系数,可求得 a, b, c, d.

(3) 若特征根为共轭复根 $\lambda_{1,2} = \alpha \pm \mathrm{i}\beta$,则其特解具有如下形式:

$$x = a\mathrm{e}^{(\alpha+\mathrm{i}\beta)t}, \qquad y = b\mathrm{e}^{(\alpha-\mathrm{i}\beta)t},$$

其中 a, b 为待定复常数. 将 x, y 代入方程组(6-16),并比较同类项系数可确定出 a, b.

例3 求解方程组

$$\begin{cases} \dfrac{\mathrm{d}x}{\mathrm{d}t} = 3x + 4y, \\ \dfrac{\mathrm{d}y}{\mathrm{d}t} = 2x + 5y. \end{cases}$$

解 设方程组有形如

$$x = r_1 e^{\lambda t}, \quad y = r_2 e^{\lambda t}$$

的特解,代入方程组,得

$$\begin{cases} (3-\lambda)r_1 + 4r_2 = 0, \\ 2r_1 + (5-\lambda)r_2 = 0, \end{cases} \tag{6-19}$$

其特征方程为

$$\begin{vmatrix} 3-\lambda & 4 \\ 2 & 5-\lambda \end{vmatrix} = \lambda^2 - 8\lambda + 7 = 0,$$

解之得 $\lambda_1 = 7, \lambda_2 = 1$.

将 $\lambda = 7$ 代入方程组(6-19),有

$$\begin{cases} -4r_1 + 4r_2 = 0, \\ 2r_1 - 2r_2 = 0. \end{cases}$$

它有无穷多组解,任取 $r_1 = 1$,则 $r_2 = 1$,于是得一组特解为

$$x_1 = e^{7t}, \quad y_1 = e^{7t}.$$

将 $\lambda = 1$ 代入方程组(6-19),有

$$\begin{cases} 2r_1 + 4r_2 = 0, \\ 2r_1 + 4r_2 = 0. \end{cases}$$

它也有无穷多组解,任取 $r_2 = 1$,则 $r_1 = -2$,又得一组特解为

$$x_2 = -2e^t, \quad y_2 = e^t.$$

易知这两组特解线性无关,故原方程组的通解为

$$\begin{cases} x = C_1 e^{7t} - 2C_2 e^t, \\ y = C_1 e^{7t} + C_2 e^t. \end{cases}$$

例4 求解方程组

$$\begin{cases} \dfrac{dx}{dt} = x - y, \\[2mm] \dfrac{dy}{dt} = x + 3y. \end{cases}$$

解 特征方程为

$$\begin{vmatrix} 1-\lambda & -1 \\ 1 & 3-\lambda \end{vmatrix} = \lambda^2 - 4\lambda + 4 = 0,$$

解之得 $\lambda = 2$ 为二重根. 设其特解为

$$x = (at+b)\mathrm{e}^{2t}, \quad y = (ct+d)\mathrm{e}^{2t},$$

代入方程组, 比较 t 的同次幂系数, 得

$$\begin{cases} a+c=0, \\ a+b+d=0, \\ b-c+d=0, \end{cases} \quad 即 \quad \begin{cases} c=-a, \\ d=-a-b. \end{cases}$$

取 $a=1, b=0$, 则 $c=-1, d=-1$, 得特解为

$$x_1 = t\mathrm{e}^{2t}, \quad y_1 = (-t-1)\mathrm{e}^{2t}.$$

取 $a=0, b=1$, 则 $c=0, d=-1$, 得特解为

$$x_2 = \mathrm{e}^{2t}, \quad y_2 = -\mathrm{e}^{2t}.$$

易知这两组特解线性无关, 故原方程组的通解为

$$\begin{cases} x = (C_1 t + C_2)\mathrm{e}^{2t}, \\ y = -[C_1(t+1) + C_2]\mathrm{e}^{2t}. \end{cases}$$

例 5　求解方程组

$$\begin{cases} \dfrac{\mathrm{d}x}{\mathrm{d}t} = -7x+y, \\[2mm] \dfrac{\mathrm{d}y}{\mathrm{d}t} = -2x-5y. \end{cases}$$

解　特征方程为

$$\begin{vmatrix} -7-\lambda & 1 \\ -2 & -5-\lambda \end{vmatrix} = \lambda^2 + 12\lambda + 37 = 0,$$

解之得 $\lambda_{1,2} = -6 \pm \mathrm{i}$, 设其特解为

$$x = a\mathrm{e}^{(-6+\mathrm{i})t}, \quad y = b\mathrm{e}^{(-6+\mathrm{i})t}.$$

代入方程组, 消去 $\mathrm{e}^{(-6+\mathrm{i})t}$, 得

$$\begin{cases} (1+\mathrm{i})a - b = 0, \\ 2a + (-1+\mathrm{i})b = 0, \end{cases}$$

解之得 $a=1, b=1+\mathrm{i}$, 于是复数解为

$$\begin{cases} x = \mathrm{e}^{(-6+\mathrm{i})t}, \\ y = (1+\mathrm{i})\,\mathrm{e}^{(-6+\mathrm{i})t}. \end{cases}$$

取其实部为 x_1, y_1,虚部为 x_2, y_2,则有

$$\begin{cases} x_1 = \mathrm{e}^{-6t}\cos t, \\ y_1 = \mathrm{e}^{-6t}(\cos t - \sin t), \end{cases} \qquad \begin{cases} x_2 = \mathrm{e}^{-6t}\sin t, \\ y_2 = \mathrm{e}^{-6t}(\cos t + \sin t). \end{cases}$$

易知这两组特解线性无关,故原方程组的通解为

$$\begin{cases} x = \mathrm{e}^{-6t}(C_1\cos t + C_2\sin t), \\ y = \mathrm{e}^{-6t}\left[C_1(\cos t - \sin t) + C_2(\cos t + \sin t)\right]. \end{cases}$$

三、首次积分法

对于某些特殊的微分方程组,如果能对其中的一些方程进行适当的组合,然后通过变量替换把它们变为几个只含有一个未知函数的一阶微分方程(这个由一些方程适当组合而能求积的方程称为可积组合),那么就有可能利用初等积分法求得有关未知函数之间的关系式(不再含有导数,这些关系式称为首次积分或初积分),联立这些关系式(首次积分)即可求得方程组的通解,这种方法称为**首次积分法**. 一般地,n 个方程构成的方程组需求出 n 个首次积分,从而确定出方程组的解.

例 6 求解方程组

$$\begin{cases} \dfrac{\mathrm{d}x}{\mathrm{d}t} = \dfrac{y+1}{t}, \\[2mm] \dfrac{\mathrm{d}y}{\mathrm{d}t} = \dfrac{x+1}{t}. \end{cases}$$

解 将两方程相加得

$$\frac{\mathrm{d}(x+y)}{\mathrm{d}t} = \frac{x+y+2}{t},$$

$$\frac{\mathrm{d}(x+y+2)}{x+y+2} - \frac{\mathrm{d}t}{t} = 0.$$

积分得

$$\frac{1}{t}(x+y+2)=C_1, \quad 即 \ x+y=C_1t-2.$$

将两方程相减得

$$\frac{\mathrm{d}(x-y)}{\mathrm{d}t}=\frac{y-x}{t},$$

$$\frac{\mathrm{d}(x-y)}{x-y}+\frac{\mathrm{d}t}{t}=0,$$

积分得

$$(x-y)t=C_2, \quad 即 \ x-y=\frac{C_2}{t}.$$

可解得 x 与 y，即原方程组的通解为

$$\begin{cases} x=\dfrac{1}{2}\left(C_1t+\dfrac{C_2}{t}\right)-1, \\ y=\dfrac{1}{2}\left(C_1t-\dfrac{C_2}{t}\right)-1. \end{cases}$$

例 7 求解方程组

$$\begin{cases} \dfrac{\mathrm{d}x}{\mathrm{d}t}=-x+y+z, \\ \dfrac{\mathrm{d}y}{\mathrm{d}t}=x-y+z, \\ \dfrac{\mathrm{d}z}{\mathrm{d}t}=x+y-z. \end{cases}$$

解 3 式相加得

$$\frac{\mathrm{d}(x+y+z)}{\mathrm{d}t}=x+y+z,$$

$$\frac{\mathrm{d}(x+y+z)}{x+y+z}-\mathrm{d}t=0,$$

积分得

$$(x+y+z)\,\mathrm{e}^{-t}=C_1. \tag{6-20}$$

第 1 个方程减去第 2 个方程得

$$\frac{\mathrm{d}(x-y)}{\mathrm{d}t} = -2(x-y),$$

$$\frac{\mathrm{d}(x-y)}{x-y} = -2\mathrm{d}t,$$

积分得

$$(x-y)\,\mathrm{e}^{2t} = C_2. \tag{6-21}$$

第 2 个方程减去第 3 个方程得

$$\frac{\mathrm{d}(y-z)}{\mathrm{d}t} = -2(y-z),$$

$$\frac{\mathrm{d}(y-z)}{y-z} = -2\mathrm{d}t,$$

积分得

$$(y-z)\,\mathrm{e}^{2t} = C_3.$$

与式(6-20),式(6-21)联立求出 x,y,z,即得方程组的通解为

$$\begin{cases} x = \dfrac{1}{3}(C_1\mathrm{e}^t + 2C_2\mathrm{e}^{-2t} + C_3\mathrm{e}^{-2t}), \\[2mm] y = \dfrac{1}{3}(C_1\mathrm{e}^t - C_2\mathrm{e}^{-2t} + C_3\mathrm{e}^{-2t}), \\[2mm] z = \dfrac{1}{3}(C_1\mathrm{e}^t - C_2\mathrm{e}^{-2t} - 2C_3\mathrm{e}^{-2t}). \end{cases}$$

可积组合与首次积分,对于求解某些非线性方程组有时也奏效. 请看下例.

例 8 求解方程组

$$\begin{cases} \dfrac{\mathrm{d}x}{\mathrm{d}t} = 2(x^2 + y^2)t, \\[2mm] \dfrac{\mathrm{d}y}{\mathrm{d}t} = 4xyt. \end{cases}$$

解 将两方程相加得

$$\frac{\mathrm{d}(x+y)}{\mathrm{d}t} = 2(x+y)^2 t,$$

$$\frac{\mathrm{d}(x+y)}{(x+y)^2} = 2t\mathrm{d}t,$$

积分得

$$\frac{1}{x+y} + t^2 = C_1.$$

将两方程相减得

$$\frac{\mathrm{d}(x-y)}{\mathrm{d}t} = 2(x-y)^2 t,$$

$$\frac{\mathrm{d}(x-y)}{(x-y)^2} = 2t\mathrm{d}t,$$

积分得

$$\frac{1}{x-y} + t^2 = C_2.$$

于是原方程组的通解可由

$$\begin{cases} \dfrac{1}{x+y} + t^2 = C_1, \\ \dfrac{1}{x-y} + t^2 = C_2 \end{cases}$$

确定.

值得说明的是,求首次积分没有固定的规律,是一种"凑"的方法,因此只有通过多做练习,不断积累经验,方能熟能生巧.

习题 6-8

1. 求解下列微分方程组.

(1) $\begin{cases} \dfrac{\mathrm{d}x}{\mathrm{d}t} = y, \\ \dfrac{\mathrm{d}y}{\mathrm{d}t} = x + \mathrm{e}^{-t} + \mathrm{e}^{t}; \end{cases}$

(2) $\begin{cases} \dfrac{\mathrm{d}x}{\mathrm{d}t} + y = 0, \\ \dfrac{\mathrm{d}x}{\mathrm{d}t} - \dfrac{\mathrm{d}y}{\mathrm{d}t} = 3x + y, \end{cases}$ $\begin{cases} x(0) = 1, \\ y(0) = 1; \end{cases}$

$$(3)\begin{cases}\dfrac{\mathrm{d}x}{\mathrm{d}t}+x-y=\mathrm{e}^t,\\[2mm]\dfrac{\mathrm{d}y}{\mathrm{d}t}-x+y=\mathrm{e}^t,\end{cases}\quad\begin{cases}x(1)=0,\\[2mm]y(1)=2.\end{cases}$$

2. 求解下列微分方程组.

$$(1)\begin{cases}\dfrac{\mathrm{d}x}{\mathrm{d}t}=y+z,\\[2mm]\dfrac{\mathrm{d}y}{\mathrm{d}t}=z+x,\\[2mm]\dfrac{\mathrm{d}z}{\mathrm{d}t}=x+y,\end{cases}\quad\begin{cases}x(0)=0,\\[2mm]y(0)=0,\\[2mm]z(0)=1;\end{cases}\qquad(2)\begin{cases}4\dfrac{\mathrm{d}x}{\mathrm{d}t}+9\dfrac{\mathrm{d}y}{\mathrm{d}t}+44x+49y=t,\\[2mm]3\dfrac{\mathrm{d}x}{\mathrm{d}t}+7\dfrac{\mathrm{d}y}{\mathrm{d}t}+34x+38y=\mathrm{e}^t.\end{cases}$$

*第九节　数学建模初步

随着科学技术的迅猛发展,数学的应用日益广泛,数学建模这个术语越来越多地出现在自然科学和社会科学的各个领域以及人们的日常生活之中.那么,什么是数学建模呢? 本节就其相关内容做初步介绍.

一、数学建模的基本概念

1. 原型
原型是指现实生活中的实物或状态. 如飞机、建筑物、污染扩散过程、导弹飞行过程等.

2. 模型
模型是针对原型而言的,它是对原型的模拟、抽象、近似,是原型的替代物. 如飞机模型是对飞机原型的模拟;中国地图是对中国地理情况、物点、地域分布情况的模拟;化学反应模型是化学反应过程这个原型的抽象,等等.

由此可见,模型来源于原型,但它不是对原型的简单模仿,而是人们为了认识和研究原型而对它所作的一个抽象、升华. 有了模型就可以通过对它的分析、研究加深对原型的认识、理解,并对其发展趋势做出预测. 如一种新产品刚刚上市,厂家和商家总是采取各种促销措施(如做广告,举行"买一赠一"活动等),他们都希望对这种新产品的推销速度做到心中有数,以便组织生产(厂家)或安排进货(商家),这就需要建立新产品的促销模型,用以对新产品的销售前景进行预测.

3. 数学模型与数学建模

为了描述或模仿客观事物在数量关系上的内在特征,以了解、揭示、把握事物发展的内在规律,解决所关心的实际问题,就需要用数学的语言、方法近似地刻画实际问题中的数量关系或空间形式,这种刻画的数学表述就是一个数学模型. 它可以是等式、不等式、图表、数学结构(命题或逻辑运算)或有效算法等. 而得到这些数学关系式、图表、数学结构或有效算法的过程就称为数学建模.

由此可见,数学建模并不是什么新事物,粗略地说,凡是运用数学的方法去解决实际问题就是一个数学建模的过程. 我们所学过的各种物理定律、微积分中的重要结论都是很好的数学模型,只不过这些例子相对实际问题而言已做了很大程度的简化. 下面来看一个日常生活中的建模例子.

实例　椅子在不平的地面上能放稳吗?

分析　能否放稳是指椅子的 4 条腿是否能同时着地. 与此相关的因素有:椅子 4 条腿的长度、地面的不平程度、椅子的移动情况等. 根据常识,椅子 4 条腿的长度基本上是相等的,只要地面起伏不是太大,稍将椅子挪动几次就可放稳. 下面的工作就是要用严格的数学语言来说明这一问题. 为此,作一些必要的假设.

模型假设　(1)椅子 4 条腿一样长,椅脚与地面的接触处视为一个点,4 脚连线呈正方形.

(2)地面高度是连续变化的,沿任何方向都不会出现间断(即没有像台阶那样的情况),即地面可视为数学上的连续曲面.

(3)对椅脚的间距和椅腿的长度而言,地面是相对平坦的,使椅子在任何位置至少有 3 条腿同时着地.

模型的建立　椅子在地面上移动可用旋转和平移两个变量来刻画. 为简

便起见,仅考虑作旋转的情况.

设椅脚的连线为正方形 $ABCD$,对角线 AC 与 x 轴重合,当椅子绕中心点 O 旋转后对角线 AC 与 x 轴的夹角为 θ(见图 6-6),记 A,C 两脚与地面的距离之和为 $f(\theta)$,B,D 两脚与地面的距离之和为 $g(\theta)$.

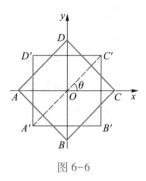

图 6-6

由假设(2),$f(\theta)$,$g(\theta)$ 都是 θ 的连续函数,由假设(3),对于任意的 θ,$f(\theta)$ 与 $g(\theta)$ 中至少有一个为 0,不妨设 $g(0)=0$,$f(0)\geqslant 0$. 于是把椅子能放稳归结为证明以下数学命题:

连续函数 $f(\theta)$ 及 $g(\theta)$,对任意 θ 有 $f(\theta)g(\theta)=0$,且 $g(0)=0$,$f(0)\geqslant 0$,则存在 θ_0,使 $f(\theta_0)=g(\theta_0)=0$.

模型求解　(1) 若 $f(0)=0$,则取 $\theta_0=0$,此时命题成立.

(2) 若 $f(0)>0$,则将椅子旋转 $\dfrac{\pi}{2}$,这时对角线 AC 与 BD 互换. 由 $g(0)=0$,$f(0)>0$ 知,$f\left(\dfrac{\pi}{2}\right)=0,g\left(\dfrac{\pi}{2}\right)>0$. 令 $F(\theta)=f(\theta)-g(\theta)$,则有 $F(0)>0,F\left(\dfrac{\pi}{2}\right)<0$.

显然 $F(\theta)$ 是连续函数,由连续函数的根值定理(零点定理)知,必 $\exists\,\theta_0\in\left(0,\dfrac{\pi}{2}\right)$,使 $F(\theta_0)=0$,即 $f(\theta_0)=g(\theta_0)$. 又 $f(\theta_0)g(\theta_0)=0$,故有 $f(\theta_0)=g(\theta_0)=0$.

由于这个实际问题非常直观、简单,模型的解释和验证就略去了.

应当指出是,该模型中椅子 4 脚是正方形的假设不是本质的,读者可考虑 4 脚呈长方形的情形,也可考虑作平移的情况.

二、数学建模的一般步骤与方法

通过上面的实例,可以大体总结出建立数学模型的一般步骤和方法.

1. 问题分析

(1) 了解问题的实际背景,深刻理解题意,明确建模目的.

(2) 分析问题的相关因素,即研究本问题将涉及哪些因素,其中哪些因素是主要的.

（3）提出建立模型的初步方案.

2. 模型假设

在充分分析的基础上,根据实际问题的特征和建模的目的,对问题进行必要的合理性简化,用精确的语言作出假设. 这一步很关键,一般来说,不简化将很难建模,即使可能,也很难求解;不同的假设会得到不同的模型;假设不合理,会导致模型失败或部分失败. 因此,要充分了解问题的实际背景、深刻理解题意、多观察、多分析、抓住主要因素,提出尽可能合理的假设.

3. 建立模型

根据假设,分析问题的因果关系,揭示问题的内在规律,运用数学工具,建立各变量之间的关系式或数学结构. 这种建立数学模型的方法称为机理分析法(即分析问题的内部机理规律). 另外,还有测试分析法(即当研究对象的内部机理无法直接寻找时,通过测试方式获得相关数据,运用统计分析方法建立模型的一种方法)和计算机模拟方法. 限于目前的知识,这里只考虑使用机理分析法.

4. 模型求解与分析

对已建立的数学模型,进行数学上的求解,可以采用解方程、画图形、证明定理、逻辑运算、数值计算等各种传统和现代的数学方法,有时需要计算机的支持,并对数学上的解进行分析,有时是根据问题的性质分析变量之间的依赖关系或稳定性态;有时则根据所得结果给出数学上的预测;有时则是给出数学上的最优决策或控制.

5. 模型检验

用实际现象或有关数据等检验模型的合理性和适用性. 若不符合或部分不符合,问题常常出在假设上,应修改假设,重新建模. 重复上面的过程,直至达到比较满意的程度.

6. 模型的应用

用得到的数学模型去解决实际问题.

应当指出:以上仅仅给出了建立数学模型的大体步骤,但务请读者注意,不要拘于上述模式,事实上,并非所有的建模都需要上面的步骤. 一般来说,建立数学模型没有固定的模式,关键的是根据实际问题的特征和建模的目的做到抓住主要因素,分析数量关系建立数学模型,使读者关心的问题得到满意的解决.

三、建模实例

实例 1 发射登月体模型.

问题表述 从地球向月球发射登月体,可以想象,如果发射的初速度过小,由于地球引力的作用火箭就会被吸引回来,即发射不上去;而如果发射的初速度过大,势必会造成原材料的浪费及由于月球引力的作用致使登月体与月球发生剧烈碰撞而使登月体损坏,同时过大的发射速度也对火箭的发射技术提出了更高的要求,而目前火箭技术能否保证足够大的发射速度呢? 多大的发射速度就能将登月体发射上去呢? 显然不可能通过试验的办法来解决这个问题.

试就这一问题建立数学模型,估算一下至少需要多大的初速度才可以把登月体发射到月球上去.

为了不使问题过于复杂,特作下述假设.

模型假设 (1)地球和月球都是圆球. 记它们的半径分别为 R_e 与 R_m,质量分别为 M_e 与 M_m.

(2)登月体(火箭)的质量为常数,记为 m,而且在地球表面以初速度 v_0 垂直向上发射,直线指向月球中心.

(3)不考虑地球与月球的转动,也不考虑太阳及其他星球对地球和月球的影响.

(4)不计空气的阻力.

模型的建立 如图 6-7 所示,用连接地球和月球中心的直线作为坐标轴 r,原点 O 取在这条直线与地面的交点(即火箭的发射点)上,并设 r 轴的正方向指向月球. 根据上面的假设,登月体将沿 r 轴做直线运动,因此,它的运动规律可以用它的位置坐标 $r=r(t)$ 来表示,而且 $v=\dfrac{\mathrm{d}r}{\mathrm{d}t}$ 与 $a=\dfrac{\mathrm{d}v}{\mathrm{d}t}$ 分别表示速度和加速度.

根据牛顿第二定律,有

$$m \frac{\mathrm{d}v}{\mathrm{d}t} = -f_e + f_m,$$

其中 f_e 与 f_m 分别表示地球与月球对登月体的引力. 由万有引力定律知

$$f_e = G \frac{mM_e}{(r+R_e)^2}, \quad f_m = G \frac{mM_m}{(d+R_m-r)^2},$$

其中 G 为引力常量且大于 0, d 为地球表面与月球表面之间的距离. 因此可得登月体运动的数学模型为

$$m \frac{\mathrm{d}v}{\mathrm{d}t} = -G \frac{mM_e}{(r+R_e)^2} + G \frac{mM_m}{(d+R_m-r)^2},$$

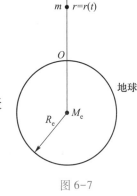

图 6-7

初值条件为 $v\big|_{r=0} = v_0$.

模型求解　因为 $v = \dfrac{\mathrm{d}r}{\mathrm{d}t}$,所以 $\dfrac{\mathrm{d}v}{\mathrm{d}t} = \dfrac{\mathrm{d}v}{\mathrm{d}r}\dfrac{\mathrm{d}r}{\mathrm{d}t} = v\dfrac{\mathrm{d}v}{\mathrm{d}r}$,于是上述方程化为可分离变量的方程为

$$v \frac{\mathrm{d}v}{\mathrm{d}r} = -G \frac{M_e}{(r+R_e)^2} + G \frac{M_m}{(d+R_m-r)^2},$$

其中 r 为自变量, v 是未知函数.

变量分离,两边积分得

$$\frac{1}{2}v^2 = G \frac{M_e}{r+R_e} + G \frac{M_m}{d+R_m-r} + C.$$

再利用初值条件 $v\big|_{r=0} = v_0$,可得

$$C = \frac{1}{2}v_0^2 - G \frac{M_e}{R_e} - G \frac{M_m}{d+R_m},$$

从而得到

$$\frac{1}{2}(v^2 - v_0^2) = G \frac{M_e}{r+R_e} + G \frac{M_m}{d+R_m-r} - G \frac{M_e}{R_e} - G \frac{M_m}{d+R_m}.$$

现在,来求初速度 v_0,使火箭到达**中性点** r_n 时的速度为 0,即

$$-\frac{1}{2}v_0^2 = G \frac{M_e}{r_n+R_e} + G \frac{M_m}{d+R_m-r_n} - G \frac{M_e}{R_e} - G \frac{M_m}{d+R_m}.$$

这里所谓中性点 r_n 是指地球对登月体的引力 f_e 与月球对登月体的引力 f_m 相互平衡的点,即满足 $f_e = f_m$ 的点,此时有

$$G \frac{mM_e}{(r_n + R_e)^2} = G \frac{mM_m}{(d + R_m - r_n)^2}.$$

设 g_e 与 g_m 分别表示地球与月球的重力加速度,则

$$mg_e = G \frac{mM_e}{R_e^2}, \quad mg_m = G \frac{mM_m}{R_m^2},$$

即

$$GM_e = g_e R_e^2, \quad GM_m = g_m R_m^2.$$

再利用天文学上的一些近似数据及公式,有

$$d = 384\ 404\ \text{km}, \quad R_e = 6\ 371\ \text{km},$$

$$g_e = 6g_m = 9.\,8\ \text{m/s}^2, \quad R_m = \frac{\sqrt{6}}{9} R_e,$$

由以上数据可求得 $v_0 = 11.\,1\,(\text{km/s})$(接近第二宇宙速度).

模型分析与应用　以上结果表明,为使登月体到达月球,发射的初速度至少应为 11.1 km/s,而现代的火箭技术还达不到如此高的发射速度,因此火箭应在飞行过程中不断加速.该模型已成功地用于发射登月体(多级火箭发射).

实例 2　人口增长的数学模型.

问题表述　人口的数量总是随时间的推移在不断地增长变化,人口数量的急剧增加与有限的生存空间、日益贫乏的自然资源的矛盾日益突出,这些问题已越来越多地引起一些国家的高度重视,因此研究人口数量变化,预测人口数量增长趋势具有重要的现实意义.

试描绘某一地区或某一国家人口数量随时间变化的规律,并用所建立的模型预测我国人口数量的变化趋势.

模型假设　(1)忽略所考虑人口之间的个体差异(如性别、年龄等差异).

(2)人口数量变化仅与当时的人口总数和时间有关,即只考虑本地区的出生率和死亡率,不考虑人口迁移等因素.

(3)人口的增长率(即出生率与死亡率之差)为常数,即单位时间内人口的增长量与人口数量成正比.

模型建立　设 t 时刻人口总数为 $N(t)$，显然 $N(t)$ 是一个不连续的阶梯函数，但由于考虑的是一个地区或一个国家的总人数，即数量很大，因此可将 $N(t)$ 近似地看成是连续可微函数，设初始值（即刚考虑时）$t=0$ 时的人口数量为 N_0，增长率为 r.

由假设（3）知

$$\frac{\mathrm{d}N(t)}{\mathrm{d}t}=rN(t),$$

再考虑初值条件 $N(0)=N_0$，于是问题就归结为数学模型：

$$\begin{cases} \dfrac{\mathrm{d}N}{\mathrm{d}t}=rN, \\ N(0)=N_0. \end{cases}$$

模型求解　上述方程属可分离变量方程，分离变量得

$$\frac{\mathrm{d}N}{N}=r\mathrm{d}t,$$

两边积分，得

$$\ln N=rt+\ln C,$$

即

$$N(t)=C\mathrm{e}^{rt}.$$

由初值条件可得 $C=N_0$，故有

$$N(t)=N_0\mathrm{e}^{rt}.$$

模型检验　该模型是英国人口学家马尔萨斯（Malthus）于 1798 年提出的著名的人口指数增长模型. 19 世纪以前，人们用此模型与美国的人口变化趋势进行了比较，是吻合的，但 19 世纪以后有了很大的差异，即不再符合.

事实上，很容易发现该模型是有问题的，随着时间的推移，它将越来越不符合实际，因为该模型反映出 $\lim\limits_{t\to\infty}N(t)=\infty$，而地球资源、生存空间有限，人口无限增长是不可能的. 因此，需要对该模型进行修改.

重新建模　上述模型的不足是未考虑人口增长后的社会问题（生存空间、生活资料、升学、就业等）对人口的继续增长所形成的抑制作用.

后来人们通过实验，发现抑制率与人口数量的平方成正比. 于是可得模型：

$$\begin{cases} \dfrac{\mathrm{d}N(t)}{\mathrm{d}t} = rN(t) - \beta N^2(t), \\ N(0) = N_0, \end{cases}$$

其中 r 称为生态系数, β 称为社会摩擦系数.

对 $\dfrac{\mathrm{d}N(t)}{\mathrm{d}t} = rN(t) - \beta N^2(t)$, 分离变量, 两边积分并考虑初值条件可得

$$N(t) = \frac{rN_0 \mathrm{e}^{rt}}{r - \beta N_0 + \beta N_0 \mathrm{e}^{rt}} = \frac{rN_0 \mathrm{e}^{rt}}{r - \beta N_0(1 - \mathrm{e}^{rt})}.$$

此模型经检验与美国、法国人口增长情况是吻合的.

现在用此模型预测一下我国人口数量的变化趋势.

通过实验人们测得 $r = 0.029$, 1990 年我国第四次人口普查公布的人口总数为 1 160 017 381 人, 目前人口增长率约为 10‰, 即 $\dfrac{1}{N}\dfrac{\mathrm{d}N}{\mathrm{d}t} = 0.01$. 将 $r = 0.029$ 及 $\dfrac{1}{N}\dfrac{\mathrm{d}N}{\mathrm{d}t} = 0.01$ 代入 $\dfrac{\mathrm{d}N}{\mathrm{d}t} = rN - \beta N^2$ 可得 $\beta = \dfrac{0.019}{1\,160\,017\,381}$, 故

$$\lim_{t \to \infty} N(t) = \frac{r}{\beta} = 1\,770\,552\,845,$$

即我国人口数量变化趋势将接近 18 亿.

若将人口增长率控制在 5‰以内, 经计算, 人口数量变化趋势将接近 15 亿.

关于数学建模的初步知识就介绍这些, 值得说明的是, 应用数学知识解决复杂的实际问题并不是一件容易的事, 除了具有扎实的数学基础和数学素质外, 还需要具有广泛的实际知识和敏锐的洞察力, 而这些能力的培养就需要自己去建模, 在实践中逐步提高分析问题和解决问题的能力.

习题 6-9

1. 1940 年 11 月 7 日, 美国华盛顿塔科马大桥在气流作用下发生共振, 而使大桥毁于一旦; 1831 年, 英国布劳顿桥上一队士兵齐步通过时突然坍塌. 这些现

象的数学模型和科学解释是什么? 请为它们建立一个统一的数学模型(提示:此问题属振动、共振和消振情况,与弹簧振子的振动情况类似).

2. 在医院的外科手术室,往往要将病人安置在活动病床上,沿走廊推到手术室或送回病房. 然而有的医院走廊较窄,病人必须沿过道推过直角拐角(见图 6-8). 我们想知道标准的活动病床能否安适地推过拐角. 为未来的医院走廊设计节省空间,求出活动病床可以顺利通过的走廊的最小宽度(提示:可先考虑一根杆子通过直角拐角的情形).

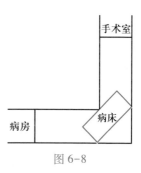

图 6-8

第六章总习题

1. 填空题.

(1) 微分方程 $y'=2xy$ 的通解为 $y=$ ＿＿＿＿＿＿；

(2) 微分方程 $y'+y\tan x=\cos x$ 的通解为 $y=$ ＿＿＿＿＿＿；

(3) 微分方程 $y''=\dfrac{1}{1+x^2}$ 的通解为 $y=$ ＿＿＿＿＿＿；

(4) 微分方程 $y''+2y'+5y=0$ 的通解为 $y=$ ＿＿＿＿＿＿；

(5) 设 $y=e^x(C_1\sin x+C_2\cos x)$ $(C_1,C_2$ 为任意常数) 为某二阶常系数线性齐次微分方程的通解,则该方程为＿＿＿＿＿＿；

(6) 微分方程 $y''-4y'=e^{2x}$ 的通解为 $y=$ ＿＿＿＿＿＿.

2. 选择题.

(1) 设常数 p 和 q 满足 $p^2-4q=0,p\neq 0$,则微分方程 $y''+py'+qy=0$ 的通解是(　　).

(A) $y=Ce^{-\frac{p}{2}x}$ 　　　　　　　　　(B) $y=Cxe^{-\frac{p}{2}x}$

(C) $y=(C_1+C_2x)e^{-\frac{p}{2}x}$ 　　　　　(D) $y=(C_1+C_2x)$

(2) 若 y_1 和 y_2 是二阶齐次线性微分方程 $y''+p(x)y'+q(x)y=0$ 的两个解,

则 $y=C_1y_1+C_2y_2$（C_1,C_2 为任意常数）（　　）.

（A）是该方程的通解　　　　　（B）是该方程的解

（C）是该方程的特解　　　　　（D）不一定是该方程的解

（3）设 y_1 和 y_2 是微分方程 $y''+py'+qy=f(x)$ 的两个特解，则以下结论正确的是（　　）.

（A）y_1+y_2 仍是该方程的解

（B）y_1-y_2 仍是该方程的解

（C）y_1+y_2 是方程 $y''+py'+qy=0$ 的解

（D）y_1-y_2 是方程 $y''+py'+qy=0$ 的解

（4）若连续函数 $f(x)$ 满足 $f(x)=\displaystyle\int_0^{2x} f\left(\dfrac{t}{2}\right)dt+\ln 2$，则 $f(x)=$（　　）.

（A）$e^x\ln 2$　　　　　　　　（B）$e^{2x}\ln 2$

（C）$e^x+\ln 2$　　　　　　　　（D）$e^{2x}+\ln 2$

3. 求下列一阶微分方程的通解或给定初值条件下的特解.

（1）$(y-1)dx-xydy=0$；　　　　　　（2）$ydx+\sqrt{1+x^2}\,dy=0$；

（3）$\left(x-y\cos\dfrac{y}{x}\right)dx+x\cos\dfrac{y}{x}dy=0$；　　（4）$xy'+y=xyy'$；

（5）$x^2y'+xy=y^2,y(1)=1$；　　　　（6）$2xy^3y'+x^4-y^4=0$；

（7）$y+1=\displaystyle\int_x^{\frac{1}{2}}\left(\dfrac{y}{y^3-x}\right)dx$；　　　　（8）$(y-x+1)dx-(y-x+5)dy=0$；

（9）$\cos^2x\dfrac{dy}{dx}+y=\tan x$；　　　　（10）$(x-\sin y)dy+\tan y\,dx=0,y(0)=\dfrac{\pi}{2}$.

4. 求下列高阶微分方程的通解或满足所给初值条件下的特解.

（1）$y'''=xe^x$；　　　　　　　　　（2）$y''=y'+x$；

（3）$y''=e^{2y},y(0)=y'(0)=0$；　　（4）$x^2y''+xy'=1,y(1)=0,y'(1)=1$；

（5）$(1+y)y''+(y')^2=0$；　　　　（6）$2yy''=(y')^2+y^2,y(0)=1,y'(0)=-1$；

（7）$xy''+3y'=1$；　　　　　　　　（8）$y''-12y'+35y=0$；

（9）$9y''-30y'+25y=0$；　　　　　（10）$3y''-4y'+2y=0$；

（11）$y''-2y'-3y=e^{-x}$；　　　　　（12）$y''+4y'+4y=\cos 2x$.

*5. 求解下列方程组.

$$(1)\begin{cases}\dfrac{\mathrm{d}x}{\mathrm{d}t}=y+1,\\[2mm]\dfrac{\mathrm{d}y}{\mathrm{d}t}=2\mathrm{e}^{t}-x;\end{cases}\qquad(2)\begin{cases}\dfrac{\mathrm{d}x}{\mathrm{d}t}=-x-y,\\[2mm]\dfrac{\mathrm{d}y}{\mathrm{d}t}=2x-3y.\end{cases}$$

6. 解答题.

(1) 设 $f(x)$ 为可微函数, 且 $f(x)=\cos 2x+\displaystyle\int_0^x f(u)\sin u\,\mathrm{d}u$, 求 $f(x)$;

(2) 已知 $\dfrac{y}{x}\dfrac{\mathrm{d}x}{\mathrm{d}y}+1=2x^2, y(1)=1$, 求 y;

(3) 已知 $y_1=x\mathrm{e}^x+\mathrm{e}^{2x}, y_2=x\mathrm{e}^x+\mathrm{e}^{-x}, y_3=x\mathrm{e}^x+\mathrm{e}^{2x}-\mathrm{e}^{-x}$ 是某二阶线性常系数非齐次微分方程的 3 个解, 求此微分方程;

(4) 设 $f(x)=\sin x-\displaystyle\int_0^x(x-u)f(u)\,\mathrm{d}u$, 其中 $f(x)$ 为连续函数, 求 $f(x)$.

7. 应用题.

(1) 设 $y=f(x)$ 是第一象限内连接点 $A(0,1), B(1,0)$ 的一段连续曲线, $M(x,y)$ 为该曲线上任意一点, 点 C 为 M 在 x 轴上的投影, O 为坐标原点. 若梯形 $OCMA$ 的面积与曲边三角形 BCM 的面积之和为 $\dfrac{x^3}{6}+\dfrac{1}{3}$, 求 $f(x)$ 的表达式;

(2) 一条长度为 l 的均匀链条, 放置在一水平而无摩擦力的桌面上, 使得链条在桌边悬挂下来的长度为 b, 问链条全部滑离桌面需多长时间?

(3) 某湖泊的水量为 V, 每年排入湖泊内含污染物 A 的污水量为 $\dfrac{V}{6}$, 流入湖泊内不含 A 的水量为 $\dfrac{V}{6}$, 流出湖泊的水量为 $\dfrac{V}{3}$. 已知 2010 年年底湖中的 A 的含量为 $5m_0$, 超过国家规定指标. 为了治理污染, 从 2011 年年初起, 限定排入湖泊中含 A 的污水的浓度不超过 $\dfrac{m_0}{V}$. 问至多需要经过多少年, 湖泊中的污染物的含量降至 m_0 以内(注: 设湖水中 A 的浓度是均匀的).

附录 I 一些常用数学公式

一、基本三角公式

$$\sin^2\alpha + \cos^2\alpha = 1, \qquad 1 + \tan^2\alpha = \sec^2\alpha, \qquad 1 + \cot^2\alpha = \csc^2\alpha,$$

$$\sec\alpha = \frac{1}{\cos\alpha}, \qquad \csc\alpha = \frac{1}{\sin\alpha}.$$

二、和差化积公式

$$\sin\alpha + \sin\beta = 2\sin\frac{\alpha+\beta}{2}\cos\frac{\alpha-\beta}{2}, \qquad \sin\alpha - \sin\beta = 2\cos\frac{\alpha+\beta}{2}\sin\frac{\alpha-\beta}{2},$$

$$\cos\alpha + \cos\beta = 2\cos\frac{\alpha+\beta}{2}\cos\frac{\alpha-\beta}{2}, \qquad \cos\alpha - \cos\beta = -2\sin\frac{\alpha+\beta}{2}\sin\frac{\alpha-\beta}{2}.$$

三、积化和差公式

$$\sin\alpha\cos\beta = \frac{1}{2}\left[\sin(\alpha+\beta) + \sin(\alpha-\beta)\right],$$

$$\cos\alpha\sin\beta = \frac{1}{2}\left[\sin(\alpha+\beta) - \sin(\alpha-\beta)\right],$$

$$\cos\alpha\cos\beta = \frac{1}{2}\left[\cos(\alpha+\beta) + \cos(\alpha-\beta)\right],$$

$$\sin \alpha \sin \beta = -\frac{1}{2}\left[\cos(\alpha+\beta) - \cos(\alpha-\beta)\right].$$

四、和差角公式

$$\sin(\alpha \pm \beta) = \sin \alpha \cos \beta \pm \cos \alpha \sin \beta,$$

$$\cos(\alpha \pm \beta) = \cos \alpha \cos \beta \mp \sin \alpha \sin \beta,$$

$$\tan(\alpha \pm \beta) = \frac{\tan \alpha \pm \tan \beta}{1 \mp \tan \alpha \tan \beta},$$

$$\cot(\alpha \pm \beta) = \frac{\cot \alpha \cot \beta \mp 1}{\cot \beta \pm \cot \alpha}.$$

五、倍角公式

$$\sin 2\alpha = 2\sin \alpha \cos \alpha, \qquad \cos 2\alpha = \cos^2 \alpha - \sin^2 \alpha = 2\cos^2 \alpha - 1 = 1 - 2\sin^2 \alpha,$$

$$\sin 3\alpha = 3\sin \alpha - 4\sin^3 \alpha, \qquad \cos 3\alpha = 4\cos^3 \alpha - 3\cos \alpha,$$

$$\tan 2\alpha = \frac{2\tan \alpha}{1 - \tan^2 \alpha}, \qquad \tan 3\alpha = \frac{3\tan \alpha - \tan^3 \alpha}{1 - 3\tan^2 \alpha}.$$

六、半角公式

$$\sin \frac{\alpha}{2} = \pm \sqrt{\frac{1-\cos \alpha}{2}},$$

$$\cos \frac{\alpha}{2} = \pm \sqrt{\frac{1+\cos \alpha}{2}},$$

$$\tan \frac{\alpha}{2} = \pm \sqrt{\frac{1-\cos \alpha}{1+\cos \alpha}} = \frac{1-\cos \alpha}{\sin \alpha} = \frac{\sin \alpha}{1+\cos \alpha},$$

$$\cot \frac{\alpha}{2} = \pm \sqrt{\frac{1+\cos \alpha}{1-\cos \alpha}} = \frac{1+\cos \alpha}{\sin \alpha} = \frac{\sin \alpha}{1-\cos \alpha}.$$

七、诱导公式

角 A	函数			
	sin	cos	tan	cot
$-\alpha$	$-\sin\alpha$	$\cos\alpha$	$-\tan\alpha$	$-\cot\alpha$
$\dfrac{\pi}{2}-\alpha$	$\cos\alpha$	$\sin\alpha$	$\cot\alpha$	$\tan\alpha$
$\dfrac{\pi}{2}+\alpha$	$\cos\alpha$	$-\sin\alpha$	$-\cot\alpha$	$-\tan\alpha$
$\pi-\alpha$	$\sin\alpha$	$-\cos\alpha$	$-\tan\alpha$	$-\cot\alpha$
$\pi+\alpha$	$-\sin\alpha$	$-\cos\alpha$	$\tan\alpha$	$\cot\alpha$
$\dfrac{3\pi}{2}-\alpha$	$-\cos\alpha$	$-\sin\alpha$	$\cot\alpha$	$\tan\alpha$
$\dfrac{3\pi}{2}+\alpha$	$-\cos\alpha$	$\sin\alpha$	$-\cot\alpha$	$-\tan\alpha$
$2\pi-\alpha$	$-\sin\alpha$	$\cos\alpha$	$-\tan\alpha$	$-\cot\alpha$
$2\pi+\alpha$	$\sin\alpha$	$\cos\alpha$	$\tan\alpha$	$\cot\alpha$

八、对数公式

设 $a>0$ 且 $a\neq 1$，x,y 都是正数，则

$$\log_a(xy)=\log_a x+\log_a y, \qquad \log_a\left(\frac{x}{y}\right)=\log_a x-\log_a y,$$

$$\log_a x^b=b\log_a x, \qquad \log_a x=\frac{\log_b x}{\log_b a},$$

$$\log_a 1=0, \log_a a=1, \qquad a^{\log_a x}=x.$$

九、常用二项展开及分解公式

(1) $a^2 - b^2 = (a+b)(a-b)$；

(2) $a^3 + b^3 = (a+b)(a^2-ab+b^2)$；

(3) $a^3 - b^3 = (a-b)(a^2+ab+b^2)$；

(4) $a^n - b^n = (a-b)(a^{n-1}+a^{n-2}b+a^{n-3}b^2+\cdots+b^{n-1})$；

(5) $(a+b)^n = C_n^0 a^n + C_n^1 a^{n-1}b + C_n^2 a^{n-2}b^2 + \cdots + C_n^k a^{n-k}b^k + C_n^n b^n$，

其中 $C_n^k = \dfrac{n!}{k!(n-k)!} = \dfrac{n(n-1)(n-2)\cdots(n-k+1)}{k!}$，$C_n^0 = 1$，$C_n^n = 1$.

十、常用数列和公式

(1) 等差数列前 n 项和公式：

$$a_n = a_1 + (n-1)d,$$

$$S_n = a_1 + (a_1+d) + (a_1+2d) + \cdots + [a_1+(n-1)d] = \frac{a_1+a_n}{2}n;$$

(2) 等比数列前 n 项和公式：

$$S_n = a_1 + a_1 q + a_1 q^2 + \cdots + a_1 q^{n-1} = \frac{a_1(1-q^n)}{1-q};$$

(3) $1 + 2 + 3 + \cdots + n = \dfrac{n(n+1)}{2}$；

(4) $1 + 3 + 5 + \cdots + (2n-1) = n^2$；

(5) $1^2 + 2^2 + 3^2 + \cdots + n^2 = \dfrac{n(n+1)(2n+1)}{6}$；

(6) $1^3 + 2^3 + 3^3 + \cdots + n^3 = \left[\dfrac{n(n+1)}{2}\right]^2$.

▌▌ 附录Ⅱ 几种常用的曲线

(1) 三次抛物线(见附图1)

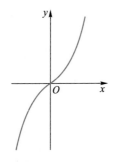

附图1 $y = ax^3 (a > 0)$

(2) 半立方抛物线(见附图2)

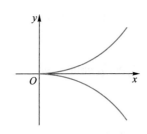

附图2 $y^2 = ax^3$

(3) 概率曲线(见附图3)

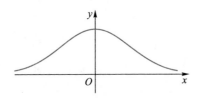

附图3 $y = e^{-x^2}$

(4) 箕舌线(见附图4)

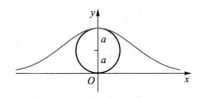

附图4 $y = \dfrac{8a^3}{x^2 + 4a^2}$

（5）蔓叶线（见附图 5）

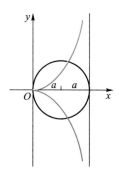

附图 5　$y^2(2a-x)=x^3$

（6）笛卡儿叶形线（见附图 6）

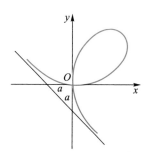

附图 6　$x^3+y^3-3axy=0$

$$x=\frac{3at}{1+t^3}, y=\frac{3at^2}{1+t^3}$$

（7）星形线（内摆线的一种，见附图 7）

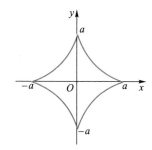

附图 7　$x^{\frac{2}{3}}+y^{\frac{2}{3}}=a^{\frac{2}{3}}$ ；

$x=a\cos^3\theta, y=a\sin^3\theta$

（8）摆线（见附图 8）

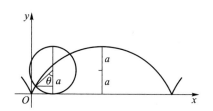

附图 8　$\begin{cases} x=a(\theta-\sin\theta), \\ y=a(1-\cos\theta), \end{cases}$ 曲线选择 $a=1$

（9）心形线（外摆线的一种，见附图 9）

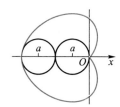

附图 9　$x^2+y^2+ax=a\sqrt{x^2+y^2}$ ；

$\rho=a(1-\cos\theta)$

（10）阿基米德螺线（见附图 10）

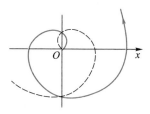

附图 10　$\rho=a\theta$

（11）对数螺线（见附图 11）

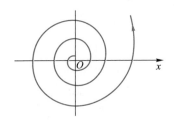

附图 11 $\rho = e^{a\theta}$

（12）双曲螺线（见附图 12）

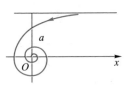

附图 12 $\rho\theta = a$

（13）伯努利双纽线（见附图 13）

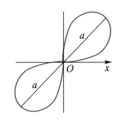

附图 13 $(x^2 + y^2)^2 = 2a^2 xy$;

$\rho^2 = a^2 \sin 2\theta$

（14）伯努利双纽线（见附图 14）

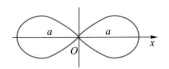

附图 14 $(x^2 + y^2)^2 = a^2 (x^2 - y^2)$;

$\rho^2 = a^2 \cos 2\theta$

（15）三叶玫瑰线（见附图 15）

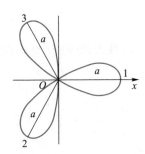

附图 15 $\rho = a\cos 3\theta$

（16）三叶玫瑰线（见附图 16）

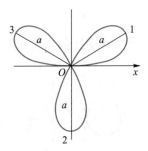

附图 16 $\rho = a\sin 3\theta$

（17）四叶玫瑰线（见附图 17）

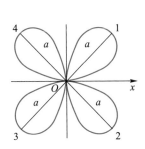

附图 17 $\rho = a\sin 2\theta$

（18）四叶玫瑰线（见附图 18）

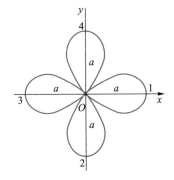

附图 18 $\rho = a\cos 2\theta$

||| 附录Ⅲ 积分表

一、含有 $ax+b$ 的积分

(1) $\displaystyle\int \frac{\mathrm{d}x}{ax+b} = \frac{1}{a}\ln|ax+b|+C$;

(2) $\displaystyle\int (ax+b)^{\mu}\mathrm{d}x = \frac{1}{a(\mu+1)}(ax+b)^{\mu+1}+C\,(\mu\neq-1)$;

(3) $\displaystyle\int \frac{x}{ax+b}\mathrm{d}x = \frac{1}{a^2}(ax+b-b\ln|ax+b|)+C$;

(4) $\displaystyle\int \frac{x^2}{ax+b}\mathrm{d}x = \frac{1}{a^3}\left[\frac{1}{2}(ax+b)^2-2b(ax+b)+b^2\ln|ax+b|\right]+C$;

(5) $\displaystyle\int \frac{\mathrm{d}x}{x(ax+b)} = \frac{1}{b}\ln\left|\frac{x}{ax+b}\right|+C$;

(6) $\displaystyle\int \frac{\mathrm{d}x}{x^2(ax+b)} = -\frac{1}{bx}+\frac{a}{b^2}\ln\left|\frac{ax+b}{x}\right|+C$;

(7) $\displaystyle\int \frac{x}{(ax+b)^2}\mathrm{d}x = \frac{1}{a^2}\left(\ln|ax+b|+\frac{b}{ax+b}\right)+C$;

(8) $\displaystyle\int \frac{x^2}{(ax+b)^2}\mathrm{d}x = \frac{1}{a^3}\left(ax+b-2b\ln|ax+b|-\frac{b^2}{ax+b}\right)+C$;

(9) $\displaystyle\int \frac{\mathrm{d}x}{x(ax+b)^2} = \frac{1}{b(ax+b)}-\frac{1}{b^2}\ln\left|\frac{ax+b}{x}\right|+C.$

二、含有 $\sqrt{ax+b}$ 的积分

（10）$\displaystyle\int \sqrt{ax+b}\,\mathrm{d}x=\frac{2}{3a}\sqrt{(ax+b)^3}+C$；

（11）$\displaystyle\int x\sqrt{ax+b}\,\mathrm{d}x=\frac{2}{15a^2}(3ax-2b)\sqrt{(ax+b)^3}+C$；

（12）$\displaystyle\int x^2\sqrt{ax+b}\,\mathrm{d}x=\frac{2}{105a^3}(15a^2x^2-12abx+8b^2)\sqrt{(ax+b)^3}+C$；

（13）$\displaystyle\int \frac{x}{\sqrt{ax+b}}\mathrm{d}x=\frac{2}{3a^2}(ax-2b)\sqrt{ax+b}+C$；

（14）$\displaystyle\int \frac{x^2}{\sqrt{ax+b}}\mathrm{d}x=\frac{2}{15a^3}(3a^2x^2-4abx+8b^2)\sqrt{ax+b}+C$；

（15）当 $b>0$ 时，$\displaystyle\int \frac{\mathrm{d}x}{x\sqrt{ax+b}}=\frac{1}{\sqrt{b}}\ln\left|\frac{\sqrt{ax+b}-\sqrt{b}}{\sqrt{ax+b}+\sqrt{b}}\right|+C$；

当 $b<0$ 时，$\displaystyle\int \frac{\mathrm{d}x}{x\sqrt{ax+b}}=\frac{2}{\sqrt{-b}}\arctan\sqrt{\frac{ax+b}{-b}}+C$；

（16）$\displaystyle\int \frac{\mathrm{d}x}{x^2\sqrt{ax+b}}=-\frac{\sqrt{ax+b}}{bx}-\frac{a}{2b}\int \frac{\mathrm{d}x}{x\sqrt{ax+b}}$；

（17）$\displaystyle\int \frac{\sqrt{ax+b}}{x}\mathrm{d}x=2\sqrt{ax+b}+b\int \frac{\mathrm{d}x}{x\sqrt{ax+b}}$；

（18）$\displaystyle\int \frac{\sqrt{ax+b}}{x^2}\mathrm{d}x=-\frac{\sqrt{ax+b}}{x}+\frac{a}{2}\int \frac{\mathrm{d}x}{x\sqrt{ax+b}}$.

三、含有 $x^2\pm a^2$ 的积分

（19）$\displaystyle\int \frac{\mathrm{d}x}{x^2+a^2}=\frac{1}{a}\arctan\frac{x}{a}+C$；

(20) $\int \dfrac{\mathrm{d}x}{(x^2+a^2)^n} = \dfrac{x}{2(n-1)a^2(x^2+a^2)^{n-1}} + \dfrac{2n-3}{2(n-1)a^2}\int \dfrac{\mathrm{d}x}{(x^2+a^2)^{n-1}}$;

(21) $\int \dfrac{\mathrm{d}x}{x^2-a^2} = \dfrac{1}{2a}\ln\left|\dfrac{x-a}{x+a}\right| + C.$

四、含有 $ax^2+b\,(a>0)$ 的积分

(22) 当 $b>0$ 时，$\int \dfrac{\mathrm{d}x}{ax^2+b} = \dfrac{1}{\sqrt{ab}}\arctan\sqrt{\dfrac{a}{b}}\,x + C$;

　　　当 $b<0$ 时，$\int \dfrac{\mathrm{d}x}{ax^2+b} = \dfrac{1}{2\sqrt{-ab}}\ln\left|\dfrac{\sqrt{a}\,x-\sqrt{-b}}{\sqrt{a}\,x+\sqrt{-b}}\right| + C$;

(23) $\int \dfrac{x}{ax^2+b}\mathrm{d}x = \dfrac{1}{2a}\ln|ax^2+b| + C$;

(24) $\int \dfrac{x^2}{ax^2+b}\mathrm{d}x = \dfrac{x}{a} - \dfrac{b}{a}\int \dfrac{\mathrm{d}x}{ax^2+b}$;

(25) $\int \dfrac{\mathrm{d}x}{x(ax^2+b)} = \dfrac{1}{2b}\ln\dfrac{x^2}{|ax^2+b|} + C$;

(26) $\int \dfrac{\mathrm{d}x}{x^2(ax^2+b)} = -\dfrac{1}{bx} - \dfrac{a}{b}\int \dfrac{\mathrm{d}x}{ax^2+b}$;

(27) $\int \dfrac{\mathrm{d}x}{x^3(ax^2+b)} = \dfrac{a}{2b^2}\ln\dfrac{|ax^2+b|}{x^2} - \dfrac{1}{2bx^2} + C$;

(28) $\int \dfrac{\mathrm{d}x}{(ax^2+b)^2} = \dfrac{x}{2b(ax^2+b)} + \dfrac{1}{2b}\int \dfrac{\mathrm{d}x}{ax^2+b}.$

五、含有 $ax^2+bx+c\,(a>0)$ 的积分

(29) 当 $b^2<4ac$ 时，$\int \dfrac{\mathrm{d}x}{ax^2+bx+c} = \dfrac{2}{\sqrt{4ac-b^2}}\arctan\dfrac{2ax+b}{\sqrt{4ac-b^2}} + C$;

　　　当 $b^2>4ac$ 时，$\int \dfrac{\mathrm{d}x}{ax^2+bx+c} = \dfrac{1}{\sqrt{b^2-4ac}}\ln\left|\dfrac{2ax+b-\sqrt{b^2-4ac}}{2ax+b+\sqrt{b^2-4ac}}\right| + C$;

（30） $\int \dfrac{x}{ax^2+bx+c}dx = \dfrac{1}{2a}\ln\mid ax^2+bx+c\mid - \dfrac{b}{2a}\int\dfrac{dx}{ax^2+bx+c}.$

六、含有 $\sqrt{x^2+a^2}$（$a>0$）的积分

（31） $\int \dfrac{dx}{\sqrt{x^2+a^2}} = \mathrm{arcsinh}\,\dfrac{x}{a} + C_1 = \ln(x+\sqrt{x^2+a^2}) + C;$

（32） $\int \dfrac{dx}{\sqrt{(x^2+a^2)^3}} = \dfrac{x}{a^2\sqrt{x^2+a^2}} + C;$

（33） $\int \dfrac{x}{\sqrt{x^2+a^2}}dx = \sqrt{x^2+a^2} + C;$

（34） $\int \dfrac{x}{\sqrt{(x^2+a^2)^3}}dx = -\dfrac{1}{\sqrt{x^2+a^2}} + C;$

（35） $\int \dfrac{x^2}{\sqrt{x^2+a^2}}dx = \dfrac{x}{2}\sqrt{x^2+a^2} - \dfrac{a^2}{2}\ln(x+\sqrt{x^2+a^2}) + C;$

（36） $\int \dfrac{x^2}{\sqrt{(x^2+a^2)^3}}dx = -\dfrac{x}{\sqrt{x^2+a^2}} + \ln(x+\sqrt{x^2+a^2}) + C;$

（37） $\int \dfrac{dx}{x\sqrt{x^2+a^2}} = \dfrac{1}{a}\ln\dfrac{\sqrt{x^2+a^2}-a}{\mid x\mid} + C;$

（38） $\int \dfrac{dx}{x^2\sqrt{x^2+a^2}} = -\dfrac{\sqrt{x^2+a^2}}{a^2 x} + C;$

（39） $\int \sqrt{x^2+a^2}\,dx = \dfrac{x}{2}\sqrt{x^2+a^2} + \dfrac{a^2}{2}\ln(x+\sqrt{x^2+a^2}) + C;$

（40） $\int \sqrt{(x^2+a^2)^3}\,dx = \dfrac{x}{8}(2x^2+5a^2)\sqrt{x^2+a^2} + \dfrac{3}{8}a^4\ln(x+\sqrt{x^2+a^2}) + C;$

（41） $\int x\sqrt{x^2+a^2}\,dx = \dfrac{1}{3}\sqrt{(x^2+a^2)^3} + C;$

（42） $\int x^2\sqrt{x^2+a^2}\,dx = \dfrac{x}{8}(2x^2+a^2)\sqrt{x^2+a^2} - \dfrac{1}{8}a^4\ln(x+\sqrt{x^2+a^2}) + C;$

(43) $\displaystyle\int \frac{\sqrt{x^2+a^2}}{x}\mathrm{d}x = \sqrt{x^2+a^2}+a\ln\frac{\sqrt{x^2+a^2}-a}{|x|}+C;$

(44) $\displaystyle\int \frac{\sqrt{x^2+a^2}}{x^2}\mathrm{d}x = -\frac{\sqrt{x^2+a^2}}{x}\ln(x+\sqrt{x^2+a^2})+C.$

七、含有 $\sqrt{x^2-a^2}\,(a>0)$ 的积分

(45) $\displaystyle\int \frac{\mathrm{d}x}{\sqrt{x^2-a^2}} = \frac{x}{|x|}\operatorname{arcsinh}\frac{|x|}{a}+C_1 = \ln|x+\sqrt{x^2-a^2}|+C;$

(46) $\displaystyle\int \frac{\mathrm{d}x}{\sqrt{(x^2-a^2)^3}} = -\frac{x}{a^2\sqrt{x^2-a^2}}+C;$

(47) $\displaystyle\int \frac{x}{\sqrt{x^2-a^2}}\mathrm{d}x = \sqrt{x^2-a^2}+C;$

(48) $\displaystyle\int \frac{x}{\sqrt{(x^2-a^2)^3}}\mathrm{d}x = -\frac{1}{\sqrt{x^2-a^2}}+C;$

(49) $\displaystyle\int \frac{x^2}{\sqrt{x^2-a^2}}\mathrm{d}x = \frac{x}{2}\sqrt{x^2-a^2}+\frac{a^2}{2}\ln|x+\sqrt{x^2-a^2}|+C;$

(50) $\displaystyle\int \frac{x^2}{\sqrt{(x^2-a^2)^3}}\mathrm{d}x = -\frac{x}{\sqrt{x^2-a^2}}+\ln|x+\sqrt{x^2-a^2}|+C;$

(51) $\displaystyle\int \frac{\mathrm{d}x}{x\sqrt{x^2-a^2}} = \frac{1}{a}\arccos\frac{a}{|x|}+C;$

(52) $\displaystyle\int \frac{\mathrm{d}x}{x^2\sqrt{x^2-a^2}} = \frac{\sqrt{x^2-a^2}}{a^2x}+C;$

(53) $\displaystyle\int \sqrt{x^2-a^2}\,\mathrm{d}x = \frac{x}{2}\sqrt{x^2-a^2}-\frac{a^2}{2}\ln|x+\sqrt{x^2-a^2}|+C;$

(54) $\displaystyle\int \sqrt{(x^2-a^2)^3}\,\mathrm{d}x = \frac{x}{8}(2x^2-5a^2)\sqrt{x^2-a^2}+\frac{3}{8}a^4\ln|x+\sqrt{x^2-a^2}|+C;$

(55) $\displaystyle\int x\sqrt{x^2-a^2}\,\mathrm{d}x = \frac{1}{3}\sqrt{(x^2-a^2)^3}+C;$

(56) $\int x^2\sqrt{x^2-a^2}\,\mathrm{d}x=\dfrac{x}{8}(2x^2-a^2)\sqrt{x^2-a^2}-\dfrac{1}{8}a^4\ln|x+\sqrt{x^2-a^2}|+C$;

(57) $\int\dfrac{\sqrt{x^2-a^2}}{x}\mathrm{d}x=\sqrt{x^2-a^2}-a\arccos\dfrac{a}{|x|}+C$;

(58) $\int\dfrac{\sqrt{x^2-a^2}}{x^2}\mathrm{d}x=-\dfrac{\sqrt{x^2-a^2}}{x}+\ln|x+\sqrt{x^2-a^2}|+C.$

八、含有 $\sqrt{a^2-x^2}\ (a>0)$ 的积分

(59) $\int\dfrac{\mathrm{d}x}{\sqrt{a^2-x^2}}=\arcsin\dfrac{x}{a}+C$;

(60) $\int\dfrac{\mathrm{d}x}{\sqrt{(a^2-x^2)^3}}=\dfrac{x}{a^2\sqrt{a^2-x^2}}+C$;

(61) $\int\dfrac{x}{\sqrt{a^2-x^2}}\mathrm{d}x=-\sqrt{a^2-x^2}+C$;

(62) $\int\dfrac{x}{\sqrt{(a^2-x^2)^3}}\mathrm{d}x=\dfrac{1}{\sqrt{a^2-x^2}}+C$;

(63) $\int\dfrac{x^2}{\sqrt{a^2-x^2}}\mathrm{d}x=-\dfrac{x}{2}\sqrt{a^2-x^2}+\dfrac{a^2}{2}\arcsin\dfrac{x}{a}+C$;

(64) $\int\dfrac{x^2}{\sqrt{(a^2-x^2)^3}}\mathrm{d}x=\dfrac{x}{\sqrt{a^2-x^2}}-\arcsin\dfrac{x}{a}+C$;

(65) $\int\dfrac{\mathrm{d}x}{x\sqrt{a^2-x^2}}=\dfrac{1}{a}\ln\dfrac{a-\sqrt{a^2-x^2}}{|x|}+C$;

(66) $\int\dfrac{\mathrm{d}x}{x^2\sqrt{a^2-x^2}}=-\dfrac{\sqrt{a^2-x^2}}{a^2x}+C$;

(67) $\int\sqrt{a^2-x^2}\,\mathrm{d}x=\dfrac{x}{2}\sqrt{a^2-x^2}+\dfrac{a^2}{2}\arcsin\dfrac{x}{a}+C$;

(68) $\int\sqrt{(a^2-x^2)^3}\,\mathrm{d}x=\dfrac{x}{8}(5a^2-2x^2)\sqrt{a^2-x^2}+\dfrac{3}{8}a^4\arcsin\dfrac{x}{a}+C$;

$(69)\ \displaystyle\int x\sqrt{a^2-x^2}\,\mathrm{d}x=-\frac{1}{3}\sqrt{(a^2-x^2)^3}+C;$

$(70)\ \displaystyle\int x^2\sqrt{a^2-x^2}\,\mathrm{d}x=\frac{x}{8}(2x^2-a^2)\sqrt{a^2-x^2}+\frac{1}{8}a^4\arcsin\frac{x}{a}+C;$

$(71)\ \displaystyle\int\frac{\sqrt{a^2-x^2}}{x}\,\mathrm{d}x=\sqrt{a^2-x^2}+a\ln\frac{a-\sqrt{a^2-x^2}}{|x|}+C;$

$(72)\ \displaystyle\int\frac{\sqrt{a^2-x^2}}{x^2}\,\mathrm{d}x=-\frac{\sqrt{a^2-x^2}}{x}-\arcsin\frac{x}{a}+C.$

九、含有 $\sqrt{\pm ax^2+bx+c}\,(a>0)$ 的积分

$(73)\ \displaystyle\int\frac{\mathrm{d}x}{\sqrt{ax^2+bx+c}}=\frac{1}{\sqrt{a}}\ln|2ax+b+2\sqrt{a}\,\sqrt{ax^2+bx+c}|+C;$

$(74)\ \displaystyle\int\sqrt{ax^2+bx+c}\,\mathrm{d}x=\frac{2ax+b}{4a}\sqrt{ax^2+bx+c}+$

$\qquad\qquad\dfrac{4ac-b^2}{8\sqrt{a^3}}\ln|2ax+b+2\sqrt{a}\,\sqrt{ax^2+bx+c}|+C;$

$(75)\ \displaystyle\int\frac{x\,\mathrm{d}x}{\sqrt{ax^2+bx+c}}=\frac{1}{a}\sqrt{ax^2+bx+c}-$

$\qquad\qquad\dfrac{b}{2\sqrt{a^3}}\ln|2ax+b+2\sqrt{a}\,\sqrt{ax^2+bx+c}|+C;$

$(76)\ \displaystyle\int\frac{\mathrm{d}x}{\sqrt{c+bx-ax^2}}=-\frac{1}{\sqrt{a}}\arcsin\frac{2ax-b}{\sqrt{b^2+4ac}}+C;$

$(77)\ \displaystyle\int\sqrt{c+bx-ax^2}\,\mathrm{d}x=\frac{2ax-b}{4a}\sqrt{c+bx-ax^2}+$

$\qquad\qquad\dfrac{b^2+4ac}{8\sqrt{a^3}}\arcsin\frac{2ax-b}{\sqrt{b^2+4ac}}+C;$

$(78)\ \displaystyle\int\frac{x\,\mathrm{d}x}{\sqrt{c+bx-ax^2}}=-\frac{1}{a}\sqrt{c+bx-ax^2}+\frac{b}{2\sqrt{a^3}}\arcsin\frac{2ax-b}{\sqrt{b^2+4ac}}+C.$

十、含有 $\sqrt{(x-a)(b-x)}$ 或 $\sqrt{\pm\dfrac{x-a}{x-b}}$ 的积分

(79) $\displaystyle\int \sqrt{(x-a)(b-x)}\,\mathrm{d}x = \dfrac{2x-a-b}{4}\sqrt{(x-a)(b-x)}+$

$$\dfrac{(b-a)^2}{4}\arcsin\sqrt{\dfrac{x-a}{b-a}}+C\,(a<b)\,;$$

(80) $\displaystyle\int \dfrac{\mathrm{d}x}{\sqrt{(x-a)(b-x)}} = 2\arcsin\sqrt{\dfrac{x-a}{b-a}}+C\,(a<b)\,;$

(81) $\displaystyle\int \sqrt{\dfrac{x-a}{x-b}}\,\mathrm{d}x = (x-b)\sqrt{\dfrac{x-a}{x-b}}+(b-a)\ln(\sqrt{|x-a|}+\sqrt{|x-b|})+C\,;$

(82) $\displaystyle\int \sqrt{\dfrac{x-a}{b-x}}\,\mathrm{d}x = (x-b)\sqrt{\dfrac{x-a}{b-x}}+(b-a)\arcsin\sqrt{\dfrac{x-a}{b-a}}+C.$

十一、含有三角函数的积分

(83) $\displaystyle\int \sin x\,\mathrm{d}x = -\cos x+C\,;$

(84) $\displaystyle\int \cos x\,\mathrm{d}x = \sin x+C\,;$

(85) $\displaystyle\int \tan x\,\mathrm{d}x = -\ln|\cos x|+C\,;$

(86) $\displaystyle\int \cot x\,\mathrm{d}x = \ln|\sin x|+C\,;$

(87) $\displaystyle\int \sec x\,\mathrm{d}x = \ln|\sec x+\tan x|+C\,;$

(88) $\displaystyle\int \csc x\,\mathrm{d}x = \ln\left|\tan\dfrac{x}{2}\right|+C = \ln|\csc x-\cot x|+C\,;$

(89) $\displaystyle\int \sec^2 x\,\mathrm{d}x = \tan x+C\,;$

(90) $\displaystyle\int \csc^2 x\,\mathrm{d}x = -\cot x+C\,;$

(91) $\displaystyle\int \sec x\tan x\mathrm{d}x = \sec x+C$;

(92) $\displaystyle\int \csc x\cot x\mathrm{d}x = -\csc x+C$;

(93) $\displaystyle\int \sin^2x\mathrm{d}x = \frac{x}{2} - \frac{1}{4}\sin 2x+C$;

(94) $\displaystyle\int \cos^2x\mathrm{d}x = \frac{x}{2} + \frac{1}{4}\sin 2x+C$;

(95) $\displaystyle\int \sin^nx\mathrm{d}x = -\frac{1}{n}\sin^{n-1}x\cos x+\frac{n-1}{n}\int \sin^{n-2}x\mathrm{d}x$;

(96) $\displaystyle\int \cos^nx\mathrm{d}x = \frac{1}{n}\cos^{n-1}x\sin x+\frac{n-1}{n}\int \cos^{n-2}x\mathrm{d}x$;

(97) $\displaystyle\int \frac{\mathrm{d}x}{\sin^nx} = -\frac{1}{n-1}\frac{\cos x}{\sin^{n-1}x}+\frac{n-2}{n-1}\int \frac{\mathrm{d}x}{\sin^{n-2}x}$;

(98) $\displaystyle\int \frac{\mathrm{d}x}{\cos^nx} = \frac{1}{n-1}\frac{\sin x}{\cos^{n-1}x}+\frac{n-2}{n-1}\int \frac{\mathrm{d}x}{\cos^{n-2}x}$;

(99) $\displaystyle\int \cos^mx\sin^nx\mathrm{d}x = \frac{1}{m+n}\cos^{m-1}x\sin^{n+1}x+\frac{m-1}{m+n}\int \cos^{m-2}x\sin^nx\mathrm{d}x$

$\displaystyle\qquad\quad = -\frac{1}{m+n}\cos^{m+1}x\sin^{n-1}x+\frac{n-1}{m+n}\int \cos^mx\sin^{n-2}x\mathrm{d}x$;

(100) $\displaystyle\int \sin ax\cos bx\mathrm{d}x = -\frac{1}{2(a+b)}\cos(a+b)x-\frac{1}{2(a-b)}\cos(a-b)x+C$;

(101) $\displaystyle\int \sin ax\sin bx\mathrm{d}x = -\frac{1}{2(a+b)}\sin(a+b)x+\frac{1}{2(a-b)}\sin(a-b)x+C$;

(102) $\displaystyle\int \cos ax\cos bx\mathrm{d}x = \frac{1}{2(a+b)}\sin(a+b)x+\frac{1}{2(a-b)}\sin(a-b)x+C$;

(103) 当 $a^2>b^2$ 时，$\displaystyle\int \frac{\mathrm{d}x}{a+b\sin x} = \frac{2}{\sqrt{a^2-b^2}}\arctan\frac{a\tan\dfrac{x}{2}+b}{\sqrt{a^2-b^2}}+C$;

(104) 当 $a^2<b^2$ 时，$\displaystyle\int \frac{\mathrm{d}x}{a+b\sin x} = \frac{1}{\sqrt{b^2-a^2}}\ln\left|\frac{a\tan\dfrac{x}{2}+b-\sqrt{b^2-a^2}}{a\tan\dfrac{x}{2}+b+\sqrt{b^2-a^2}}\right|+C$;

（105）当 $a^2 > b^2$ 时，$\displaystyle\int \frac{\mathrm{d}x}{a+b\cos x} = \frac{2}{a+b}\sqrt{\frac{a+b}{a-b}}\arctan\left(\sqrt{\frac{a-b}{a+b}}\tan\frac{x}{2}\right) + C$；

（106）当 $a^2 < b^2$ 时，$\displaystyle\int \frac{\mathrm{d}x}{a+b\cos x} = \frac{1}{a+b}\sqrt{\frac{a+b}{b-a}}\ln\left|\frac{\tan\dfrac{x}{2}+\sqrt{\dfrac{a+b}{b-a}}}{\tan\dfrac{x}{2}-\sqrt{\dfrac{a+b}{b-a}}}\right| + C$；

（107）$\displaystyle\int \frac{\mathrm{d}x}{a^2\cos^2 x+b^2\sin^2 x} = \frac{1}{ab}\arctan\left(\frac{b}{a}\tan x\right) + C$；

（108）$\displaystyle\int \frac{\mathrm{d}x}{a^2\cos^2 x-b^2\sin^2 x} = \frac{1}{2ab}\ln\left|\frac{b\tan x+a}{b\tan x-a}\right| + C$；

（109）$\displaystyle\int x\sin ax\,\mathrm{d}x = \frac{1}{a^2}\sin ax - \frac{1}{a}x\cos ax + C$；

（110）$\displaystyle\int x^2\sin ax\,\mathrm{d}x = -\frac{1}{a}x^2\cos ax + \frac{2}{a^2}x\sin ax + \frac{2}{a^3}\cos ax + C$；

（111）$\displaystyle\int x\cos ax\,\mathrm{d}x = \frac{1}{a^2}\cos ax + \frac{1}{a}x\sin ax + C$；

（112）$\displaystyle\int x^2\cos ax\,\mathrm{d}x = \frac{1}{a}x^2\sin ax + \frac{2}{a^2}x\cos ax - \frac{2}{a^3}\sin ax + C$.

十二、含有反三角函数的积分（其中 $a>0$）

（113）$\displaystyle\int \arcsin\frac{x}{a}\,\mathrm{d}x = x\arcsin\frac{x}{a} + \sqrt{a^2-x^2} + C$；

（114）$\displaystyle\int x\arcsin\frac{x}{a}\,\mathrm{d}x = \left(\frac{x^2}{2}-\frac{a^2}{4}\right)\arcsin\frac{x}{a} + \frac{x}{4}\sqrt{a^2-x^2} + C$；

（115）$\displaystyle\int x^2\arcsin\frac{x}{a}\,\mathrm{d}x = \frac{x^3}{3}\arcsin\frac{x}{a} + \frac{1}{9}(x^2+2a^2)\sqrt{a^2-x^2} + C$；

（116）$\displaystyle\int \arccos\frac{x}{a}\,\mathrm{d}x = x\arccos\frac{x}{a} - \sqrt{a^2-x^2} + C$；

（117）$\displaystyle\int x\arccos\frac{x}{a}\,\mathrm{d}x = \left(\frac{x^2}{2}-\frac{a^2}{4}\right)\arccos\frac{x}{a} - \frac{x}{4}\sqrt{a^2-x^2} + C$；

（118）$\int x^2 \arccos \dfrac{x}{a}\mathrm{d}x = \dfrac{x^3}{3}\arccos \dfrac{x}{a} - \dfrac{1}{9}(x^2+2a^2)\sqrt{a^2-x^2}+C$；

（119）$\int \arctan \dfrac{x}{a}\mathrm{d}x = x\arctan \dfrac{x}{a} - \dfrac{a}{2}\ln(a^2+x^2)+C$；

（120）$\int x\arctan \dfrac{x}{a}\mathrm{d}x = \dfrac{a^2+x^2}{2}\arctan \dfrac{x}{a} - \dfrac{a}{2}x+C$；

（121）$\int x^2 \arctan \dfrac{x}{a}\mathrm{d}x = \dfrac{x^3}{3}\arctan \dfrac{x}{a} - \dfrac{a}{6}x^2+\dfrac{a^3}{6}\ln(a^2+x^2)+C.$

十三、含有指数函数的积分

（122）$\int a^x \mathrm{d}x = \dfrac{1}{\ln a}a^x + C\,(a>0,a\neq 1)$；

（123）$\int \mathrm{e}^{ax}\mathrm{d}x = \dfrac{1}{a}\mathrm{e}^{ax}+C$；

（124）$\int x\mathrm{e}^{ax}\mathrm{d}x = \dfrac{1}{a^2}(ax-1)\mathrm{e}^{ax}+C$；

（125）$\int x^n \mathrm{e}^{ax}\mathrm{d}x = \dfrac{1}{a}x^n\mathrm{e}^{ax} - \dfrac{n}{a}\int x^{n-1}\mathrm{e}^{ax}\mathrm{d}x$；

（126）$\int xa^x \mathrm{d}x = \dfrac{x}{\ln a}a^x - \dfrac{1}{(\ln a)^2}a^x + C\,(a>0,a\neq 1)$；

（127）$\int x^n a^x \mathrm{d}x = \dfrac{1}{\ln a}x^n a^x - \dfrac{n}{\ln a}\int x^{n-1}a^x \mathrm{d}x\,(a>0,a\neq 1)$；

（128）$\int \mathrm{e}^{ax}\sin bx\mathrm{d}x = \dfrac{1}{a^2+b^2}\mathrm{e}^{ax}(a\sin bx - b\cos bx)+C$；

（129）$\int \mathrm{e}^{ax}\cos bx\mathrm{d}x = \dfrac{1}{a^2+b^2}\mathrm{e}^{ax}(b\sin bx + a\cos bx)+C$；

（130）$\int \mathrm{e}^{ax}\sin^n bx\mathrm{d}x = \dfrac{1}{a^2+b^2 n^2}\mathrm{e}^{ax}\sin^{n-1}bx(a\sin bx - nb\cos bx) +$

$\qquad\qquad\qquad \dfrac{n(n-1)b^2}{a^2+b^2 n^2}\int \mathrm{e}^{ax}\sin^{n-2}bx\mathrm{d}x$；

$$(131)\ \int e^{ax}\cos^n bx dx = \frac{1}{a^2+b^2n^2}e^{ax}\cos^{n-1}bx\ (a\cos bx+nb\sin bx)+$$

$$\frac{n(n-1)b^2}{a^2+b^2n^2}\int e^{ax}\cos^{n-2}bx dx.$$

十四、含有对数函数的积分

$$(132)\ \int \ln x dx = x\ln x - x + C;$$

$$(133)\ \int \frac{dx}{x\ln x} = \ln|\ln x| + C;$$

$$(134)\ \int x^n \ln x dx = \frac{1}{n+1}x^{n+1}\left(\ln x - \frac{1}{n+1}\right) + C;$$

$$(135)\ \int (\ln x)^n dx = x(\ln x)^n - n\int (\ln x)^{n-1}dx;$$

$$(136)\ \int x^m(\ln x)^n dx = \frac{1}{m+1}x^{m+1}(\ln x)^n - \frac{n}{m+1}\int x^m(\ln x)^{n-1}dx.$$

十五、含有双曲函数的积分

$$(137)\ \int \sinh x dx = \cosh x + C;$$

$$(138)\ \int \cosh x dx = \sinh x + C;$$

$$(139)\ \int \tanh x dx = \ln\cosh x + C;$$

$$(140)\ \int \sinh^2 x dx = -\frac{x}{2} + \frac{1}{4}\sinh 2x + C;$$

$$(141)\ \int \cosh^2 x dx = \frac{x}{2} + \frac{1}{4}\sinh 2x + C.$$

十六、定积分

（142）$\int_{-\pi}^{\pi} \cos nx\mathrm{d}x = \int_{-\pi}^{\pi} \sin nx\mathrm{d}x = 0$；

（143）$\int_{-\pi}^{\pi} \cos mx\sin nx\mathrm{d}x = 0$；

（144）$\int_{-\pi}^{\pi} \cos mx\cos nx\mathrm{d}x = \begin{cases} 0, & m \neq n, \\ \pi, & m = n; \end{cases}$

（145）$\int_{-\pi}^{\pi} \sin mx\sin nx\mathrm{d}x = \begin{cases} 0, & m \neq n, \\ \pi, & m = n; \end{cases}$

（146）$\int_{0}^{\pi} \sin mx\sin nx\mathrm{d}x = \int_{0}^{\pi} \cos mx\cos nx\mathrm{d}x = \begin{cases} 0, & m \neq n, \\ \dfrac{\pi}{2}, & m = n; \end{cases}$

（147）$I_n = \int_{0}^{\frac{\pi}{2}} \sin^n x\mathrm{d}x = \int_{0}^{\frac{\pi}{2}} \cos^n x\mathrm{d}x$，$\quad I_0 = \dfrac{\pi}{2}$，$\quad I_1 = 1$；

$$I_n = \frac{n-1}{n}I_{n-2} = \begin{cases} \dfrac{n-1}{n}\times\dfrac{n-3}{n-2}\times\cdots\times\dfrac{4}{5}\times\dfrac{2}{3}, & n \text{ 为大于 } 1 \text{ 的正奇数}, \\ \dfrac{n-1}{n}\times\dfrac{n-3}{n-2}\times\cdots\times\dfrac{3}{4}\times\dfrac{1}{2}\times\dfrac{\pi}{2}, & n \text{ 为正偶数}. \end{cases}$$

▌▌部分习题参考答案或提示

习题 1-1

1. （1）$[-3,1]$；　　（2）$(-\infty,-1)\cup(1,2)$；　　（3）$(-\infty,-\sqrt{3})\cup(\sqrt{3},+\infty)$；

（4）$[-2,-1)\cup(-1,1)\cup(1,+\infty)$ 或 $\{x\mid x\geqslant-2,$ 且 $x\neq\pm1\}$；

（5）$(-\infty,1)\cup(1,2)\cup(2,+\infty)$ 或 $\{x\mid x\in\mathbf{R},$ 且 $x\neq1,x\neq2\}$；

（6）$(-\infty,+\infty)$；　　（7）$(-\infty,0)\cup(0,3]$；　　（8）$[-1,1]$；

（9）$(-2,0]\cup[1,+\infty)$；　　（10）$[0,1)$.

2. （1）相同；　　（2）相同；　　（3）不同；　　（4）不同.

3. $f(-2)=-2$；$f(0)=2$；$f(1)=2$；$f(3.95)=0.05$.

4. $V=\dfrac{\pi r^2 h^2}{3(h-2r)}(2r<h<+\infty)$.

5. $S=x^2+\dfrac{16}{x}(0<x<+\infty)$.

6. $f(x)=\begin{cases}\sqrt{1-x^2}, & -1\leqslant x\leqslant1,\\ -x^2+4x-3, & 1<x\leqslant3.\end{cases}$

7. $y=\begin{cases}0, & 0\leqslant x\leqslant5\,000,\\[2mm] \dfrac{3}{100}x-150, & 5\,000<x\leqslant8\,000,\\[2mm] \dfrac{1}{10}x-710, & 8\,000<x\leqslant17\,000,\\[2mm] \dfrac{1}{5}x-2\,410, & 17\,000<x\leqslant30\,000.\end{cases}$　　小王应纳税 140 元.

习题 1-2

1. 提示:因为 $1+x^2 \geqslant 1$,所以 $\dfrac{1}{1+x^2} \leqslant 1$.

2. (1) 单调增加;　(2) 单调减少;　(3) 单调减少;　(4) 单调增加.

3. (1) 偶函数;　(2) 奇函数;　(3) 非奇非偶函数;　(4) 奇函数;

　(5) 奇函数;　(6) 偶函数.

4. (1) $T=\pi$;　(2) $T=\pi$;　(3) 非周期函数;　(4) $T=\pi$;

　(5) $T=\pi$;　(6) $T=2\pi$.

6. $c=-\dfrac{1}{2}(a+b)$.

8. 当 $x<0$ 时,$f(x)=x(1+x)$.

习题 1-3

1. (1) $y=\mathrm{e}^{x-1}-2$;　　(2) $y=4\sin x+1,x\in\left[-\dfrac{\pi}{2},\dfrac{\pi}{2}\right]$;

　(3) $y=\log_2\dfrac{x}{1-x},x\in(0,1)$;　　(4) $y=\dfrac{1-x}{1+x}$;

　(5) $y=\dfrac{10^x+10^{-x}}{2}$;　(6) $y=x^3-3$.

2. (1) $y=\sin^2(1+2x),x\in(-\infty,+\infty)$;

　(2) $y=\ln\sqrt{1+\sin^2 x},x\in(-\infty,+\infty)$;

　(3) $y=\arcsin(1-x^2)x\in[-\sqrt{2},\sqrt{2}]$;

　(4) $y=\sqrt{\sin 2x},x\in\left[k\pi,k\pi+\dfrac{\pi}{2}\right](k=0,\pm1,\pm2,\cdots)$.

3. (1) $y=u^3,u=\cos v,v=3x+2$;　　(2) $y=\ln u,u=\sqrt[3]{v},v=x+2$;

　(3) $y=v^{\frac{1}{3}},v=1+(1+x)^2$;　　(4) $y=u^3,u=\arccos v,v=1-x^2$.

4. $a+d=0$.

5. $f(x+1)=\begin{cases}x+1, & x<-1, \\ x+2, & x\geqslant-1,\end{cases}$　$f(x-1)=\begin{cases}x-1, & x<1, \\ x, & x\geqslant1.\end{cases}$

6. $f(x) = \dfrac{1}{x}\left(1 + \dfrac{1}{x}\sqrt{1+x^2}\right).$

7. $f(x) = (x-1)^2, x \geqslant 1.$

8. $f[g(x)] = \begin{cases} 1, & x<0, \\ 0, & x=0, \\ -1, & x>0, \end{cases}$　$g[f(x)] = \begin{cases} \mathrm{e}, & |x|<1, \\ 1, & |x|=1, \\ \mathrm{e}^{-1}, & |x|>1. \end{cases}$

9. $f_n(x) = \dfrac{x}{\sqrt{1+nx^2}}.$　　　　10. $\varphi[\varphi(x)] = x.$

11. (1) $[-1,1]$；

　　(2) $[2n\pi, (2n+1)\pi]\ (n=0,\pm1,\pm2,\cdots)$；

　　(3) $[-a, 1-a]$；

　　(4) 若 $0<a\leqslant\dfrac{1}{2}$，则定义域为 $[a, 1-a]$；若 $a>\dfrac{1}{2}$，则函数无定义.

12. $f\left[\dfrac{1}{f(x)}\right] = 1-x.$　　　13. 14.4 美元.

<h2 align="center">习题 1-4</h2>

1. D.　　　2. (1) $\left(2\sqrt{2}, -\dfrac{\pi}{4}\right)$；　(2) $\left(2, \dfrac{\pi}{3}\right)$；　(3) $\left(4, \dfrac{5\pi}{6}\right)$；　(4) $\left(2\sqrt{3}, \dfrac{7\pi}{6}\right).$

3. $x^2 + (y-2)^2 = 4.$　　　4. $\dfrac{\sqrt{2}}{2}.$　　　5. $\rho = 3(\sqrt{3}\cos\theta + \sin\theta).$

6. (1) $x^2+y^2+4y=0$；$x^2+y^2-4x=0$；　(2) $y=-x.$

7. $x-3y=5\ (x\geqslant 2)$；$(5,0).$　　　8. $x^2+(y-1)^2=1.$　　　9. $x+y=8.$

10. (1) $\begin{cases} x = 1 + \dfrac{\sqrt{3}}{2}t, \\ y = 1 + \dfrac{t}{2} \end{cases}$（$t$ 为参数）；　(2) 2.

<h2 align="center">习题 1-5</h2>

1. (1) $2, \dfrac{3}{2}, \dfrac{4}{3}, \dfrac{5}{4}, \dfrac{6}{5}$；　　　　(2) $0,2,0,2,0$；

(3) $0,2,\dfrac{3\sqrt{3}}{2},2\sqrt{2},5\sin\dfrac{\pi}{5}$;　　(4) $2,\dfrac{1}{2},\dfrac{4}{3},\dfrac{3}{4},\dfrac{6}{5}$.

2. (1) 1;　(2) 1;　(3) 无极限;　(4) 0.

4. (1) 正确;　(2) 错误;　(3) 正确;　(4) 正确;　(5) 错误.

5. (1) $\dfrac{1}{5}$;　(2) $\dfrac{1}{2}$;　(3) $\dfrac{1}{2}$;　(4) $\dfrac{1}{3}$;　(5) e^{-1};　(6) e^{2}.

6. (1) 极限为 1. 提示:$\dfrac{n^{2}}{n^{2}+n\pi}\leqslant n\left(\dfrac{1}{n^{2}+\pi}+\dfrac{1}{n^{2}+2\pi}+\cdots+\dfrac{1}{n^{2}+n\pi}\right)\leqslant\dfrac{n^{2}}{n^{2}+\pi}$.

　(2) 极限为 1. 提示:$\dfrac{n}{\sqrt[3]{n^{3}+n}}\leqslant\dfrac{1}{\sqrt[3]{n^{3}+1}}+\dfrac{1}{\sqrt[3]{n^{3}+2}}+\cdots+\dfrac{1}{\sqrt[3]{n^{3}+n}}\leqslant\dfrac{n}{\sqrt[3]{n^{3}+1}}$.

　(3) 0. 提示:因为 $0<\dfrac{n\pi}{3n+1}<\dfrac{n\pi}{3n}=\dfrac{\pi}{3}$,所以 $0<\sin\dfrac{n\pi}{3n+1}<\sin\dfrac{\pi}{3}=\dfrac{\sqrt{3}}{2}$.

7. (1) 0;　(2) 1. 提示:利用单调有界原理先证明极限存在,然后求极限.

习题 1-6

2. $X\geqslant\sqrt{397}$,　3. $\delta\approx0.0002$.

5. (1) $\dfrac{1}{4}$;　(2) -3;　(3) $\left(\dfrac{3}{2}\right)^{20}$;　(4) $2x$;　(5) $\dfrac{1}{2}$;　(6) $\dfrac{1}{4}$;

　(7) 0;　(8) 0;　(9) $\dfrac{2}{3}$;　(10) 2.

6. (1) 不存在;　(2) 不存在;　(3) 3.

习题 1-7

1. (1) k;　(2) $\cos x$;　(3) 1;　(4) 1;　(5) $\dfrac{1}{2}$;　(6) $\dfrac{1}{2}$;　(7) 1;

　(8) -1;　(9) x.

2. (1) e^{-6};　(2) e^{-2};　(3) e^{2a};　(4) e^{2};　(5) e;　(6) e^{k}.

习题 1-8

1. 当 $x\to0$ 时,$x^{2}-x^{3}=o(3x+x^{2})$.　　2. (1) 同阶,但不等价;　(2) 等价.

4.（1）$\dfrac{1}{2}$；　（2）$\dfrac{1}{2}$；　（3）1；　（4）1；　（5）0；　（6）6.

5. $a=3,b=-4$.　　6. $a=25,b=20,c$ 为任意实数.

习题 1-9

2.（1）$x=2$ 为第一类间断点,且为可去间断点,$x=-2$ 为第二类间断点,且为无穷间断点；

　（2）$x=3$ 为第二类间断点,且为无穷间断点；

　（3）连续；

　（4）$x=0$ 为第一类间断点,且为跳跃间断点；

　（5）$x=0$ 为第二类间断点,且为振荡间断点；

　（6）$f(x)=\begin{cases}-x, & x>0,\\ 1, & x=0,\\ \dfrac{1}{x}, & x<0,\end{cases}$ $x=0$ 为第二类间断点.

3.（1）$a=0$；　（2）$a=-\dfrac{\pi}{2}$；　（3）$a=2,b=-\dfrac{3}{2}$.

4.（1）0；　（2）1；　（3）e；　（4）1.

第一章总习题

1.（1）B；　（2）A；　（3）C；　（4）C；　（5）C；　（6）B.

2.（1）$\left[-\dfrac{1}{2},0\right]$；　（2）$[-\ln 2,\ln 2]$；　（3）$a$；　（4）5，6；　（5）$y^2=2x$；

　（6）70°；　　　　（7）$\rho^2\cos 2\theta=1$；　（8）$\dfrac{1}{2}$；（9）10；　（10）5；

　（11）$x=0$,第二类；　　　　（12）0,1,1,0.

3.（1）$[-\sqrt{2},\sqrt{2}]$；　（2）$(-1,1)$.

4. $f(x)=(x-1)^2$.

5.（1）不同,因为定义域不同；

　（2）不同,值域不同(实际上是对应法则不同)；

(3) 相同,函数的确定与变量命名无关;

(4) 相同,定义域与对应法则都相同.

6. $f(0)=1$, $f(-1)=2$, $f\left(\dfrac{3}{2}\right)=\dfrac{13}{4}$,

$$f[f(x)]=\begin{cases}4x+3, & -1<x<0, \\ 4x^2+4x+2, & 0\leqslant x<1, \\ x^4+2x^2+2, & |x|\geqslant 1.\end{cases}$$

7. $f(x)=\begin{cases}x^2, & 0<x\leqslant 2, \\ (x-2)^2, & 2<x\leqslant 4.\end{cases}$

10. $N(0)=1$, $N(4)=54$.   11. $F(t)=\begin{cases}2, & 0<t\leqslant 2, \\ 2.5, & 2<t\leqslant 3, \\ 3.0, & 3<t\leqslant 4, \\ 3.5, & 4<t\leqslant 5.\end{cases}$

12. (1) 2; (2) $\dfrac{1}{2}$; (3) 1; (4) 2; (5) 1; (6) $\dfrac{3^5\times 2^{10}}{5^{15}}$; (7) $\dfrac{3}{2}$;

(8) $\dfrac{1}{2}$; (9) e^{-2}; (10) $\dfrac{2}{3}$; (11) $\sqrt[3]{abc}$; (12) $\dfrac{\ln 2}{\ln 3}$.

13. $k=2$.   15. $-\dfrac{3}{2}$.   16. 2.

17. $f(x)=\begin{cases}1, & 0\leqslant x<1, \\ \dfrac{1}{2}, & x=1, \\ 0, & x>1,\end{cases}$ $x=1$ 为跳跃间断点, $f(x)$ 在 $[0,1)\cup(1,+\infty)$ 连续.

18. $x=1$ 为第一类可去间断点, $x=2$ 为第二类无穷间断点.

习题 2-1

1. (1) a; (2) $-\sin x$; (3) $\dfrac{1}{2\sqrt{x}}$; (4) -1.

2. (1) $\dfrac{3}{2}x^{\frac{1}{2}}$; (2) $\dfrac{5}{2}x^{\frac{3}{2}}$; (3) $2\mathrm{e}^{2x}$; (4) $\dfrac{1}{x\ln 2}$; (5) $3^x\ln 3$;

(6) $2^x e^x (1+\ln 2)$.

3.（1）$-f'(x_0)$；　（2）$2f'(x_0)$；　（3）$f'(x_0)$；　（4）$x_0 f'(x_0)-f(x_0)$.

4.（1）不连续,不可导；　（2）连续但不可导；　（3）连续且可导.

5. a 为任意实数,$b=0$.　　6.（1）3 m/s；　（2）4 m/s.　　7. $-\dfrac{1}{2}$;-1.

8. 切线方程为 $x-y+1=0$,法线方程为 $x+y-1=0$.

9.（4,8）,切线方程为 $y=3x-4$,法线方程为 $y=-\dfrac{1}{3}x+\dfrac{28}{3}$.

10. 100!　　12. $2ag(a)$.　　14. 2.

习题 2-2

1.（1）$8x^3+\dfrac{6}{x^3}$；　　　　　（2）$2e^{2x}+2^x \ln 2$；　　　　（3）$\dfrac{1}{x}\left(1+\dfrac{2}{\ln 10}\right)$；

　（4）$3\sec x\tan x-\csc^2 x$；　（5）$\sin x(1+\sec^2 x)$；　　（6）$x^2(1+3\ln x)$；

　（7）$e^x(\sin x+\cos x)$；　（8）$(x-1)(4x^2+x+1)$；　（9）$\dfrac{x\cos x-\sin x}{x^2}$；

　（10）$\dfrac{1-\ln x}{x^2}$；　　　　（11）$-\dfrac{1+\ln x}{(x\ln x)^2}$；　　　（12）$\dfrac{x-1}{(x+1)^3}e^x$；

　（13）$xe^x\left[(2+x)\cos x-x\sin x\right]$；　　（14）$\dfrac{x(9x-4)\ln x+x^4-3x^2+2x}{(3\ln x+x^2)^2}$.

2.（1）$\dfrac{2}{3}x^{-\frac{2}{3}}+\dfrac{5}{6}x^{-\frac{1}{6}}$；　（2）$3e^x(\cos x-\sin x)$；　　（3）$\arcsin x+\dfrac{x}{\sqrt{1-x^2}}$；

　（4）$-\dfrac{1+2x}{(1+x+x^2)^2}$；　（5）$\dfrac{1}{2}$；　　　　（6）$\dfrac{3}{25}$.

3.（1）$10(2x+3)^4$；　　　（2）$e^{\alpha x}\left[\alpha\sin(\omega x+\beta)+\omega\cos(\omega x+\beta)\right]$；

　（3）$\dfrac{2x-\sin x}{x^2+\cos x}$；　　　（4）$\dfrac{2|x|}{x^2\sqrt{x^2-1}}\arccos\dfrac{1}{x}$；

　（5）$\dfrac{4(2x-1)}{1+(1-2x)^4}$；　　（6）$\dfrac{1}{2x}+\dfrac{1}{2}\cot x+\dfrac{e^x}{4(e^x-1)}$.

4. $\left(-\dfrac{b}{2a},-\dfrac{b^2-4ac}{4a}\right)$.

5. 切线方程为 $y=2(x+1)$ 及 $y=2(x-1)$.

6. (1) $4\cos(4x+5)$;　　(2) $(1-2x)\mathrm{e}^{-x^2+x+1}$;　　(3) $-\dfrac{x}{\sqrt{a^2-x^2}}$;

(4) $\dfrac{1}{\sqrt{2\mathrm{e}^{-x}-1}}$;　　(5) $-\dfrac{3(\arccos x)^2}{\sqrt{1-x^2}}$;　　(6) $\dfrac{2x}{(x^2+1)\ln a}$;

(7) $\dfrac{x}{\sqrt{(1-x^2)^3}}$;　　(8) $-\mathrm{e}^{-ax}(a\cos bx+b\sin bx)$;

(9) $\sec x$;　　(10) $\dfrac{1}{\sqrt{a^2+x^2}}$;　　(11) $-\dfrac{1}{|x|\sqrt{x^2-1}}$;

(12) $\dfrac{2\ln x}{x\sqrt{1+2\ln^2 x}}$;　　(13) $\dfrac{1}{x\ln x\ln\ln x}$;　　(14) $\dfrac{\mathrm{e}^{\sqrt{x}}}{2\sqrt{x}(1+\mathrm{e}^{2\sqrt{x}})}$;

(15) $-\dfrac{1}{(1+x)\sqrt{2x(1-x)}}$;　　(16) $-\dfrac{2\cos 2x}{|\cos 2x|(1+\sin 2x)}$.

7. (1) $2xf'(x^2)$;　　(2) $[f'(\sin^2 x)-f'(\cos^2 x)]\sin 2x$;

(3) $\dfrac{f(x)f'(x)+g(x)g'(x)}{\sqrt{f^2(x)+g^2(x)}}$;　　(4) $\dfrac{f'(x)g(x)-f(x)g'(x)}{f^2(x)+g^2(x)}$.

8. $y'=\dfrac{1+\mathrm{e}^{\frac{1}{x}}+\dfrac{1}{x}\mathrm{e}^{\frac{1}{x}}}{(1+\mathrm{e}^{\frac{1}{x}})^2}$ 　$(x\ne 0)$,当 $x=0$ 时,导数不存在.

9. $y=x\mathrm{e}^{2x}$, $y'=\mathrm{e}^{2x}(1+2x)$.　　10. $\dfrac{3}{4}\pi$.　　11. $\mathrm{e}^{\frac{f'(a)}{f(a)}}$.

12. (1) $\sinh(\sinh x)\cdot\cosh x$;　　(2) $\mathrm{e}^{\cosh x}(\cosh x+\sinh^2 x)$;

(3) $-\dfrac{2x}{\cosh^2(1-x^2)}$;　　(4) $\dfrac{2\mathrm{e}^{2x}}{\sqrt{\mathrm{e}^{4x}-1}}$;

(5) $\dfrac{1}{1+2\sinh^2 x}$;　　(6) $\tanh^3 x$.

14. $-\dfrac{100}{\ln 10}$.

习题 2-3

1. (1) $\dfrac{\mathrm{e}^{x+y}-y}{x-\mathrm{e}^{x+y}}$;　　(2) $\dfrac{\cos(x+y)}{1-\cos(x+y)}$;　　(3) $-\dfrac{\mathrm{e}^y}{1+x\mathrm{e}^y}$;

（4）$\dfrac{x^2-y}{x-y^2}$；　　　（5）$\dfrac{x+y}{x-y}$；　　　　（6）$\dfrac{\sqrt{x-y}+1}{1-4\sqrt{x-y}}$.

2.（1）$\dfrac{(3-x)^4\sqrt{x+2}}{(x+1)^5}\left[\dfrac{4}{x-3}+\dfrac{1}{2(x+2)}-\dfrac{5}{x+1}\right]$；

（2）$(\sin x)^{\cos x}\left[\cos x\cot x-\sin x\ln(\sin x)\right]$；

（3）$\left(\dfrac{x}{1+x}\right)^x\left(\dfrac{1}{1+x}+\ln\dfrac{x}{1+x}\right)$；

（4）$\sqrt{x\ln x\sqrt{1-\sin x}}\left[\dfrac{1}{2x}+\dfrac{1}{2x\ln x}-\dfrac{\cos x}{4(1-\sin x)}\right]$.

3. $y=-x-1$.

4. 切线方程为 $x+y-\dfrac{\sqrt{2}}{2}a=0$，法线方程为 $x-y=0$.

5.（1）$\dfrac{3t^2+1}{2t}$；　（2）$\dfrac{\cos\theta-\theta\sin\theta}{1-\sin\theta-\theta\cos\theta}$.

6.（1）切线方程为 $x+y=\mathrm{e}^{\frac{\pi}{2}}$，法线方程为 $x-y=\mathrm{e}^{\frac{\pi}{2}}$；

（2）切线方程为 $x+y=\dfrac{\sqrt{2}}{2}$，法线方程为 $x-y=0$.

7. $y=\dfrac{1}{\mathrm{e}}x-1$.

8. 提示：等式两边求导后与原等式作商. $S_n=-\cot x+\dfrac{1}{2^n}\cot\dfrac{x}{2^n}$.

习题 2-4

1.（1）$6+4\mathrm{e}^{2x}-\dfrac{1}{x^2}$；　　（2）$\dfrac{6x(2x^3-1)}{(x^3+1)^3}$；　（3）$2+2\ln(1+x^2)+\dfrac{4x^2}{1+x^2}$；

（4）$\dfrac{\mathrm{e}^x(x^2-2x+2)}{x^3}$；　（5）$-4\mathrm{e}^x\cos x$；

（6）$2^{50}\left(50x\cos 2x-x^2\sin 2x+\dfrac{1\,225}{2}\sin 2x\right)$；

（7）$(-1)^n n!\left[\dfrac{1}{(x+2)^{n+1}}-\dfrac{1}{(x+3)^{n+1}}\right]$；　（8）$\dfrac{f''(x)f(x)-[f'(x)]^2}{f^2(x)}$.

2. (1) $-\dfrac{1}{y^3}$;　(2) $x^x\left[(1+\ln x)^2+\dfrac{1}{x}\right]$;　(3) $\dfrac{\sin(x+y)}{[\cos(x+y)-1]^3}$;　(4) $\dfrac{\mathrm{e}^{2y}(3-y)}{(2-y)^3}$.

3. (1) $\dfrac{(6t+5)(1+t)}{t}$;　(2) $\dfrac{1}{f''(t)}$.

4. (1) $1,2,2,0$;　(2) $\dfrac{1}{4\pi^2}$;　(3) $\dfrac{4}{9}$;　(4) $-\dfrac{2\pi^2+16}{a\pi^3}$.

5. $-\dfrac{f''(x)}{[f'(x)]^3}$.　　7. $144\pi(\mathrm{m^2/s})$.

8. $-2.8(\mathrm{km/h})$.　　9. $\dfrac{16}{25\pi}\approx0.204(\mathrm{m/min})$.

<h2 style="text-align:center">习题 2-5</h2>

2. $\Delta x=0.1$ 时,$\Delta y=1.161,\mathrm{d}y=1.1$;　$\Delta x=0.01$ 时,$\Delta y=0.1106,\mathrm{d}y=0.11$.

3. (1) $\left(2x+\dfrac{1}{2\sqrt{x}}\right)\mathrm{d}x$;　(2) $-\dfrac{x}{\sqrt{(x^2+1)^3}}\mathrm{d}x$;　(3) $x\sin x\mathrm{d}x$;

　(4) $-2\tan(1-x)\sec^2(1-x)\mathrm{d}x$;　(5) $-\tan x\mathrm{d}x$;　(6) $-\dfrac{2x}{1+x^4}\mathrm{d}x$.

5. (1) $\dfrac{\pi}{3}-\dfrac{2\sqrt{3}}{3}\left(x-\dfrac{1}{2}\right)$;　(2) $\dfrac{\pi}{4}+\dfrac{1}{4}(x-2)$;

　(3) $\ln^2 2+2\ln 2(x-1)$;　(4) $\cos 3+(\sin 3-\cos 3)x$.

6. (1) $2x+C$;　(2) $\dfrac{3}{2}x^2+C$;　(3) $\sin x+C$;　(4) $-\dfrac{1}{\omega}\cos\omega x+C$;

　(5) $\ln(1+x)+C$;　(6) $-\dfrac{1}{2}\mathrm{e}^{-2x}+C$;　(7) $2\sqrt{x}+C$;　(8) $\dfrac{1}{3}\tan 3x+C$.

7. (1) 0.5151;　(2) 5.04;　(3) -0.01;　(4) 2.7455.

8. 如果 R 不变,α 减少 $30'$,扇形面积大约减少 $43.63\ \mathrm{cm}^2$;

　如果 α 不变,R 增大 $1\ \mathrm{cm}$,扇形面积大约增加 $104.72\ \mathrm{cm}^2$.

9. $2.2282\ \mathrm{cm}$.

<h2 style="text-align:center">第二章总习题</h2>

1. (4) $\lim\limits_{x\to0}f'(x)$ 不存在, $f'(0)=0$.

2. $-\dfrac{1}{4}$.　　3. $a=2,b=3$.　　4. $f'(2)=5$.　　5. $f'(a)=\varphi(a)$.

6. (1) $2x\log_3 x+\dfrac{x}{\ln 3}$;　　(2) $-(\sin x+\cos x)$;　　(3) $\arctan\sqrt{x}+\dfrac{\sqrt{x}}{2(1+x)}$;

　　(4) $-\dfrac{1}{1+x^2}$;　　(5) $\dfrac{\sqrt{x^2+2x}}{\sqrt[3]{(x+1)(x+5)}}\left[\dfrac{x+1}{x^2+2x}-\dfrac{1}{3(x+1)}-\dfrac{1}{3(x+5)}\right]$;

　　(6) $8x\sec^2(2x^2+1)\tan(2x^2+1)-\cot x$.

7. $y_1'=2f(x)f'(x)$, $y_2'=2f'(\sin 2x)\cos 2x$.

8. $f'(x)=5(x-3)^4$, $f'(x+3)=5x^4$.

9. $f'[f(x)]=2\cos(2\sin 2x)$.

10. 切线方程为 $y=-x$,　法线方程为 $y=x$.

11. $\dfrac{x+y}{x-y}\mathrm{d}x$, $\dfrac{2(x^2+y^2)}{(x-y)^3}$.

12. $\dfrac{1+\cos t+\sin t}{1-\cos t+\sin t}$, $\dfrac{-2(1+\sin t)}{\mathrm{e}^t(1-\cos t+\sin t)^3}$.

13. (1) $\ln|x|+C$;　　　　(2) $\dfrac{x^3}{3}+C$;　　　　(3) $x+\dfrac{1}{x}+C$;

　　(4) $\arctan x+C$;　　　(5) $-\sqrt{1-x^2}+C$;　　(6) $-\dfrac{1}{2}\mathrm{e}^{-t^2}+C$.

14. (1) $\sqrt{2^n}\,\mathrm{e}^x\cos\left(x+\dfrac{n\pi}{4}\right)$;　　(2) $(-1)^n n!\left[\dfrac{8}{(x-2)^{n+1}}-\dfrac{1}{(x-1)^{n+1}}\right]$

15. $0.64\ \mathrm{cm/min}$.　　　16. 1.007.　　　17. 约需 $0.033\ 55\ \mathrm{g}$.

习题 3-1

1. (1) 满足,存在 $\xi=0$;　　(2) 满足,存在 $\xi=\dfrac{\sqrt{3}}{3}$;　　(3) 不满足,不存在 ξ;

　　(4) 不满足,存在 $\xi=1$.

2. $\xi=\sqrt{\dfrac{4}{\pi}-1}$.　　　6. 有分别位于区间 $(1,2)$, $(2,3)$, $(3,4)$ 内的 3 个根.

10. (1) 提示:令 $f(x)=\ln(1+x)$,在区间 $[0,x]$ 上使用拉格朗日中值定理;

　　(2) 提示:令 $f(x)=\mathrm{e}^x$,在区间 $[1,x]$ 上使用拉格朗日中值定理.

13. 提示:令 $F(x)=f(x)\sin x$.

习题 3-2

2. (1) 2； (2) $\dfrac{1}{3}$； (3) 1； (4) $\cos a$； (5) $-\dfrac{1}{8}$； (6) -1； (7) 0；

(8) 1； (9) $e^{-\frac{1}{6}}$； (10) $\dfrac{1}{2}e$； (11) ∞； (12) e； (13) $\dfrac{1}{2}$；

(14) $a_1 a_2 \cdots a_n$.

3. $a=-\dfrac{4}{3},b=\dfrac{1}{3}$；极限为 $\dfrac{8}{3}$.   4. $f''(a)$.   5. e^2.   7. 连续.

习题 3-3

1. $P(x)=1+(x-1)+13(x-1)^2+20(x-1)^3+15(x-1)^4+6(x-1)^5+(x-1)^6$；

$P(x)=3-3(x+1)+13(x+1)^2-20(x+1)^3+15(x+1)^4-6(x+1)^5+(x+1)^6$.

2. (1) $\dfrac{1}{x}=-1-(x+1)-(x+1)^2-(x+1)^3+o[(x+1)^3]$；

(2) $\sqrt{x}=2+\dfrac{1}{4}(x-4)-\dfrac{1}{64}(x-4)^2+\dfrac{1}{512}(x-4)^3+o[(x-4)^3]$；

(3) $\tan x=x+\dfrac{1}{3}x^3+o(x^3)$；

(4) $e^{\sin x}=1+x+\dfrac{1}{2}x^2+o(x^3)$.

3. (1) $\dfrac{1}{x-1}=-1-x-x^2-\cdots-x^n-\dfrac{1}{(1-\theta x)^{n+2}}x^{n+1}$ $(0<\theta<1)$；

(2) $xe^x=x+x^2+\dfrac{1}{2!}x^3+\cdots+\dfrac{x^n}{(n-1)!}+\dfrac{1}{n!}e^{\theta x}x^{n+1}$ $(0<\theta<1)$.

4. (1) $\sqrt[3]{30}\approx3.107\,24$, $|R_3|<1.88\times10^{-5}$；

(2) $\ln 1.2\approx0.182\,7$, $|R_3|<4\times10^{-4}$.

5. $\sqrt{e}\approx1.645$.   6. (1) $\dfrac{7}{360}$； (2) $\dfrac{1}{3}$.

习题 3-4

1. (1) 在 $(-\infty,+\infty)$ 上单调增加；

(2) 在$(-1,0]$上单调减少,在$[0,+\infty)$上单调增加;

(3) 在$[2,+\infty)$上单调增加,在$(0,2]$上单调减少;

(4) 在$\left(0,\dfrac{1}{2}\right]$上单调减少,在$\left[\dfrac{1}{2},+\infty\right)$上单调增加;

(5) 在$(-\infty,1]$及$[2,+\infty)$上单调增加,在$[1,2]$上单调减少;

(6) 在$(-\infty,+\infty)$内单调增加;

(7) 在$(-\infty,0]$及$[2,+\infty)$上单调增加,在$[0,1)$及$(1,2]$上单调减少;

(8) 在$(-\infty,-1]$及$[0,1]$上单调增加,在$[-1,0]$及$[1,+\infty)$上单调减少.

3.(1) 3 个零点;

(2) 当$a>\dfrac{1}{e}$时,没有零点;当$a=\dfrac{1}{e}$时,只有一个实零点;当$0<a<\dfrac{1}{e}$时,有两个实零点.

6.(1) 极大值为$f\left(\pm\dfrac{1}{2}\right)=\dfrac{1}{8}$;极小值为$f(0)=0$;

(2) 极大值为$f(-2)=-4$;极小值为$f(0)=0$;

(3) 极小值为$f\left(\dfrac{1}{2}\right)=\dfrac{1}{2}+\ln 2$;

(4) 极大值为$f(1)=\dfrac{2}{3}$;极小值为$f(2)=\dfrac{1}{3}$.

7.$a=-\dfrac{2}{3},b=-\dfrac{1}{6}$.

8.$a=2$,极大值为$f\left(\dfrac{\pi}{3}\right)=\sqrt{3}$.

9.(1) 最小值$f(2)=-18$;最大值$f(1)=-1$;

(2) 最小值$f(-5)=-5+\sqrt{6}$;最大值$f\left(\dfrac{3}{4}\right)=\dfrac{5}{4}$.

10.$(1,1)$　　　11.$x=\sqrt{\dfrac{8a}{\pi}}$.　　12.12%.　　13.$(-1,3)$;　最大面积为 8.

习题 3-5

1.(1) 在$(-\infty,0)$及$\left(\dfrac{1}{2},+\infty\right)$上曲线是向上凸的,

在 $\left(0,\dfrac{1}{2}\right)$ 上曲线是向上凹的, 拐点为 $(0,0)$, $\left(\dfrac{1}{2},\dfrac{1}{16}\right)$.

(2) 在 $(-\infty,0)$ 上曲线是向上凸的, 在 $(0,+\infty)$ 上曲线是向上凹的, 无拐点.

(3) 在 $(2k\pi,(2k+1)\pi)$ 上曲线是向上凸的,

在 $((2k+1)\pi,(2k+2)\pi)$ 上曲线是向上凹的, 拐点为 $(k\pi,k\pi)(k\in\mathbf{Z})$.

(4) 在 $\left(2k\pi+\dfrac{\pi}{6},2k\pi+\dfrac{5\pi}{6}\right)$ 上曲线是向上凸的,

在 $\left(2k\pi-\dfrac{5\pi}{6},2k\pi+\dfrac{13\pi}{6}\right)$ 上曲线是向上凹的, $k\in\mathbf{Z}$,

拐点为 $\left(2k\pi+\dfrac{\pi}{6},\dfrac{1}{4}\left(2k\pi+\dfrac{\pi}{6}\right)^2+\dfrac{1}{2}\right)$ 及 $\left(2k\pi+\dfrac{5\pi}{6},\dfrac{1}{4}\left(2k\pi+\dfrac{5\pi}{6}\right)^2+\dfrac{1}{2}\right)$.

(5) 在 $(-\infty,-1)$ 及 $(1,+\infty)$ 上曲线是向上凸的,

在 $(-1,1)$ 上曲线是向上凹的, 拐点为 $(-1,\ln 2)$, $(1,\ln 2)$.

(6) 在 $(-\infty,-1)$ 上曲线是向上凸的, 在 $(1,+\infty)$ 上曲线是向上凹的, 无拐点.

3. 3 个拐点为 $(-1,1)$, $\left[2-\sqrt{3},\dfrac{1-\sqrt{3}}{4(2-\sqrt{3})}\right]$, $\left[2+\sqrt{3},\dfrac{1+\sqrt{3}}{4(2+\sqrt{3})}\right]$.

4. $a=-\dfrac{3}{2},b=\dfrac{9}{2}$.   5. $k=\pm\dfrac{\sqrt{2}}{8}$.   6. $x=x_0$ 不是极值点, $(x_0,f(x_0))$ 是拐点.

7. 提示: 用反证法并利用函数凹凸性判别法.

习题 3-6

1. (1) $0.06\sqrt{10}$, 1.536;   (2) $1,0$;   (3) $\dfrac{1}{a}$;   (4) $\dfrac{a}{b^2},\dfrac{b}{a^2}$.

2. (1) 0;   (2) 在 $\left(\dfrac{\pi}{2},1\right)$ 处曲率半径最小, 为 1;   (3) 4.

3. 42.16.   5. $a=\dfrac{2}{3\sqrt{3}},b=-\dfrac{1}{3\sqrt{3}}$ 或 $a=-\dfrac{2}{3\sqrt{3}},b=\dfrac{7}{3\sqrt{3}}$.

7. $125\ \mathrm{mm}$.   8. 不好.

习题 3-7

1. (1) 是;   (2) 是;   (3) 不是.   2. $1.763\,223$.   3. $1.843\,5$.   4. 1.796.

第三章总习题

1. (1) 2；　(2) $y=-3$；　(3) $\dfrac{1}{2}$；　(4) $f(0)=1$；　(5) 0；

(6) $\left(-\dfrac{\sqrt{2}}{2},\mathrm{e}^{-\frac{1}{2}}\right),\left(\dfrac{\sqrt{2}}{2},\mathrm{e}^{-\frac{1}{2}}\right)$；$\left[-\dfrac{\sqrt{2}}{2},\dfrac{\sqrt{2}}{2}\right]$.

6. (1) 2；　(2) -1；　(3) $\dfrac{1}{2}$；　(4) 1；　(5) $-\dfrac{\mathrm{e}}{2}$；　(6) e^{-1}；

(7) e^{-1}；　(8) $\dfrac{1}{6}$.

7. 极大值 $f(0)=2$，极小值 $f\left(\dfrac{1}{\mathrm{e}}\right)=\mathrm{e}^{-\frac{2}{\mathrm{e}}}$.　　　8. $a=0,b=-1,c=3$.

10. $f(x)=\ln x=\ln 2+\dfrac{x-2}{2}-\dfrac{1}{2}\left(\dfrac{x-2}{2}\right)^2+\cdots+\dfrac{(-1)^{n-1}}{n}\left(\dfrac{x-2}{2}\right)^n+R_n(x)$.

11. $a=\dfrac{1}{2},b=1,c=1$.　　　12. $\sqrt{2}\,a,\sqrt{2}\,b$.　　　14. 46.5 元，9 240 元.　　　15. 20 件.

习题 4-1

1. $f(x)=\dfrac{1}{2}x^2+x$.

3. (1) $\dfrac{4}{7}x^{\frac{7}{4}}+C$；

(2) $-\dfrac{1}{x}+C$；

(3) $\dfrac{3}{13}x^{\frac{13}{3}}+C$；

(4) $\dfrac{m}{m+n}x^{\frac{m+n}{m}}+C$；

(5) $\dfrac{1}{3}x^3-2x^2+4x+C$；

(6) $\dfrac{2}{3}x^{\frac{3}{2}}+2x^{\frac{1}{2}}+C$；

(7) $-\dfrac{1}{4}(\cot x+\tan x)+C$；

(8) $-\dfrac{1}{x}+\arctan x+C$；

(9) e^t+t+C；

(10) $\dfrac{4^x}{\ln 4}+\dfrac{2}{\ln 6}6^x+\dfrac{9^x}{\ln 9}+C$；

(11) $\dfrac{1}{2}(x+\sin x)+C$；

(12) $\tan x-\sec x+C$；

(13) $\dfrac{1}{2}\tan x+C$;　　　　　　　　　(14) $\sin x-\cos x+C$;

(15) $3\arctan x-2\arcsin x+C$;　　　　(16) $\dfrac{2}{5}x^{\frac{5}{2}}+x+C$.

4. (1) 27 m;　(2) $\sqrt[3]{360}\approx7.11(\text{s})$.　　5. $f(x)=2x^{\frac{1}{2}}+C(x>0)$.

习题 4-2

2. (1) $\dfrac{1}{a}$;　　(2) $\dfrac{1}{7}$;　　(3) $\dfrac{1}{4}$;　　(4) 2;　　(5) -1;　　(6) $\dfrac{1}{12}$;

(7) $-\dfrac{2}{3}$;　　(8) -2;　　(9) $-\dfrac{1}{5}$;　　(10) $\dfrac{1}{3}$;　　(11) $\dfrac{1}{2}$;　　(12) -1.

3. (1) $-\dfrac{1}{3}(1-2x)^{\frac{3}{2}}+C$;　　　　　(2) $\sqrt[3]{3x-2}+C$;

(3) $-\dfrac{T}{2\pi}\cos\left(\dfrac{2\pi x}{T}+\phi\right)+C$;　　　　(4) $\dfrac{1}{2}e^{2x+3}+C$;

(5) $-\dfrac{1}{2}e^{-x^2}+C$;　　　　　　　(6) $\sqrt{1+x^2}+C$;

(7) $2\ln(1+e^x)-x+C$;　　　　　　(8) $2\tan\sqrt{x}+C$;

(9) $\dfrac{1}{4}\arctan x^4+C$;　　　　　　(10) $\dfrac{1}{3}\sec^3x-\sec x+C$;

(11) $\sin e^x+C$;　　　　　　　　　(12) $\dfrac{1}{3}\ln^3x+C$;

(13) $\dfrac{1}{2}\ln|1+2\ln x|+C$;　　　　(14) $\ln|\ln(\ln x)|+C$;

(15) $\ln|1+\tan x|+C$;　　　　　　(16) $\dfrac{3}{2}\sqrt[3]{(\sin x-\cos x)^2}+C$;

(17) $\dfrac{1}{2}\arctan^2x+C$;　　　　　　(18) $\dfrac{1}{2}\arcsin^2x+C$;

(19) $-\dfrac{1}{x\ln x}+C$(提示:$(x\ln x)'=1+\ln x$);

(20) $e^{x+\frac{1}{x}}+C$;

（21）$\arctan^2\sqrt{x}+C$；

（22）$2(\tan x-\sec x)-x+C$；

（23）$-2\sqrt{1-x^2}-\arcsin x+C$；

（24）$\mathrm{e}^{\arctan f(x)}+C$.

4.（1）$\dfrac{a^2}{2}\left(\arcsin\dfrac{x}{a}-\dfrac{x}{a^2}\sqrt{a^2-x^2}\right)+C$；

（2）$\arccos\dfrac{1}{|x|}+C$；

（3）$\dfrac{x}{\sqrt{1+x^2}}+C$；

（4）$\sqrt{x^2-9}-3\arccos\dfrac{3}{|x|}+C$；

（5）$\sqrt{2x}-\ln(1+\sqrt{2x})+C$；

（6）$-\dfrac{1}{97(x-2)^{97}}-\dfrac{2}{49(x-2)^{98}}-\dfrac{4}{99(x-2)^{99}}+C$；

（7）$\dfrac{1}{2}\left(\arctan x+\dfrac{x}{1+x^2}\right)+C$　（提示：令 $x=\tan t$）；

（8）$\dfrac{1}{2}\left(\arcsin x+\ln|x+\sqrt{1-x^2}|\right)+C$；

（9）$\sqrt{2x-1}+2\sqrt[4]{2x-1}+2\ln\left|\sqrt[4]{2x-1}-1\right|+C$；

（10）$\dfrac{1}{\sqrt{2}}\ln\dfrac{\sqrt{\mathrm{e}^x+2}-\sqrt{2}}{\sqrt{\mathrm{e}^x+2}+\sqrt{2}}+C$；

（11）$2\ln(\sqrt{x}+1)+C$；

（12）$\dfrac{1}{16}\ln|x^8-2|-\dfrac{1}{2}\ln|x|+C$.

习题 4-3

1.（1）$-x\cos x+\sin x+C$；

（2）$\dfrac{x}{2}\sin 2x+\dfrac{1}{4}\cos 2x+C$；

（3）$-(x+1)\mathrm{e}^{-x}+C$；

（4）$x\ln x-x+C$；

（5）$x\arcsin x+\sqrt{1-x^2}+C$；

（6）$\dfrac{1}{3}x^3\arctan x-\dfrac{1}{6}x^2+\dfrac{1}{6}\ln(1+x^2)+C$；

（7）$\dfrac{1}{2}\mathrm{e}^{-x}(\sin x-\cos x)+C$；

（8）$x\tan x-\ln|\sec x|-\dfrac{x^2}{2}+C$；

（9）$-\dfrac{1}{2}(x\csc^2 x+\cot x)+C$；

（10）$3\mathrm{e}^{\sqrt[3]{x}}(\sqrt[3]{x^2}-2\sqrt[3]{x}+2)+C$；

（11）$[\ln(\ln x)-1]\ln x+C$；

（12）$2(\sqrt{x}\sin\sqrt{x}+\cos\sqrt{x})+C$；

(13) $\dfrac{1}{2}e^{x}-\dfrac{1}{10}e^{x}(\cos 2x+\sin 2x)+C$ 或 $e^{x}\sin^{2}x-\dfrac{1}{5}e^{x}(\sin 2x-2\cos 2x)+C$；

(14) $xe^{-x^{2}}+C$； (15) $x-\sqrt{1-x^{2}}\arcsin x+C$；

(16) $-\dfrac{1}{4}x\sin x+\dfrac{1}{8}\sin 2x+C$； (17) $-\dfrac{1}{x}(\ln x+1)+C$；

(18) $2\sqrt{x}\ln(1+x)-4\sqrt{x}+4\arctan\sqrt{x}+C$； (19) $\dfrac{1}{6}x^{6}\left(\ln x-\dfrac{1}{6}\right)+C$；

(20) $\dfrac{1}{3}e^{3x}\left(x^{2}-\dfrac{2}{3}x+\dfrac{2}{9}\right)+C$； (21) $\dfrac{x^{2}}{2}\ln\dfrac{1+x}{x}+\dfrac{1}{2}x-\dfrac{1}{2}\ln|x+1|+C$.

2. $x\cos x\ln x+(1+\sin x)(1-\ln x)+C$.

3. $xf'(x)-f(x)+C$.

习题 4-4

1. (1) $\dfrac{1}{3}\ln\left|\dfrac{x-1}{x+2}\right|+C$； (2) $\ln|x^{2}+3x-10|+C$；

(3) $\dfrac{1}{3}x^{3}-\dfrac{3}{2}x^{2}+9x-27\ln|x+3|+C$； (4) $\ln\dfrac{|x|}{\sqrt{x^{2}+1}}+C$；

(5) $\dfrac{1}{x+1}+\dfrac{1}{2}\ln(x^{2}-1)+C$；

(6) $-\dfrac{1}{2}\ln\dfrac{x^{2}+1}{x^{2}+x+1}+\dfrac{\sqrt{3}}{3}\arctan\dfrac{2x+1}{\sqrt{3}}+C$；

(7) $\dfrac{\sqrt{2}}{8}\ln\dfrac{x^{2}+\sqrt{2}x+1}{x^{2}-\sqrt{2}x+1}+\dfrac{\sqrt{2}}{4}\arctan(\sqrt{2}x+1)+\dfrac{\sqrt{2}}{4}\arctan(\sqrt{2}x-1)+C$；

(8) $-\dfrac{x+1}{x^{2}+x+1}-\dfrac{4}{\sqrt{3}}\arctan\dfrac{2x+1}{\sqrt{3}}+C$；

(9) $\dfrac{1}{3}x^{3}+\dfrac{1}{2}x^{2}+x+8\ln|x|-3\ln|x-1|-4\ln|x+1|+C$；

(10) $\dfrac{1}{4}\ln\dfrac{x^{4}}{(1+x)^{2}(1+x^{2})}-\dfrac{1}{2}\arctan x+C$.

2. (1) $\dfrac{2}{\sqrt{3}}\arctan\dfrac{2\tan\dfrac{x}{2}+1}{\sqrt{3}}+C$； (2) $\dfrac{1}{\sqrt{5}}\arctan\dfrac{3\tan\dfrac{x}{2}+1}{\sqrt{5}}+C$；

$(3)\ \dfrac{1}{\sqrt{2}}\ln\left|\dfrac{\tan\dfrac{x}{2}-1+\sqrt{2}}{\tan\dfrac{x}{2}-1-\sqrt{2}}\right|+C;$

$(4)\ \ln\left|1+\tan\dfrac{x}{2}\right|+C;$

$(5)\ \dfrac{1}{2\sqrt{3}}\arctan\left(\dfrac{2}{\sqrt{3}}\tan x\right)+C;$

$(6)\ \dfrac{1}{2}\ln(1+\sin^2 x)+C.$

第四章总习题

1. $-\dfrac{1}{x^2}.$ 2. $\dfrac{x}{\sqrt{1+x^2}}-\ln(x+\sqrt{1+x^2})+C.$

3. $(1)\ \dfrac{(1+2x)^{\sqrt{2}+1}}{2(\sqrt{2}+1)}+C;$

(2) 当 $n=1$ 时, $\displaystyle\int\dfrac{\mathrm{d}x}{x(1+\ln x)}=\ln|1+\ln x|+C;$

当 $n\geqslant 2$ 时, $\displaystyle\int\dfrac{\mathrm{d}x}{x(1+\ln x)^n}=\dfrac{1}{1-n}(1+\ln x)^{1-n}+C.$

$(3)\ \dfrac{1}{2}\ln\dfrac{|e^x-1|}{e^x+1}+C;$

$(4)\ \dfrac{1}{2(1-x)^2}-\dfrac{1}{1-x}+C;$

$(5)\ \dfrac{1}{6a^3}\ln\left|\dfrac{a^3+x^3}{a^3-x^3}\right|+C;$

$(6)\ \dfrac{1}{8}\left(\dfrac{5}{2}x-2\sin 2x+\dfrac{3}{8}\sin 4x+\dfrac{1}{6}\sin^3 2x\right)+C;$

$(7)\ \dfrac{1}{2}\sec x\tan x-\dfrac{1}{2}\ln|\sec x+\tan x|+C;$

$(8)\ \dfrac{1}{2}\arctan(\sin^2 x)+C;$

$(9)\ \dfrac{x}{4\sqrt{4-x^2}}+C;$

$(10)\ \dfrac{1}{3}\tan^3 x+C;$

$(11)\ \ln x[\ln(\ln x)]-\ln x+C;$

$(12)\ (4-2x)\cos\sqrt{x}+4\sqrt{x}\sin\sqrt{x}+C;$

$(13)\ x\ln(1+x^2)-2x+2\arctan x+C;$

$(14)\ x\tan\dfrac{x}{2}+C;$

$(15)\ -\dfrac{\sqrt{(1+x^2)^3}}{3x^3}+\dfrac{\sqrt{1+x^2}}{x}+C;$

（16）$\dfrac{x^4}{8(1+x^8)}+\dfrac{1}{8}\arctan x^4+C$;　　　　（17）$\dfrac{1}{32}\ln\left|\dfrac{2+x}{2-x}\right|+\dfrac{1}{16}\arctan\dfrac{x}{2}+C$;

（18）$\dfrac{2}{1+\tan\dfrac{x}{2}}+x+C$ 或 $\sec x+x-\tan x+C$;　（19）$\ln\dfrac{x}{(\sqrt[6]{x}+1)^6}+C$;

（20）$\dfrac{1}{1+\mathrm{e}^x}+\ln\dfrac{\mathrm{e}^x}{1+\mathrm{e}^x}+C$;　　　　　（21）$-\ln(\csc x+1)+C$;

（22）$\begin{cases}\dfrac{1}{2}(x^2+1)+C, & x\geqslant 1,\\ x+C, & x<1.\end{cases}$

习题 5-1

1. 2.　　2.（1）$\dfrac{1}{\ln 2}$;　（2）$g\displaystyle\int_0^3 t\mathrm{d}t$.　　3.（1）$\dfrac{\pi}{4}a^2$;　（2）0;

4.（1）$\displaystyle\int_0^{\frac{\pi}{2}}x\mathrm{d}x>\int_0^{\frac{\pi}{2}}\sin x\mathrm{d}x$;　　　　（2）$\displaystyle\int_e^3\ln x\mathrm{d}x<\int_e^3\ln^2 x\mathrm{d}x$;

（3）$\displaystyle\int_0^{-2}\mathrm{e}^x\mathrm{d}x<\int_0^{-2}x\mathrm{d}x$;　　　　（4）$\displaystyle\int_0^1 x\mathrm{d}x>\int_0^1\ln(1+x)\mathrm{d}x$.

6.（1）$\displaystyle\int_0^1\sin x\mathrm{d}x$;　　　　　　　（2）$\displaystyle\int_0^1\dfrac{1}{1+x^2}\mathrm{d}x$.

7. 提示：记 $I=\displaystyle\int_0^1 f(x)\mathrm{d}x$, 则 $\displaystyle\int_0^1[f(x)-I]^2\mathrm{d}x\geqslant 0$.

习题 5-2

1.（1）$\arctan x$;　（2）$-\sin x\sqrt{1+\cos^2 x}$;　（3）$2x^3\mathrm{e}^{x^2}-\dfrac{1}{2}\mathrm{e}^{\sqrt{x}}$.

2. $-\mathrm{e}^{-y}\cos x$.

3.（1）$-\dfrac{5}{6}$;　（2）$\dfrac{7}{24}+\ln 2$;　（3）$\dfrac{\pi}{6}$;　（4）$\dfrac{\pi}{3}$;　（5）$1-\dfrac{\pi}{4}$;

（6）$-\ln 2$;　（7）4;　　　（8）$2\dfrac{8}{27}$.

4. $\dfrac{2+5\ln 2}{2\ln 2}$.　　5.（1）$\dfrac{1}{4}$;　（2）2.　　6. $\dfrac{2}{\pi}$.

习题 5-3

1. (1) $\dfrac{2}{9}(10\sqrt{10}-1)$;　(2) $\dfrac{1}{4}$;　(3) $\pi-\dfrac{4}{3}$;　(4) $\dfrac{1}{6}$;

(5) $2+2\ln\dfrac{2}{3}$;　(6) $\dfrac{\pi}{16}a^4$;　(7) $\dfrac{\sqrt{2}}{2}$;　(8) $\ln\dfrac{3}{2}$;

(9) $\dfrac{9}{28}$;　(10) $\sqrt{3}-\dfrac{\pi}{3}$;　(11) $6\dfrac{5}{6}$.

2. (1) 0;　(2) 0;　(3) $\dfrac{3\pi}{2}$;　(4) $(-1)^n\dfrac{4l^3}{(n\pi)^2}$;

(5) 0;　(6) 提示:作代换 $x-a=t$,$\dfrac{\pi a^3}{2}$.

7. (1) 1;　(2) $\dfrac{1}{2}(1-\ln 2)$;　(3) $\left(\dfrac{1}{4}-\dfrac{\sqrt{3}}{9}\right)\pi+\dfrac{1}{2}\ln\dfrac{3}{2}$;　(4) $\dfrac{\pi}{4}-\dfrac{1}{2}$;

(5) $\dfrac{1}{5}(e^\pi-2)$;　(6) $2-\dfrac{3}{4\ln 2}$;　(7) $\dfrac{1}{2}(e\sin 1-e\cos 1+1)$;

(8) $\dfrac{\pi^2}{72}+\dfrac{\sqrt{3}}{6}\pi-1$;　(9) $\dfrac{\pi}{4}$;　(10) $\dfrac{5\pi}{256}$.

习题 5-4

1. (1) $\dfrac{1}{a}$;　(2) π;　(3) $-\dfrac{1}{4}$　(4) 1;　(5) $2\dfrac{2}{3}$;

(6) $\dfrac{\pi}{2}$;　(7) 发散;　(8) $\dfrac{\omega}{p^2+\omega^2}$.

2. (1) 收敛;　(2) 发散;　(3) 收敛;　(4) 发散.

习题 5-5

1. (1) 收敛;　(2) 收敛;　(3) 发散;　(4) 收敛;

(5) $q\geqslant3$ 时发散,$q<3$ 时收敛;　(6) $p>-1,q>-1$ 时收敛,其余情况都发散.

2. $\displaystyle\int_0^{+\infty}\dfrac{\sin tx}{x}\mathrm{d}x=\dfrac{\pi}{2}\mathrm{sgn}\,t$.

习题 5-6

1. (1) $4\dfrac{1}{2}$;　(2) $b-a$;　(3) $\dfrac{9}{8}\pi^2+1$;　(4) $\dfrac{7}{12}$;　(5) $\dfrac{3}{2}-\ln 2$;

　(6) $\dfrac{3}{8}\pi a^2$;　(7) $18\pi a^2$;　(8) $\dfrac{\pi}{4}a^2$.

2. $\dfrac{\sqrt[3]{2}}{2}$　　3. 1.

4. (1) $\dfrac{\pi}{2}$;　(2) $2\pi^2a^2b$;　(3) $\dfrac{32}{105}\pi a^3$, $\dfrac{32}{105}\pi a^3$;　(4) $7\pi^2a^3$;　(5) π.

5. $\dfrac{1\,000\sqrt{3}}{3}$.　　6. (1) $\dfrac{2}{27}(10\sqrt{10}-1)$;　(2) $\dfrac{8}{15}(\sqrt{2}+1)$;　(3) $6a$.　(4) $8a$.

习题 5-7

1. $kq\left(\dfrac{1}{a}-\dfrac{1}{b}\right)$, k 为静电力常量.　　2. 9.75×10^5 kJ.　　3. $\sqrt{2}-1$ cm.

4. 3.675×10^5 N.　　5. 17.3 kN.

6. 取 y 轴通过细直棒, 质点 M 在 x 轴上, 得

$$F_y=Gm\rho\left(\dfrac{1}{a}-\dfrac{1}{\sqrt{a^2+l^2}}\right),\quad F_x=-\dfrac{Gm\rho l}{a\sqrt{a^2+l^2}}.$$

7. (1) $\dfrac{5}{\pi}\left(1+\dfrac{\sqrt{2}}{2}\right)$;　(2) $\dfrac{5}{\pi}(1+\cos 100\pi t_0)$;　(3) $\dfrac{1}{300}$ s,　0.007 3 s.

8. $\dfrac{I_m}{2}$.　　9. $a\sqrt{\dfrac{c}{T}}$.

第五章总习题

1. (1) 充分条件;　(2) $-f(1)$;　(3) T_1 到 T_2 时刻流过电路的电量.

2. (1) $\displaystyle\int_0^1\dfrac{\mathrm{d}x}{(1+x)^2}=\dfrac{1}{2}$;　(2) $\displaystyle\int_0^1 x^p\mathrm{d}x=\dfrac{1}{p+1}$;　(3) 0;　(4) $af(a)$.

3. (1) 提示: 对于任意的 t, $\displaystyle\int_a^b[f(x)+tg(x)]^2\mathrm{d}x\geqslant0$.

4. $f(x) = \cos x - x\sin x + C.$

5. 提示：首先这是一个有界函数的积分. 注意到 $\sin(2n-1)x = \sin 2nx\cos x - \cos 2nx\sin x$，再用积化和差公式即可证明. $I_n = \pi.$

6. （1）$\dfrac{20}{3}$；　（2）$\dfrac{11}{6}$；　（3）2；　（4）$\dfrac{\pi}{4}$；　（5）$\dfrac{\pi}{2\sqrt{2}}$；　（6）$\dfrac{1}{2} - \dfrac{3}{8}\ln 3$；

　　（7）$\dfrac{\pi}{6}$；　（8）$200\sqrt{2}$；　（9）$\dfrac{\pi}{2}$；　（10）$\pi.$

7. $\ln(1+e) - \dfrac{e}{1+e}.$　　　8. $\dfrac{\pi}{2}.$　　　9. $n!.$　　　10. 面积 $A = \dfrac{34}{3}$，　体积 $V = \dfrac{113}{2}\pi.$

11. （1）$\dfrac{1}{4}(e^2+1)$；　（2）$\dfrac{\pi}{2} - \dfrac{3\sqrt{3}}{8}.$　　12. $\dfrac{4\pi}{3}R^4 g.$

13. $\left(0, \dfrac{2Gm}{\pi R^2}\right)$，$G$ 为引力常量.　　　14. （1）4；　（2）减少 0.5 万元.

15. $f(x) * g(x) = \begin{cases} 1 - e^{-x}, & 0 \leqslant x \leqslant 1, \\ e^{-x}(e-1), & x > 1, \\ 0, & 其他. \end{cases}$

习题 6-1

1. （1），（3），（4），（6），（7），（8）均为微分方程，其阶数依次为二、一、二、一、一、四.

2. （1），（2），（3），（4）题中函数是所给微分方程的解，其中（3），（4）题中的函数是通解，（1），（2）题中的函数是特解.

3. 特解为 $y = x^3.$

4. （1）　$y' = x^2$；　　　　　　　（2）$yy' + 2x = 0$；

　　（3）$\begin{cases} x^2(1+y'^2) = 4, \\ y\big|_{x=2} = 0; \end{cases}$　　　（4）$\begin{cases} 2xy' - y = 0, \\ y\big|_{x=3} = 1. \end{cases}$

5. $\left| 2xy - x^2 y' - \dfrac{y^2}{y'} \right| = 2a^2.$

6. $\dfrac{dP}{dT} = k\dfrac{P}{T^2}(k>0).$

习题 6-2

1. (1) $y^2-x^2=C$；　　　　　　　(2) $y=e^{Cx}$；

　 (3) $x^2+\ln|2-y|=C$；　　　　(4) $\arcsin y=\arcsin x+C$；

　 (5) $3y^2+2y^3=3x^2+2x^3+C$；　(6) $y^2=e^x(\sin x-\cos x)+C$；

　 (7) $\dfrac{1}{2}e^{2y}=\dfrac{1}{5}e^{5x}+C$；　　　(8) $y=e^{C\tan\frac{x}{2}}$；

　 (9) $(e^x-1)y^2=C$；　　　　　(10) $\sin x\sin y=C$.

2. (1) $y=\ln\dfrac{x}{1+x}$；　(2) $y=e^{\frac{\sin x}{1+\cos x}}$；　(3) $y=-\dfrac{1}{4}(x^2-4)$；

　 (4) $y^2=1+2\ln(1+e^x)-2\ln(1+e)$.

3. (1) $3\ln(x^2+y^2)-\ln x^2=C$；　　(2) $\ln\dfrac{y}{x}=Cx+1$；

　 (3) $\arctan\dfrac{y}{x}=\ln|x|+C$；　　(4) $\dfrac{1}{4}\sin\dfrac{2y}{x}+\dfrac{y}{2x}+\ln|x|=C$.

*4. (1) $y-x-3=C(x+y-1)^3$；　　(2) $(4y-x-3)(y+2x-3)^2=C$；

　 (3) $x+3y+2\ln(2-x-y)=C$；

　 (4) $\ln[(y+3)^2+(x+2)^2]-2\arctan\dfrac{y+3}{x+2}=C$.

5. $\ln|y|+3\ln|x|+\dfrac{1}{x}=C$.　　6. $x=\tan(x-y+1)+C$.

7. 提示：$yy'+x=0$.　　8. $R(t)=R_0e^{-kt}$，大约 $\dfrac{\ln 0.78}{-\ln 2}\times 5\ 730\approx 2\ 054$ 年前.

9. $21:17$.

习题 6-3

1. (1) $y=Ce^{2x}-\dfrac{x}{2}-\dfrac{5}{4}$；　　(2) $y=Ce^{-x}+xe^{-x}$；

　 (3) $y=x^3(C+e^x)$；　　　　　(4) $y=\dfrac{1}{2}x+\dfrac{C}{x}$；

　 (5) $y=\dfrac{4x^3+C}{3(x^2+1)}$；　　　　(6) $y=Ce^{-\tan x}+\tan x-1$；

（7）$y = Cx + x\ln|\ln x|$；　　（8）$y = (x+C)\cos x$；

（9）$x = \dfrac{1}{2}y^2 + Cy^3$；　　（10）$x = \dfrac{1}{2y}(\mathrm{e}^y + C\mathrm{e}^{-y})$.

2.（1）$\left(1 + \dfrac{3}{y}\right)\mathrm{e}^{\frac{3}{2}x^2} = C$；　　（2）$y = \dfrac{2x}{1 + Cx^2}$；

（3）$\dfrac{1}{y} = (x+C)\mathrm{e}^x$；　　（4）$x^3 = Cy^3 + 3y^4$；

（5）$(C\mathrm{e}^x - 2x - 1)y^3 = 1$；　　（6）$\dfrac{1}{y} = Cx + x^2(1 - \ln x)$.

3.（1）$y = \dfrac{\sqrt{x} - x^3}{5}$；　　（2）$x^3 - 2y^3 = x$；

（3）$y^2 = 2x^2(\ln x + 2)$；　　（4）$\arctan\dfrac{y}{x} + \ln(x^2 + y^2) = \dfrac{\pi}{4} + \ln 2$.

4.（1）$\dfrac{1}{y} = C\mathrm{e}^{-x} - x^2 + 2x - 2$；　（2）$y^3 = C\mathrm{e}^x - x - 2$；　（3）$x = (C+y)\mathrm{e}^y$；

（4）$y^2 = C\mathrm{e}^{2x} - x^2 - x - \dfrac{1}{2}$；　（5）$x = Cy^2 + y^3$；　　（6）$y^2 = x\left(\dfrac{a}{n+2}y^{n+2} + C\right)$；

（7）$x = C\mathrm{e}^y + y^2 + 2y + 2$；　　（8）$x = C\mathrm{e}^{\sin y} - 2(1 + \sin y)$.

5. $x^3 y \mathrm{e}^{\frac{1}{x}} = 2\mathrm{e}$.　　6. $v = 60\sqrt{20} \approx 268.3\,(\mathrm{m/s})$.

7. $xy = 6$　　8. $v = \dfrac{P}{k}(1 - \mathrm{e}^{-\frac{k}{m}t})$.

9. $v = \dfrac{g}{m-k}(m_0 - mt)^{\frac{k}{m}}\left[m_0^{1-\frac{k}{m}} - (m_0 - mt)^{1-\frac{k}{m}}\right]$.

习题 6-4

1.（1）$y = \dfrac{1}{6}x^3 - \sin x + \dfrac{1}{2}x^2 + C_1 x + C_2$；　　（2）$y = -\ln|\cos(x + C_1)| + C_2$；

（3）$y = C_1 \mathrm{e}^x - \dfrac{1}{2}x^2 - x + C_2$；　　（4）$\dfrac{2}{C_1}(C_1 y - 1)^{\frac{1}{2}} - x = C_2$；

（5）$y = x\arctan x - \dfrac{1}{2}\ln(1 + x^2) + C_1 x + C_2$；　（6）$y = -\dfrac{1}{2}x^2 - C_1 x - C_1^2 \ln|C_1 - x| + C_2$；

（7）$y=\sin(x+C_1)+C_2$;　　　　　　　（8）$y=1-\dfrac{1}{C_1 x+C_2}$;

（9）$e^y=x^2+C_1 x+C_2$.

2.（1）$y=\sqrt{2x-x^2}$;　（2）$y=-\dfrac{1}{a}\ln|ax+1|$;

（3）$y=\dfrac{1}{a^3}e^{ax}-\dfrac{e^a}{2a}x^2+\dfrac{e^a}{a^2}(a-1)x+\dfrac{e^a}{2a^3}(2a-a^2-2)$;

（4）$y=\ln\sec x$;　（5）$y=\left(\dfrac{1}{2}x+1\right)^4$;　（6）$y=\ln\cosh x$.

3. $y=\cosh(x-1)$.　　　4. 0.000 763 6 s.

习题 6-5

1.（2），（3）　　2. 通解 $y=\dfrac{C_1\sin x+C_2\cos x}{x}$　　3. 其中（1），（2），（3）是通解.

5. $y=C_1(y_2-y_1)+C_2(y_3-y_1)+y_1$

习题 6-6

1.（1）$y=C_1+C_2 e^{2x}$;　（2）$y=C_1 e^x+C_2 e^{2x}$;　（3）$y=C_1\cos 2x+C_2\sin 2x$;

（4）$y=e^{2x}(C_1\cos x+C_2\sin x)$;　　　　（5）$y=(C_1+C_2 x)e^{3x}$;

（6）$y=\begin{cases}C_1 e^{(-1+\sqrt{1-a})x}+C_2 e^{(-1-\sqrt{1-a})x}, & a<1,\\ (C_1+C_2 x)e^{-x}, & a=1,\\ e^{-x}(C_1\cos\sqrt{a-1}\,x+C_2\sin\sqrt{a-1}\,x), & a>1;\end{cases}$

（7）$y=C_1+e^{-3x}(C_2\cos x+C_3\sin x)$;　　　（8）$y=(C_1+C_2 x)e^x+(C_3+C_4 x)e^{-x}$;

（9）$y=(C_1+C_2 x)\cos x+(C_3+C_4 x)\sin x$;

（10）$y=C_1 e^x+C_2 e^{-x}+C_3\cos 2x+C_4\sin 2x$.

2.（1）$y=e^x-e^{-2x}$;　　　（2）$y=1+e^{-x}$;　　　（3）$y=xe^{-2x}$;

（4）$y=\dfrac{4\sqrt{3}}{3}e^{\frac{x}{2}}\sin\dfrac{\sqrt{3}}{2}x$;　（5）$y=2\cos 5x+\sin 5x$;　（6）$y=1+(1+x)e^{-x}$.

3. $y=e^x-e^{-x}$.

习题 6-7

1. （1）$y^* = \dfrac{1}{4}x^3 + \dfrac{1}{16}x^2 + \dfrac{39}{32}x$；　　　　　　　（2）$y^* = \dfrac{1}{4}x^2 + \dfrac{1}{8}x + \dfrac{9}{32}$；

　（3）$y^* = -\dfrac{1}{4}xe^{-3x}$；　　　　　　　（4）$y^* = \left(\dfrac{1}{6}x^2 - \dfrac{5}{18}x + \dfrac{37}{108}\right)e^x$；

　（5）$y^* = \begin{cases} \dfrac{1}{a^2-1}\sin x, & a \neq 1, \\[2mm] -\dfrac{1}{2}x\cos x, & a = 1; \end{cases}$　　　　（6）$y^* = x + \dfrac{1}{2}x\sin x$；

　（7）$y^* = -\dfrac{1}{2} + \dfrac{1}{10}\cos 2x$；　　　　　　（8）$y^* = e^{2x}\left(\dfrac{2}{5}\cos x + \dfrac{7}{10}\sin x\right)$.

2. （1）$y = C_1 + C_2 e^{-\frac{3}{2}x} + \dfrac{1}{9}x^3 - \dfrac{13}{18}x^2 + \dfrac{62}{27}x$；　　（2）$y = C_1 e^{-x} + C_2 e^{\frac{1}{2}x} + \left(\dfrac{1}{2}x - \dfrac{1}{4}\right)e^x$；

　（3）$y = (C_1 + C_2 x)e^{3x} + \left(\dfrac{1}{3}x^3 + \dfrac{1}{2}x^2\right)e^{3x}$；　　（4）$y = C_1 e^x + C_2 e^{6x} + \dfrac{5}{74}\sin x + \dfrac{7}{74}\cos x$；

　（5）$y = -\dfrac{7}{5} + 2x + e^x + xe^{-5x} + C_1 e^{-2x} + C_2 e^{-5x}$.

3. （1）$y = e^x + \dfrac{1}{2}(e^{2x} + 1)$；　　　　　（2）$y = \dfrac{1}{3}\sin 2x - \dfrac{1}{3}\sin x - \cos x$；

　（3）$y = e^x + x^2$；　　　　　　　（4）$y = \dfrac{1}{2}(\cos x + \sin x + x\sin x + e^x)$；

　（5）$y = e^x(x^2 - x + 1) - e^{-x}$；　　　　（6）$y = (x - \sin x)e^{-x}$.

4. $f(x) = -\dfrac{5}{4}e^{-x} + \dfrac{5}{4}e^x - \dfrac{3}{2}xe^{-x}$.

5. $\varphi(x) = \dfrac{1}{2}(\cos x + \sin x + e^x)$.

6. （1）$y = C_1 x^{2+\sqrt{2}} + C_2 x^{2-\sqrt{2}}$；　　　　　（2）$y = C_1 x + C_2 x^2 + 4x^3$；

　（3）$y = x(C_1 \cos(\ln x) + C_2 \sin(\ln x)) - \dfrac{1}{2}x\ln x\cos(\ln x) + \dfrac{1}{5}\sin(\ln x) + \dfrac{2}{5}\cos(\ln x)$.

7. $s = \dfrac{f-a}{b}t + \dfrac{m(f-a)}{b^2}\left(e^{\frac{-bt}{m}} - 1\right)$.

8. $y=-\dfrac{5}{8}(1-x)^{\frac{4}{5}}+\dfrac{5}{12}(1-x)^{\frac{6}{5}}+\dfrac{5}{24},\quad \dfrac{5}{24}.$　　　9. 195 kg.

10. （1） $t=\sqrt{\dfrac{10}{g}}\ln(5+2\sqrt{6})\approx 2.315\ 7$ s；

$\quad$（2） $t=\sqrt{\dfrac{10}{g}}\ln\left(\dfrac{19+4\sqrt{22}}{3}\right)\approx 2.558\ 4$ s.

习题 6-8

1. （1） $x=C_1e^t+C_2e^{-t}+\dfrac{t}{2}(e^t-e^{-t})-\dfrac{1}{4}(e^t+e^{-t})$，

$\qquad y=C_1e^t-C_2e^{-t}+\dfrac{1}{4}(e^t-e^{-t})+\dfrac{1}{2}t(e^t+e^{-t})$；

$\quad$（2） $x=\dfrac{1}{2}(e^t+e^{-3t})$，　$y=\dfrac{1}{2}(-e^t+3e^{-3t})$；

$\quad$（3） $x=-e^{2-2t}+e^t+1-e,y=e^{2-2t}+e^t+1-e.$

2. （1） $x=-\dfrac{1}{3}e^{-t}+\dfrac{1}{3}e^{2t}$，　$y=-\dfrac{1}{3}e^{-t}+\dfrac{1}{3}e^{2t}$，　$z=\dfrac{2}{3}e^{-t}+\dfrac{1}{3}e^{2t}$；

$\quad$（2） $x=C_1e^{-t}+C_2e^{-6t}-\dfrac{56}{9}+\dfrac{19}{3}t-\dfrac{29}{7}e^t$，　$y=-C_1e^{-t}+4C_2e^{-6t}+\dfrac{55}{9}-\dfrac{17}{3}t+\dfrac{24}{7}e^t.$

第六章总习题

1. （1） Ce^{x^2}；　（2） $(x+C)\cos x$；　（3） $x\arctan x-\dfrac{1}{2}\ln(1+x^2)+C_1x+C_2$；

$\quad$（4） $C_1e^{-x}\cos 2x+C_2e^{-x}\sin 2x$；　（5） $y''-2y'+2y=0$；　（6） $C_1+C_2e^{4x}-\dfrac{1}{4}e^{2x}.$

2. （1） C；　（2） B；　（3） D；　（4） B.

3. （1） $(y-1)e^y=Cx$；　　　　　　　　（2） $y(x+\sqrt{1+x^2})=C$；

$\quad$（3） $\sin\dfrac{y}{x}=-\ln|x|+C$；　　　　　（4） $y=\ln(Cxy)$；

$\quad$（5） $y=\dfrac{2x}{1+x^2}$；　　　　　　　　　　（6） $x^4+y^4=Cx^2$；

(7) $y=-(2x)^{\frac{1}{3}}$,$y\left(\dfrac{1}{2}\right)=-1$;　　　(8) $(y-x)^2+10y-2x=C$,令 $u=y-x$;

(9) $y=\tan x-1+Ce^{-\tan x}$;　　　(10) $x=\dfrac{1}{2}\left(\sin y-\dfrac{1}{\sin y}\right)$.

4.(1) $y=xe^x-3e^x+C_1x^2+C_2x+C_3$;　　(2) $y=C_1e^x-\dfrac{1}{2}x^2-x+C_2$;

(3) $e^y=\sec x$;　　　(4) $y=\dfrac{1}{2}\ln^2 x+\ln x$;

(5) $(y+1)^2=C_1x+C_2$;　　　(6) $y=e^{-x}$;

(7) $y=C_1+\dfrac{C_2}{x^2}+\dfrac{x}{3}$;　　　(8) $y=C_1e^{5x}+C_2e^{7x}$;

(9) $y=e^{\frac{5}{3}x}(C_1+C_2x)$;　　　(10) $y=e^{\frac{2}{3}x}\left(C_1\cos\dfrac{\sqrt2}{3}x+C_2\sin\dfrac{\sqrt2}{3}x\right)$;

(11) $y=C_1e^{3x}+C_2e^{-x}-\dfrac{1}{4}xe^{-x}$;　　(12) $y=(C_1+C_2x)e^{-2x}+\dfrac{1}{8}\sin 2x$.

5.(1) $\begin{cases}x(t)=C_1\cos t+C_2\sin t+e^t,\\ y(t)=-C_1\sin t+C_2\cos t+e^t-1;\end{cases}$

(2) $\begin{cases}x(t)=\dfrac{1}{2}[(C_1+C_2)\cos t+(C_1-C_2)\sin t]e^{-2t},\\ y(t)=(C_1\cos t+C_2\sin t)e^{-2t}.\end{cases}$

6.(1) $f(x)=e^{-\cos x}+4(\cos x-1)$,$f(0)=1$;

(2) $x^2(2-y^2)=1$,提示:同乘 $\dfrac{x}{y}$ 化为伯努利方程,再令 $z=x^{-2}$;

(3) $y''-y'-2y=e^x-2xe^x$;　(4) $f(x)=\dfrac{1}{2}\sin x+\dfrac{x}{2}\cos x$.

7.(1) $f(x)=(x-1)^2$;　(2) $\sqrt{\dfrac{l}{g}}[\ln(l+\sqrt{l^2-b^2})-\ln b]$　(3) $6\ln 3$ 年 ≈6.6 年.

读者意见反馈

为收集对教材的意见建议,进一步完善教材编写并做好服务工作,读者可将对本教材的意见建议通过如下渠道反馈至我社。

咨询电话　400-810-0598

反馈邮箱　hepsci@pub.hep.cn

通信地址　北京市朝阳区惠新东街4号富盛大厦1座
　　　　　高等教育出版社理科事业部

邮政编码　100029

防伪查询说明

用户购书后刮开封底防伪涂层,使用手机微信等软件扫描二维码,会跳转至防伪查询网页,获得所购图书详细信息。

防伪客服电话
(010)58582300